钢筋混凝土工程施工

主　编　苏晓华　白东丽　刘　宇
副主编　薛　颖　王健健
参　编　孙　超　许朋举

北京理工大学出版社
BEIJING INSTITUTE OF TECHNOLOGY PRESS

内 容 提 要

本书系统地介绍了钢筋混凝土工程施工技术，根据最新标准规范，选取钢筋混凝土柱施工、钢筋混凝土梁施工、钢筋混凝土板施工、钢筋混凝土楼梯施工、高层钢筋混凝土工程施工5个项目，包括平法施工图识读、钢筋工程、模板工程、混凝土工程等25个学习任务。全书采用项目式教学方法，培养读者解决实际问题的职业技能，以“必需、够用”为原则，让读者在“做中学”，体现“学生为主体，教师为主导”“学以致用，能力为本”的教育理念。

本书可作为高等院校土木工程类相关专业的教材，也可作为钢筋混凝土工程施工相关工程技术人员的参考用书。

图书在版编目（CIP）数据

钢筋混凝土工程施工 / 苏晓华，白东丽，刘宇主编.—北京：北京理工大学出版社，2020.6

ISBN 978-7-5682-8573-5

Ⅰ.①钢… Ⅱ.①苏… ②白… ③刘… Ⅲ.①钢筋混凝土结构－工程施工 Ⅳ.①TU755

中国版本图书馆CIP数据核字（2020）第101251号

出版发行 / 北京理工大学出版社有限责任公司
社　　址 / 北京市海淀区中关村南大街5号
邮　　编 / 100081
电　　话 /（010）68914775（总编室）
（010）82562903（教材售后服务热线）
（010）68948351（其他图书服务热线）
网　　址 / http://www.bitpress.com.cn
经　　销 / 全国各地新华书店
印　　刷 / 天津久佳雅创印刷有限公司
开　　本 / 787毫米×1092毫米 1/16
印　　张 / 17.5
字　　数 / 378千字
版　　次 / 2020年6月第1版 2020年6月第1次印刷
定　　价 / 72.00元

责任编辑 / 钟 博
文案编辑 / 钟 博
责任校对 / 周瑞红
责任印制 / 边心超

图书出现印装质量问题，请拨打售后服务热线，本社负责调换

FOREWORD 前言

本书针对建筑施工企业一线工作岗位的职业技能与素养要求编写而成，重点培养读者的职业技能及职业素养，以适应企业新时代发展的要求。本书以职业技能标准作为根本，以职业标准作为培养目标，体现“学以致用，能力为本”的教育理念，以“必需，够用”为原则，采用项目式教学方法，培养读者解决实际问题的能力。本书选取钢筋混凝土柱施工、钢筋混凝土梁施工、钢筋混凝土板施工、钢筋混凝土楼梯施工、高层钢筋混凝土工程施工5个项目，包括平法施工图识读、钢筋工程、模板工程、混凝土工程等25个学习任务。本书注重培养建筑施工企业一线施工员岗位的核心技能与职业能力，在使读者掌握钢筋混凝土工程施工的基本知识、理论、决策方法的同时，力求科学地反映新时期钢筋混凝土施工技术与科学的发展，介绍新工艺、新技术，培养读者运用国家施工规范、规程、标准解决钢筋混凝土施工中遇到的技术问题的能力，加强对钢筋混凝土施工理论与应用的研究，促进读者处理实际工程问题能力的提高，同时将施工员职业素养要求、儒家文化、建筑文化、企业文化等渗透到项目中，培养读者的职业道德、职业意识与职业行为习惯，传承“工匠精神”，提高培养人才的质量。

另外，针对“钢筋混凝土工程施工”课程的特点，为了使读者更直观地认识与了解钢筋混凝土工程施工的工艺流程和特点，也方便教师的教学，我们以“互联网+教材”的模式将典型施工工艺的视频以二维码的形式呈现，供读者下载学习。同时，读者还可以登录网址“http://58.58.50.248:8020/meol/jpk/course/layout/lesson/index.jsp?courseId=11154”查看“钢筋混凝土工程施工”精品资源开放课程，内容涵盖电子教材、微课视频、课件、案例、测试题等，读者可以结合本书同步学习，并可参与交流讨论。

本书由苏晓华、白东丽、刘宇担任主编，由薛颖、王健健担任副主编，孙超、许朋举参与了本书的编写工作，具体编写分工为：项目1由孙超、刘宇共同编写，项目2由薛颖编写，项目3由白东丽编写，项目4由王健健、许朋举编写，项目5由苏晓华编写。全书由苏晓华负责统稿协调。

由于编者水平有限，书中难免有疏漏与不妥之处，恳请广大读者提出批评与改正意见（读者意见反馈邮箱：1766569322@qq.com）。

编　者

CONTENTS 目录

CONTENTS

CONTENTS

CONTENTS

项目1　钢筋混凝土柱施工

项目任务

掌握柱平法施工图识读规则和配筋构造；掌握钢筋进场验收、下料、加工、绑扎方法；熟悉建筑中常用的模板种类，掌握柱模板的构造、安装与拆除方法；了解混凝土原材料的检测，掌握混凝土拌合物和易性的检测方法，熟悉混凝土的制备、运输、浇筑、振捣和养护，掌握柱混凝土的施工方法。

项目导读

(1)小组共同完成实训楼混凝土拌合物的坍落度检测和柱模板的安装任务；
(2)识读柱的结构施工图，完成柱的翻样并填写配料单；
(3)根据老师给定的工程项目，分析并编制柱混凝土施工方案。

能力目标

(1)能够识读柱的结构施工图；
(2)能够完成柱钢筋的下料计算、柱钢筋隐蔽部位的验收工作；
(3)能够进行监督钢筋进场验收、柱模板加工安装、柱混凝土浇筑工作。

1.1　柱平法施工图识读

1.1.1　平法施工图的概念

1. 平法的概念

平法是在结构布置平面图的基础上，把结构构件的尺寸和配筋等，按照平面整体表示方法的制图规则，整体直接地表示在图纸上，再与标准构造详图配合形成一套“平面整体表达方法”的施工图纸，是我国当前通行的混凝土结构施工图设计表示方法。平法对我国传统的混凝土结构施工图设计表示方法作了重大改革，它统一并简化了施工图表示方法，减轻了设计者的工作，但对施工作业人员识读混凝土结构平法施工图的能力却提出了更高的要求。本书中混凝土结构平法施工图识读基础知识是依据国家建筑标准设计图集《混凝土结构施工图平面整体表示方法制图规则和构造详图》(16G101)编写的。

2. 平法施工图的一般规定

(1)按平法设计绘制的施工图，一般是由各类结构构件的平法施工图和标准构造详图两大部分构成的。但对于复杂的工业与民用建筑，还需增加模板、开洞和预埋件等平面图。只有在特殊情况下，才需增加剖面配筋图。

(2)按平法设计绘制施工图时，必须根据具体工程设计，按照各类构件的平法制图规则，在按结构层绘制的平面布置图上直接表示各构件的尺寸、配筋和所选用的标准构造详图。

(3)在平面布置图上表示各构件尺寸和配筋的方式，可分为平面注写方式、列表注写方式和截面注写方式3种。

(4)在平法施工图上，应对所有构件进行编号，编号中含有类型代号和序号等。其中，类型代号应与标准构造详图上所注类型代号一致，使两者结合构成完整的结构设计图。

(5)在平法施工图上，应当用表格或其他方式注明各结构层楼(地)面标高、结构层高及相应的结构层号。

(6)为了确保施工人员准确无误地按平法施工图进行施工，在具体工程的结构设计总说明中必须注明所选用平法标准图的图集号、结构使用年限、设防烈度及结构抗震等级等与平法施工图密切相关的内容。

(7)对受力钢筋的混凝土保护层厚度、钢筋搭接和锚固长度，除在结构施工图中另有注明外，均须按图集中的有关构造规定执行。

1.1.2 柱平法施工图识读规则

(1)柱子内部钢筋的种类有纵向受力钢筋(竖向)和箍筋。纵向受力钢筋又包括基础插筋、中间层钢筋和顶层钢筋。

(2)柱子以基础为支座，柱子底部钢筋锚固于基础中，上部钢筋连续、贯通。

框架柱示意图

(3)柱平法施工图主要采用列表注写或截面注写的方式进行表达。柱构件是竖向构件，不是单独一层，而是跨楼层形成一根完整的柱子，因此，除识读构件截面尺寸及配筋信息外，还要将标高和楼层信息相结合，概括起来有3个方面内容，即截面尺寸及配筋信息、适用的标高和楼层、整个建筑物的楼层与标高。

(4)柱编号由类型代号和序号组成，见表1.1-1。

表 1.1-1　柱编号

柱类型	代号	序号	柱类型	代号	序号
框架柱	KZ	××	梁上柱	LZ	××
转换柱	ZHZ	××	剪力墙上柱	QZ	××
芯柱	XZ	××	—	—	—

1.1.3　柱平法施工图识读

1. 柱平法施工图列表注写方法

列表注写是用列表的方式表达柱的尺寸、形状和配筋要求。具体来说，是在平面图上表达柱的位置和编号，用一个表格注写柱的高度，用另一个表格注写柱的结构配筋情况。柱箍筋的注写包括钢筋级别、直径与间距。当箍筋间距有变化时，用“/”区分不同的箍筋间距。当箍筋间距沿柱全高为一种间距时，则不用“/”。当圆柱采用螺旋箍筋时，在箍筋前面标注“L”，如图 1.1-1 所示。

(1)柱标高注写内容。各段柱的起止标高，自柱根部往上以变截面位置或截面未变但配筋改变处为界分段注写。框架柱和转换柱的根部标高是指基础顶面高。芯柱的根部标高是指根据结构实际需要而定的起始位置标高。梁上柱的根部标高是指梁顶面标高。剪力墙上柱的根部标高分为两种：当柱纵筋锚固在墙顶部时，其根部标高为墙顶面标高；当柱与剪力墙重叠一层时，其根部标高为墙顶面往下一层的结构层楼面标高。

(2)柱截面注写内容。

①矩形柱：截面尺寸 $b\times h$ 及其与轴线的几何关系 b_1、b_2 和 h_1、h_2 的具体数值，需对应于各段柱分别注写。其中 $b=b_1+b_2$，$h=h_1+h_2$。当截面的某一边收缩变化至与轴线重合或偏到轴线的另一侧时，b_1、b_2、h_1、h_2 中的某项为零或负值。

②圆柱：表中“$b\times h$”一栏改用在圆柱直径数字前加 d 表示。为表达简单，圆柱截面与轴线的关系也用 b_1、b_2 和 h_1、h_2 表示，并使 $d=b_1+b_2=h_1+h_2$。

③芯柱：根据结构需要，可以在某些框架柱的一定高度范围内，在其内部的中心位置设置(分别引注其柱编号)。芯柱中心应与柱中心重合，并标注其截面尺寸，按 16G101 图集标准构造详图施工；芯柱定位随框架柱，不需要注写其与轴线的几何关系。

(3)柱纵筋注写内容。当柱纵筋直径相同，各边根数也相同时(包括矩形柱、圆柱和芯柱)，将柱纵筋注写在“全部纵筋”一栏中；除此之外，柱纵筋分为角筋、截面 b 边中部筋和 h 边中部筋三项分别注写(对于采用对称配筋的矩形截面柱，可仅注写一侧中部筋，对称边省略不注；对于采用非对称配筋的矩形截面柱，必须每侧均注写中部筋)。

(4)柱箍筋注写内容。注写柱箍筋，包括钢筋级别、直径与间距。

用“/”区分柱端加密区与柱身非加密区长度范围内箍筋的不同间距。施工人员需根据标准构造详图的规定，在规定的几种长度值中取其最大者作为加密区长度。当框架节点核心区内箍筋与柱端箍筋设置不同时，应在括号中注明核心区的箍筋直径与间距。

柱箍筋构造

【例】 ϕ10@100/200，表示箍筋为 HPB300 级钢筋，直径为 10 mm，加密区间距为 100 mm，非加密区间距为 200 mm。

ϕ10@100/200(ϕ12@100)，表示柱中箍筋为 HPB300 级钢筋，直径为 10 mm，加密区间距为 100 mm，非加密区间距为 200 mm。框架节点核心区箍筋为 HPB300 级钢筋，直径为 12 mm，间距为 100 mm。

当箍筋沿柱全高为一种间距时，则不使用“/”。

ϕ10@100，表示沿柱全高范围内箍筋均为 HPB300 级钢筋，直径为 10 mm，间距为 100 mm。

当圆柱采用螺旋箍筋时，需在箍筋前标注“L”。

【例】 L10@100/200，表示采用螺旋箍筋，且为 HPB300 级钢筋，钢筋直径为 10 mm，加密区间距为 100 mm，非加密区间距为 200 mm。

【特别提示】

柱箍筋的作用是：连接纵向钢筋形成钢筋骨架；作为纵向钢筋的支点，减少纵向钢筋的纵向弯曲变形；承受柱的剪力，使柱截面核心内的混凝土受到横向约束而提高承载能力。因此，箍筋的间距不宜过大。

在应力复杂和应力集中的部位(如柱和其他构件连接处)及配筋构造上的薄弱处(如纵向钢筋接头处)，箍筋需要加密。

如图 1.1-1 所示，框架柱 KZ1 的平面位置是在轴线④、⑤、⑥、⑦与轴线Ⓒ、Ⓓ、Ⓔ交汇处。从柱表中可知，KZ1 的高度从 1 层(标高－0.030 m)到屋面 1(标高 59.070 m)，层高有 4.500 m、4.200 m、3.600 m、3.300 m，共 4 种。同时从柱表中看出 KZ1 的截面尺寸及配筋情况，在标高－0.030～19.470 m 的高度范围内(1 到 6 层)，KZ1 的截面尺寸为 750 mm×700 mm，KZ1 配筋情况为：纵筋为 24⌀25；柱箍筋为 ⌀10@100/200；从标高 19.470 m 起，截面尺寸和纵向钢筋均有变化。

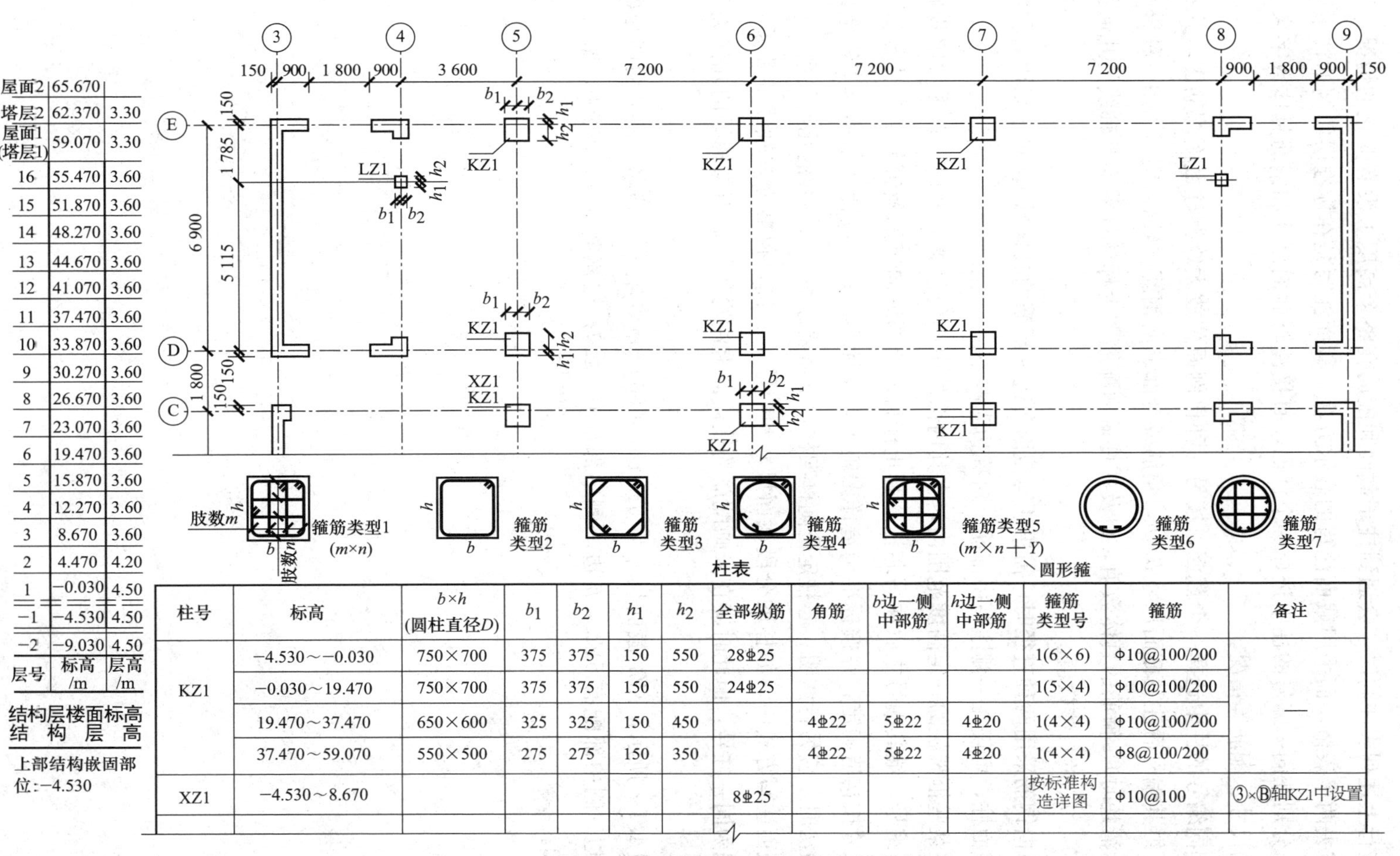

层号	标高/m	层高/m
屋面2	65.670	
塔层2	62.370	3.30
屋面1(塔层1)	59.070	3.30
16	55.470	3.60
15	51.870	3.60
14	48.270	3.60
13	44.670	3.60
12	41.070	3.60
11	37.470	3.60
10	33.870	3.60
9	30.270	3.60
8	26.670	3.60
7	23.070	3.60
6	19.470	3.60
5	15.870	3.60
4	12.270	3.60
3	8.670	3.60
2	4.470	4.20
1	−0.030	4.50
−1	−4.530	4.50
−2	−9.030	4.50

结构层楼面标高
结构层高

上部结构嵌固部位：−4.530

柱表

柱号	标高	$b \times h$（圆柱直径D）	b_1	b_2	h_1	h_2	全部纵筋	角筋	b边一侧中部筋	h边一侧中部筋	箍筋类型号	箍筋	备注
KZ1	−4.530～−0.030	750×700	375	375	150	550	28⌀25				1(6×6)	⌀10@100/200	—
	−0.030～19.470	750×700	375	375	150	550	24⌀25				1(5×4)	⌀10@100/200	
	19.470～37.470	650×600	325	325	150	450		4⌀22	5⌀22	4⌀20	1(4×4)	⌀10@100/200	
	37.470～59.070	550×500	275	275	150	350		4⌀22	5⌀22	4⌀20	1(4×4)	⌀8@100/200	
XZ1	−4.530～8.670						8⌀25				按标准构造详图	⌀10@100	③×Ⓑ轴KZ1中设置

图 1.1-1　柱平法施工图列表注写方式

2. 柱平法施工图截面注写方法

在进行上述列表注写时，会遇到柱子截面和配筋在整个高度上没有变化的情况，这样就可以省去两个表格，而采用截面注写的表示方法。截面注写是在标准层绘制的柱平面布置图上，分别在同一编号的柱中选择一个截面，直接注写截面尺寸和钢筋具体数字来表达柱截面的尺寸、配筋等情况。

从相同编号的柱中选择一个截面，按另一种比例原位放大绘制柱截面配筋图，并在各配筋图上继其编号后注写截面尺寸 $b \times h$，角筋或全部纵向钢筋(当纵向钢筋采用一种直径且能够图示清楚时)、箍筋的具体数值，以及在柱截面配筋图上标注柱截面与轴线的几何关系 b_1、b_2、h_1、h_2 的具体数值。

当纵向钢筋采用两种直径时，需再注写截面各边中部筋的具体数值(对于采用对称配筋的矩形截面柱，可仅在一侧注写中部筋，对称边省略不注)。

当在某些框架柱的一定高度范围内，在其内部的中心位设置芯柱时，首先按照规则的规定进行编号，继其编号之后注写芯柱的起止标高、全部纵向钢筋及箍筋的具体数值，芯柱截面尺寸按构造确定，并按标准构造详图施工，设计不注；当设计者采用与本构造详图不同的做法时，应另行注明。芯柱定位随框架柱，不需要注写其与轴线的几何关系。

在截面注写方式中，如柱的分段截面尺寸和配筋均相同，仅截面与轴线的关系不同，可将其编为同一柱号，但此时应在未画配筋的柱截面上注写该柱截面与轴线的几何关系的具体尺寸。

如图 1.1-2 所示，KZ1 截面尺寸为 650 mm×600 mm，轴线有偏移。柱截面四角配有 4⌀22，b 边一侧中部配有 5⌀22，h 边一侧中部配有 4⌀20；柱箍筋为 ϕ10@200，加密区为 ϕ10@100。

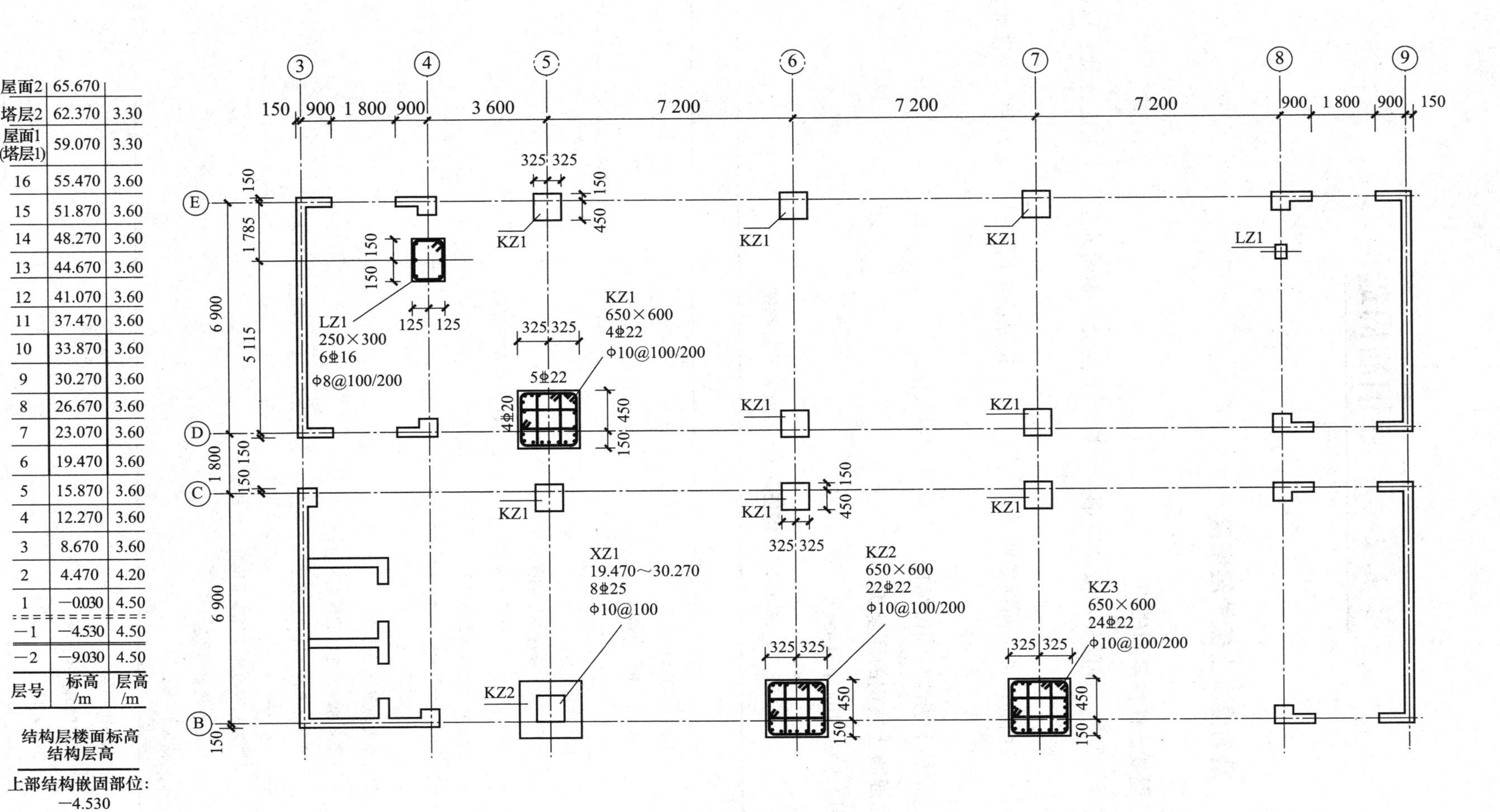

层号	标高/m	层高/m
屋面2	65.670	
塔层2	62.370	3.30
屋面1(塔层1)	59.070	3.30
16	55.470	3.60
15	51.870	3.60
14	48.270	3.60
13	44.670	3.60
12	41.070	3.60
11	37.470	3.60
10	33.870	3.60
9	30.270	3.60
8	26.670	3.60
7	23.070	3.60
6	19.470	3.60
5	15.870	3.60
4	12.270	3.60
3	8.670	3.60
2	4.470	4.20
1	−0.030	4.50
−1	−4.530	4.50
−2	−9.030	4.50

结构层楼面标高
结构层高

上部结构嵌固部位：
−4.530

图 1.1-2　柱平法施工图1：100（截面注写方式）

1.2 柱钢筋构造

1.2.1 钢筋混凝土保护层厚度

1. 钢筋混凝土保护层的作用

钢筋混凝土保护层厚度是指最外层钢筋外边缘至混凝土表面的距离。钢筋混凝土保护层的作用如下：

(1)混凝土与钢筋两种不同性质的材料共同工作，是保证结构构件承载力和结构性能的基本条件。

(2)保护钢筋不锈蚀，确保结构的安全性和耐久性。

2. 钢筋混凝土结构的环境类别

钢筋混凝土结构的环境类别见表 1.2-1。

表 1.2-1 钢筋混凝土结构的环境类别

环境类别	条件
一	室内干燥环境； 无侵蚀性静水浸没环境
二 a	室内潮湿环境； 非严寒和非寒冷地区的露天环境； 非严寒和非寒冷地区与无侵蚀性的水或土壤直接接触的环境； 严寒和寒冷地区的冰冻线以下与无侵蚀性的水或土壤直接接触的环境
二 b	干湿交替环境； 水位频繁变动环境； 严寒和寒冷地区的露天环境； 严寒和寒冷地区的冰冻线以上与无侵蚀性的水或土壤直接接触的环境
三 a	严寒和寒冷地区冬季水位变动区环境； 受除冰盐影响环境； 海风环境
三 b	盐渍土环境； 受除冰盐作用环境； 海岸环境

续表

环境类别	条件
四	海水环境
五	受人为或自然的侵蚀性物质影响的环境

注：1. 室内潮湿环境是指构件表面经常处于结露或湿润状态的环境。
2. 严寒和寒冷地区的划分应符合现行国家标准《民用建筑热工设计规范》(GB 50176—2016)的有关规定。
3. 海岸环境和海风环境宜根据当地情况，考虑主导风向及结构所处迎风、背风部位等因素的影响，由调查研究和工程经验确定。
4. 受除冰盐影响环境是指受到除冰盐盐雾影响的环境；受除冰盐作用环境是指被除冰盐溶液溅射的环境以及使用除冰盐地区的洗车房、停车楼等建筑。
5. 露天环境是指混凝土结构表面所处的环境。

3. 钢筋混凝土保护层最小厚度的规定

钢筋混凝土保护层的最小厚度见表 1.2-2。

表 1.2-2　钢筋混凝土保护层的最小厚度　　mm

环境类别	板、墙	梁、柱
一	15	20
二 a	20	25
二 b	25	35
三 a	30	40
三 b	40	50

注：1. 表中钢筋混凝土保护层厚度是指最外层钢筋外缘至混凝土表面的距离，适用于设计使用年限为 50 年的钢筋混凝土结构。
2. 构件中受力钢筋的保护层厚度不应小于钢筋的公称直径。
3. 一类环境中，设计使用年限为 100 年的结构最外层钢筋的保护层厚度不应小于表中数值的 1.4 倍；二类和三类环境中，设计使用年限为 100 年的结构应采取专门的有效措施。
4. 混凝土强度等级不大于 C25 时，表中保护层厚度值应增加 5 mm。
5. 基础底面钢筋的保护层厚度，有混凝土垫层时应从垫层顶面算起，且不应小于 40 mm。

1.2.2　纵向受拉钢筋的锚固长度

(1)当计算充分利用纵向受拉钢筋的抗拉强度时，纵向受拉钢筋按公式 $l_a = \alpha f_y / f_t d$ 计算的锚固长度，不应小于表 1.2-3 规定的数值。

表 1.2-3　纵向受拉钢筋的最小锚固长度 l_a　　mm

钢筋种类	混凝土强度等级																
	C20	C25		C30		C35		C40		C45		C50		C55		C60	
	$d \leqslant 25$	$d \leqslant 25$	$d > 25$	$d \leqslant 25$	$d > 25$	$d \leqslant 25$	$d > 25$	$d \leqslant 25$	$d > 25$	$d \leqslant 25$	$d > 25$	$d \leqslant 25$	$d > 25$	$d \leqslant 25$	$d > 25$	$d \leqslant 25$	$d > 25$
HPB300	39*d*	34*d*	—	30*d*	—	28*d*	—	25*d*	—	24*d*	—	23*d*	—	22*d*	—	21*d*	—
HRB335、HRBF335	38*d*	33*d*	—	29*d*	—	27*d*	—	25*d*	—	23*d*	—	22*d*	—	21*d*	—	21*d*	—
HRB400、HRBF400 RRB400	—	40*d*	44*d*	35*d*	39*d*	32*d*	35*d*	29*d*	32*d*	28*d*	31*d*	27*d*	30*d*	26*d*	29*d*	25*d*	28*d*
HRB500、HRBF500	—	48*d*	53*d*	43*d*	47*d*	39*d*	43*d*	36*d*	40*d*	34*d*	37*d*	32*d*	35*d*	31*d*	34*d*	30*d*	33*d*

(2)当计算充分利用纵向受拉钢筋的抗压强度时，其锚固长度不应小于表 1.2-4 所列纵向受拉钢筋锚固长度的 70%。

(3)纵向受拉钢筋的最小抗震锚固长度 l_{aE}：对一、二级抗震等级为 $1.15l_a$，对三级抗震等级为 $1.05l_a$，对四级抗震等级为 l_a(表 1.2-4)。

表 1.2-4　纵向受拉钢筋的最小抗震锚固长度 l_{aE}　　mm

钢筋种类及抗震等级		混凝土强度等级																
		C20	C25		C30		C35		C40		C45		C50		C55		C60	
		$d \leqslant 25$	$d \leqslant 25$	$d > 25$	$d \leqslant 25$	$d > 25$	$d \leqslant 25$	$d > 25$	$d \leqslant 25$	$d > 25$	$d \leqslant 25$	$d > 25$	$d \leqslant 25$	$d > 25$	$d \leqslant 25$	$d > 25$	$d \leqslant 25$	$d > 25$
HPB300	一、二级	45*d*	39*d*	—	35*d*	—	32*d*	—	29*d*	—	28*d*	—	26*d*	—	25*d*	—	24*d*	—
	三级	41*d*	36*d*	—	32*d*	—	29*d*	—	26*d*	—	25*d*	—	24*d*	—	23*d*	—	22*d*	—
HRB335 HRBF335	一、二级	44*d*	38*d*	—	33*d*	—	31*d*	—	29*d*	—	26*d*	—	25*d*	—	24*d*	—	24*d*	—
	三级	40*d*	35*d*	—	30*d*	—	28*d*	—	26*d*	—	24*d*	—	23*d*	—	22*d*	—	22*d*	—
HRB400 HRBF400	一、二级	—	46*d*	51*d*	40*d*	45*d*	37*d*	40*d*	33*d*	37*d*	32*d*	36*d*	31*d*	35*d*	30*d*	26*d*	29*d*	
	三级	—	55*d*	61*d*	49*d*	54*d*	45*d*	49*d*	41*d*	46*d*	39*d*	43*d*	37*d*	40*d*	36*d*	39*d*	35*d*	38*d*
HRB400 HRBF400	一、二级	—	55*d*	61*d*	49*d*	54*d*	45*d*	49*d*	41*d*	46*d*	39*d*	43*d*	37*d*	40*d*	36*d*	39*d*	35*d*	38*d*
	三级	—	55*d*	56*d*	45*d*	49*d*	41*d*	45*d*	38*d*	42*d*	36*d*	39*d*	34*d*	37*d*	33*d*	36*d*	32*d*	35*d*

(4)在抗震设计中，箍筋的末端应做成 135°。弯钩端头平直段长度不应小于箍筋直径的 10 倍；在纵向受拉钢筋搭接长度范围内的箍筋，其直径不应小于搭接钢筋较大直径的 25%，其间距不应大于搭接钢筋较小直径的 5 倍，且不应大于 100 mm。

1.2.3　钢筋的连接规定

钢筋的连接方式可分为绑扎搭接、焊接、机械连接等。由于钢筋通过接头传力的性能不如整根钢筋，因此设置钢筋连接原则为：钢筋接头宜设置在受力较小处，同一根钢筋上宜少设接头，同一构件中的纵向受力钢筋接头宜相互错开。

1. 接头使用规定

(1)直径大于 12 mm 的钢筋，应优先采用焊接接头或机械连接接头。

(2)当受拉钢筋的直径大于 28 mm 及受压钢筋的直径大于 32 mm 时，不宜采用绑扎搭接接头。

(3)轴心受拉及小偏心受拉杆件(如桁架和拱的拉杆)的纵向受力钢筋不得采用绑扎搭接接头。

(4)直接承受动力荷载的结构构件中，其纵向受拉钢筋不得采用绑扎搭接接头。

2. 接头面积允许百分率

同一连接区段内，纵向钢筋接头面积百分率为该连接区段内有接头的纵向受力钢筋截面面积与全部纵向受力钢筋截面面积的比值。

(1)钢筋绑扎搭接接头连接区段的长度为 $1.3l_l$(l_l为搭接长度)，凡搭接接头中点位于该连接区段长度内的搭接接头均属于同一连接区段，如图 1.2-1(a)所示。同一连接区段内，纵向受压钢筋搭接接头面积百分率不宜大于 50%；纵向受拉钢筋搭接接头面积百分率应符合设计要求，当设计无具体要求时，应符合下列规定：

①对梁、板类及墙类构件，不宜大于 25%。

②对柱类构件，不宜大于 50%。

③当工程中确有必要增大接头面积百分率时，对梁类构件不应大于 50%；对其他构件，可根据实际情况放宽。

(2)钢筋机械连接接头连接区段的长度为 35d(d 为纵向受力钢筋的较大直径)；钢筋焊接接头连接区段的长度为 35d(d 为纵向受力钢筋的较大直径)，且不小于 500 mm，如图 1.2-1(b)所示。同一连接区段内，纵向受力钢筋的接头面积百分率应符合设计要求；当设计无具体要求时，应符合下列规定：

①受拉区不宜大于 50%；受压区不受限制。

②在抗震要求中，纵向受力钢筋连接接头的位置宜避开梁端、柱端箍筋加密区；当无法避开时，应采用满足等强度要求的高质量机械连接接头，且接头面积百分率不应超过 50%。

③直接承受动力荷载的结构构件中，不宜采用焊接接头；当采用机械连接接头时，不应大于 50%。

(3)绑扎搭接接头的搭接长度。

①纵向受拉钢筋绑扎搭接接头的搭接长度应根据位于同一连接区段内的钢筋接头面积百分率按下列公式计算：

$$l_l=\xi l_a$$

式中　l_a——纵向受拉钢筋的锚固长度；

　　　ξ——纵向受拉钢筋搭接长度修正系数，按表 1.2-5 取用。

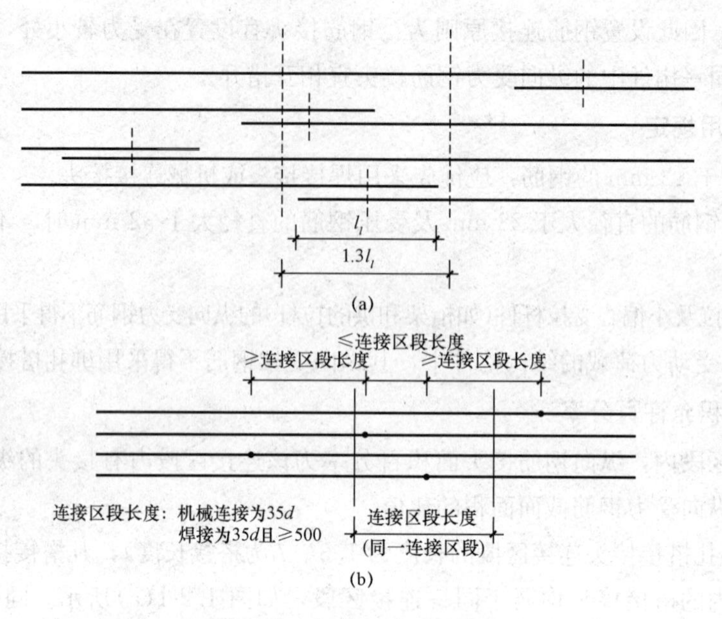

图 1.2-1 钢筋接头连接构造

(a)同一连接区段内的纵向受拉钢筋绑扎搭接接头；

(b)同一连接区段内的纵向受拉钢筋机械连接、焊接接头

表 1.2-5 纵向受拉钢筋搭接长度修正系数

纵向钢筋接头面积百分率/%	≤25	50	100
ξ	1.2	1.4	1.6

②构件中的纵向受压钢筋，当采用绑扎搭接时，其受压搭接长度不应小于纵向受拉钢筋搭接长度的70%，且在任何情况下不应小于200 mm。

③采用绑扎搭接接头时，纵向受拉钢筋的抗震搭接长度 l_{lE} 应按下列公式计算：

$$l_{lE}=\xi l_{aE}$$

式中 l_{aE}——抗震时纵向受拉钢筋的锚固长度；

ξ——纵向受拉钢筋搭接长度修正系数。

(4)在梁、柱类构件的纵向受力钢筋搭接长度范围内，应按设计要求配置箍筋。当设计无具体要求时，应符合下列规定：

①箍筋直径不应小于搭接钢筋较大直径的25%。

②受拉连接区段的箍筋间距不应大于搭接钢筋较小直径的5倍，且不应大于100 mm。

③受压连接区段的箍筋间距不应大于搭接钢筋较小直径的10倍，且不应大于200 mm。

④当柱中纵向受力钢筋直径大于25 mm时，应在钢筋接头两个端面外100 mm范围内各设置两个箍筋，其间距宜为50 mm。

1.2.4 柱纵向钢筋的构造

柱纵向钢筋的净间距不应小于 50 mm，且不宜大于 300 mm；抗震且截面尺寸大于 400 mm 的柱，其纵向钢筋的间距不宜大于 200 mm。

1. 柱纵向钢筋在基础中的构造

中柱插筋在基础里锚固，如图 1.2-2(a)、(c)所示，边(角)柱插筋在基础里锚固，如图 1.2-2(b)、(d)所示，柱插筋伸至基础底部，支承在钢筋网片上，并在基础高度范围内设置间距不大于 500 mm 且不少于两道箍筋(非复合箍)。当基础高度 $h_j \geqslant l_{aE}$时，纵向钢筋弯折长度取 6d 且≥150 mm，当基础高度 $h_j \geqslant l_{aE}$时，纵向钢筋弯折长度取 15d。

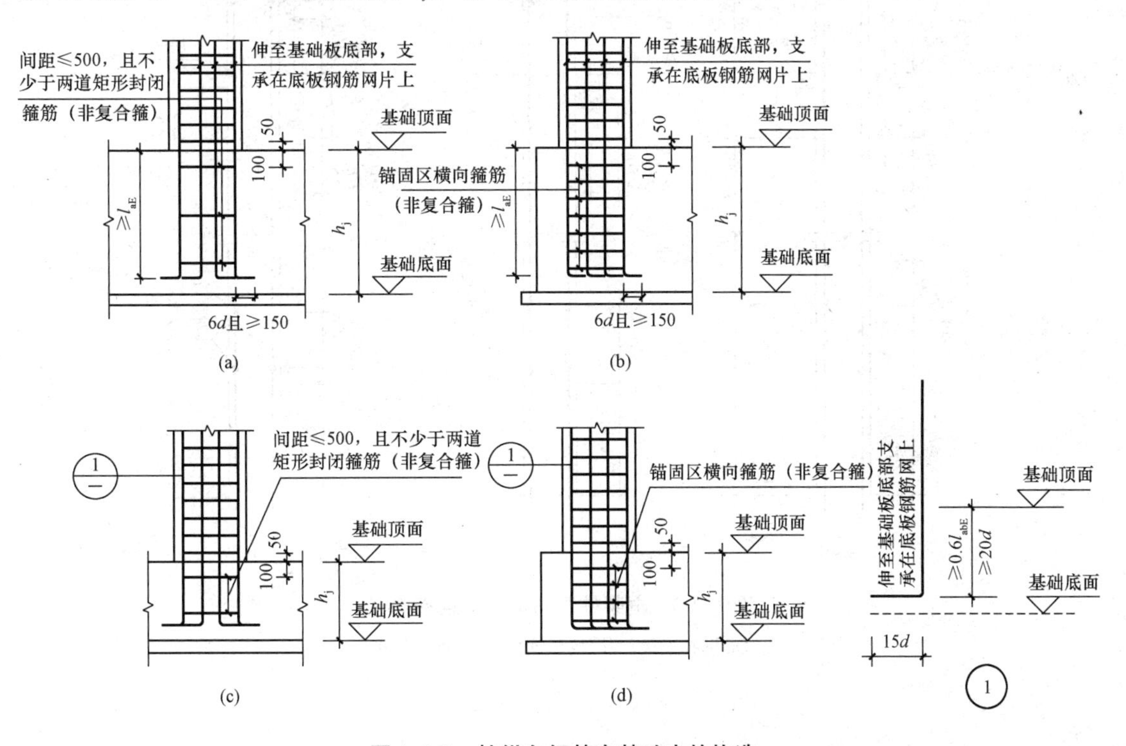

图 1.2-2　柱纵向钢筋在基础中的构造

(a)保护层厚度>5d，基础高度满足直锚；(b)保护层厚度≤5d，基础高度满足直锚；
(c)保护层厚度>5d，基础高度不满足直锚；(d)保护层厚度≤5d，基础高度不满足直锚

2. 框架柱纵向钢筋的连接构造

框架柱纵向钢筋应贯穿中间层的中间节点或端节点，接头应设在节点区以外。框架柱相邻纵向钢筋连接接头相互错开，连接位置宜避开梁端及柱箍筋加密区。若必须在此连接时，宜采用机械连接或焊接，且同一连接区段内钢筋接头面积百分率不宜大于 50%。当某层连接区的高度小于纵向钢筋分两批搭接所需要的高度时，应采用机械连接或焊接连接。框架柱纵向钢筋的连接可采用绑扎连接、机械连接及焊接连接，其连接构造如图 1.2-3 所示。

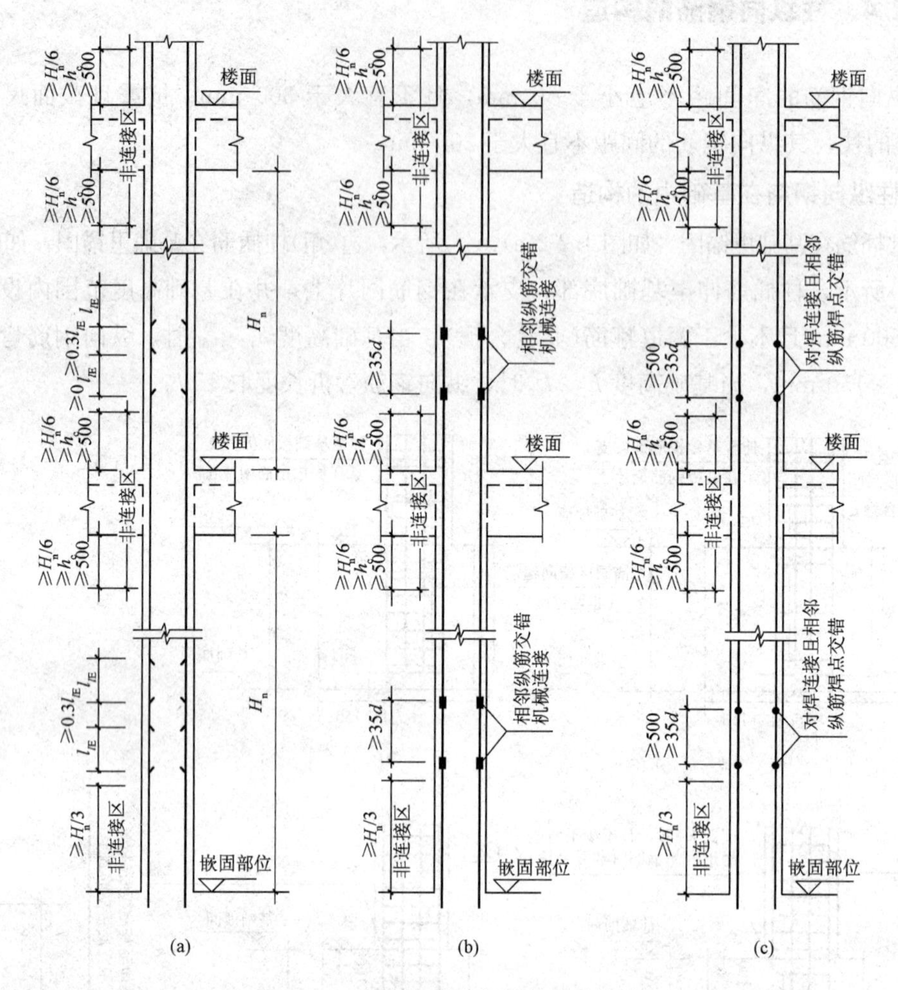

图 1.2-3　框架柱纵向钢筋的连接构造

(a)绑扎连接；(b)机械连接；(c)焊接连接

3. 框架柱纵向钢筋变化时的连接构造

框架柱纵向钢筋变化时的连接构造及排布规则如图 1.2-4 所示。如图 1.2-4(a)所示，当框架柱楼层所配钢筋不一样，上柱筋比下柱筋多时，上柱多出的钢筋需从所在楼层顶面向下直锚 1.2l_a。如图 1.2-4(b)所示，上柱筋比下柱筋直径大时，上柱较大直径钢筋需伸至下柱连接区内进行连接。图 1.2-4(c)所示，下柱筋比上柱筋多时，下柱多出的钢筋需从所在楼层梁底向上直锚 1.2l_a。图 1.2-4(d)所示，下柱筋比上柱筋直径大时，下柱较大直径钢筋需伸至上柱连接区内进行连接。

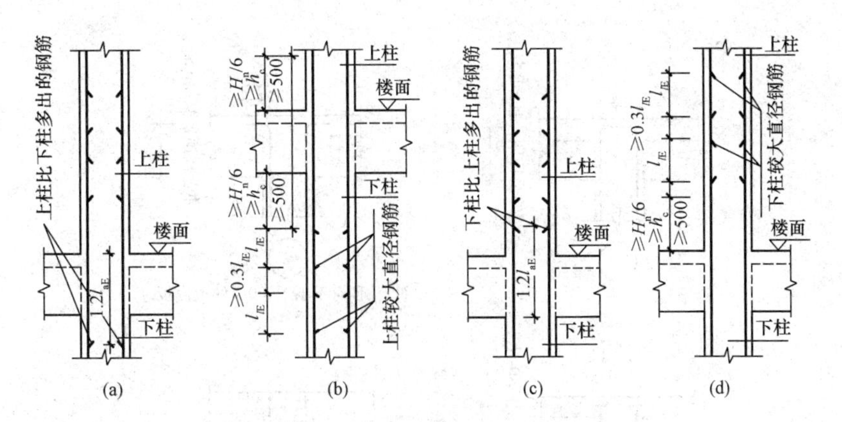

图 1.2-4　框架柱纵向钢筋变换处的构造

(a)上柱钢筋比下柱多时；(b)上柱钢筋直径比下柱钢筋直径大时；

(c)下柱钢筋比上柱多时；(d)下柱钢筋直径比上柱钢筋直径大时

4. 框架柱变截面处纵向钢筋的构造

框架柱变截面处纵向钢筋排列规则如图 1.2-5 所示。下柱伸入上柱搭接钢筋的根数及直径，应满足上柱受力的要求；当上下柱内钢筋直径不同时，搭接长度应按上柱内钢筋直径计算。下柱伸入上柱的钢筋折角不大于 1/6 时，下柱钢筋可不切断而弯伸至上柱；当折角大于 1/6 时，应设置插筋。

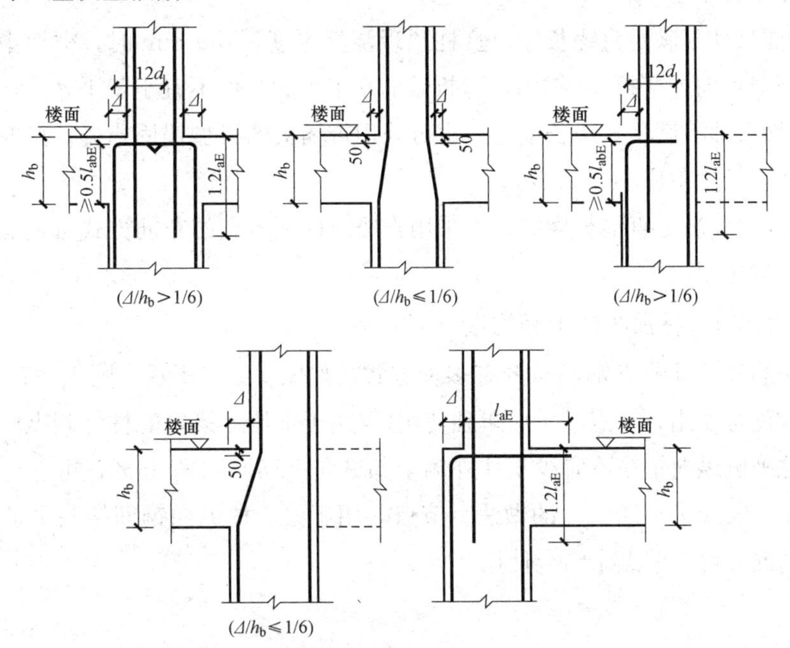

图 1.2-5　框架柱变截面处纵向钢筋的构造

5. 框架中柱柱顶纵向钢筋的构造

框架中柱柱顶节点纵向钢筋排布规则如图 1.2-6 所示。

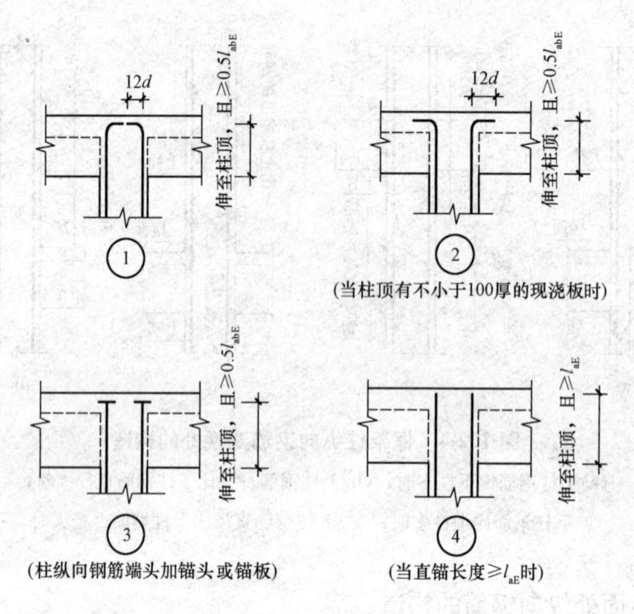

图 1.2-6　框架中柱柱顶纵向钢筋的构造

(1)当截面尺寸不满足直锚长度，框架中柱柱顶纵向钢筋伸至柱顶节点向内弯折 90°。此时，包括弯弧在内的钢筋垂直投影锚固长度不应小于 $0.5l_{ab}$，在弯折平面内包含弯弧段的水平投影长度不宜小于 $12d$。

(2)当截面尺寸不满足直锚长度，且柱顶现浇板厚度≥100 mm 时，框架中柱柱顶纵向钢筋伸至柱顶节点向外弯折 90°锚固，弯折后的水平投影长度不宜小于 $12d$。

(3)当截面尺寸不满足直锚长度时，也可采用带锚头的机械锚固措施。此时，包含锚头在内的竖向锚固长度不应小于 $0.5l_{ab}$。

(4)当截面尺寸满足直锚长度时，可采用直锚。柱顶节点的布筋方式可根据各种做法所要求的条件正确选用。

6. 框架边(角)柱柱顶纵向钢筋构造

框架边(角)柱柱顶节点钢筋布置有多种方式，如图 1.2-7 所示。图 1.2-7 中，节点①、②、③、④应配合使用，节点④不应单独使用(仅用于未伸入梁内的柱外侧纵向钢筋锚固)，伸入梁内的柱外侧纵向钢筋不宜少于柱外侧全部纵向钢筋面积的 65%，可选择②+④或③+④或①+②+④或①+③+④的做法。节点⑤用于梁、柱纵向钢筋接头沿节点柱顶外侧直线布置的情况，可与节点①组合使用。

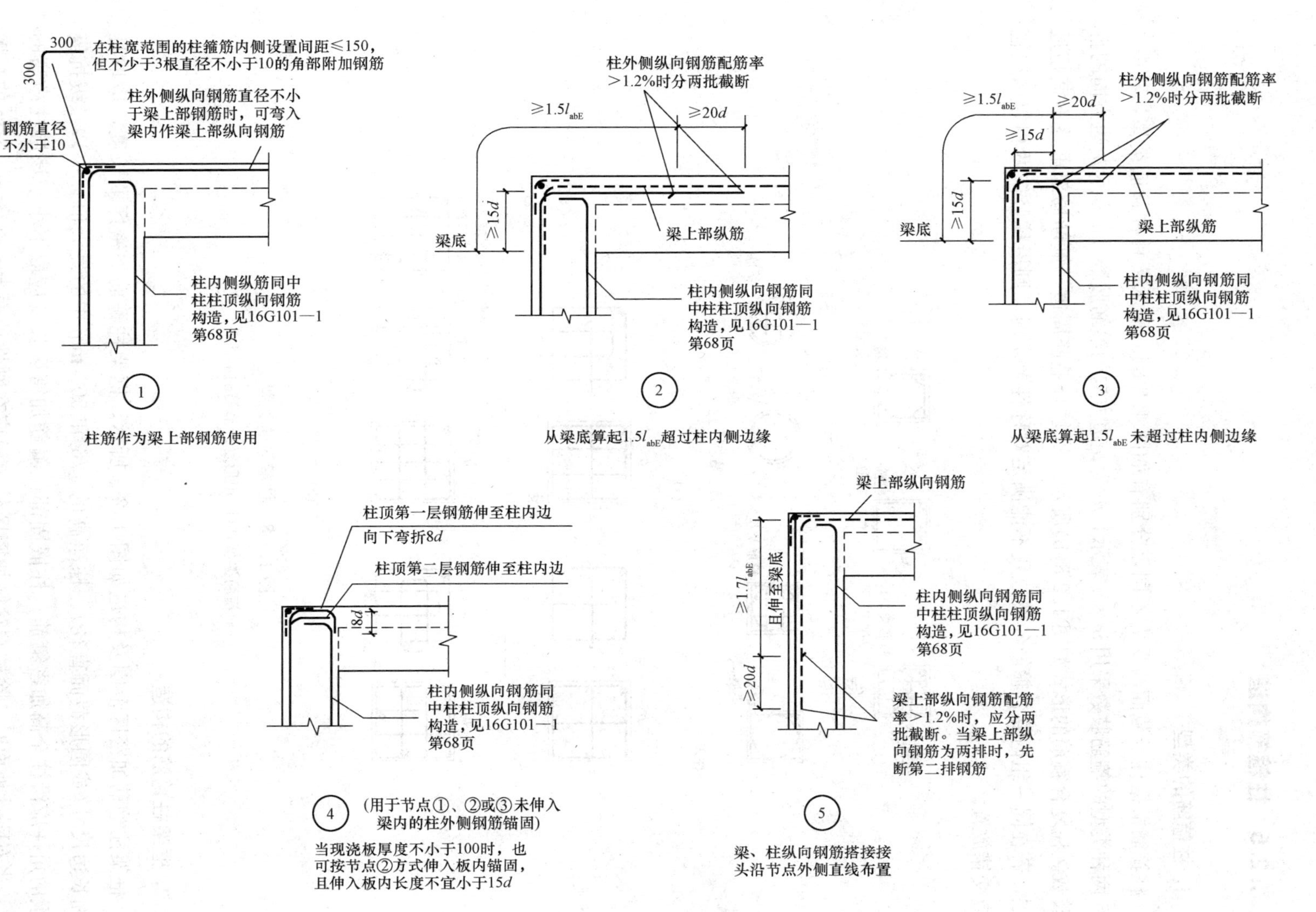

图 1.2-7　框架边（角）柱柱顶纵向钢筋的构造

1.2.5 柱箍筋构造

1. 柱箍筋的类型

柱箍筋根据柱子截面与受力不同，分别有如图 1.2-8(a)所示 7 种柱箍筋类型，其中 1 与 5 两种类型的箍筋肢数采用 $m \times n$ 表示，m 为 b 边方向的箍筋肢数，n 表示 h 边方向的箍筋肢数。柱复合箍筋的形式如图 1.2-8(b)所示。沿复合箍筋周边，箍筋局部重叠不宜超过两层，若在同一组内复合箍筋各肢位置不能满足对称性要求时，则沿柱竖向两相邻两组箍筋应交错放置。

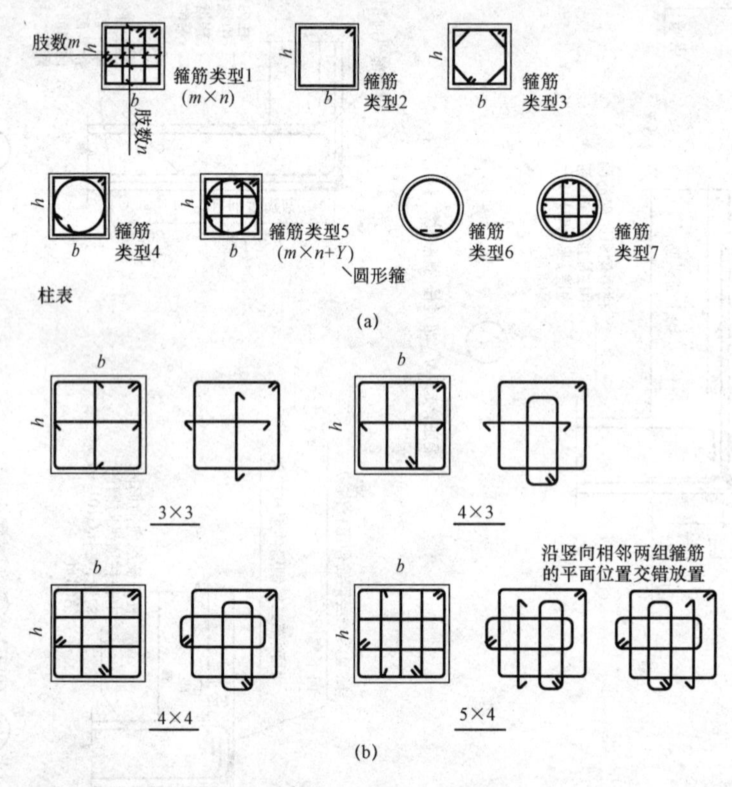

图 1.2-8 柱箍筋的类型

(a)箍筋类型；(b)矩形复合箍筋的形式

2. 框架柱箍筋的构造

框架柱箍筋加密区范围及构造如图 1.2-9 所示。框架柱箍筋加密区的长度，应取柱截面长边尺寸(或圆形截面直径)、柱净高的 1/6 和 500 mm 中的最大值；一、二级抗震等级的角柱应沿柱全高加密箍筋；柱嵌固部位箍筋加密区长度应取不小于该层柱净高的 1/3；当有刚性地面时，除柱端箍筋加密区外，尚应在刚性地面上、下各 500 mm 的高度范围内加密箍筋，如图 1.2-10 所示；纵向钢筋的接头不宜设置在柱端箍筋加密区范围内。

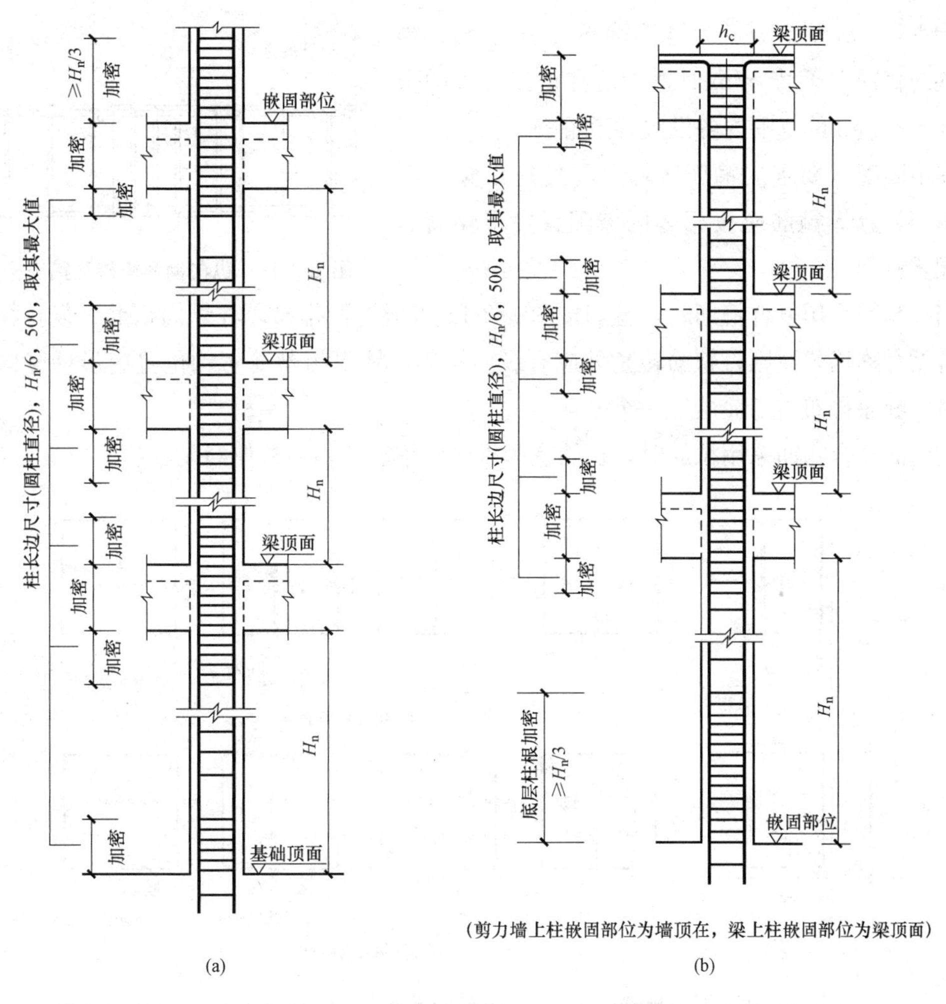

图 1.2-9　柱箍筋的加密区范围

(a)地下室框架柱箍筋加密区范围；(b)框架柱/剪力墙上柱/梁上柱箍筋加密区范围

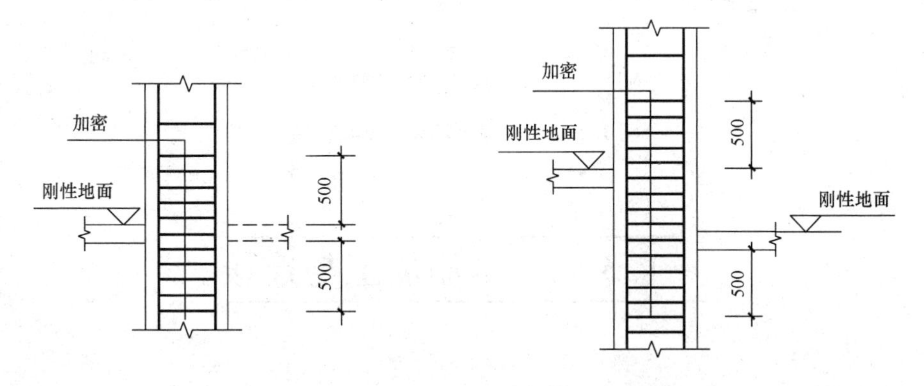

图 1.2-10　底层刚性地面箍筋加密构造

当框架柱纵向钢筋采用搭接连接时，纵向受力钢筋搭接区范围内的箍筋构造如图 1.2-11 所示，且应满足以下要求：搭接区内箍筋直径不小于 $d/4$(d 为搭接钢筋最小直径)，间距不应大于 100 mm 及 5 d(d 为搭接钢筋最小直径)；当受压钢筋直径大于 25 mm 时，尚应在搭接接头两个端面外 100 mm 的范围内各设置两道箍筋。

在不同配置要求的箍筋区域分界处应设置一道分界箍筋，分界箍筋应按相邻区域配置要求较高的箍筋配置。

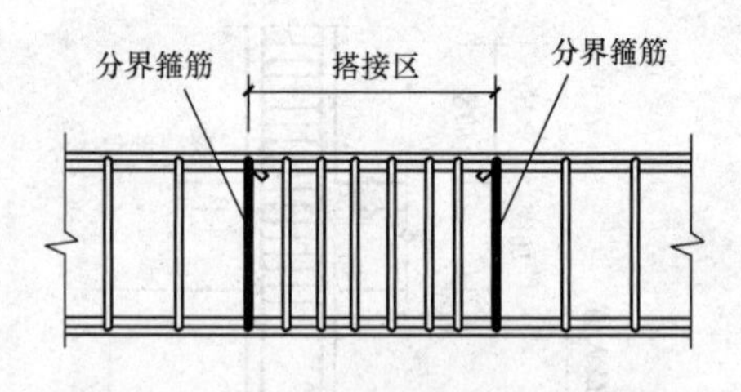

图 1.2-11　纵向钢筋搭接区箍筋构造

当柱箍筋采用复合箍筋时，箍筋按图 1.2-12 所示进行排布，柱纵向钢筋、复合箍筋排布应遵循对称均匀原则，箍筋转角处应有纵向钢筋。柱封闭箍筋弯钩位置应沿柱竖向按顺(逆)时针顺序排布，每 4 层为一个循环。

柱内部复合箍筋采用拉筋时，拉筋宜紧靠纵向钢筋并勾住外侧封闭箍筋。

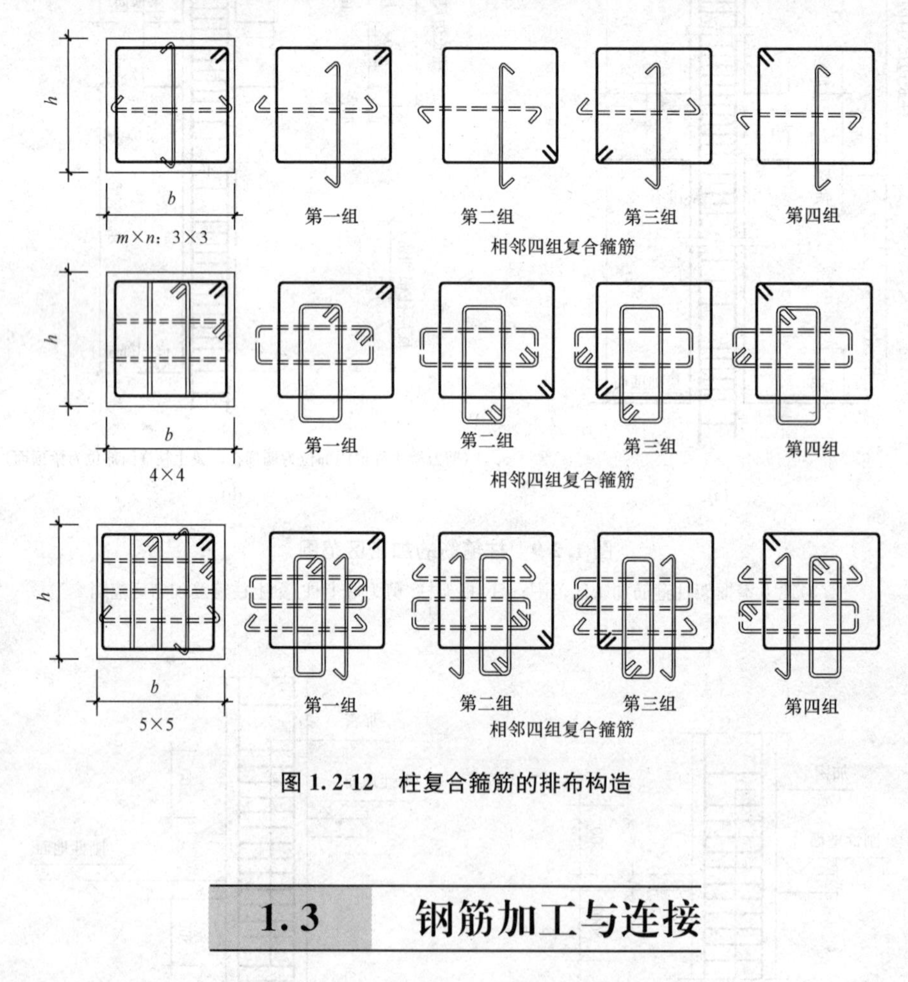

图 1.2-12　柱复合箍筋的排布构造

1.3　钢筋加工与连接

1.3.1　钢筋加工的一般方法

钢筋加工一般集中在车间采用流水作业法进行，然后运至工地进行安装和绑扎。钢筋加工过程包括：钢筋调直→除锈→切断→弯曲。

1. 钢筋的调直

钢筋的加工

钢筋在使用前必须经过调直，否则会影响钢筋受力，甚至会使混凝土提前产生裂缝，如未调直直接下料，还会影响钢筋的下料长度，并影响后续工序的质量。

钢筋的机械调直可采用钢筋调直机、弯筋机、卷扬机等。其中，钢筋调直机用于光圆钢筋的调直和切断，并可清除其表面的氧化皮和污迹。另外，还有一种数控钢筋调直切断机，其利用光电管进行调直、输送、切断、除锈等功能的自动控制。

钢筋的调直与切断

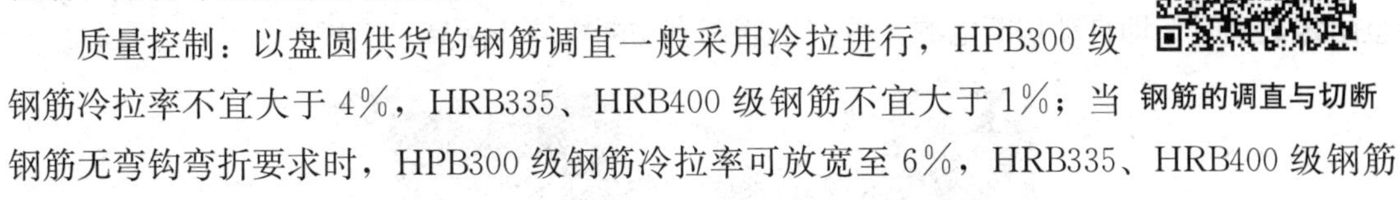

质量控制：以盘圆供货的钢筋调直一般采用冷拉进行，HPB300 级钢筋冷拉率不宜大于 4%，HRB335、HRB400 级钢筋不宜大于 1%；当钢筋无弯钩弯折要求时，HPB300 级钢筋冷拉率可放宽至 6%，HRB335、HRB400 级钢筋不超过 2%。钢筋调直后应平直、无局部弯曲。

(1)钢筋调直机。钢筋调直机的技术性能，见表 1.3-1。图 1.3-1 所示为 GT3/8 型钢筋调直机外形。

表 1.3-1　钢筋调直机的技术性能

机械型号	钢筋直径 /mm	调直速度 /$(m \cdot min^{-1})$	断料长度 /mm	电机功率 /kW	外形尺寸/mm 长×宽×高	机重 /kg
GT3/8	3～8	40、65	300～6 500	9.25	1 854×741×1 400	1 280
GT6/12	6～12	36、54、72	300～6 500	12.6	1 770×535×1 457	1 230
注：表中所列的钢筋调直机断料长度误差均应小于等于 3 mm。						

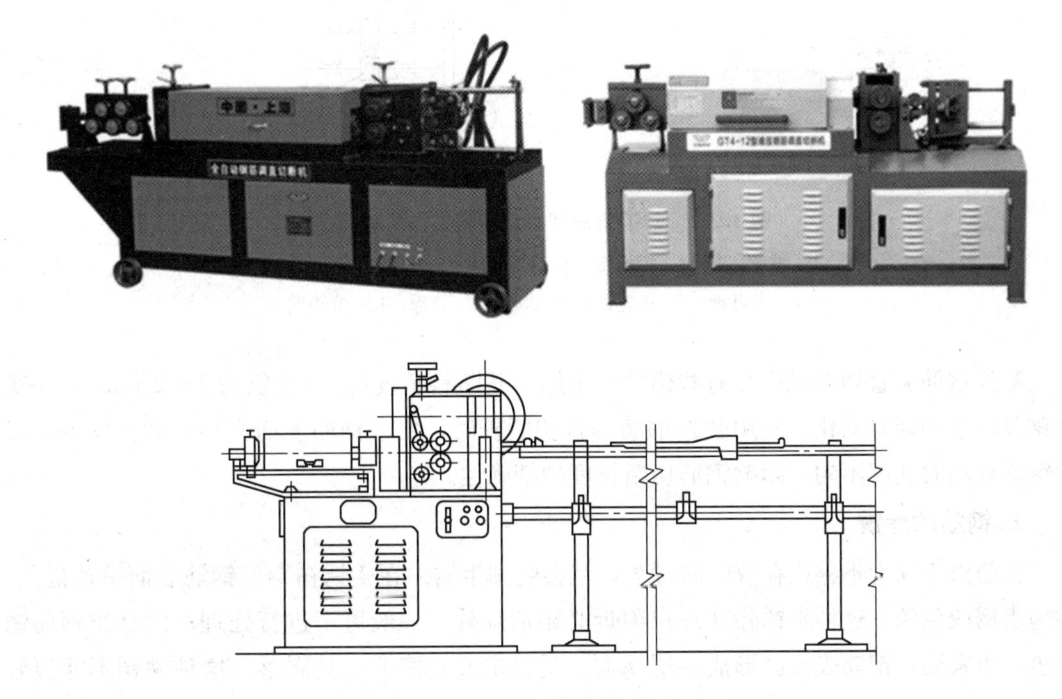

图 1.3-1　GT3/8 型钢筋调直机外形

(2)数控钢筋调直切断机。数控钢筋调直切断机是在原有钢筋调直机的基础上应用电子控制仪，准确控制钢筋断料长度，并自动计数。数控钢筋调直切断机的工作原理如图 1.3-2 所示。在该机摩擦轮(周长为 100 mm)的同轴上装有一个穿孔光电盘(分为 100 等分)，光电盘的一侧装有一只小灯泡，另一侧装有一只光电管。当钢筋通过摩擦轮带动光电盘转动时，灯泡发出的光线通过每个小孔照射到光电管，并被光电管接收而产生脉冲信号(每次信号为钢筋长 1 mm)，控制仪长度显示屏上立即显示出相应读数。当读数积累到给定数字(即钢丝调直到所指定长度)时，控制仪立即发出指令，使切断装置切断钢筋，与此同时长度显示屏上的读数归零，钢筋根数显示屏上显示出钢筋根数，这样连续作业，当钢筋根数信号积累至给定数字时，即自动切断电源，数控钢筋调直切断机停止运转。

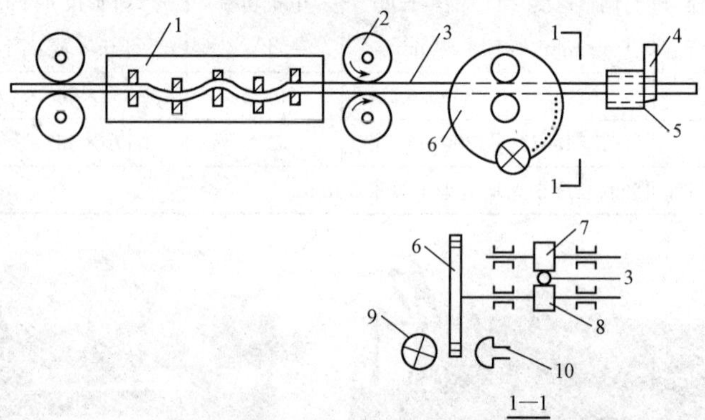

图 1.3-2　数控钢筋调直切断机工作原理简图

1—调直装置；2—牵引轮；3—钢筋；4—上刀口；5—下刀口；
6—光电盘；7—压轮；8—摩擦轮；9—灯泡；10—光电管

数控钢筋调直切断机已在有些构件厂采用，其断料精度高(偏差仅为 1～2 mm)，并实现钢丝调直切断自动化。采用数控钢筋调直切断机时，要求钢筋表面光洁，截面均匀，以免钢筋移动时速度不匀，影响钢筋切断长度的精确性。

2. 钢筋的除锈

钢筋由于保管不善或存放时间过久，就会受潮生锈。在生锈初期，钢筋表面呈黄褐色，称为水锈或色锈，这种水锈除在焊点附近必须清除外，一般可不进行处理；但是当钢筋锈蚀进一步发展，钢筋表面已形成一层锈皮，受锤击或碰撞可见其剥落，这种铁锈不能很好地与混凝土粘结，影响钢筋和混凝土的握裹力，并且在混凝土中会继续发展，则需要清除。

3. 钢筋的切断

钢筋的切断有人工剪断、机械切断、氧气切割三种方法。直径大于 40 mm 的钢筋一般用氧气切割。钢筋切断机是用来将钢筋原材料或已调直的钢筋切断，其主要类型有机械式钢筋切断机、液压式钢筋切断机和手持式钢筋切断机，如图 1.3-3 和图 1.3-4 所示。机械式钢筋切断机有偏心轴立式、凸轮式和曲柄连杆式等形式。

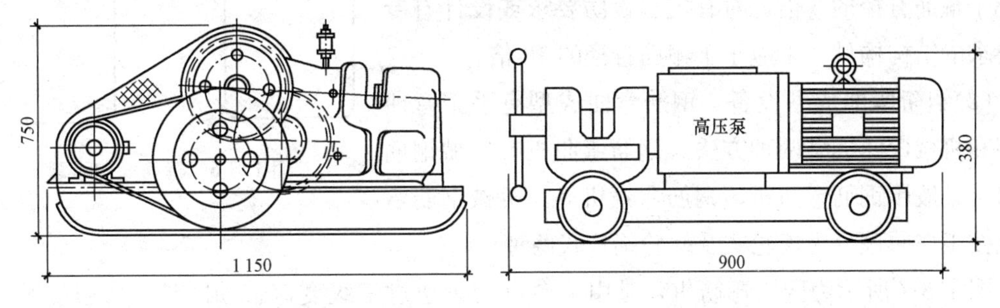

图 1.3-3　GQ40 型钢筋切断机　　**图 1.3-4　DYQ328 电动液压切断机**

4. 钢筋的弯曲

钢筋的弯曲成型是将已切断、配好的钢筋，弯曲成所规定的形状尺寸，是钢筋加工的一道主要工序。钢筋弯曲成型要求加工的钢筋形状正确，平面上没有翘曲不平的现象，便于绑扎安装。

(1)钢筋弯钩和弯折的有关规定。

①受力钢筋。

a. HPB300 级钢筋末端应做 180°弯钩，其弯弧内直径 D 不应小于钢筋直径的 2.5 倍，弯钩的弯后平直部分长度不应小于钢筋直径的 3 倍。

b. 当设计要求钢筋末端需做 135°弯钩时[图 1.3-5(a)]，HRB335 级、HRB400 级钢筋的弯弧内直径 D 不应小于钢筋直径的 4 倍，弯钩的弯后平直部分长度应符合设计要求。

c. 钢筋做不大于 90°的弯折时[图 1.3-5(b)]，弯折处的弯弧内直径不应小于钢筋直径的 5 倍。

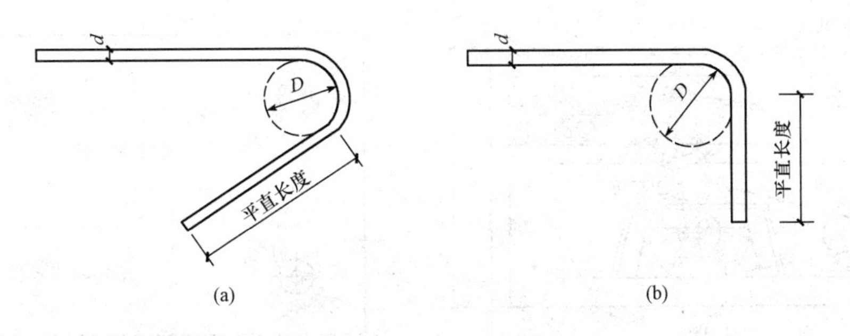

图 1.3-5　钢筋的弯折

(a)135°弯钩；(b)不大于 90°弯折

②箍筋。除焊接封闭环式箍筋外，箍筋的末端应做弯钩。弯钩的形式应符合设计要求；

当设计无具体要求时，应符合下列规定：

a. 箍筋弯钩的弯弧内直径除应满足上述要求外，尚应不小于受力钢筋的直径。

b. 箍筋弯钩的弯折角度：对一般结构，不应小于 90°；对有抗震设防要求或设计有专门要求的结构构件，不应小于 135°(图 1.3-6)。

c. 箍筋弯后的平直部分长度：对一般结构构件，不宜小于箍筋直径的 5 倍；对有抗震设防要求或设计有专门要求的结构构件，不应小于箍筋直径的 10 倍。

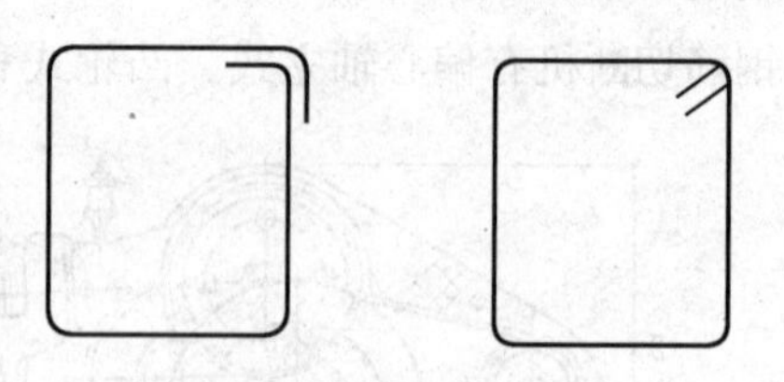

图 1.3-6　箍筋弯钩示意

(2)钢筋弯曲成型设备。钢筋弯曲成型有手工弯曲成型和机械弯曲成型两种方法。钢筋弯曲机有机械钢筋弯曲机、液压钢筋弯曲机、钢筋弯箍机等。机械钢筋弯曲机按工作原理分为齿轮式及蜗轮蜗杆式两种。

图 1.3-7 所示为四头弯筋机，是由一台电动机通过三级变速带动圆盘，再通过圆盘上的偏心铰带动连杆与齿条，使四个工作盘转动。每个工作盘上装有心轴与成型轴，其与钢筋弯曲机不同的是：工作盘不停地往复运动，且转动角度一定(事先可调整)。四头弯筋机主要技术参数有：电机功率为 3 kW，转速为 960 r/min，工作盘反复动作次数为 31 r/min，可弯曲 ϕ4～ϕ12 钢筋，弯曲角度在 0°～180°范围内变动。四头弯筋机主要用于弯制钢箍；其工效比手工操作提高约 7 倍，且加工质量稳定，弯折角度偏差小。

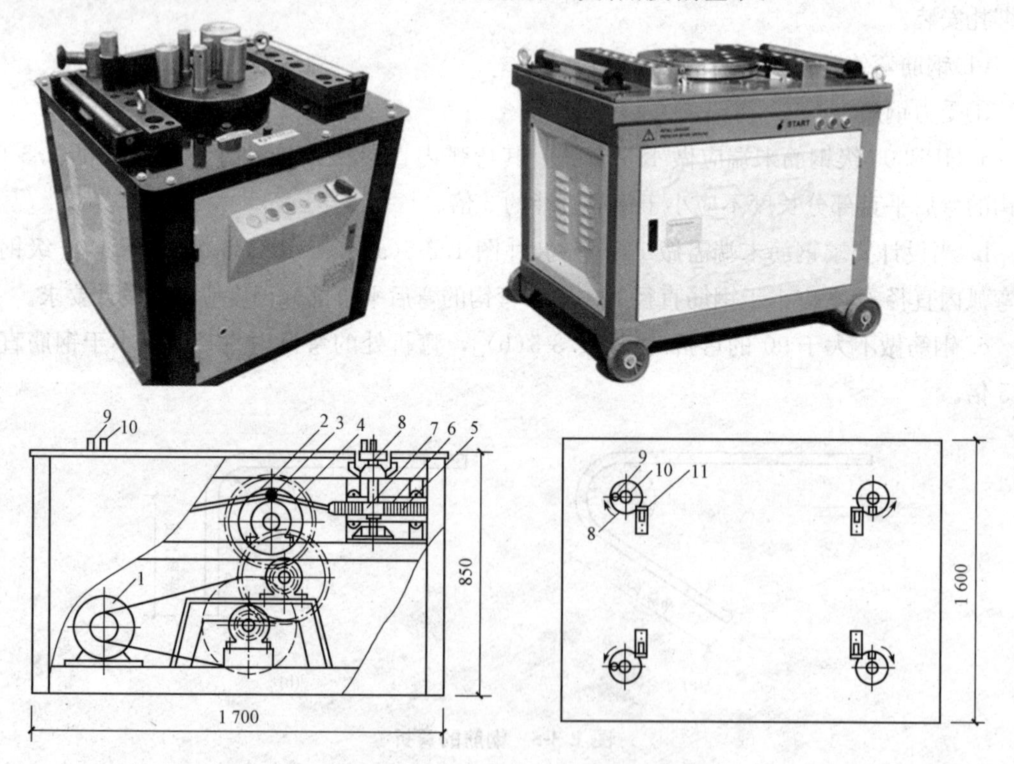

图 1.3-7　四头弯筋机

1—电动机；2—偏心圆盘；3—偏心铰；4—连杆；5—齿条；6—滑道；7—正齿轮；8—工作盘；9—成型轴；10—心轴；11—挡铁

(3)弯曲成型工艺。

①画线。钢筋弯曲前，对形状复杂的钢筋(如弯起钢筋)，根据钢筋料牌上标明的尺寸，用石腊笔将各弯曲点位置画出。画线时应注意以下几点：

a. 根据不同的弯曲角度扣除弯曲调整值，其扣除方法为从相邻两段长度中各扣除一半。

b. 钢筋端部带半圆弯钩时，该段长度画线时应增加 0.5d(d 为钢筋直径)。

c. 画线工作宜从钢筋中部开始向两边进行；两边不对称的钢筋，也可以从钢筋一端开始画线，如画到另一端有出入时，则应重新调整。

②钢筋弯曲成型。钢筋在弯曲机上成型时(图 1.3-8)，心轴直径应是钢筋直径的 2.5～5.0 倍，成型轴宜加偏心轴套，以便适应不同直径钢筋弯曲的需要。弯曲细钢筋时，为了使弯弧一侧的钢筋保持平直，挡铁轴宜做成可变挡架或固定挡架(加铁板调整)。

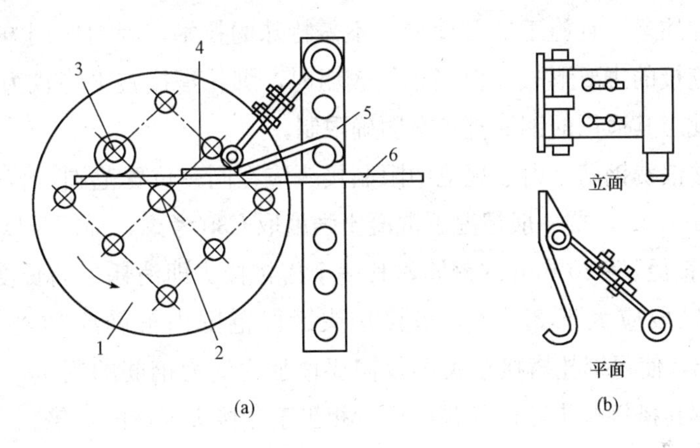

图 1.3-8　钢筋弯曲成型

(a)工作简图；(b)可变挡架构造

1—工作盘；2—心轴；3—成型轴；4—可变挡架；5—插座；6—钢筋

钢筋弯曲点线和心轴的关系，如图 1.3-9 所示。由于成型轴和心轴在同时转动，就会带动钢筋向前滑移。因此，钢筋弯 90°时，弯曲点线约与心轴内边缘平齐；弯 180°时，弯曲点线距离心轴内边缘为(1.0～1.5)d(钢筋硬度大时取大值)。

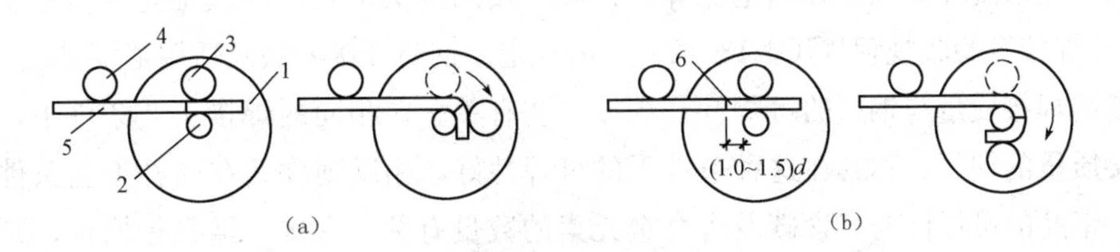

图 1.3-9　钢筋弯曲点线与心轴关系

(a)弯 90°；(b)弯 180°

1—工作盘；2—心轴；3—成型轴；4—固定挡铁；5—钢筋；6—弯曲点线

1.3.2 钢筋的连接方法

1. 绑扎搭接连接

钢筋的连接方式

绑扎搭接连接是通过钢筋与混凝土之间的粘结力来传递钢筋应力的方式。两根相向受力的钢筋分别锚固在搭接连接区段的混凝土中而将力传递给混凝土，从而实现钢筋之间应力的传递。搭接钢筋由于横肋斜向挤压椎楔作用造成的径向推力引起了两根钢筋的分离趋势，两根搭接钢筋之间容易出现纵向劈裂裂缝，甚至因两筋分离而破坏，因此必须保证强有力的配箍约束。由于绑扎搭接连接是一种比较可靠的连接方式，质量容易保证，仅靠现场检测即可确保质量，且施工非常简便，不需特殊的技术，因而应用方面也最广泛，至今仍是水平钢筋连接的主要形式。但当钢筋较粗时，绑扎搭接施工将较为困难且容易产生较宽的裂缝，因此对其适用的钢筋直径有明确限制。

绑扎搭接连接浪费钢筋，由于规范中限制接头应在同一位置范围，若采用50%接头百分率，则搭接长度1.4l_a，按一般情况下混凝土强度取C30考虑，锚固长度$l_a=30d$(非抗震情况下)，则一根直径$d=20$ mm的钢筋，其一个搭接接头即消耗主筋长度$42d=840$ mm；而绑扎搭接接头区段应大于3.22l_a，搭接接头区段范围内箍筋应加密，加密范围长达$96.6d=1\ 932$ mm，使得绑扎搭接接头不仅需要增加主受力钢筋的用量，而且也大大增加了箍筋的用量，绑扎搭接接头区段的箍筋用量相当于非接头区域的两倍。

2. 焊接连接

采用焊接连接代替绑扎连接，可以改善结构受力性能，提高工效，节约钢材，降低成本。混凝土结构的某些部位，如轴心受拉和小偏心受拉构件中的钢筋接头应采用焊接连接。普通混凝土结构中直径大于22 mm的钢筋和轻骨料混凝土结构中直径大于20 mm的HPB300级钢筋及直径大于25 mm的HRB335、HRB400级钢筋，均宜采用焊接接头。

钢筋的焊接连接，应采用闪光对焊、电弧焊、电渣压力焊和电阻点焊。钢筋与钢板的T形连接，宜采用埋弧压力焊或电弧焊。钢筋焊接的接头形式、焊接工艺和质量验收，应符合《钢筋焊接及验收规程》(JGJ 18—2012)的规定。钢筋焊接方法及适用范围见表1.3-2。

钢筋的焊接质量与钢材的可焊性、焊接工艺有关。在相同的焊接工艺条件下，能获得良好焊接质量的钢材，称其在这种条件下的可焊性好，相反则称其在这种工艺条件下的可焊性差。钢筋的可焊性与其含碳及含合金元素的数量有关。含碳、锰数量增加，则可焊性差；加入适量的钛，可改善焊接性能。焊接参数和操作水平也影响焊接质量，即使可焊性差的钢材，若焊接工艺适宜，也可获得良好的焊接质量。

表 1.3-2　钢筋焊接方法及适用范围

焊接方法			接头形式	适用范围	
				钢筋牌号	钢筋直径/mm
电阻点焊				HPB300	6～16
				HRB335　HRBF335	6～16
				HRB400　HRBF400	6～16
				HRB500　HRBF500	6～16
				CRB550	4～12
				CDW550	3～8
闪光对焊				HPB300	8～22
				HRB335　HRBF335	8～40
				HRB400　HRBF400	8～40
				HRB500　HRBF500	8～40
				RRB400W	8～32
箍筋闪光对焊				HPB300	6～18
				HRB335　HRBF335	6～18
				HRB400　HRBF400	6～18
				HRB500　HRBF500	6～18
				RRB400W	8～18
电弧焊	帮条焊	双面焊		HPB300	10～22
				HRB335　HRBF335	10～40
				HRB400　HRBF400	10～40
				HRB500　HRBF500	10～32
				RRB400W	10～25
		单面焊		HPB300	10～22
				HRB335　HRBF335	10～40
				HRB400　HRBF400	10～40
				HRB500　HRBF500	10～32
				RRB400W	10～25
	搭接焊	双面焊		HPB300	10～22
				HRB335　HRBF335	10～40
				HRB400　HRBF400	10～40
				HRB500　HRBF500	10～32
				RRB400W	10～25
		单面焊		HPB300	10～22
				HRB335　HRBF335	10～40
				HRB400　HRBF400	10～40
				HRB500　HRBF500	10～32
				RRB400W	10～25

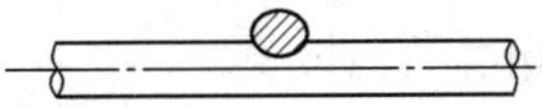

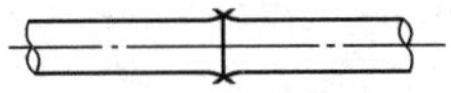

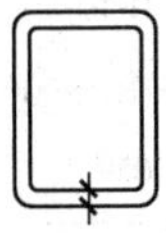

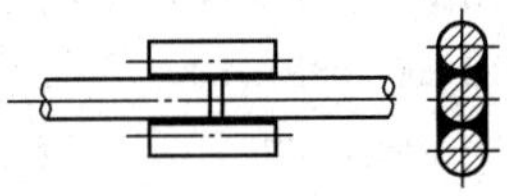

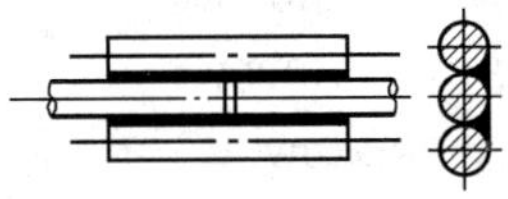

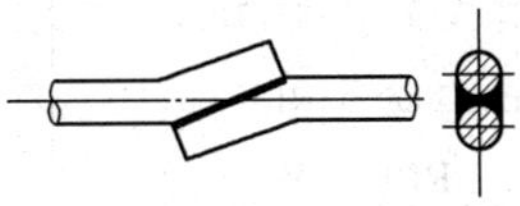

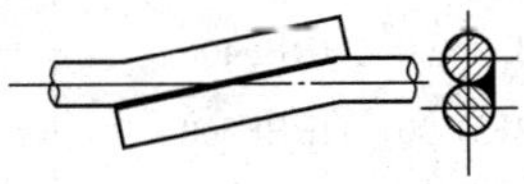

续表

焊接方法			接头形式	适用范围	
				钢筋牌号	钢筋直径/mm
电弧焊	熔槽帮条焊			HPB300	20～22
				HRB335　HRBF335	20～40
				HRB400　HRBF400	20～40
				HRB500　HRBF500	20～32
				RRB400W	20～25
	坡口焊	平焊		HPB300	18～22
				HRB335　HRBF335	18～40
				HRB400　HRBF400	18～40
				HRB500　HRBF500	18～32
				RRB400W	18～25
		立焊		HPB300	18～22
				HRB335　HRBF335	18～40
				HRB400　HRBF400	18～40
				HRB500　HRBF500	18～32
				RRB400W	18～25
	钢筋与钢板搭接焊			HPB300	8～22
				HRB335　HRBF335	8～40
				HRB400　HRBF400	8～40
				HRB500　HRBF500	8～32
				RRB400W	8～25
	窄间隙焊			HPB300	16～22
				HRB335　HRBF335	16～40
				HRB400　HRBF400	16～40
				HRB500　HRBF500	18～32
				RRB400W	18～25
	预埋件钢筋	角焊		HPB300	6～22
				HRB335　HRBF335	6～25
				HRB400　HRBF400	6～25
				HRB500　HRBF500	10～20
				RRB400W	10～20
		穿孔塞焊		HPB300	20～22
				HRB335　HRBF335	20～32
				HRB400　HRBF400	20～32
				HRB500　HRBF500	20～28
				RRB400W	20～28

续表

<table>
<tr><td colspan="3" rowspan="2">焊接方法</td><td rowspan="2">接头形式</td><td colspan="2">适用范围</td></tr>
<tr><td>钢筋牌号</td><td>钢筋直径/mm</td></tr>
<tr><td rowspan="2">电弧焊</td><td rowspan="2">预埋件钢筋</td><td>埋弧压力焊</td><td rowspan="2"></td><td rowspan="2">HPB300
HRB335　HRBF335
HRB400　HRBF400</td><td rowspan="2">6～22
6～28
6～28</td></tr>
<tr><td>埋弧螺柱焊</td></tr>
<tr><td colspan="3">电渣压力焊</td><td></td><td>HPB300
HRB335
HRB400
HRB500</td><td>12～22
12～32
12～32
12～32</td></tr>
<tr><td rowspan="2">气压焊</td><td colspan="2">固态</td><td></td><td rowspan="2">HPB300
HRB335
HRB400
HRB500</td><td rowspan="2">12～22
12～40
12～40
12～32</td></tr>
<tr><td colspan="2">熔态</td><td></td></tr>
<tr><td colspan="6">注：1. 电阻点焊时，适用范围的钢筋直径指两根不同直径钢筋交叉叠接中较小钢筋的直径；
2. 电弧焊含焊条电弧焊和二氧化碳气体保护电弧焊两种工艺方法；
3. 在生产中，对于有较高要求的抗震结构用钢筋，在牌号后加 E，焊接工艺可按同级别热轧钢筋施焊；焊条应采用低氢型碱性焊条；
4. 生产中，如果有 HPB235 钢筋需要进行焊接时，可按 HPB300 钢筋的焊接材料和焊接工艺参数，以及接头质量检验与验收的有关规定施焊。</td></tr>
</table>

(1)钢筋电阻点焊。电阻点焊主要用于焊接钢筋网片、钢筋骨架等(适用于直径为 6～14 mm的 HPB300 级、HRB335 级钢筋和直径 3～5 mm 的冷拔低碳钢丝)，其生产效率高，节约材料，应用广泛。

电阻点焊机的工作原理如图 1.3-10 所示，将已除锈的钢筋交叉点放在电阻点焊机的两电极间，使钢筋通电发热至一定温度后，加压使焊点金属焊合。常用电阻点焊机有单点点焊机、多点点焊机和悬挂式点焊机，施工现场还可采用手提式点焊机。电阻点焊的主要工艺参数为电流强度、通电时间和电极压力。电流强度和通电时间一般均宜采用电流强度大、通电时间短的参数，电极压力则根据钢筋级别和直径选择。

电阻点焊的焊点应进行外观检查和强度试验，热轧钢筋的焊点应进行抗剪试验。冷处理钢筋除进行抗剪试验外，还应进行抗拉试验。点焊时，将表面清理好的钢筋叠合在一起，放在两个电极之间预压夹紧，使两根钢筋交接点紧密接触。当踏下脚踏板时，带动压紧机构使上电极压紧钢筋，同时断路器也接通电路，电流经变压器次级线圈引到电极，接触点处在极短的时间内产生大量的电阻热，使钢筋加热到熔化状态，在压力作用下两根钢筋交叉焊接在一起。当放松脚踏板时，电极松开，断路器随着杠杆下降，断开电路，点焊结束。

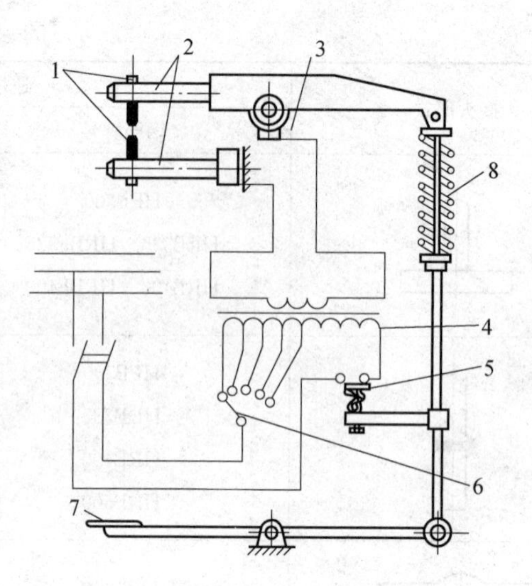

图 1.3-10　电阻点焊机的工作原理

1—电极；2—电极臂；3—变压器的次级线圈；4—变压器的初级线圈；5—断路器；
6—变压器调节开关；7—脚踏板；8—压紧机构

(2)钢筋闪光对焊。闪光对焊广泛用于钢筋接长及预应力钢筋与螺栓端杆的焊接。热轧钢筋的焊接宜优先用闪光对焊，条件不允许时才用电弧焊。

钢筋闪光对焊

钢筋闪光对焊(图 1.3-11)是利用对焊机使两段钢筋接触，通过低电压的强电流，待钢筋被加热到一定温度变软后，进行轴向加压顶锻，形成对焊接头。钢筋闪光对焊焊接工艺应根据具体情况选择；钢筋直径较小，可采用连续闪光焊；钢筋直径较大，端面比较平整，宜采用预热闪光焊；端面不够平整，宜采用闪光—预热闪光焊。

①连续闪光焊。这种焊接工艺过程是将钢筋夹紧在电极钳口上后，闭合电源，使两钢筋端面轻微接触。由于钢筋端部不平，开始只有一点或数点接触，接触面小而电流密度和接触电阻很大，接触点很快熔化并产生金属蒸气飞溅，形成闪光现象。闪光一开始，即徐徐移动钢筋，形成连续闪光过程，同时接头也被加热。待接头烧平、闪去杂质和氧化膜、白热熔化时，随即施加轴向压力迅速进行顶锻，使两根钢筋焊牢。

②预热闪光焊。施焊时先闭合电源，然后使两钢筋端面交替接触和分开。此时，钢筋端间隙中即发出断续的闪光，形成预热过程。当钢筋达到预热温度后进闪光阶段，随后顶锻而成。

③闪光—预热闪光焊。在预热闪光焊前加一次闪光过程，目的是使不平整的钢筋端面烧化平整，使预热均匀，然后按预热闪光焊操作。

焊接大直径的钢筋(直径 25 mm 以上)，多用预热闪光焊与闪光—预热闪光焊。采用连续闪光焊时，应合理选择调伸长度、烧化留量、顶锻留量以及变压器级数等；采用闪光—预热闪光焊时，除上述参数外，还应包括一次烧化留量、二次烧化留量、预热留量和预热时间等参数。焊接不同直径的钢筋时，其截面比不宜超过 1.5。焊接参数按大直径的钢筋选

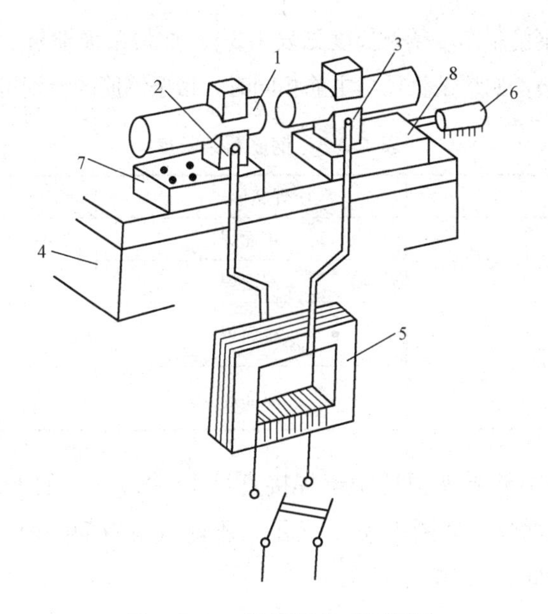

图 1.3-11　钢筋闪光对焊原理

1—焊接的钢筋；2—同定电极；3—可动电极；

4—机座；5—变压器；6—手动顶压机构

择。负温下焊接时，由于冷却快，易产生冷脆现象，内应力也大，为此，负温下焊接应减小温度梯度和降低冷却速度。

钢筋闪光对焊后，除对接头进行外观检查(无裂纹和烧伤、接头弯折不大于 $4d$，接头轴线偏移不大于 1/10 的钢筋直径，也不大于 2 mm)外，还应根据《钢筋焊接及验收规程》(JGJ 18—2012)的规定进行抗拉强度和冷弯试验。

(3)电弧焊接。钢筋电弧焊是以焊条作为一极，钢筋作为另一极，利用焊接电流通过产生的电弧热进行焊接的一种熔焊方法。电弧焊具有焊接设备简单、操作灵活、成本低等特点，且焊接性能好，但工作条件差、效率低。其适用于构件厂内和施工现场焊接碳素钢、低合金结构钢、不锈钢、耐热钢和对铸铁的补焊，可在各种条件下进行各种位置的焊接。电弧焊又可分为手工电弧焊、埋弧压力焊等。

电弧焊

①手工电弧焊。手工电弧焊是利用手工操纵焊条进行焊接的一种电弧焊。手工电弧焊用的焊机有交流弧焊机(焊接变压器)、直流弧焊机(焊接发电机)等。手工电弧焊用的焊机为额定电流 500 A 以下的弧焊电源：交流变压器或直流发电机；辅助设备有焊钳、焊接电缆、面罩、敲渣锤、钢丝刷和焊条保温筒等。

手工电弧焊是利用弧焊机使焊条与焊件之间产生高温电弧，使焊条和电弧燃烧范围内的焊件熔化，待其凝固，便形成焊缝或接头。钢筋手工电弧焊可分为帮条焊、搭接焊、坡口焊和熔槽帮条焊四种接头形式。下面对帮条焊接头、搭接焊接头和坡口焊接头进行简单介绍，熔槽帮条焊及其他电弧焊焊接方法详见《钢筋焊接及验收规程》(JGJ 18—2012)。

a. 帮条焊接头。帮条焊接头适用于焊接直径 10～40 mm 的各级热轧钢筋。帮条宜采用与主筋同级别、同直径的钢筋制作，帮条长度见表 1.3-3。如帮条级别与主筋相同时，帮条的直径可比主筋直径小一个规格，如帮条直径与主筋相同时，帮条钢筋的级别可比主筋低一个级别。

表 1.3-3　钢筋帮条长度

钢筋牌号	焊缝形式	帮条长度 l
HPB300	单面焊	$\geqslant 8d$
	双面焊	$\geqslant 4d$
HRB335　HRBF335 HRB400　HRBF400 HRB500　HRBF500　RRB400W	单面焊	$\geqslant 10d$
	双面焊	$\geqslant 5d$

b. 搭接焊接头。搭接焊接头只适用于焊接直径 10～40 mm 的 HPB300、HRB335 级钢筋。焊接时，宜采用双面焊，如图 1.3-12 所示。不能进行双面焊时，也可采用单面焊。搭接长度应与帮条长度相同。

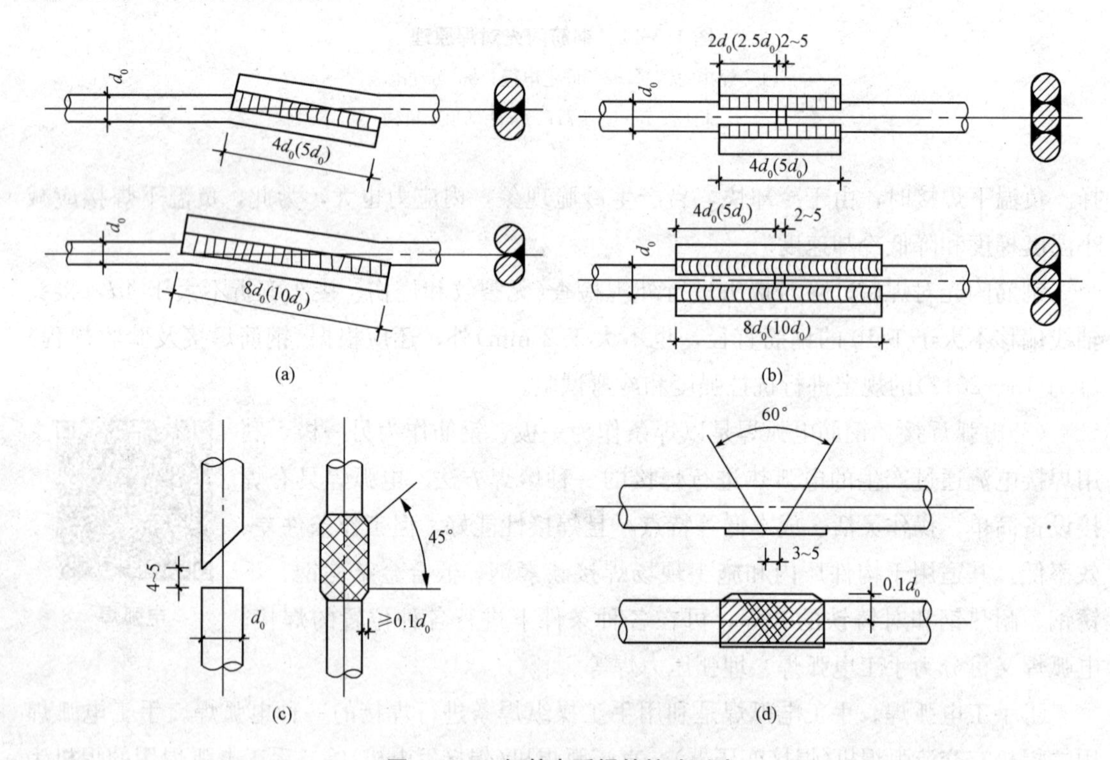

图 1.3-12　钢筋电弧焊的接头形式

(a)搭接焊接头；(b)帮条的焊接头；(c)立焊的坡口焊接头；(d)平焊的坡口焊接头

钢筋帮条接头或搭接接头的焊缝厚度 h 应不小于 0.3 倍钢筋直径；焊缝宽度 b 不小于 0.7 倍钢筋直径，焊缝尺寸如图 1.3-13 所示。

c. 坡口焊接头。坡口焊接头有平焊和立焊两种。这种接头比上两种接头节约钢材，适用于在现场焊接装配整体式构件接头中直径 18～40 mm 的各级热轧钢筋。钢筋坡口立焊时，坡口角度为 60°，如图 1.3-12(c)所示；坡口平焊时，V 形坡口角度为 45°，如图 1.3-12(d)所示。钢垫板长为40～60 mm。平焊时钢垫板宽度为钢筋直径加10 mm；立焊时，其宽度等于钢筋直径。钢筋根部间隙，平焊时为3～5 mm；立焊时为4～5 mm，最大间隙均不宜超过10 mm。焊接电流的大小应根据钢筋直径和焊条的直径进行选择。

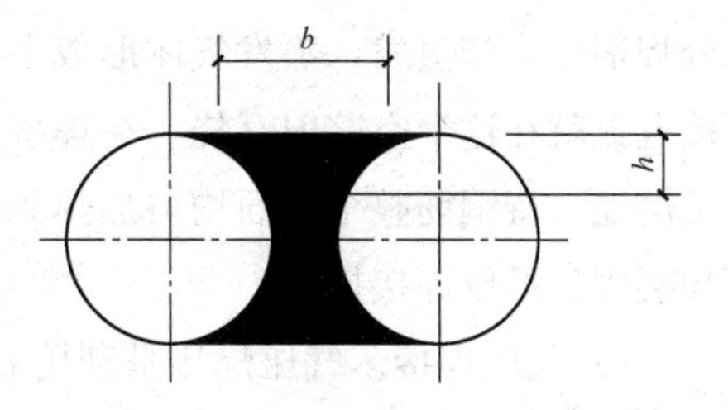

图1.3-13 焊接尺寸示意图

帮条焊、搭接焊和坡口焊的焊接接头，除应进行外观质量检查外，也需抽样进行拉力试验。如对焊接质量有怀疑或发现异常情况，还应进行非破损方式(X射线、γ射线、超声波探伤等)检验。

②埋弧压力焊。埋弧压力焊是将钢筋与钢板安放成T形形状，利用焊接电流通过时在焊剂层下产生电弧，形成熔池，加压完成的一种压焊方法，具有生产效率高、质量好等优点，适用于各种预埋件、T形接头、钢筋与钢板的焊接。预埋件钢筋压力焊适用于热轧直径6～25 mm HPB300级、HRB335级钢筋的焊接，钢板为普通碳素钢，厚度为6～20 mm。

埋弧压力焊机主要由焊接电源(BX2—500、AX1—500)、焊接机构和控制系统(控制箱)三部分组成。图1.3-14所示为由BX2—500型交流弧焊机作为电源的埋弧压力焊机的基本构造。其工作线圈(副线圈)分别接入活动电极(钢筋夹头)和固定电极(电磁吸铁盘)。

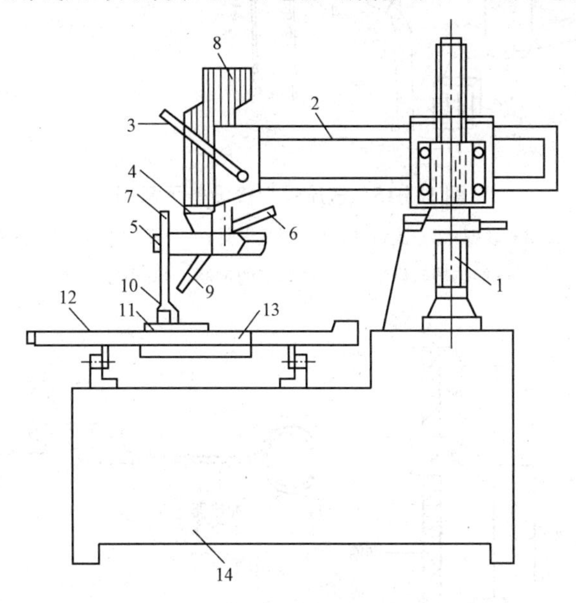

图1.3-14 埋弧压力焊机

1—立柱；2—摇臂；3—压柄；4—工作头；5—钢筋夹头；6—手柄；7—钢筋；
8—焊剂料箱；9—焊剂漏；10—铁圈；11—预埋钢板；12—工作平台；13—焊剂储斗；14—机座

焊机采用摇臂式结构，摇臂固定在立柱上，可作左右回转活动；摇臂本身可作前后移动，以使焊接操作时能取得所需要的工作位置。摇臂末端装有可上下移动的工作头，其下端是用导电材料制成的偏心夹头，夹头接工作线圈，成为活动电极。工作平台上装有平面型电磁吸铁盘，拟焊钢板放置其上，接通电源，能被吸住而固定不动。

在埋弧压力焊生产时，钢筋与钢板之间引燃电弧之后，由于电弧作用使局部用材及部分焊剂熔化和蒸发，蒸发气体形成了一个空腔，空腔被熔化的焊剂所形成的熔渣包围，焊接电弧就在这个空腔内燃烧，在焊接电弧热的作用下，熔化的钢筋端部和钢板金属形成焊接熔池。待钢筋整个截面均匀加热到一定温度，将钢筋向下顶压，随即切断焊接电源，冷却凝固后形成焊接接头。

(4)气压焊接。气压焊接是利用氧气和乙炔气，按一定的比例混合燃烧的火焰，将被焊钢筋两端加热，使其达到热塑状态，经施加适当压力，使其接合的固相焊接法。钢筋气压焊接适用于 14～40 mm 热轧钢筋，也能进行不同直径钢筋间的焊接，还可用于钢轨焊接，被焊材料有碳素钢、低合金钢、不锈钢和耐热合金等。钢筋气压焊设备轻便，可进行水平、垂直、倾斜等全方位焊接，具有节省钢材、施工费用低廉等优点。

钢筋气压焊焊接机由供气装置(氧气瓶、溶解乙炔瓶等)、多嘴环管加热器、加压器(油泵、顶压油缸等)、焊接夹具及压接器等组成，如图 1.3-15、图 1.3-16 所示。

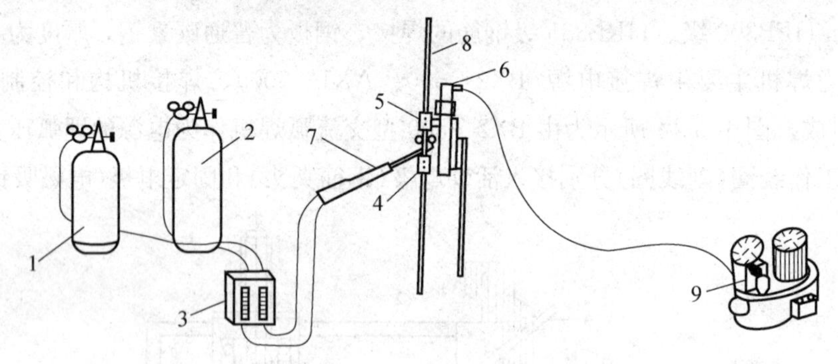

图 1.3-15　气压焊焊接设备示意图

1—乙炔；2—氧气；3—流量计；4—固定卡具；5—活动卡具；6—压接器；7—加热器与焊炬；8—被焊接的钢筋；9—电动油泵

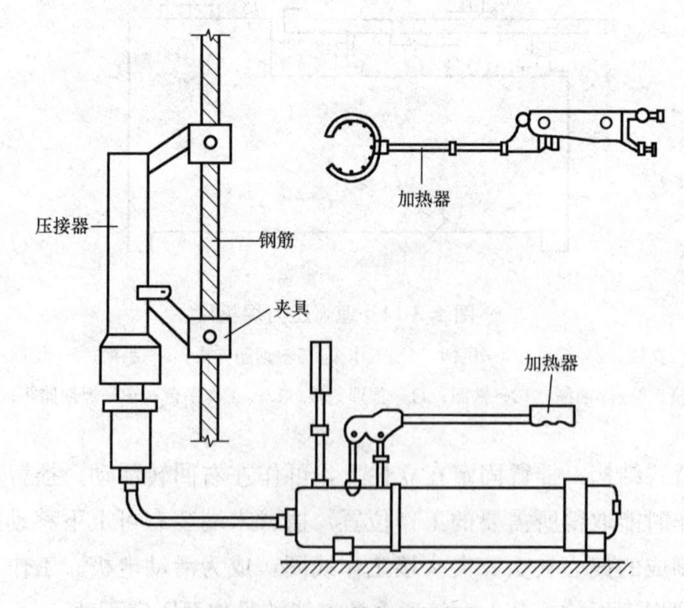

图 1.3-16　钢筋气压焊焊机

气压焊焊接钢筋是利用乙炔·氧混合气体燃烧的高温火焰对已有初始压力的两根钢筋端面接合处加热，使钢筋端部产生塑性变形，并促使钢筋端面的金属原子互相扩散，当钢筋加热到1 250℃～1 350 ℃(相当于钢材熔点的0.8～0.9倍，此时钢筋加热部位呈橘黄色，有白亮闪光出现)时进行加压顶锻，使钢筋内的原子得以再结晶而焊接在一起。

钢筋气压焊焊接属于热压焊。在焊接加热过程中，加热温度为钢材熔点的0.8～0.9倍，钢材未呈熔化液态，且加热时间较短，钢筋的热输入量较少，所以不会出现钢筋材质劣化倾向。

加热系统中的加热能源是氧和乙炔。系统中的流量计用来控制氧和乙炔的输入量，焊接不同直径的钢筋要求不同的流量。加热器用来将氧和乙炔混合后，从喷火嘴喷出火焰加热钢筋，要求火焰能均匀加热钢筋，有足够的温度和功率并且安全可靠。

加压系统中的压力源为电动油泵(也有手动油泵)，使加压顶锻时压力平稳。压接器是气压焊的主要设备之一，要求它能准确、方便地将两根钢筋固定在同一轴线上，并将油泵产生的压力均匀地传递给钢筋达到焊接的目的。施工时压接器需反复装拆，要求其质量轻、构造简单和装拆方便。

气压焊接的钢筋要用砂轮切割机断料，不能用钢筋切断机切断，要求端面与钢筋轴线垂直。焊接前应打磨钢筋端面，清除氧化层和污物，使之出现金属光泽，并即喷涂一薄层焊接活化剂保护端面不再氧化。

钢筋加热前先对钢筋施加30～40 MPa的初始压力，使钢筋端面贴合。当加热到缝隙密合后，上下摆动加热器适当增大钢筋加热范围，促使钢筋端面金属原子互相渗透也便于加压顶锻。加压顶锻的压应力为34～40 MPa，使焊接部位产生塑性变形。直径小于22 mm的钢筋可以一次顶锻成型，大直径钢筋可以进行二次顶锻。气压焊的接头，应按规定的方法检查外观质量和进行拉力试验。

(5)电渣压力焊。现浇钢筋混凝土框架结构中竖向钢筋的连接，宜采用自动或手工电渣压力焊进行焊接(直径14～40 mm的HPB300、HRB335级钢筋)。与电弧焊比较，电渣压力焊的工效高、节约钢材、成本低，在高层建筑施工中得到广泛应用。

电渣压力焊

钢筋电渣压力焊是将两根钢筋安放成竖向对接形式，利用焊接电流通过两钢筋端面间隙，在焊剂层下形成电弧过程和电渣过程，产生电弧热和电阻热，熔化钢筋，加压完成的焊接方法。钢筋电渣压力焊操作方便，效率高，适用于竖向或斜向受力钢筋的连接，适用钢筋级别为HPB300、HRB335，直径为14～40 mm。电渣压力焊设备包括电源、控制箱、焊接夹具、焊剂盒。自动电渣压力焊的设备还包括控制系统及操作箱。焊接夹具(图1.3-17)应具有一定刚度，要求坚固、灵巧、上下钳口同心，上下钢筋的轴线应尽量一致。焊接时，先将钢筋端部约120 mm范围内的钢筋除去，将夹具夹牢在下部钢筋上，并将上部钢筋扶直夹牢于活动电极中，上下钢筋间放一小块导电剂(或钢丝小球)，装上药盒，装满焊药，接通电路，用手柄使电弧引燃(引弧)，然后稳弧一定时间使之形成渣池并使钢筋熔化(稳弧)，随着钢筋的熔化，用手柄使上部钢筋缓缓下送。稳弧时间的长短应视电流、电压和钢筋直径而定。当稳弧达到规定时间后，在断电的同时用手柄进行加压顶锻以排除夹渣气泡，形成接头。待冷却一定时间后即拆除药盒，回收焊药，拆除夹具和清除焊渣。引弧、稳弧、顶锻三个过程连续进行。

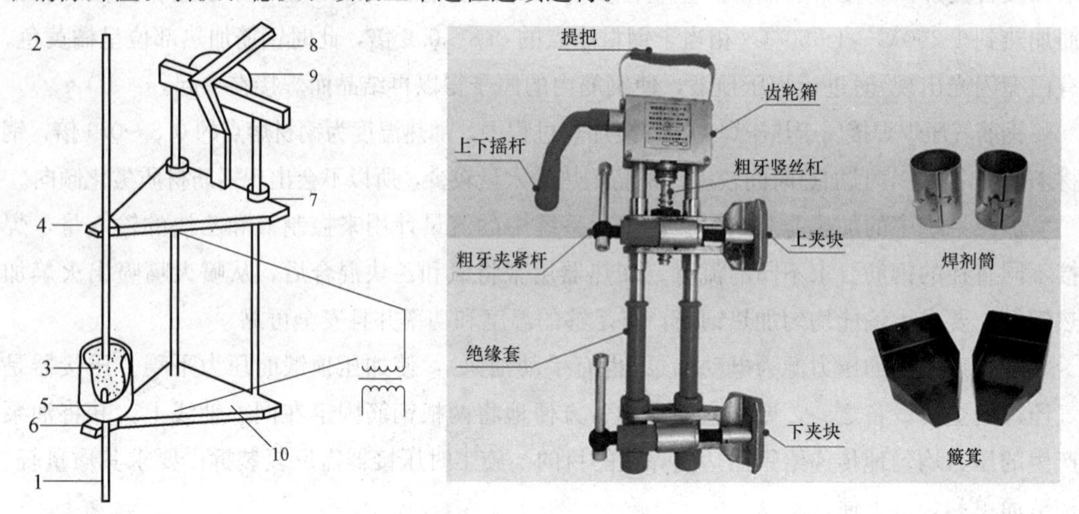

图 1.3-17 焊接夹具构造示意图

1—钢筋；2—活动电极；3—焊剂；4—导电焊剂；5—焊剂盒；
6—固定电极；7—标尺；8—操纵杆；9—变压器；10—支架底盘

电渣压力焊的接头，应按规范规定的方法检查外观质量和进行拉力试验。

3. 机械连接

钢筋机械连接常用套筒挤压连接和螺纹连接两种形式，是近年来大直径钢筋现场连接的主要方法。

(1)钢筋套筒挤压连接。钢筋套筒挤压连接也称钢筋套筒冷压连接，是将需要连接的变形钢筋插入特制钢套筒内，利用液压驱动的挤压机进行径向或轴向挤压，使钢套筒产生塑性变形，紧紧咬住变形钢筋实现连接(图 1.3-18)。钢筋套筒挤压连接适用于竖向、横向及其他方向的较大直径变形钢筋的连接。与焊接相比，钢筋套筒挤压连接具有节省电能、不受钢筋可焊性能的影响、不受气候影响、无明火、施工简便和接头可靠度高等特点。

钢筋套筒挤压连接

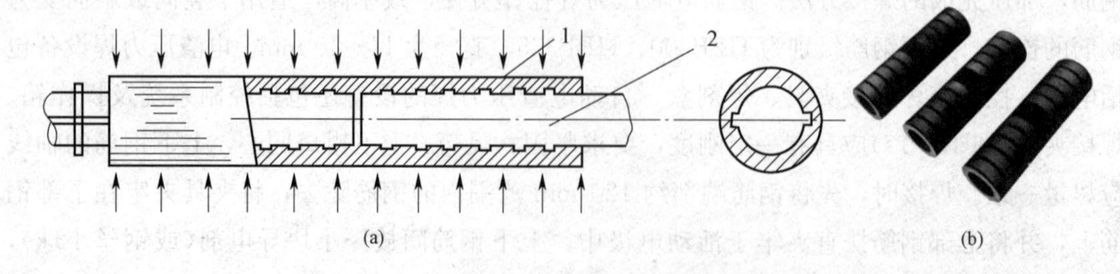

图 1.3-18 钢筋套筒挤压连接

(a)原理图；(b)实物图

1—钢套筒；2—被连接的钢筋

钢筋套筒挤压连接的工艺参数主要是压接顺序、压接力和压接道数。压接顺序从中间逐道向两端压接，压接力要能保证套筒与钢筋紧密咬合，压接力和压接道数取决于钢筋直径、套筒型号和挤压机型号。

(2)钢筋套管螺纹连接。钢筋套管螺纹连接可分为锥套管螺纹和直套管螺纹两种形式。钢筋套管内壁用专用机床加工有螺纹，钢筋的对端头也在套螺纹机上加工有与套管匹配的螺纹。连接时，在对螺纹检查无油污和损伤后，先用手旋入钢筋，然后用扭矩扳手紧固至规定的扭矩即完成连接(图 1.3-19)。钢筋套管螺纹连接具有施工速度快、不受气候影响、质量稳定、对中性好等特点。

钢筋直套管螺纹连接

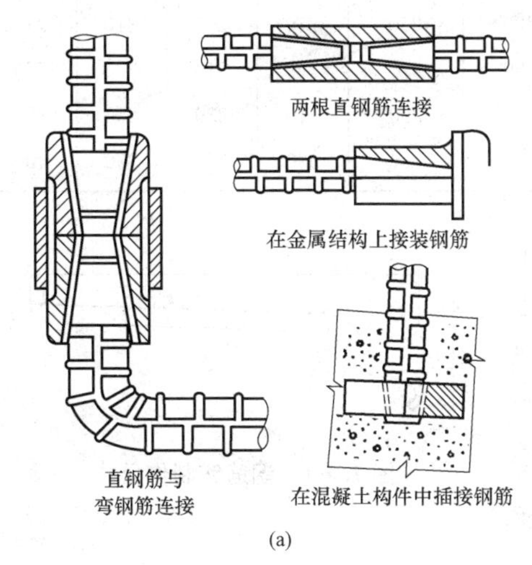

(a)

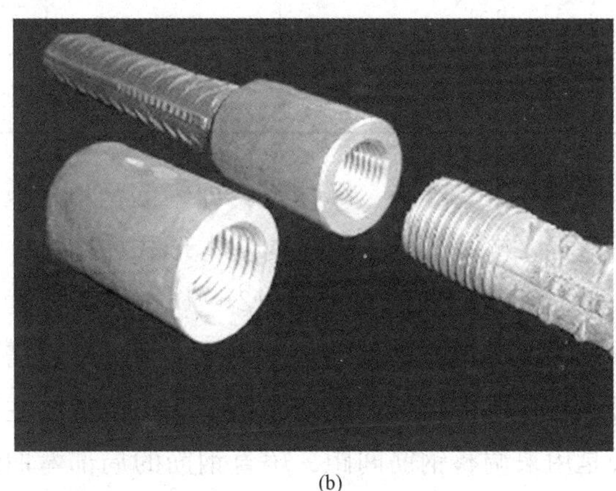

(b)

图 1.3-19　钢筋套管螺纹连接

(a)钢筋锥套管螺纹连接；(b)钢筋直套管螺纹连接

1.4　柱钢筋安装

1.4.1　柱钢筋安装工艺

1. 准备工作

(1)熟悉施工图。施工图是钢筋绑扎安装的依据。熟悉施工图的目的在于弄清楚各个编号钢筋的形状、标高、细部尺寸及安装部位，钢筋的相互关系，确定各类结构构件钢筋正确合理的绑扎顺序。同时，若发现施工图有错漏或不明确的地方，应及时与有关部门联系解决。

(2)核对成品钢筋。核对已加工好的成品钢筋的钢号、直径、形状、尺寸和数量等是否与料单料牌及施工图相符。如有错漏，应纠正增补。

(3)准备绑扎料具。

①绑扎材料准备。绑扎材料即绑扎用的铁丝，可采用 20～22 号铁丝，其中 22 号铁丝只用于绑扎直径 12 mm 以下的钢筋。铁丝长度可参考表 1.4-1 的数值采用。因铁丝是成盘供应的，故习惯上是按每盘铁丝周长的几分之一来切断。

表 1.4-1　钢筋绑扎铁丝长度参考表　　mm

钢丝号数	钢筋直径								
	3～5	6～8	10～12	14～16	18～20	22	25	28	32
3～5	120	130	150	170	190				
6～8		150	170	190	220	250	270	290	320
10～12			190	220	250	270	290	310	340
14～16				250	270	290	310	330	360
18～20					290	310	330	350	380
22						330	350	370	400

②绑扎工具准备。绑扎工具即钢筋钩、带扳口的小撬棍、绑扎架等。钢筋钩基本形式如图 1.4-1、图 1.4-2 所示，常用直径为 12～16 mm、长度为 160～200 mm 的光圆钢筋加工而成，根据工程需要还可以在其尾部加上套筒或小扳口。小撬棍的主要作用是用来调整钢筋间距、矫直钢筋的局部弯曲和安放钢筋保护层垫块等。其形式如图 1.4-3 所示。

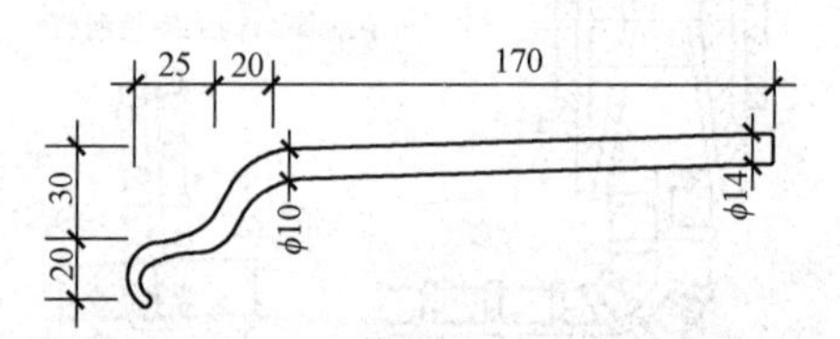

图 1.4-1　钢筋钩制作尺寸

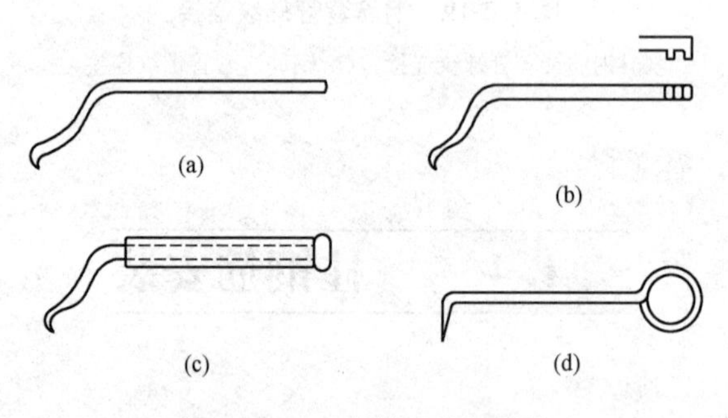

图 1.4-2　几种常见的钢筋钩

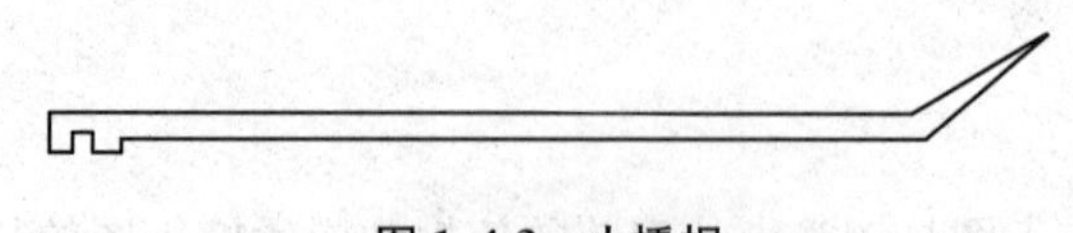
图 1.4-3　小撬棍

柱钢筋绑扎

(4)准备控制混凝土保护层厚度用的水泥砂浆垫块或塑料卡。

①水泥砂浆垫块的厚度，应等于混凝土保护层厚度。垫块的平面尺寸：当混凝土保护层厚度等于或小于 20 mm 时，采用 30 mm×30 mm；

当混凝土保护层厚度大于 20 mm 时，采用 50 mm×50 mm。当在垂直方向使用垫块时，可在垫块中埋入 20 号铁丝。

②塑料卡的形状有塑料垫块和塑料环圈两种。塑料垫块用于水平构件(如梁、板)，在两个方向均有凹槽，以便适应两种混凝土保护层厚度。塑料环圈用于垂直构件(如柱、墙)，使用时钢筋从卡嘴进入卡腔；由于塑料环圈有弹性，可使卡腔的大小能适应钢筋直径的变化。

(5)制订钢筋穿插就位的安装方案。对于绑扎形式复杂的主次梁交结处、柱子节点等结构部位，应先研究钢筋逐排穿插就位的顺序，制订出钢筋穿插就位的安装方案，必要时可与编制模板支模方案一并综合考虑，模板安装与钢筋绑扎紧密配合、协调进行，以降低钢筋绑扎的难度。

2. 钢筋绑扎安装程序

钢筋的一般安装程序为：标定钢筋位置→摆筋→穿箍→绑扎→安放钢筋保护层垫块。具体方法如下：

柱钢筋的连接及绑扎施工

(1)标定钢筋位置。楼板的钢筋，在模板上画线；柱的箍筋，在两根对角线主筋上画点；剪力墙的水平筋，在竖向筋上画点；梁的箍筋，在梁的上部纵筋上画点；基础的钢筋，在两向各取一根钢筋画点或在垫层上画线。

(2)摆筋。板类构件的摆筋顺序一般先排主筋，后排负筋；梁类构件的摆筋顺序一般先排纵筋，后排箍筋。排放有焊接接头和绑扎接头的钢筋时，注意接头位置应符合规范规定。若有变截面的箍筋，应事先将箍筋按顺序排列，然后绑扎纵向钢筋。

(3)穿箍。除设计有特殊要求外，箍筋应与梁和柱受力筋垂直设置。箍筋的接头(弯钩叠合处)应按设计规定有序错开间隔布置。

(4)绑扎。钢筋的交点须用铁丝扎牢。常用的绑扎方法为一面顺扣绑扎法，具体操作如图 1.4-4 所示。绑扎时先将铁丝对折成扣然后下穿钢筋交叉点，再用钢筋钩勾住铁丝并旋转钢筋钩，一般旋转 1.5～2.5 圈即可，伸出的铁丝扣长度应适中，便于少转快扎，既能绑牢又可提高工作效率。该绑扎方法操作简便，绑点牢靠，适用于钢筋网、钢筋架体各部位的绑扎。

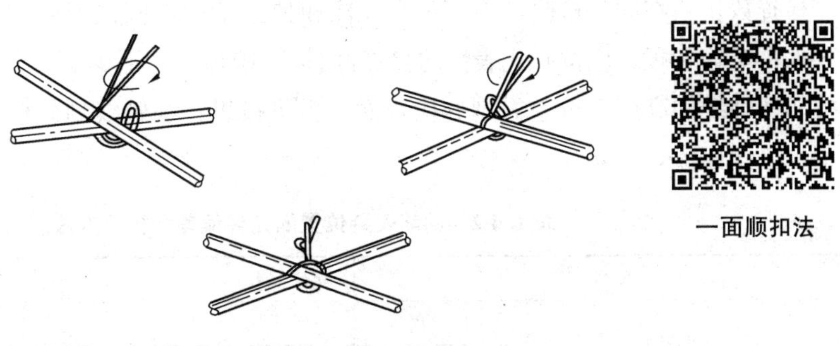

一面顺扣法

图 1.4-4　钢筋一面顺扣绑扎法

(5)安放钢筋保护层垫块。水泥砂浆垫块必须有足够的强度来支顶钢筋网片或钢筋架体，碎裂的水泥砂浆垫块不能使用；垂直方向使用垫块，应把垫块绑在钢筋上；水泥砂浆垫块和塑料垫块的布点间距应以确保结构钢筋保护层厚度为原则。

3. 柱钢筋绑扎

(1)柱中的纵向钢筋搭接时，角部钢筋的弯钩应与模板成 45°(多边形柱为模板内角的平分角，圆形柱应与模板切线垂直)，中间钢筋的弯钩应与模板成 90°。

钢筋绑扎连接

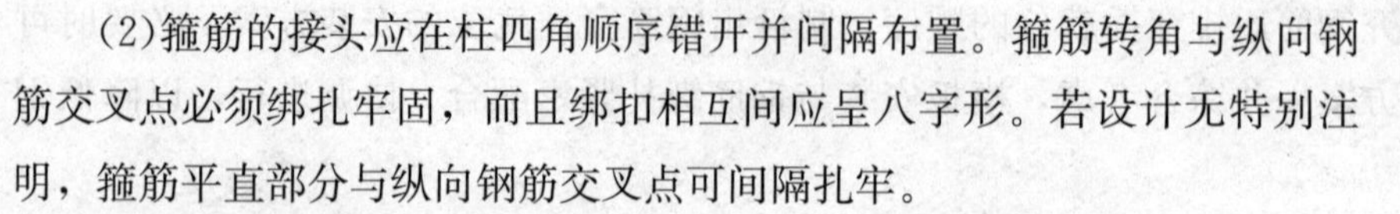

(2)箍筋的接头应在柱四角顺序错开并间隔布置。箍筋转角与纵向钢筋交叉点必须绑扎牢固，而且绑扣相互间应呈八字形。若设计无特别注明，箍筋平直部分与纵向钢筋交叉点可间隔扎牢。

(3)当设有拉筋时，拉筋应紧靠纵向钢筋并拉住箍筋，且绑扎牢固。

(4)当柱截面有变化时，其下层柱扩大部位的钢筋，若须延伸到上层，则必须在节点内按要求的比例收缩完成。

(5)框架梁、牛腿及柱帽等的钢筋，应放在柱的纵向钢筋内侧。

(6)柱钢筋的绑扎，应在模板安装前进行。

1.4.2　柱钢筋安装质量检查验收

1. 主控项目

钢筋安装时，受力钢筋的品种、级别、规格和数量必须符合设计要求。

检查数量：全数检查。

检验方法：观察，钢尺检查。

说明：受力钢筋的品种、级别、规格和数量对结构构件的受力性能有重要影响，必须符合设计要求。本条为强制性条文，应严格执行。

2. 一般项目

钢筋安装位置的偏差应符合表 1.4-2 的规定。

检查数量：在同一检验批内，对梁、柱和独立基础，应抽查构件数量的 10%，且不少于 3 件；对墙和板，应按有代表性的自然间抽查 10%，且不少于 3 间；对大空间结构，墙可按相邻轴线间高度 5 m 左右划分检查面，板可按纵、横轴线划分检查面，抽查 10%，且均不少于 3 面。

表 1.4-2　钢筋安装位置的允许偏差和检验方法

项目		允许偏差/mm	检验方法
绑扎钢筋网	长、宽	±10	尺量
	网眼尺寸	±20	尺量连接三档，取最大偏差值
绑扎钢筋骨架	长	±10	尺量
	宽、高	±5	尺量

续表

<table>
<tr><th colspan="2">项目</th><th>允许偏差/mm</th><th>检验方法</th></tr>
<tr><td rowspan="3">纵向受力钢筋</td><td>锚固长度</td><td>−20</td><td>尺量</td></tr>
<tr><td>间距</td><td>±10</td><td rowspan="2">尺量两端、中间各一点，取最大偏差值</td></tr>
<tr><td>排距</td><td>±5</td></tr>
<tr><td rowspan="3">纵向受力钢筋、箍筋的混凝土保护层厚度</td><td>基础</td><td>±10</td><td>尺量</td></tr>
<tr><td>柱、梁</td><td>±5</td><td>尺量</td></tr>
<tr><td>板、墙、壳</td><td>±3</td><td>尺量</td></tr>
<tr><td colspan="2">绑扎箍筋、横向钢筋间距</td><td>±20</td><td>尺量连续三档，取最大偏差值</td></tr>
<tr><td colspan="2">钢筋弯起点位置</td><td>20</td><td>尺量</td></tr>
<tr><td rowspan="2">预埋件</td><td>中心线位置</td><td>5</td><td>尺量</td></tr>
<tr><td>水平高差</td><td>+3，0</td><td>塞尺量测</td></tr>
<tr><td colspan="4">注：检查中心线位置时，沿纵、横两个方向量测，并取其中偏差的较大值。</td></tr>
</table>

1.4.3 钢筋工程常见问题及防治措施

1. 钢筋工程常见问题

(1)柱主筋移位：钢筋组装时位置不准确，或连接点绑扎不牢固，绑扣松脱，钢筋固定不牢等，从而造成主筋移位。

(2)松扣和脱扣：主要原因是未按规定绑扎牢固，或操作不妥，损坏骨架等。

(3)箍筋弯曲变形：箍筋弯曲变形的主要原因是梁中钢筋骨架自重大，梁的高度大，没有设置构造筋和拉筋等，使箍筋被骨架自重压弯；箍筋加工时尺寸偏大也易造成箍筋弯曲变形。

(4)组装的钢筋弯钩反向：主要原因是操作者不熟悉规范的规定，施工不负责任，导致钢筋弯钩反向。

(5)梁、板标高偏差：支模偏差引起钢筋绑扎偏差，柱头剔凿不到位引起梁顶标高偏差。

(6)梁柱节点处主筋交叉引起梁端截面偏差、箍筋位置偏差。

(7)板筋弯曲不直，扭曲变形，观感差。

(8)梁箍筋保护层厚度偏小或无保护层，梁主筋保护层左右厚度不均。

(9)滚轧直螺纹连接露扣大于规范要求。

(10)梁柱节点处箍筋缺少或虽有箍筋但被切断。

(11)箍筋平行、间距不均匀。

2. 钢筋工程防治措施

(1)主筋位移：测量工放线完毕，绑扎墙柱钢筋前，先根据墙柱边线及控制线将主筋按1∶6打弯，调整到位后再进行箍筋的安装和绑扎，若先安装箍筋并绑扎，而后进行位置调整，难度加大；在柱内设置定位卡或定位箍，保证调整后不再变形。

(2)松扣和脱扣：严格采用八字扣进行绑扎，扎丝采用两股或两股铁丝以上，绑扎牢固，成型后注意免受冲击荷载。

(3)箍筋弯曲变形：绑扎梁筋时及时穿构造钢筋，每个钢筋交点处都用铁丝绑扎牢固，及时垫垫块；后台加工箍筋严格按放样进行。

(4)钢筋弯钩反向：绑扎过程中，加强自检和互检，发现后反向后无条件改正到位，并对操作人员进行教育。

(5)顶标高偏差：模板提前进行预检，模板标高偏差及时调整；绑扎钢筋前提前处理柱头，剔凿到位，避免出现“枕头”状，主筋在节点处位置高于梁中部；顶板马凳筋正确摆放，马凳筋高度根据板厚提前做好备用并做好预检。

(6)梁柱节点处因为钢筋密集，常引起墙柱主筋位置重叠，此时应保证柱筋位置，调整梁筋，调整后截面一般偏小，从柱边开始逐步调整梁截面，梁筋可按 1∶6 打弯，弯曲段在箍筋角部插入 Φ14 或 Φ12 钢筋，绑扎牢固，保证箍筋位置正确。

(7)绑扎板钢筋时应通长拉控制线或在模板上弹控制线，排筋时从梁边、墙边 50 mm 处起步，与控制线重合(当拉小白线时与控制线平行)，第二根与第一根平行，绑扎采用八字扣，绑扎完一段后进行微调，将偏差的部分调整到位。

(8)梁钢筋绑扎完毕后，及时垫底部保护层垫块，采用大理石垫块，垫块垫在箍筋与主筋交点处，主筋、腰筋与箍筋交点处均绑扎牢固，上下排丝扣方向相反，保证梁骨架不变形。

(9)滚轧直螺纹接头用专用扳手拧紧，完成一段后进行复检，检查完毕在套筒上点红油漆做标识。

(10)梁柱节点处钢筋密集，绑扎梁筋时先插底筋，然后绑扎柱箍筋，再插梁上铁。

(11)箍筋安装时在主筋上用石笔做标记，保证箍筋水平，间距均匀。绑扎过程中随时检查，一旦发现不水平、不均匀，应立即调整或重新绑扎。

1.5 柱模板加工与安装

1.5.1 模板的分类及构造

模板与其支撑体系组成模板系统。模板系统是一个临时架设的结构体系，其中模板是新浇混凝土成型的模具，它与混凝土直接接触，使混凝土构件形成设计所要求的形状、尺寸和相对位置；支撑体系是指承受模板、构件及施工中各种荷载，并使模板保持所要求的空间位置的结构。

1. 模板的分类

(1)按模板材料分类。模板按使用材料可分为钢模板、木模板、胶合板模板、混凝土预制模板、塑料模板、橡胶模板等。

(2)按模板形状分类。模板按自身形状可分为平面模板和曲面模板。平面模板又称侧面模板，主要用于结构物垂直面。曲面模板用于廊道、隧洞、溢流面和某些形状特殊的部位，如进水口扭曲面、蜗壳、尾水管等。

(3)按模板受力条件分类。模板按受力条件可分为承重模板和侧面模板。承重模板主要承受混凝土重力和施工中的垂直荷载；侧面模板主要承受新浇混凝土的侧面压力。侧面模板按其支撑受力方式，又可分为简支模板、悬臂模板和平悬臂模板。

(4)按模板使用特点分类。模板按使用特点可分为固定式、拆移式、移动式和滑动式。固定式用于形状特殊的部位，不能重复使用。后三种模板能重复使用，或连续使用在形状一致的部位。但其使用方式有所不同：拆移式模板需要拆散移动；移动式模板的车架装自行止轮，可沿专用轨道使模板整体移动；滑动式模板以千斤顶或卷扬机为动力，可在混凝土连续浇筑的过程中使模板面紧贴混凝土面滑动。

2. 定型组合钢模板

定型组合钢模板包括钢模板、连接件、支撑件三部分。其中，钢模板包括平面钢模板和拐角钢模板；连接件有U形卡、L形插销、钩头螺栓、对拉螺栓、紧固螺栓、扣件等；支撑件有圆钢管、薄壁矩形钢管、内卷边槽钢、单管伸缩支撑等。

(1)钢模板的规格和型号。钢模板包括平面模板、阳角模板、阴角模板和连接角模。如图1.5-1所示。单块钢模板由曲面板、边框与筋肋焊接而成。曲面板厚2.3 mm或2.5 mm，边框和加劲肋上面一定距离(如150 mm)钻孔。可利用U形卡、L形卡、插销等拼装成大块模板。

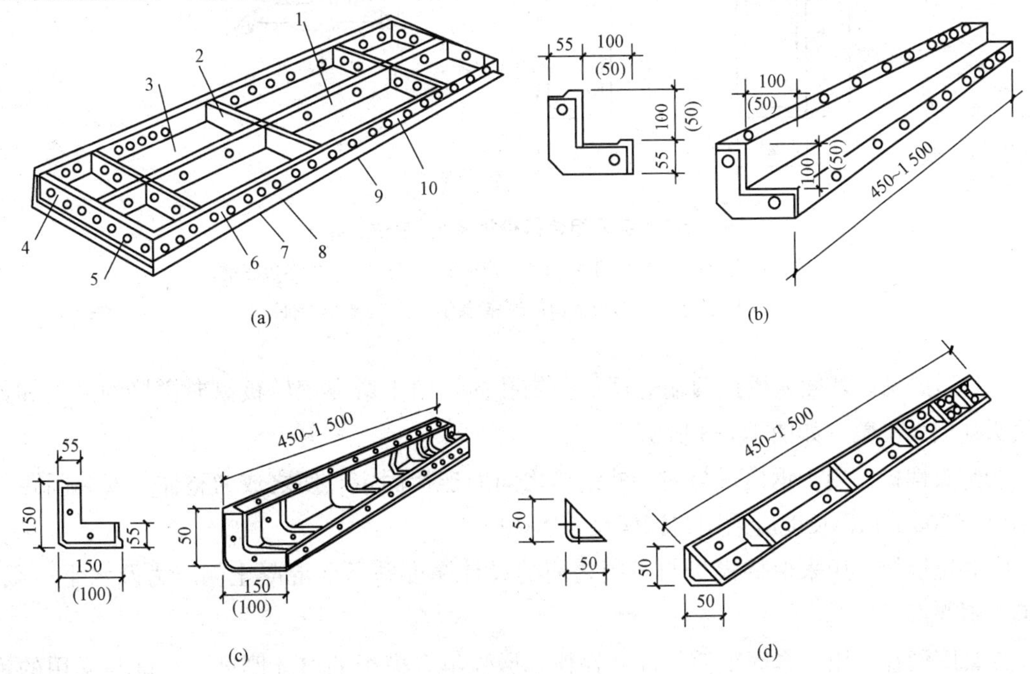

图 1.5-1 钢模板类型

(a)平面模板；(b)阳角模板；(c)阴角模板；(d)连接角模

1—中纵肋；2—中横肋；3—面板；4—横肋；5—插销孔；6—纵肋；7—凸楞；8—凸鼓；9—U形卡孔；10—钉子孔

钢模板的宽度以 50 mm 进级，长度以 150 mm 进级，其规格和型号已做到标准化、系列化。如型号为 P3015 的钢模板：P 表示平面模板，3015 表示宽×长为 300 mm×1 500 mm。又如型号为 Y1015 的钢模板，Y 表示阳角模板。1015 表示宽×长为 1 000 mm×1 500 mm。如拼装时出现不足模数的空隙时，用镶嵌木条补缺，用钉子或螺栓将木条与板块边框上的空洞连接。

(2)连接件。

①U 形卡。用于钢模板之间的连接与锁定，使钢模板拼装密合。U 形卡安装间距一般不大于 300 mm，即每隔一孔卡插一个，安装方向一顺一倒相互交错，如图 1.5-2 所示。

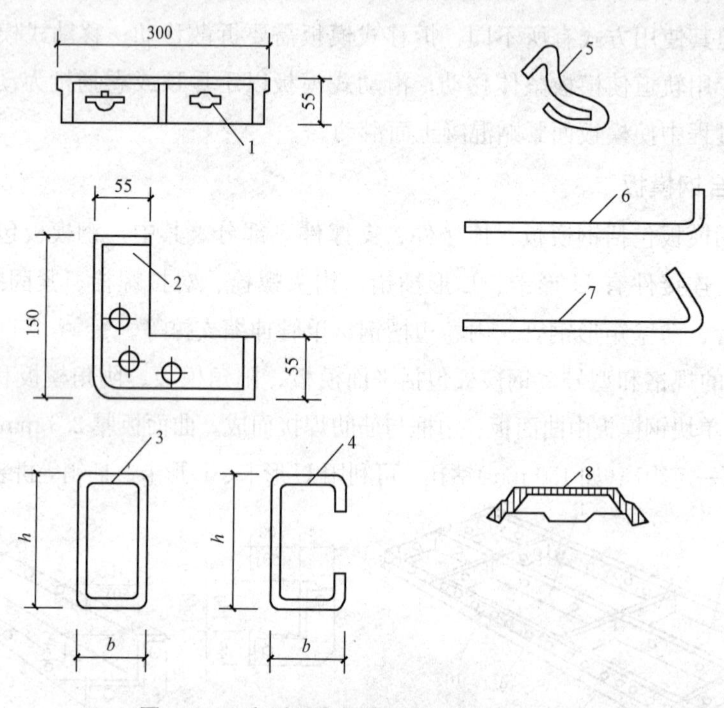

图 1.5-2　定型组合钢模板系列(单位：cm)

1—平面钢模板；2—拐角钢模板；3—薄壁矩形钢管；4—内卷边槽钢；

5—U 形卡；6—L 形插销；7—钩头螺栓；8—蝶形扣件

②L 形插销。其插入模板两端边框的插销孔内，用于增强钢模板纵向拼接的刚度和保证接头处板面平整，如图 1.5-3 所示。

③钩头螺栓。用于钢模板与内、外钢楞之间的连接固定，使之成为整体。安装间距一般不大于 600 mm，长度应采用与钢楞尺寸相适应。

④对拉螺栓。用来保持模板与模板之间的设计厚度并承受混凝土侧压力及水平荷载，使模板不变形。

⑤紧固螺栓。用于紧固钢模板内外钢楞，增强组合模板的整体刚度，长度与采用的钢楞尺寸相适应。

⑥扣件。用于将钢模板与钢楞紧固，与其他的配件一起将钢模板拼装成整体。按钢楞的不同形状尺寸，分别采用蝶形扣件和“3”形扣件，其规格分为大、小两种。

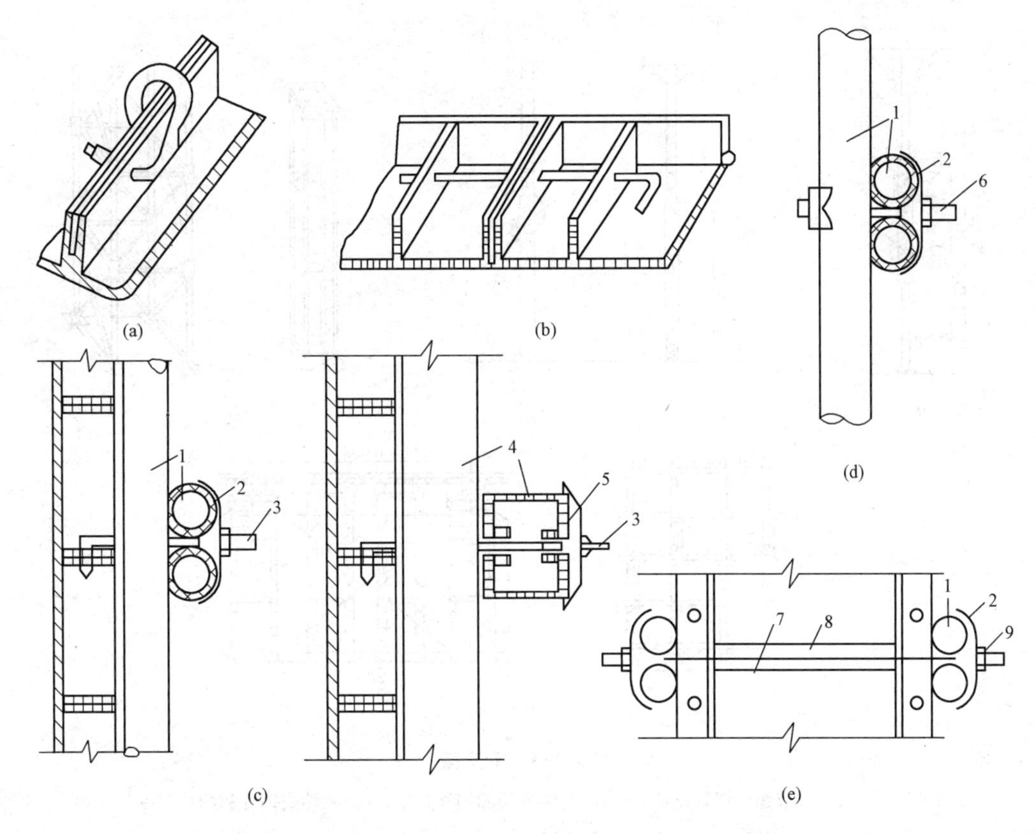

图 1.5-3　钢模板连接件

(a)L 形卡连接件；(b)L 形插销连接；(c)钩头螺栓连接；(d)紧固螺栓连接；(e)对拉螺栓连接

1—圆钢管钢楞；2—“3”形扣件；3—钩头螺栓；4—内卷边槽钢钢楞；

5—蝶形扣件；6—紧固螺栓；7—对拉螺栓；8—塑料套管；9—螺母

(3)支撑件。配件的支撑件包括钢楞、柱箍、梁卡具、圈梁卡、钢支架、斜撑、组合支柱、钢管脚手支架、平面可调桁架和曲面可变桁架等，如图 1.5-4～图 1.5-7 所示。

(4)组合钢模板配板原则。配板设计和支撑系统的设计应遵循以下几个原则：

①要保证构件的形状尺寸及相互位置的正确。

②要使模板具有足够的强度、刚度和稳定性，能够承受新浇混凝土的质量和侧压力，以及各种施工荷载。

③力求构造简单，装拆方便，不妨碍钢筋绑扎，保证混凝土浇筑时不漏浆。柱、梁、墙、板各种模板面的交接部分，应采用连接简便、结构牢固的专用模板。

④配合的模板，应优先选用通用、大块模板，使其种类和块数最小，木模镶拼量最少。设置对拉螺栓的模板，为了减少钢模板的钻孔损耗，可在螺栓部位改用 55 mm×100 mm 刨光方木代替，或应使钻孔的模板能多次周转使用。

⑤相邻钢模板的边肋，都应用 U 形卡插卡牢固，U 形卡的间距不应大于 300 mm，端头接缝上的卡孔，也应插上 U 形卡或 L 形插销。

⑥模板长向拼接宜采用错开布置，以增加模板的整体刚度。

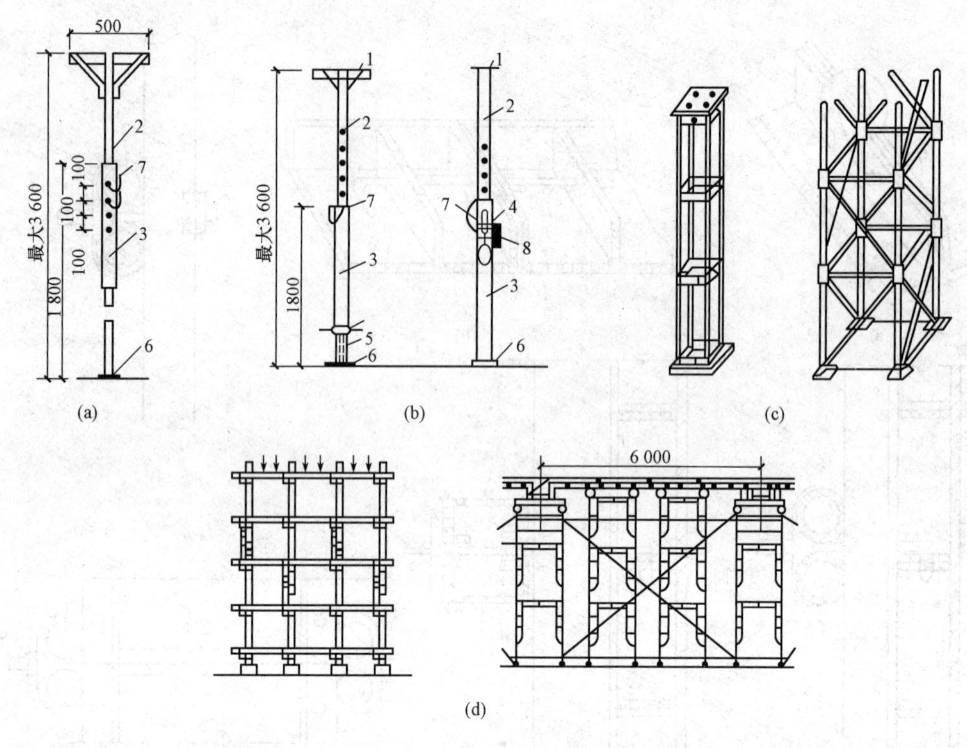

图 1.5-4 钢支架

(a)钢管支架；(b)调节螺杆钢管支架；(c)组合钢支架和钢管井架；(d)扣件式钢管和门形脚手架支架

1—顶板；2—钢管；3—套管；4—转盘；5—螺杆；6—底板；7—钢销；8—转动手柄

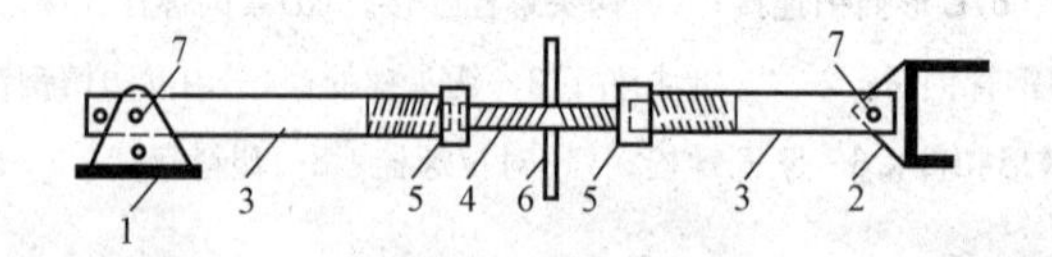

图 1.5-5 斜撑

1—底座；2—顶撑；3—钢管斜撑；4—花篮螺栓；5—螺母；6—旋杆；7—销钉

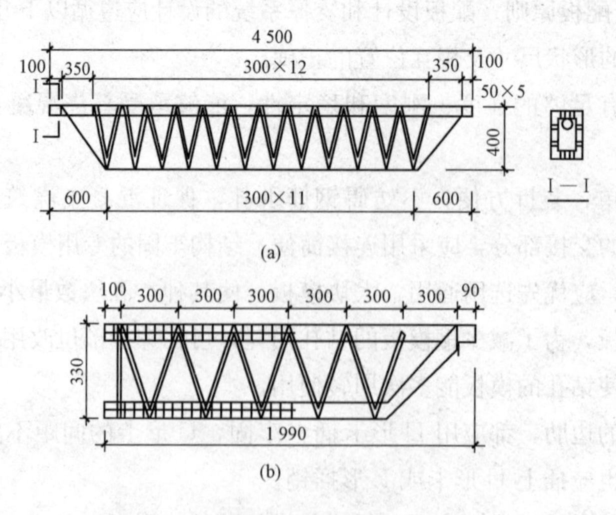

图 1.5-6 钢桁架

(a)整榀式；(b)组合式

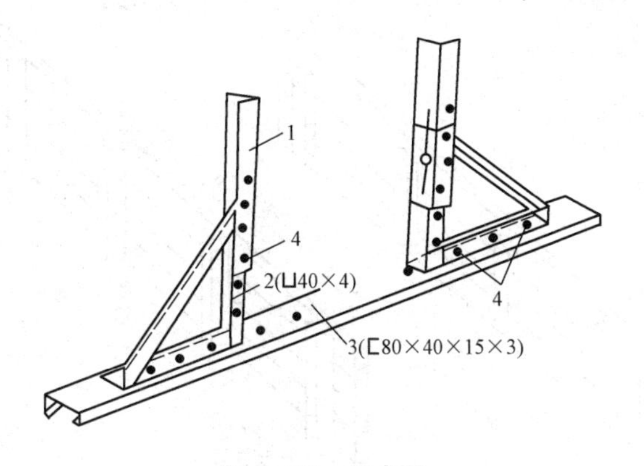

图 1.5-7　梁卡具

1—调节杆；2—三脚架；3—底座；4—螺栓

⑦模板的支撑系统应根据模板的荷载和部件的刚度进行布置。具体内容如下：

a. 内钢楞应与钢模板的长度方向相垂直，直接承受钢模板传递的荷载；外钢楞应与内钢楞互相垂直，承受内钢楞传来的荷载，用以加强钢模板结构的整体刚度，其规格不得小于内钢楞。

b. 内钢楞悬挑部分的端部挠度应与跨中挠度大致相同，悬挑长度不宜大于 400 mm，支柱应着力在外钢楞上。

c. 普通的柱、梁模板宜采用柱箍和梁卡具做支撑件。断面较大的柱、梁宜采用对拉螺栓和钢楞及拉杆。

d. 模板端缝齐平布置时，一般每块钢模板应有两处钢楞支撑。错开布置时，其间距可不受端缝位置的限制。

e. 在同一个工程中，可多次使用预组装模板，宜采用模板与支撑系统连成整体的模架。

f. 支撑系统应经过设计计算，保证具有足够的强度和稳定性。当支柱或其节间的长细比大于 110 时，应按临界荷载进行核算，安全系数可取 3～3.5。

g. 对于连续形式或排架形式的支柱，应适当配置水平撑与剪刀撑，以保证其稳定性。

h. 模板的配板设计应绘制配板图，标出钢模板的位置、规格、型号和数量。预组装大模板，应标绘出其分界线。预埋件和预留孔洞的位置，应在配板图上标明，并注明固定方法。

3. 木模板

木模板的木材主要采用松木和杉木，其含水率不宜过高，以免干裂，材质不宜低于三等材。木模板的基本元件是拼板，它由板条和拼条(木档)组成，如图 1.5-8 所示。板条厚 25～50 mm，宽度不宜超过 200 mm，以保证在干缩时，缝隙均匀，浇水后缝隙要严密且板条不翘曲，但梁底板的板条宽度不受限制，以免漏浆。拼条截面尺寸为 25 mm×35 mm～50 mm×50 mm，拼条间距根据施工荷载大小及板条的厚度而定，一般取 400～500 mm。图 1.5-9 所示为阶梯形基础模板，楼梯模板通常采用木模板与胶合板模板，具体内容将在项目 4 中做详细介绍。

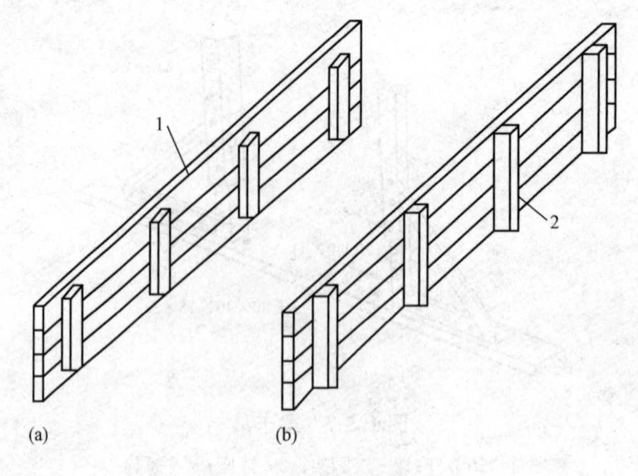

图 1.5-8　拼板的构造

(a)一般拼板；(b)梁侧板的拼板

1—板条；2—拼条

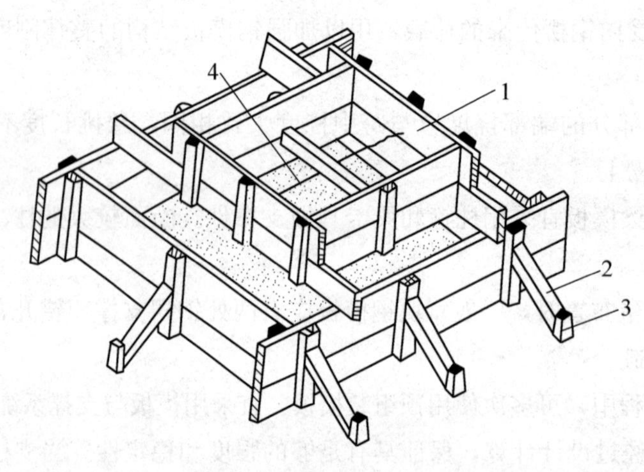

图 1.5-9　阶梯形基础模板

1—拼板；2—斜撑；3—木桩；4—铁丝

4. 胶合板模板

模板用的胶合板通常由 5 层、7 层、9 层、11 层等奇数层单板经热压固化而胶合成形。相邻层的纹理方向相互垂直，通常最外层表板的纹理方向和胶合板板面的长向平行。因此，整张胶合板的长向为强方向，短向为弱方向，使用时必须注意。模板用木胶合板的幅面尺寸，一般宽度为 1 200 mm 左右，长度为 2 400 mm 左右，厚度为 12～18 mm。

胶合板用作楼板模板时，常规的支模方法：用 ϕ48 mm×3.5 mm 脚手钢管搭设排架，排架上铺放间距为 400 mm 左右的 50 mm×100 mm 或者 60 mm×80 mm 木方(俗称 68 方木)，作为面板下的楞木。木胶合板常用厚度为 12 mm、18 mm，木方的间距随胶合板厚度做调整。这种支模方法简单易行，现已在施工现场大面积采用。

胶合板用作墙模板时，常规的支模方法：胶合板面板外侧的内楞用 50 mm×100 mm 或者 60 mm×80 mm 木方，外楞用 ϕ48 mm×3.5 mm 脚手钢管，内外模用“3”形卡及穿墙螺栓拉结。

5. 滑动模板

滑升模板(简称滑模)，是在混凝土连续浇筑过程中，可使模板面紧贴混凝土面滑动的模板。采用滑模施工要比常规施工节约木材(包括模板和脚手板等)70%左右；采用滑模施工可以节约 30%～50%劳动力；采用滑模施工要比常规施工的工期短，速度快，可以缩短施工周期的 30%～50%；滑模施工的结构整体性好，抗震效果明显，适用于高层或超高层抗震建筑物和高耸构筑物施工。滑模施工的设备便于加工、安装、运输，具体内容将在项目 5 中做详细介绍。

6. 爬升模板

爬升模板是在混凝土墙体浇筑完毕后，利用提升装置将模板自行提升到上一个楼层，浇筑上一层墙体的垂直移动式模板。爬升模板采用整片式大平模，模板由面板及肋组成，而不需要支撑系统；提升设备采用电动螺杆提升机、液压千斤顶或导链。爬升模板是将大模板工艺和滑升模板工艺相结合，既保持大模板施工墙面平整的优点又保持了滑模利用自身设备使模板向上提升的优点，墙体模板能自行爬升而不依赖塔式起重机。爬升模板适用于高层建筑墙体、电梯井壁、管道间混凝土施工，具体内容将在项目 5 中做详细介绍。

7. 台模

台模是浇筑钢筋混凝土楼板的一种大型工具式模板。在施工中，可以整体脱模和转运，利用起重机从浇筑完的楼板下吊出，转移至上一楼层，中途不再落地，所以也称“飞模”。台模按其支架结构类型可分为立柱式台模、桁架式台模、悬架式台模等。

台模适用于各种结构的现浇混凝土，适用于小开间、小进深的现浇楼板，单座台模面板的面积从 2～6 m^2 到 60 m^2 以上。使用台模浇筑的混凝土整体性好，表面容易平整、施工进度快。台模由台面、支架(支柱)、支腿、调节装置、行走轮等组成。台面是直接接触混凝土的部件，表面应平整光滑，具有较高的强度和刚度。目前，常用的面板有钢板、胶合板、铝合金板、工程塑料板及木板等，如图 1.5-10 所示。

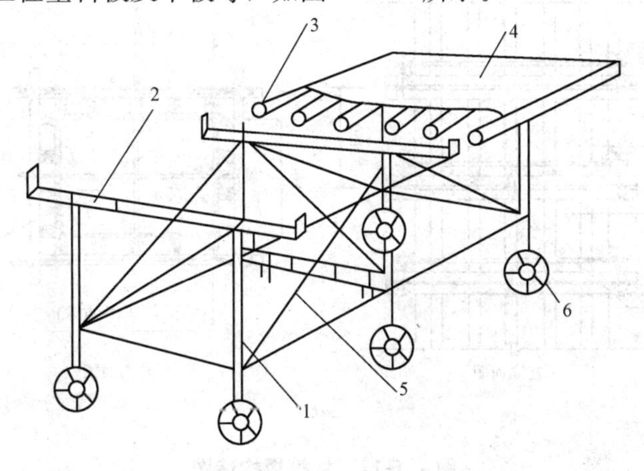

图 1.5-10 台模

1—支腿；2—可伸缩的横梁；3—檩条；4—面板；5—斜撑；6—行走轮

1.5.2 柱模板的设计与施工

1. 柱模板的设计

柱模板的施工设计，首先应按单位工程中不同断面尺寸和长度的柱，所需配置模板的数量做出统计，并编号、列表；然后，进行每一种规格的柱模板的施工设计，其具体步骤如下：

(1)依照断面尺寸选用宽度方向的模板规格组配方案，并选用长(高)度方向的模板规格进行组配；

(2)根据施工条件，确定浇筑混凝土的最大侧压力；

(3)通过计算，选用柱箍、背楞的规格和间距；

(4)按结构构造配置柱间水平撑和斜撑，如图 1.5-11 所示。

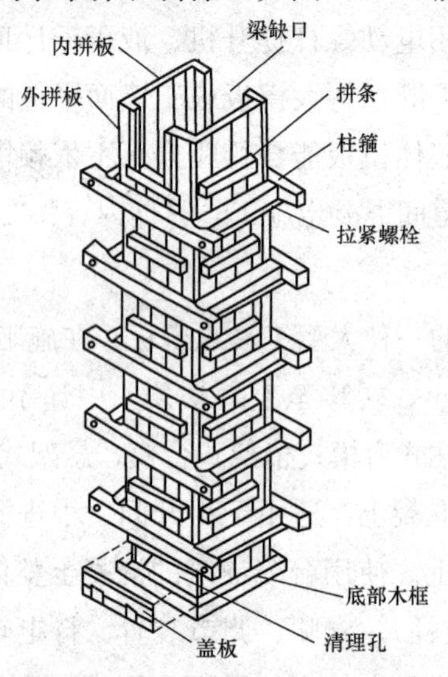

(a)

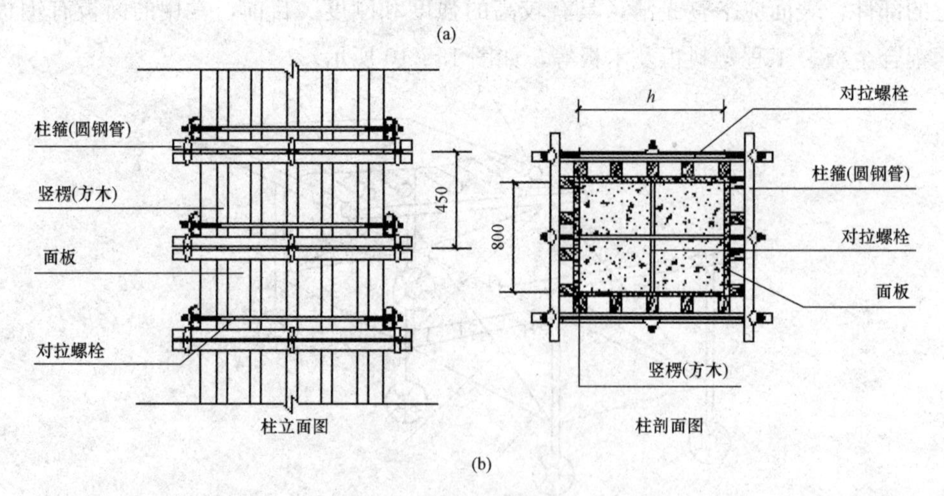

(b)

图 1.5-11 柱模板构造图

(a)柱模板拼板构造图；(b)柱模板竹胶板构造图

(c)

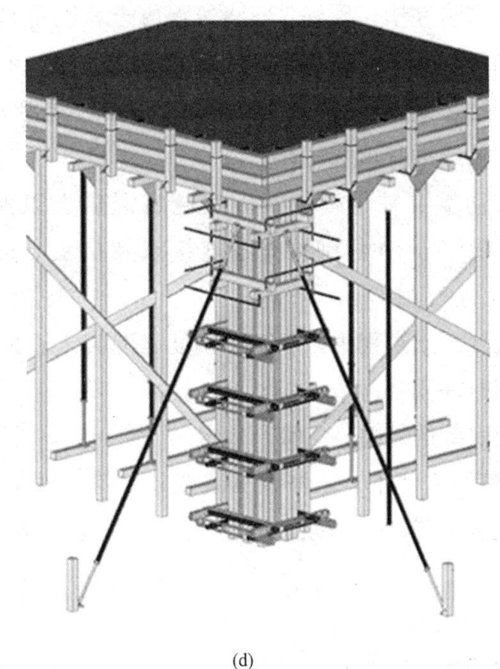

(d)

图 1.5-11　柱模板构造图(续)

(c)柱模板实物图；(d)柱模板支撑安装

2. 柱模板的施工

柱模板安装
施工虚拟演示

(1)模板安装的注意事项。安装模板之前，应事先熟悉设计图样，掌握建筑物结构的形状尺寸，并根据现场条件，初步考虑好立模及支撑的程序，以及与钢筋绑扎、混凝土浇捣等工序的配合，尽量避免工种之间的相互干扰。

模板的安装包括放样、立模、支撑加固、吊正找平、尺寸校核、堵设缝隙及清仓去污等工序。在安装过程中，应注意下列事项：

①模板竖立后，须切实校正位置和尺寸，垂直方向用垂球校对，水平长度用钢尺丈量两次以上，务必使模板的尺寸符合设计标准。

②模板各结合点与支撑必须坚固紧密，牢固可靠，尤其是采用振捣器捣固的结构部位更应注意，以免在浇捣过程中发生裂缝、鼓肚等不良情况。但为了增加模板的周转次数，减少模板拆模损耗，模板结构的安装应力求简便，尽量少用圆钉，多用螺栓、木楔、拉条等进行加固连接。

③凡属承重的梁板结构，跨度大于 4 m 以上时，由于地基的沉陷和支撑结构的压缩变形，跨中应预留起拱高度。

④为避免拆模时建筑物受到冲击或震动，安装模板时，支撑柱下端应设置硬木楔形垫块，所用撑木不得直接支撑于地面，应安装在坚实的桩基或垫板上，使撑木有足够的支撑面积，以免沉陷变形。

⑤模板安装完毕，最好立即浇筑混凝土，以防日晒雨淋导致模板变形。为保证混凝土表面光滑和便于拆卸，宜在模板表面涂抹肥皂水或润滑油。夏季或在气候干燥情况下，为防止模板干缩裂缝漏浆，在浇筑混凝土之前，需洒水养护。如发现模板因干燥产生裂缝，应事先用木条或油灰填塞衬补。

⑥安装边墙、柱等模板时，在浇筑混凝土以前，应将模板内的木屑、刨片、泥块等杂物清除干净，并仔细检查各连接点及接头处的螺栓、拉条、楔木等有无松动滑脱现象。

在浇筑混凝土过程中，木工、钢筋、混凝土、架子等工种均应有专人"看仓"，以便发现问题可随时加固修理。

⑦模板安装的偏差，应符合规定。

(2)柱模板安装工艺。搭设安装架子→第一层模板安装就位→检查对角线、垂直和位置→安装柱箍→第二、三层柱模板及柱箍安装→安有梁口的柱模板→全面检查校正→群体固定。

(3)柱模板施工。

①将柱子第一层上面模板就位组拼好，每面带一阴角模或连接角模，用U形卡反正交替连接，使模板四面按给定柱截面线就位，并使之垂直，对角线相等。

②以第一层模板为基准，采用同样方法组拼第二、三层，直至带梁口柱模板。用U形卡对竖向、水平接缝反正交替连接。在适当高度进行支撑和拉结，以防倾倒。

③对模板的轴线位移、垂直偏差、对角线、扭向等进行全面校正，并安装定型斜撑。检查安装质量，进行水平拉(支)杆及剪力支杆的固定。

④将柱根模板内清理干净，封闭清理口。

(4)柱模板拆除施工工艺。

①侧模拆除：在混凝土强度能保证其表面及棱角不因拆除模板而受损后，方可拆除。

②底模及冬期施工模板的拆除，必须执行《混凝土结构工程施工质量验收规范》(GB 50204—2015)的有关条款。作业班组必须提出拆模申请经技术部门批准后方可拆除。

③拆装模板的顺序和方法，应按照配板设计的规定进行。若无设计规定时，应遵循先支后拆，后支先拆；先拆不承重的模板，后拆承重部分的模板；自上而下，支架先拆侧向支撑，后拆竖向支撑原则。

④拆除支架部分水平拉杆和剪力撑，以便作业。其后拆除梁与楼板模板的连接角模及梁侧模板，以使两相邻模板断边。下调支柱顶翼托螺杆后，先拆钩头螺栓，以使钢框竹胶板平模与钢楞脱开。然后拆下U形卡和L形插销，再用钢钎轻轻撬动钢框竹胶模板，或用木槌轻击，拆下第一块，然后逐块拆除。

⑤拆除柱模时，应采取自上而下分层拆除。拆除第一层模板时，用木槌或带橡皮垫的锤向外侧轻击模板的上口，使之松动，脱离柱混凝土。依次拆除下一层模板时，要轻击模边肋，切不可用撬棍从柱角撬离。

⑥当模板拆卸完毕后，应将附着在板面上的混凝土砂浆洗凿干净，损坏部分需加修整，

板上的圆钉应及时拔除(部分可以回收使用)，以免刺脚伤人。卸下的螺栓应与螺母、垫圈等拧在一起，并加黄油防锈。扒钉、铁丝等物均应收捡归仓，不得丢失。所有模板应按规格分放，妥加保管，以备下次立模周转使用。

1.6 柱混凝土配料与检测

1.6.1 混凝土的原材料

1. 水泥

混凝土的组成材料

(1)水泥的选用。水泥的品种和成分不同，其凝结时间、早期强度、水化热和吸水性等性能也不相同，应按适用范围选用。普通气候环境或干燥环境下的混凝土、严寒地区的露天混凝土应优先选用普通硅酸盐水泥；高强度混凝土(强度等级大于C40)、要求快硬的混凝土、有耐磨要求的混凝土应优先选用硅酸盐水泥；高温环境或水下混凝土应优先选用矿渣硅酸盐水泥；厚大体积的混凝土应优先选用粉煤灰硅酸盐水泥或矿渣硅酸盐水泥；有抗渗要求的混凝土应优先选用普通硅酸盐水泥或火山灰质硅酸盐水泥；有耐磨要求的混凝土应优先选用普通硅酸盐水泥或硅酸盐水泥。

(2)水泥的验收。检查数量：按同一生产厂家、同一等级、同一品种、同一批号且连续进场的水泥，袋装不超过200 t为一批，散装不超过500 t为一批，每批抽样不少于一次。

检查方法：检查产品合格证、出厂检验报告和进场复验报告。

重新检验：当使用中对水泥质量有怀疑或水泥出厂超过3个月(快硬硅酸盐水泥超过1个月)应视为过期水泥，使用时须重新检验、确定。

(3)水泥的贮存。入库的水泥应按品种、强度等级、出厂日期分别堆放，并挂牌标识；做到先进先用，不同品种的水泥不得混掺使用；先进先用，贮存期不超过3个月；袋装水泥堆高不超过10包，堆宽以5～10包为限；地面架空15～20 cm以防潮、防水。

2. 砂

混凝土用砂以细度模数为2.5～3.5的中粗砂最为合适；当混凝土强度等级高于或等于C30时(或有抗冻、抗渗要求)，含泥量不大于3%；当混凝土强度等级低于C30时，含泥量不大于5%。

3. 石子

常用石子有卵石和碎石。卵石混凝土的水泥用量少，强度偏低；碎石混凝土的水泥用量大，强度较高。

(1)石子的级配：石子的级配越好，其空隙率及总表面积越小，不仅节约水泥，混凝土的和易性、密实性和强度也较高。碎石和卵石的颗粒级配应优先采用连续级配。

(2)石子的含泥量：混凝土强度等级高于或等于 C30 时，含泥量≤1.0%；混凝土强度等级低于 C30 时，含泥量≤2.0%(泥块含量按质量计)。

(3)石子的最大粒径：在级配合适的情况下，石子的粒径越大，对节约水泥、提高混凝土强度和密实性都有好处。

但由于结构断面、钢筋间距及施工条件的限制，石子的最大粒径不得超过结构截面最小尺寸的 1/4，且不超过钢筋最小净距的 3/4；对混凝土实心板不超过板厚的 1/3，且最大不超过 40 mm(机拌)；任何情况下石子的最大粒径机械拌制不超过 150 mm，人工拌制不超过 80 mm。

4. 水

混凝土拌合用水和混凝土养护用水包括饮用水、地表水、地下水、再生水、混凝土企业设备洗刷水和海水等。具体规定参见《混凝土用水标准》(JGJ 63—2006)。

1.6.2 混凝土的和易性

和易性是指混凝土在搅拌、运输、浇筑等施工过程中保持成分均匀、不分层离析，成型后混凝土密实均匀的性能。它包括流动性、黏聚性和保水性三个方面的性能。和易性好的混凝土，易于搅拌均匀；运输和浇筑时，不发生离析泌水现象；流动性大，易于捣实，成型后混凝土内部质地均匀密实，有利于保证混凝土的强度与耐久性。和易性不好的混凝土，施工操作困难，质量难以保证。

坍落度检测

1. 混凝土和易性测定

目前尚无全面反映混凝土拌合物和易性的指标和简单测定方法。根据对和易性的需求不同，混凝土有塑性混凝土和干硬性混凝土之分。塑性混凝土的和易性一般用坍落度测定，干硬性混凝土则用工作度试验确定，见表 1.6-1。

表 1.6-1 混凝土的和易性指标

混凝土名称	坍落度/mm	工作度/s
流动性混凝土	50～80	5～10
低流动性混凝土	10～30	15～30
干硬性混凝土	0	30～180

2. 影响混凝土和易性的因素

(1)水泥的影响：水泥颗粒越细，混凝土的黏聚性和保水性越好，如硅酸盐水泥和普通硅酸盐水泥的和易性比火山灰质水泥、矿渣水泥好；在水胶比相同的情况下，水泥用量越大，其和易性越好。

(2)用水量的影响：在保持水泥用量不变的情况下，减少拌合用水量，水泥浆变稠，水泥浆的黏聚力增大，使黏聚性和保水性良好，而流动性变小。混凝土加水过少时，不仅流动性太小，黏聚性也变差，混凝土难以成型密实。但若加水过多，水胶比过大，水泥浆过稀，将产生严重的分层离析和泌水现象，并严重影响混凝土的强度和耐久性。

(3)砂率的影响：砂率过大，水泥浆被比表面积较大的砂粒所吸附，则流动性减小；砂率过小，砂子的体积不足以填满石子间的空隙，石子间没有足够的砂浆润滑层，会使混凝土拌合物的流动性、黏聚性和保水性均差，甚至发生混凝土集料离析、崩散现象。

(4)集料性质的影响：用卵石和河砂拌制的混凝土拌合物，其流动性比碎石和山砂拌制的好；用级配好的集料拌制的混凝土拌合物和易性好。

(5)外加剂的影响：混凝土拌合物掺入减水剂或引气剂，流动性明显提高，引气剂还可有效改善混凝土拌合物的黏聚性和保水性，并分别对硬化混凝土的强度与耐久性起着十分有利的作用。

1.6.3 混凝土的施工配料

施工配料是按现场使用搅拌机的装料容量进行搅拌一次(盘)的装料数量的计算。其是保证混凝土质量的重要环节之一，影响施工配料的因素主要有两个：一是原材料的过秤计量；二是砂石集料要按实际含水率进行施工配合比的换算。

1. 原材料计量

要严格控制混凝土配合比，严格对每盘混凝土的原材料过秤计量，每盘称量允许偏差为：水泥及掺合料±2%，砂石±3%，水及外加剂±2%。衡器应定期校验，雨天应增加砂石含水率的检测次数。

2. 施工配合比的换算

试验室的配合比：水泥∶砂∶石子=1∶x∶y，水胶比为W/B，现场测得的砂、石含水率分别为W_x、W_y，则施工配合比应为

$$水泥∶砂∶石子=1∶x(1+W_x)∶y(1+W_y)$$

水用量不变，但必须减去砂、石中的含水量，即

$$实际用水量=W(原用水量)-x\cdot W_x-y\cdot W_y$$

1.7 柱混凝土施工

1.7.1 混凝土的搅拌

混凝土的搅拌是指将水、水泥和粗细集料进行均匀拌和及混合，拌制成质地均匀、颜色一致、具有一定流动性的拌合物。

1. 搅拌方式

混凝土的拌制及浇筑

人工搅拌混凝土质量差，消耗水泥较多，而且劳动强度大，所以只有在工程量很小时才会采用人工搅拌，一般均采用机械搅拌。

2. 机械搅拌

(1)自落式混凝土搅拌机。自落式混凝土搅拌机通过筒身旋转，带动搅拌叶片将物料提高，在重力作用下物料自由坠下，反复进行，相互穿插、翻拌、混合使混凝土各组分搅拌均匀。

①锥形反转出料搅拌机。

②双锥形倾翻出料搅拌机。双锥形倾翻出料搅拌机卸料迅速，拌筒容积利用系数高，拌合物的提升速度低，物料在拌筒内靠滚动自落而搅拌均匀，能耗低，磨损小，能搅拌大粒径集料混凝土，主要用于大体积混凝土工程。

(2)强制式混凝土搅拌机。强制式混凝土搅拌机一般筒身固定，搅拌机片旋转，对物料施加剪切、挤压、翻滚、滑动、混合使混凝土各组分搅拌均匀。

①涡浆强制式搅拌机。

②单卧轴强制式混凝土搅拌机。

③双卧轴强制式混凝土搅拌机。

选择搅拌机时，要根据工程量大小、混凝土的坍落度、集料尺寸等而定，既要满足技术上的要求，也要考虑经济效果和节约能源。

3. 搅拌制度的确定

(1)搅拌时间：搅拌时间是影响混凝土质量及搅拌机生产率的重要因素之一。时间过短，拌和不均匀，会降低混凝土的强度及和易性；时间过长，不仅会影响搅拌机的生产率，而且会使混凝土和易性降低或产生分层离析现象。

(2)投料顺序：投料顺序应从提高搅拌质量，减少叶片、衬板的磨损，减少拌合物搅拌筒的粘结，减少水泥飞扬改善制作条件等方面综合考虑确定。常用方法如下：

①一次投料法。一次投料法即在上料斗中先装石子，再加水泥和砂，然后一次投入搅拌机。

②二次投料法。二次投料法又分为预拌水泥砂浆法和预拌水泥净浆法。预拌水泥砂浆

法是先将水泥、砂和水加入搅拌筒进行充分搅拌，成为均匀的水泥砂浆，再投入石子搅拌成均匀的混凝土。预拌水泥净浆法是将水泥和水充分搅拌成均匀的水泥净浆后，再加入砂和石子搅拌成混凝土。二次投料法搅拌的混凝土与一次投料法相比，混凝土强度提高约15%，在强度相同的情况下，可节约水泥15%～20%。

③水泥裹砂法。水泥裹砂法又称为SEC法。采用这种方法拌制的混凝土称为SEC混凝土，也称作造壳混凝土。采用SEC法制备的混凝土与一次投料法比较，强度可提高20%～30%，混凝土不易产生离析现象，泌水少，工作性能好。

(3)进料容量(干料容量)：进料容量为搅拌前各种材料体积的累积。

搅拌筒的几何容量有一定的比例关系，一般情况下为0.22～0.4。使用搅拌机时应注意安全。在搅拌筒正常转动之后，才能装料入筒。在运转时，不得将头、手或工具伸入筒内。在因故(如停电)停机时，要立即设法将筒内的混凝土取出，以免凝结。在搅拌工作结束时，也应立即清洗搅拌筒内外。叶片磨损面积如超过10%，应按原样修补或更换。

4. 混凝土搅拌机的使用

(1)搅拌机使用前的检查。搅拌机使用前应按照“十字作业法”(清洁、润滑、调整、紧固、防腐)的要求检查离合器、制动器、钢丝绳等各个系统和部位，是否机件齐全、机构灵活、运转正常，并在规定位置加注润滑油脂。

(2)开盘操作。

(3)正常运转。

①投料顺序，普通混凝土一般采用一次投料法或二次投料法。一次投料法是按砂(石子)—水泥—石子(砂)的次序投料，并在搅拌的同时加入全部拌合用水进行搅拌；二次投料法是先将石子投入搅拌筒并加入部分拌合用水进行搅拌，清除前一盘拌合料黏附在筒壁上的残余，然后将砂、水泥及剩余的拌合用水投入搅拌筒内继续拌和。

②搅拌时间，混凝土搅拌质量直接和搅拌时间有关，搅拌时间应满足要求。

③搅拌质量检查，混凝土拌合物的搅拌质量应经常检查，混凝土拌合物颜色均匀一致，无明显的砂粒、砂团及水泥团，石子完全被砂浆所包裹，说明其搅拌质量较好。

(4)停机。每班作业后应对搅拌机进行全面清洗，并在搅拌筒内放入清水及石子运转10～15 min后放出，再用竹扫帚洗刷外壁。搅拌筒内不得有积水，以免筒壁及叶片生锈，如遇冰冻季节应放尽水箱及水泵中的存水，以防冻裂。

每天工作完毕后，搅拌机料斗应放至最低位置，不准悬于半空。电源必须切断，锁好电闸箱，保证各机构处于空位。

1.7.2 混凝土的运输

混凝土运输机具

1. 混凝土拌合物运输的要求

拌合物的运输工作应保证混凝土的浇筑工作连续进行；运送混凝土

的容器应严密，其内壁应平整光洁，不吸水，不漏浆，黏附的混凝土残渣应经常清除。在运输过程中，应保持混凝土的均匀性，避免产生分层离析现象，混凝土运至浇筑地点，应符合浇筑时所规定的坍落度(表 1.7-1)；混凝土应以最少的中转次数、最短的时间，从搅拌地点运至浇筑地点，保证混凝土从搅拌机卸出后到与浇筑完毕的延续时间不超过表 1.7-2 相关规定。

表 1.7-1　混凝土浇筑时的坍落度

项次	结构种类	坍落度/mm
1	基础或地面等的垫层、无配筋的厚大结构 (挡土墙、基础或厚大的块体)或钢筋稀疏的结构	10～30
2	板、梁和大中型截面的柱子等	30～50
3	配筋密列的结构(薄壁、斗仓、筒仓、细柱等)	50～70
4	配筋特密的结构	70～90

注：1. 本表是指采用机械振捣的坍落度，采用人工捣实时可适当增大。
2. 需要配置大坍落度混凝土时，应掺用外加剂。
3. 曲面或斜面结构的混凝土，其坍落度值，应根据实际需要另行选定。
4. 轻集料混凝土的坍落度，宜比表中数值减少 10～20 mm。
5. 自密实混凝土的坍落度另行规定。

表 1.7-2　混凝土从搅拌机中卸出后到浇筑完毕的延续时间　min

混凝土强度等级	气温/ ℃	
	≤25	＞25
C30 及 C30 以下	120	90
C30 以上	90	60

注：1. 掺外加剂或采用快硬水泥拌制混凝土时，应按试验确定。
2. 轻集料混凝土的运输、浇筑时间应适当缩短。

2. 混凝土的运输方式

(1)水平运输。混凝土的水平运输又称为供料运输。常用的运输方式有人工、机动翻斗车、混凝土搅拌运输车、自卸汽车、混凝土泵、皮带机、机车等，应根据工程规模、施工场地宽窄和设备供应情况选用。

(2)垂直运输。垂直运输包括塔式起重机运输、井架运输、混凝土泵运输(在项目 5 中详细介绍)等。

1.7.3　柱混凝土的浇筑

混凝土浇筑

混凝土浇筑要保证混凝土的均匀性和密实性，要保证结构的整体性、尺寸准确和钢筋、预埋件的位置正确，拆模后混凝土表面要平整、光洁。

1. 浇筑要求

(1)防止离析。

(2)正确留置施工缝。

①施工缝的留设位置。施工缝设置的原则，一般宜留在结构受力(剪力)较小且便于施工的部位；柱子的施工缝宜留在基础与柱子交接处的水平面上，或梁的下面，或吊车梁牛腿、吊车梁、无梁楼盖柱帽的下面；高度大于 1 m 的钢筋混凝土梁的水平施工缝，应留在楼板底面下 20～30 mm 处，当板下有梁托时，留在梁托下部；单向平板的施工缝，可留在平行于短边的任何位置处；对于有主次梁的楼板结构，宜顺着次梁方向浇筑，施工缝应留在次梁跨度中间的 1/3 范围内，如图 1.7-1 所示。

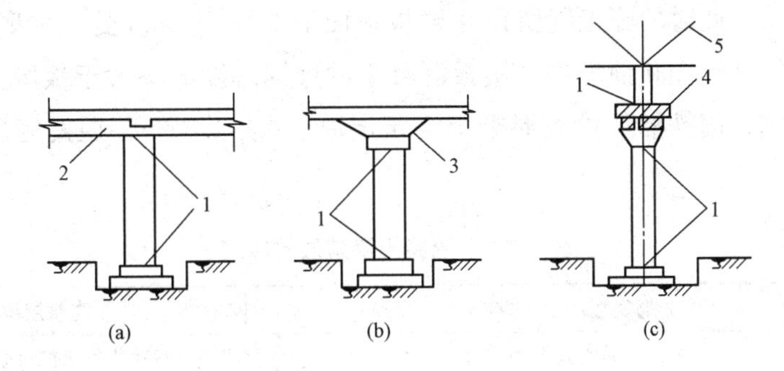

图 1.7-1　柱子施工缝的位置

(a)肋形楼板柱；(b)无梁楼板柱；(c)吊车梁柱

1—施工缝；2—梁；3—柱帽；4—吊车梁；5—屋架

②施工缝的处理。施工缝处继续浇筑混凝土时，应待混凝土的抗压强度不小于 1.2 MPa方可进行；施工缝浇筑混凝土之前，应除去施工缝表面的水泥薄膜、松动石子和软弱的混凝土层，处理方法有风砂枪喷毛、高压水冲毛、风镐凿毛或人工凿毛，并加以充分湿润和冲洗干净，不得有积水；浇筑时，施工缝处宜先铺水泥浆(水泥：水＝1：0.4)，或与混凝土成分相同的水泥砂浆一层，厚度为 30～50 mm，以保证接缝的质量；浇筑过程中，施工缝应细致捣实，使其紧密结合。

2. 浇筑方法

(1)多层钢筋混凝土框架结构的浇筑。浇筑这种结构首先要划分施工层和施工段，施工层一般按结构层划分，而每一施工层如何划分施工段，则需要考虑工序数量、技术要求、结构特点等。做到木工在第一施工层安装完模板，准备转移到第二施工层的第一施工段上时，该施工段所浇筑的混凝土强度应达到允许工人在其上操作的强度(1.2 MPa)。

柱子定位

混凝土浇筑前应做好必要的准备工作，如模板、钢筋和预埋管线的检查和清理以及隐蔽工程的验收；浇筑用脚手架、走道的搭设和安全检查；根据实验室下达的混凝土配合比通知单准备和检查等材料；并做好施工用具的准备等。

浇筑柱时，施工段内的每排柱应由外向内对称依次浇筑，不要由一端向另一端推进，预防柱子模板因湿胀造成受推倾斜而误差积累难以纠正。截面尺寸在400 mm×400 mm以内，或有交叉箍筋的柱子，应在柱子模板侧面开孔用斜溜槽分段浇筑，每段高度不超过2 m。

截面尺寸在400 mm×400 mm以上、无交叉箍筋的柱子，如柱高不超过4.0 m，可从柱顶浇筑；如用轻集料混凝土从柱顶浇筑，则柱高不得超过3.5 m。柱子开始浇筑时，底部应先浇筑一层厚50～100 mm与所浇筑混凝土成分相同的水泥砂浆。浇筑完毕，如柱顶处有较大厚度的砂浆层，则应加以处理。柱子浇筑后，应间隔1～1.5 h，待所浇混凝土拌合物初步沉实后，再浇筑上面的梁板结构。

梁和板一般应同时浇筑，顺次梁方向从一端开始向前推进。只有当梁高大于1 m时才允许将梁单独浇筑，此时的施工缝留设在楼板板面下20～30 mm处。梁底侧面注意振实，振动器不要直接触及钢筋和预埋件。楼板混凝土的虚铺厚度应略大于板厚，用表面振动器或内部振动器振实，用铁插尺检查混凝土浇筑层厚度(表1.7-3)，振捣完后用长的木抹子抹平。

表1.7-3　混凝土浇筑层的厚度

项次	捣实混凝土的方法		浇筑层厚度/m
1	插入式振动		振动器作用部分长度的1.25倍
2	表面振动		200
3	人工捣实	(1)在基础或无筋混凝土和配筋稀疏的结构中；	250
		(2)在梁、墙、板、柱结构中；	200
		(3)在配筋密集的结构中	150
4	轻集料混凝土	插入式振动表面振动(振动时需加荷载)	300 200

浇筑叠合式受弯构件时，应按设计要求确定是否设置支撑，且叠合面应根据设计要求预留凸凹差(当无要求时，凹凸差为6 mm)，形成延期粗糙面。

(2)大体积混凝土结构浇筑。

①全面分层。当结构平面面积不大时，可将整个结构分为若干层进行浇筑，即第一层全部浇筑完毕后，再浇筑第二层，如此逐层连续浇筑，直到结束。

②分段分层。当结构平面面积较大时，全面分层已不适应，这时可采用分段分层浇筑方案。即将结构划分为若干段，每段又分为若干层，先浇筑第一段各层，然后浇筑第二段各层，如此逐层连续浇筑，直至结束。

③斜面分层。当结构的长度超过厚度的3倍时，可采用斜面分层的浇筑方案。这里，振捣工作应从浇筑层斜面下端开始，逐渐上移，且振动器应与斜面垂直。

3. 混凝土密实成型

混凝土浇入模板以后是较疏松的，里面含有空气与气泡。而混凝土的强度、抗冻性、抗渗性以及耐久性等，都与混凝土的密实程度有关。目前主要是用人工或机械捣实混凝土使混凝土密实。人工捣实是用人力的冲击来使混凝土密实成型，只有在缺乏机械、工程量不大或机械不便工作的部位采用。

混凝土振捣主要采用振捣器进行，振捣器产生小振幅、高频率的振动，使混凝土在其振动的作用下，内摩擦力和粘结力大大降低，使干稠的混凝土获得流动性，在重力的作用下集料互相滑动而紧密排列，空隙由砂浆所填满，空气被排出，从而使混凝土密实，并填满模板内部空间，且与钢筋紧密结合。

(1)混凝土振捣器(图 1.7-2)。

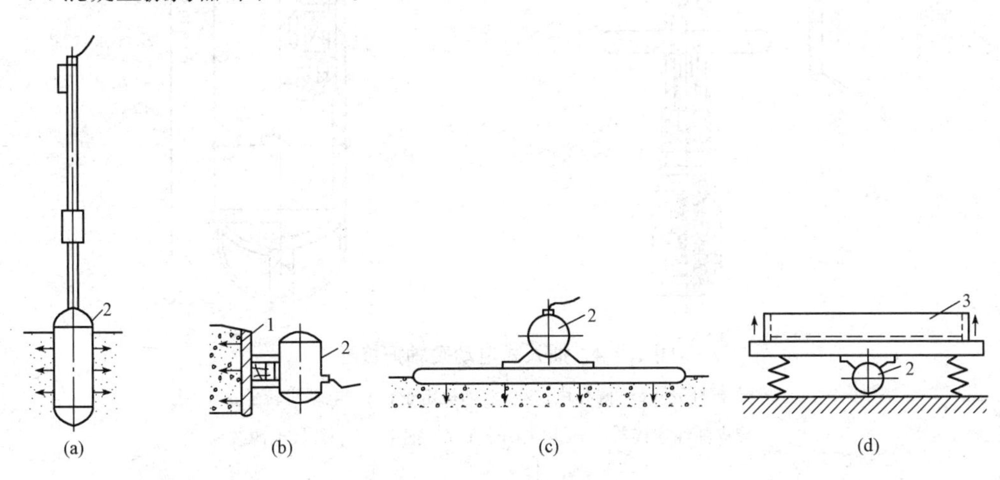

图 1.7-2　混凝土振捣器

(a)插入式振捣器；(b)外部振捣器；(c)表面式振捣器；(d)振动台

1—模板；2—电动机；3—构件

①插入式振捣器。根据使用的动力不同，插入式振捣器有电动式、风动式和内燃机式三类。内燃机式仅用于无电源的场合。风动式因其能耗较大、不经济，同时风压和负载变化时会使振动频率显著改变，因而影响混凝土振捣密实质量，逐渐被淘汰。因此，一般工程均采用电动式振捣器(图 1.7-3、图 1.7-4)。

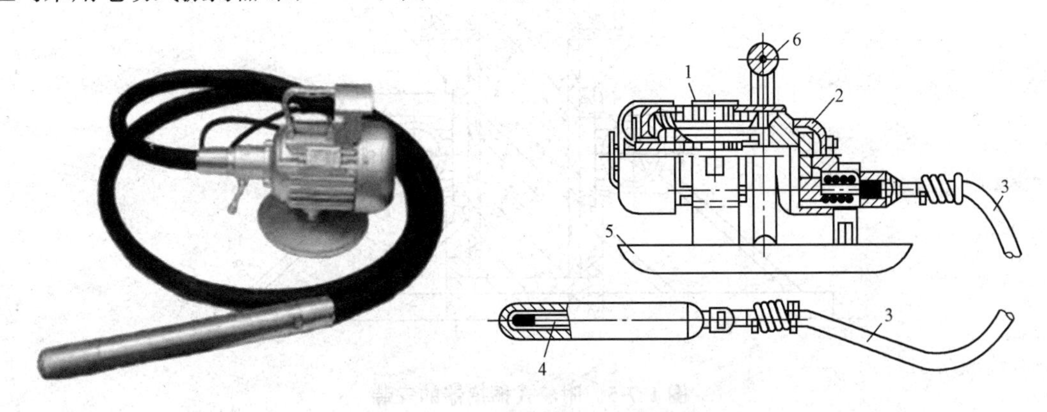

图 1.7-3　电动软轴插入式振动器

1—电动机；2—机械增速器；3—软轴；

4—振动棒；5—底盘；6—手柄

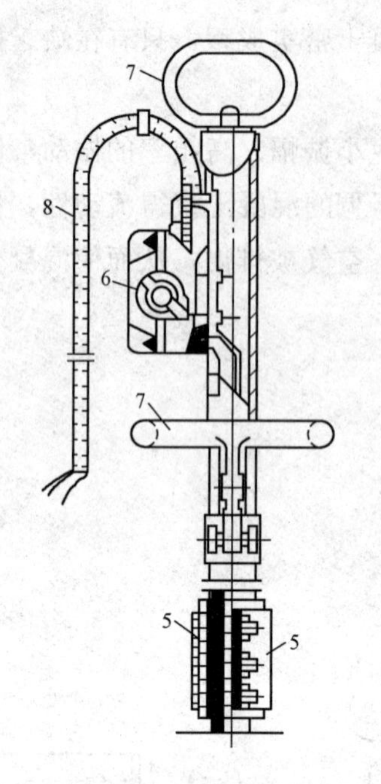

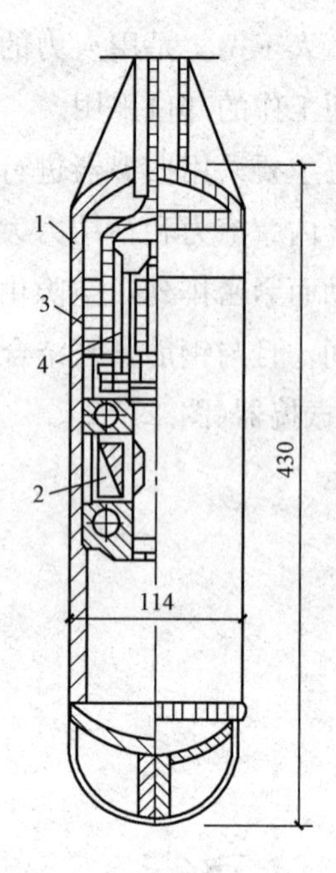

图 1.7-4　插入式电动硬轴振捣器

1—振棒外壳；2—偏心块；3—电动机定子；4—电动机转子；

5—橡皮弹性连接器；6—电路开关；7—把手；8—外接电源线

②外部式振捣器。外部式振捣器包括附着式、平板(梁)式及振动台 3 种类型。其中，平板(梁)式振捣器有两种形式：一类是在附着式振捣器(图 1.7-5)底座上用螺栓紧固一块木板或钢板(梁)，通过附着式振捣器所产生的激振力传递给振板，迫使振板振动而振实混凝土；另一类是定型的平板(梁)式振捣器，振板为钢制槽形(梁形)振板，上有把手，便于边振捣、边拖行，更适用于大面积的振捣作业(图 1.7-6)。

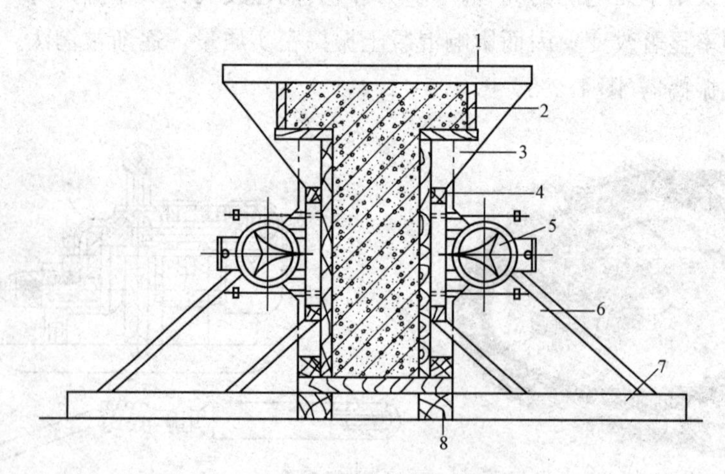

图 1.7-5　附着式振捣器的安装

1—模板面卡；2—模板；3—角撑；4—夹木枋；

5—附着式振动器；6—斜撑；7—底横枋；8—纵向底枋

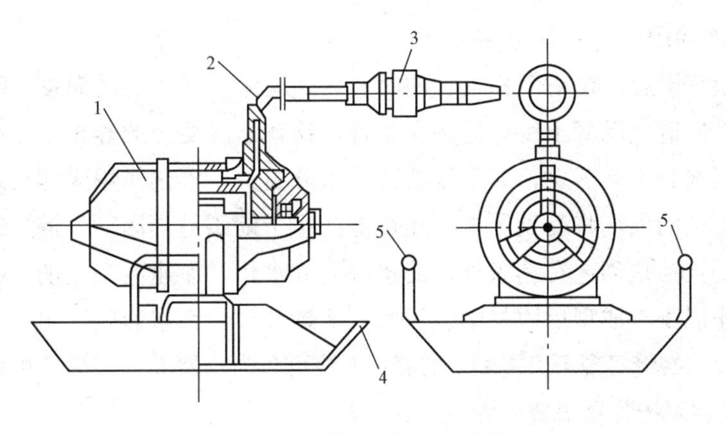

图 1.7-6　槽形平板式振捣器

1—振动电动机；2—电缆；3—电缆接头；4—钢制槽形振板；5—手柄

混凝土振动台，又称台式振捣器，是一种使混凝土拌合物振动成型的机械。其机架一般支撑在弹簧上，机架下装有激振器，机架上安置成型制品的钢模板，模板内装有混凝土拌合物。在激振器的作用下，机架连同模板及混合料一起振动，使混凝土拌合物密实成型。

(2)振捣器的使用与振实判断。

①插入式振捣器。用振捣器振捣混凝土，应在仓面上按一定顺序和间距，逐点插入进行振捣。

②外部式振捣器。外部式振捣器是强力振动成型的机械装置，必须安装牢固在振捣作业中，必须安置牢固可靠的模板锁紧夹具，以保证模板和混凝土与振捣器台面一起振动。

1.7.4　混凝土的拆模与养护

1. 混凝土的拆模

模板拆除日期取决于混凝土的强度、模板的用途、结构的性质及混凝土硬化时的气温。不承重的侧模，在混凝土强度能保证其表面棱角未因拆除模板而受损坏时，即可拆除。承重模板，如梁、板等底模，应待混凝土达到规定强度后，方可拆除。

现浇混凝土的养护

已拆除承重模板的结构，应在混凝土达到规定的强度等级后，才允许承受全部设计荷载。拆模后应由监理(建设)单位、施工单位对混凝土的外观质量和尺寸偏差进行检查，并做好记录。如发现缺陷，应进行修补。对面积小、数量不多的蜂窝或露石的混凝土，先用钢丝刷或压力水洗刷基层，然后用1∶2～1∶2.5的水泥砂浆抹平；对较大面积的蜂窝、露石、露筋应按其全部深度凿去薄弱的混凝土层，然后用钢丝刷或压力水冲刷，再用比原混凝土强度等级高一个级别的细骨料混凝土填塞，并仔细捣实。对影响结构性能的缺陷，应与设计单位研究处理。

2. 混凝土的养护

现浇混凝土质量通病及防治

混凝土浇筑完毕后，在一个相当长的时间内，应保持其适当的温度和足够的湿度，以造成混凝土良好的硬化条件，这就是混凝土的养护工作。混凝土表面水分不断蒸发，如不设法防止水分损失，水化作用未能充分进行，混凝土的强度将受到影响，还可能产生干缩裂缝。因此，混凝土养护的目的：一是创造有利条件，使水泥充分水化，加速混凝土的硬化；二是防止混凝土成型后因暴晒、风吹、干燥等自然因素影响，出现不正常的收缩、裂缝等现象。混凝土的养护方法可分为自然养护和热养护两类(表 1.7-4)，图 1.7-7 所示为混凝土柱覆盖薄膜养护。

表 1.7-4　混凝土的养护

类别	名称	说明
自然养护	洒水(喷雾)养护	在混凝土面不断洒水(喷雾)，保持其表面湿润
	覆盖浇水养护	在混凝土面覆盖湿麻袋、草袋、湿砂、锯末等，不断洒水保持其表面湿润
	围水养护	四周围成土埂，将水蓄在混凝土表面
	铺膜养护	在混凝土表面铺上薄膜，阻止水分蒸发
	喷膜养护	在混凝土表面喷上薄膜，阻止水分蒸发
热养护	蒸汽养护	利用热蒸汽对混凝土进行湿热养护
	热水(热油)养护	将水或油加热，将构件搁置在其上养护
	电热养护	对模板加热或微波加热养护
	太阳能养护	利用各种罩、窑、集热箱等封闭装置对构件进行养护

图 1.7-7　混凝土柱覆盖薄膜养护

技能训练

一、选择题

1. 6 根 Φ10 钢筋代换成 Φ6 钢筋应为(　　)。

A. 10Φ6　　B. 13Φ6　　C. 17Φ6　　D. 21Φ6

2. 混凝土柱保护层厚度的保证一般由(　　)来实施。

A. 垫木块　　B. 埋入 20 号铁丝的砂浆垫块绑在柱子钢筋上

C. 垫石子　　D. 随时调整

3. 钢筋焊接接头外观检查数量应符合的要求为(　　)。

A. 每批检查 10%，并不少于 10 个　　B. 每批检查 15%，并不少于 15 个

C. 每批检查 10%，并不少于 20 个　　D. 每批检查 15%，并不少于 20 个

4. 用砂浆垫块保证主筋保护层的厚度，垫块应绑在主筋(　　)。

A. 外侧　　B. 与箍筋之间　　C. 之间　　D. 内侧

5. 电渣压力焊接头处钢筋轴线的偏移不得超过 $0.1d$(d 为钢筋直径)，同时不得大于(　　)mm。

A. 3　　B. 2.5　　C. 2　　D. 1.5

6. 平面注写包括集中标注与原位标注，施工时(　　)。

A. 集中标注取值优先　　B. 原位标注取值优先

C. 取平均值　　D. 核定后取值

7. 检验钢筋连接主控项目的方法是(　　)。

A. 检查产品合格证书

B. 检查接头力学性能试验报告

C. 检查产品合格证书、钢筋的力学性能试验报告

D. 检查产品合格证书、接头力学性能试验报告

8. 当钢筋在混凝土施工过程中易受扰动(如滑模施工)时，其锚固长度应乘以修正系数(　　)。

A. 1.05　　B. 1.1　　C. 1.2　　D. 1.3

9. 采用机械锚固措施时，锚固长度范围内的箍筋间距不应大于纵向钢筋直径的(　　)倍。

A. 2　　B. 3　　C. 4　　D. 5

10. 对竖向结构应分段浇筑。当柱子边长大于 0.4 m 且无交叉箍筋时，每段高度不应大于(　　)m。

A. 3　　B. 3.5　　C. 2.5　　D. 4

11. 在施工缝处继续浇筑混凝土时，则应待混凝土的抗压强度不小于(　　)MPa 时，

才允许继续浇捣。

A. 2.5　　B. 3.5　　C. 5　　D. 1.2

12. 振捣棒振捣时，振捣棒水平方向移动的间距不宜大于作用半径的(　　)倍。

A. 0.5～1　　B. 1～1.2　　C. 1～1.5　　D. 1～1.3

13. 浇筑混凝土时为避免产生混凝土的分层离析，自由倾倒高度不宜超过(　　)m。

A. 2　　B. 3　　C. 5　　D. 1.5

14. 下面关于浇筑混凝土时施工缝留设的说法中，正确的是(　　)。

A. 柱子的施工缝宜留在基础中部

B. 单向板施工缝留在平行于长边的任意位置

C. 柱子应留垂直缝，梁板应留水平缝

D. 有主次梁的楼板，施工缝应留在次梁跨中 1/3 范围内

15. 大体积混凝土的浇筑不可选用的水泥品种为(　　)。

A. 矿渣水泥　　B. 火山灰质硅酸盐水泥

C. 粉煤灰硅酸盐水泥　　D. 普通硅酸盐水泥

16. 在混凝土自然养护时，确定浇水天数的依据是(　　)。

A. 水胶比　　B. 水泥品种　　C. 强度等级　　D. 浇筑部位

17. 在下列运输设备中，既可做水平运输也可做垂直运输的是(　　)。

A. 井架运输　　B. 快速井式升降机

C. 龙门架　　D. 塔式起重机

18. 柱施工缝留置位置不当的是(　　)。

A. 基础顶面　　B. 与吊车梁平齐处　　C. 吊车梁上面　　D. 梁的下面

19. 采用(100×100×100)mm 试块确定强度等级时，测得的强度值应乘以(　　)换算成标准强度。

A. 0.85　　B. 0.95　　C. 1　　D. 1.05

20. 如图 1 所示，下列说法错误的是(　　)。

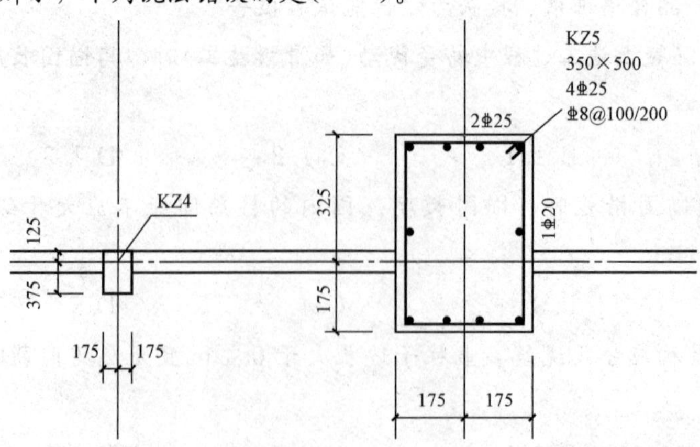

图 1　选择题 20 图

A. 柱截面尺寸为 350 mm×500 mm

B. 柱中角筋为 4Φ25

C. 柱中宽度方向中部纵筋一边为 2Φ25，高度方向中部纵筋一边为 1Φ20

D. 柱中的箍筋直径为 8 mm，柱端加密区箍筋间距为 100 mm，非加密区间距为 200 mm

21. 工地现场的钢筋长度通常为 9 m，施工中不允许纵向钢筋在同一截面进行连接，在同一截面进行钢筋连接的接头面积百分率不宜大于(　　)。

A. 30%　　B. 40%　　C. 50%　　D. 60%

22. 有抗震要求时，梁柱箍筋的弯钩长度应为(　　)。

A. $5d$　　B. $10d$ 和 75 mm 的较大值

C. $10d$ 和 100 mm 的较大值　　D. $5d$ 和 75 mm 的较大值

23. 顶层边柱、角柱柱内侧纵筋应伸至柱顶并弯折(　　)。

A. $12d$　　B. $8d$　　C. 150 mm　　D. 300 mm

24. 楼层部位柱钢筋与上部钢筋的连接相邻连接接头应错开，错开距离为(　　)。

A. $35d$　　B. 500 mm

C. max($35d$，500 mm)　　D. min($35d$，500 mm)

25. 楼层部位采用变截面框架柱，$\Delta/h_b>1/6$，上部钢筋锚入楼层面以下(　　)，下部钢筋锚入梁柱交接核心区直段长度不小于(　　)并直弯 $12d$。

A. l_{aE}，$0.5l_{aE}$　　B. $0.5l_{aE}$，l_{aE}　　C. $1.2l_{aE}$，$0.5l_{aE}$　　D. $0.5l_{aE}$，$1.2l_{aE}$

二、识图题

1. 根据图 2 所示图纸信息，完成习题。

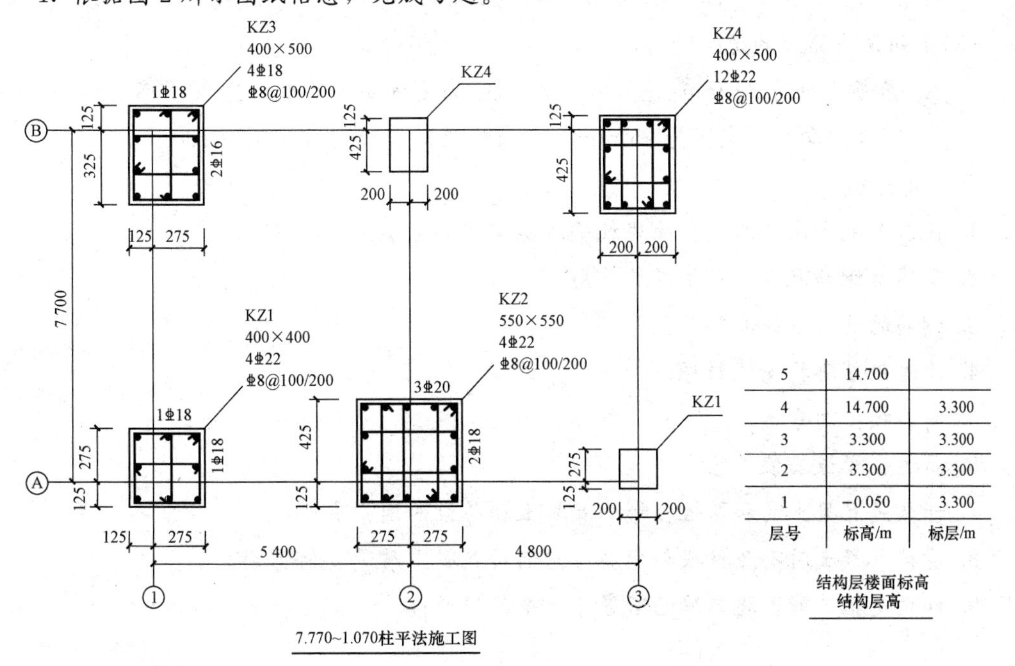

5	14.700	
4	14.700	3.300
3	3.300	3.300
2	3.300	3.300
1	−0.050	3.300
层号	标高/m	标层/m

结构层楼面标高
结构层高

图 2　识图题 1 图

(1)KZ3 的 b 边尺寸是(   )mm。

(2)KZ4 的角筋是(   )(须注明根数、钢筋种类与直径)。

(3)KZ2 的 h 边中部筋是(   )(须注明根数、钢筋种类与直径)。

(4)KZ2 详图中标注的“ϕ8@100/200”是指柱子的(箍)筋，级别为(   )，直径为(   )mm，“100”指(   )区(   )筋间距，“200”指(   )区(   )筋间距。

(5)③交①处的 KZ1 角筋是(   )，b 边中部筋是(   )，h 边中部筋是(   )，箍筋是(   )。

2. 根据图 3 所示图纸信息，完成习题。

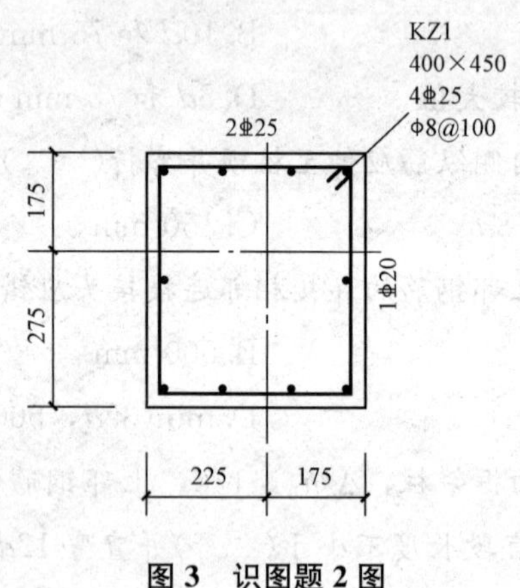

图 3　识图题 2 图

(1)柱的 b 为(   ) mm，h 为(   ) mm。

A. 275、225　　B. 400、450　　C. 450、400　　D. 225、275

(2)下列说法错误的是(   )。

A. 角筋直径为 25 mm　　B. 高度方向纵筋直径为 20 mm

C. 宽度方向纵筋直径为 25 mm　　D. 箍筋非加密区间距为 100 mm

三、简答题

1. 什么是柱平法施工图？简述柱平法施工图的分类。
2. 简述柱钢筋混凝土保护层的作用。
3. 钢筋的连接方式有哪些？
4. 简述钢筋绑扎安装程序。
5. 简述模板的分类。
6. 简述柱模板安装工艺。
7. 什么是混凝土的和易性？影响混凝土和易性的因素有哪些？
8. 搅拌混凝土时有几种投料顺序？它们对混凝土质量有何影响？
9. 什么是施工缝？施工缝的留置原则是怎样的？

项目2　钢筋混凝土梁施工

项目任务

掌握梁平法施工图识读规则和梁钢筋构造；掌握梁平法施工图的识读方法；掌握梁钢筋的翻样方法；掌握梁钢筋的加工和绑扎方法，掌握梁钢筋的常见质量缺陷及处理方法；掌握梁模板的制作安装方法；掌握梁柱节点混凝土的浇筑方法。

项目导读

(1)根据教师给定的工程项目，识读梁钢筋平法施工图；

(2)通过识图，完成梁的翻样并填写配料单，小组共同完成一根梁的钢筋绑扎和验收任务；

(3)小组共同完成实训楼混凝土梁模板支设任务。

能力目标

(1)能够识读梁的平法施工图；

(2)能完成梁钢筋的下料计算、梁钢筋的绑扎、验收工作；

(3)能进行梁模板施工方案的编写；

(4)能提出梁柱节点混凝土浇筑措施。

2.1　梁平法施工图识读

梁是房屋结构中重要的水平构件，它对楼板起到水平支撑作用，同时，又将荷载传递到墙或柱。由于位置不同，梁的作用不同，配筋构造也不同。

在房屋结构中，由于梁的位置不同，所起的作用不同，其受力机理也不同，因而其构造要求也不同。在平法图集中，梁可分为楼层框架梁KL、屋面框架梁WKL、非框架梁L、悬挑梁XL、井字梁JZL等，应用平法构造时，注意区分。

梁中钢筋大致分为上部钢筋、侧面钢筋、下部钢筋、箍筋、吊筋，在各种梁中又有具体的详称，这些将在以后的内容中具体介绍。

梁平法施工图是在梁平面布置图上采用平面注写方式或截面注写方式表达。图 2.1-1 所示为梁平法施工图示例。

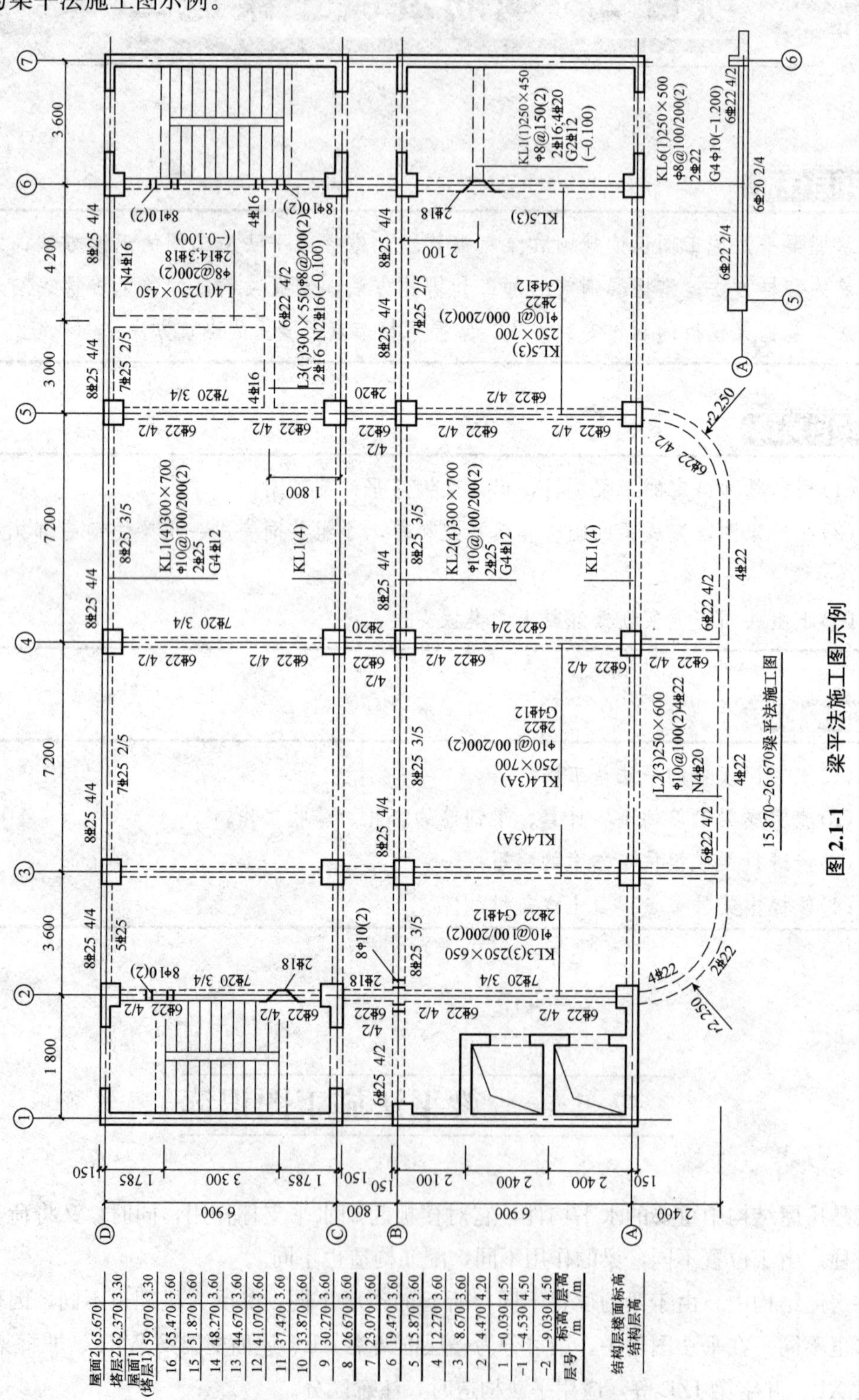

图 2.1-1　梁平法施工图示例

2.1.1　平面注写方式

梁平面注写方式是在梁平面布置图上，分别从不同编号的梁中各选一根梁，在其上注写截面尺寸和配筋具体数值的方式来表达梁平法施工图，如图 2.1-2 所示。

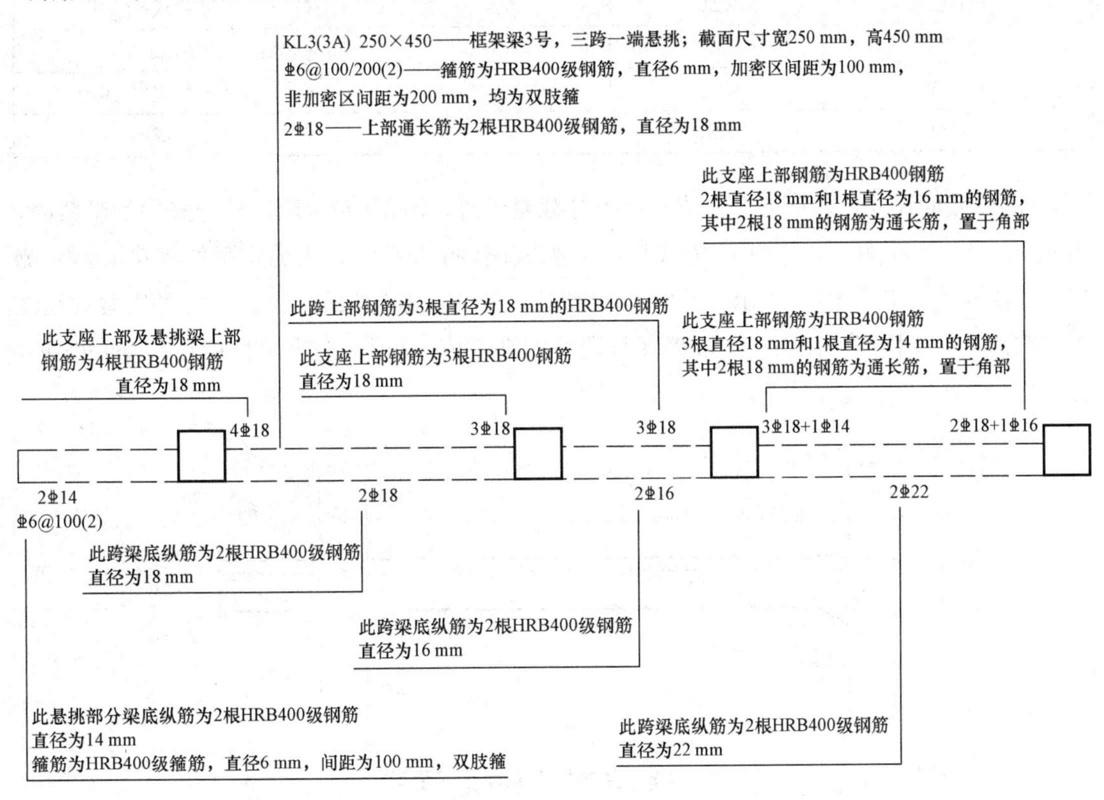

图 2.1-2　框架梁 KL3 注写释义

平面注写包括集中标注和原位标注，集中标注表达梁的通用数值，即梁多数跨都相同的数值；原位标注表达梁的特殊数值，即梁个别截面与其不同的数值。当集中标注中的某项数值不适用于梁的某部位时，则将该项数值原位标注，施工时，原位标注取值优先。平面注写既有效减少了表达上的重复，又保证了数值的唯一性。

1. 梁集中标注

梁集中标注的内容，有 5 项必注值及 1 项选注值，规定如下：

(1)梁编号，该项为必注值。由梁类型代号、序号、跨数及有无悬挑代号组成，见表 2.1-1。

表 2.1-1　梁编号

梁类型	代号	序号	跨数及是否带有悬挑
楼层框架梁	KL	××	(××)、(××A)或(××B)

续表

梁类型	代号	序号	跨数及是否带有悬挑
楼层框架扁梁	KBL	××	(××)、(××A)或(××B)
屋面框架梁	WKL	××	(××)、(××A)或(××B)
框支梁	KZL	××	(××)、(××A)或(××B)
托柱转换梁	TZL	××	(××)、(××A)或(××B)
非框架梁	L	××	(××)、(××A)或(××B)
悬挑梁	XL	××	(××)、(××A)或(××B)
井字梁	JZL	××	(××)、(××A)或(××B)

(2)梁截面尺寸，该项为必注值。当为等截面梁时，用 $b \times h$ 表示；当为竖向加腋梁时，用 $b \times h$　$\mathrm{Y}c_1 \times c_1$ 表示，其中 c_1 为腋长，c_2 为腋高(图 2.1-3)；当为水平加腋梁时，一侧加腋时用 $b \times h$　$\mathrm{PY}c_1 \times c_2$ 表示，其中 c_1 为腋长，c_2 为腋宽(图 2.1-4)；当有悬挑梁且根部和端部的高度不同时，用斜线分隔根部与端部的高度值(该项一般为原位标注)，即 $b \times h_1/h_2$(图 2.1-5)。

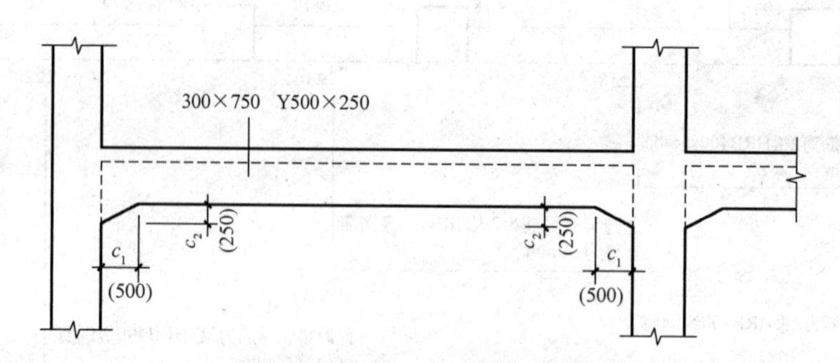

图 2.1-3　竖向加腋截面注写示意

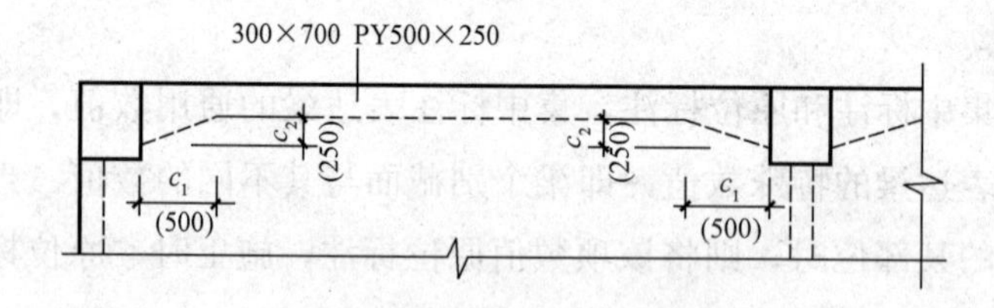

图 2.1-4　水平加腋截面注写示意

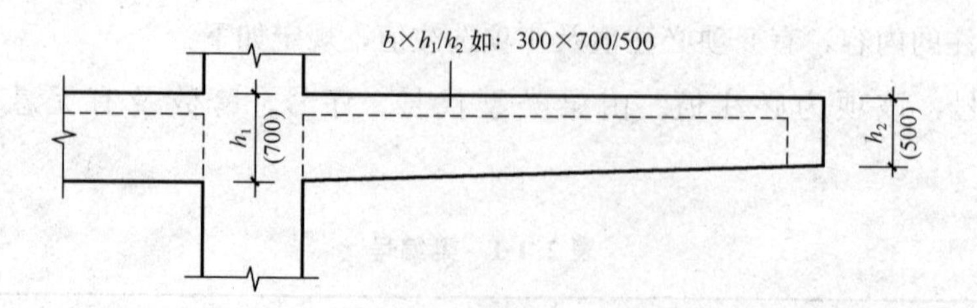

图 2.1-5　悬挑梁且根部和端部的高度不同

(3)梁箍筋，包括钢筋级别、直径、加密区与非加密区间距及肢数，该项为必注值。箍筋加密区与非加密区的不同间距及肢数需用斜线“/”分隔；当梁箍筋为同一种间距及肢数时，则不需用斜线；当加密区与非加密区的箍筋肢数相同时，则将肢数注写一次；箍筋肢数应写在括号内。加密区范围见相应抗震级别的构造详图。

【例】 1Φ6@100/200(2)，表示箍筋为 HPB300 级钢筋，直径为 6 mm，加密区间距为 100 mm，非加密区间距为 200 mm，均为双肢箍。

(4)梁上部通长筋或架立筋配置(通长筋可为相同或不同直径采用搭接连接、机械连接或焊接的钢筋)，该项为必注值。所注规格与根数应根据结构受力要求及箍筋肢数等构造要求而定。当同排纵筋中既有通长筋又有架立筋时，应用加号“＋”将通长筋和架立筋相连。注写时需将角部纵筋写在加号的前面，架立筋写在加号后面的括号内，以示不同直径及与通长筋的区别。当全部采用架立筋时，则将其写入括号。

【例】 2Ф20 用于双肢箍；2Ф20＋(4Φ12)用于六肢箍，其中 2Ф20 为通长筋，4Φ12 为架立筋。

当梁的上部纵筋和下部纵筋为全跨相同，且多数跨配筋相同时，此项可加注下部纵筋的配筋值，用分号“;”将上部与下部纵筋的配筋值分隔开来。

【例】 4Ф22；3Ф20 表示梁的上部配置 4Ф22 的通长筋，梁的下部配置 3Ф20 的通长筋。

(5)梁侧面纵向构造钢筋或受扭钢筋配置，该项为必注值。

当梁腹板高度 $h_w \geqslant 450$ mm 时，需配置纵向构造钢筋，所注规格与根数应符合规范规定。此项标注值以大写字母 G 打头，注写设置在梁两个侧面的总配筋值，且对称配置。

【例】 G4Φ12，表示梁的两个侧面共配置 4Φ12 的纵向构造钢筋，每侧各配置 2Φ12。

当梁侧面需配置受扭纵向钢筋时，此项标注值以大写字母 N 打头，接续注写配置在梁两个侧面的总配筋值，且对称配置。受扭纵向钢筋应满足梁侧面纵向构造钢筋的间距要求，且不再重复配置纵向构造钢筋。

【例】 N6Ф16，表示梁的两个侧面共配置 6Ф16 的受扭纵向钢筋，每侧各配置 3Ф16。

(6)梁顶面标高高差，该项为选注值。梁顶面标高高差，是指相对于结构层楼面标高的高差值，对于位于结构夹层的梁，则指相对于结构夹层楼面标高的高差。有高差时，需将其写入括号内，无高差时不注。

2. 梁原位标注

原位标注表达梁的特殊数值。当集中标注中的某项数值不适用于梁的某部位时，则将该项数值原位标注。如梁支座上部纵筋、梁下部纵筋，施工时原位标注取值优先。梁原位标注的内容规定如下：

(1)梁支座上部纵筋(支座负筋)。梁支座上部纵筋包含通长筋在内的所有纵筋。

①当上部纵筋多于一排时，用斜线“/”将各排纵筋自上而下分开。

【例】 梁支座上部纵筋注写为 6Ф25-4/2，则表示上一排纵筋为 4Ф25，下一排纵筋为 2Ф25。

②当同排纵筋有两种直径时，用加号“＋”将两种直径的纵筋相连，注写时将角部纵筋写在前面。

【例】 梁支座上部有四根纵筋，2Φ25 放在角部，2Φ22 放在中部，在梁支座上部应注写为 2Φ25＋2Φ22。

③当梁中间支座两边的上部纵筋不同时，须在支座两边分别标注；当梁中间支座两边的上部纵筋相同时，可仅在支座的一边标注配筋值，另一边省去不注。

(2)梁下部纵筋。

①当下部纵筋多于一排时，用斜线“/”将各排纵筋自上而下分开。

【例】 梁下部纵筋注写为 6Φ25 /4，则表示上一排纵筋为 2Φ25，下一排纵筋为 4Φ25，全部伸入支座。

②当同排纵筋有两种直径时，用加号“＋”将两种直径的纵筋相联，注写时角筋写在前面。

③当梁下部纵筋不全部伸入支座时，将梁支座下部纵筋减少的数量写在括号内。

【例】 梁下部纵筋注写为 6Φ20 2(－2)/4，则表示上排纵筋为 2Φ20，且不伸入支座；下一排纵筋为 4Φ20，全部伸入支座。

梁下部纵筋注写为 2Φ25＋3Φ22(－3)/5Φ25，表示上排纵筋为 2Φ25 和 3Φ22，其中 3Φ22 不伸入支座；下一排纵筋为 5Φ25，全部伸入支座。

④当梁的集中标注中已分别注写了梁上部和下部均为通长的纵筋值时，则不需在梁下部重复做原位标注。

⑤当梁设置竖向加腋时，加腋部位下部斜纵筋应在支座下部以 Y 打头注写在括号内(图 2.1-6)；当梁设置水平加腋时，水平加腋内上、下部斜纵筋应在加腋支座上部以 Y 打头标注在括号内，上下部纵筋之间用斜线“/”分隔(图 2.1-7)。

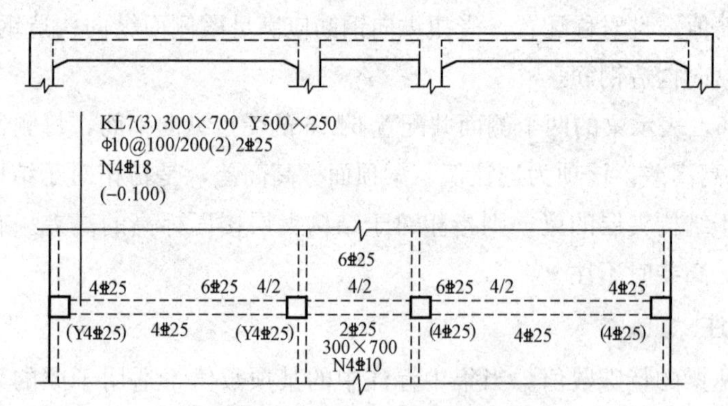

图 2.1-6 梁竖向加腋平面注写方式表达示例

(3)附加箍筋或吊筋，将其直接画在平面图中的主梁上，用线引注总配筋值(附加箍筋的肢数注在括号内)(图 2.1-8)。当多数附加箍筋或吊筋相同时，可在梁平法施工图上统一注明，少数与统一注明值不同时，再原位引注。

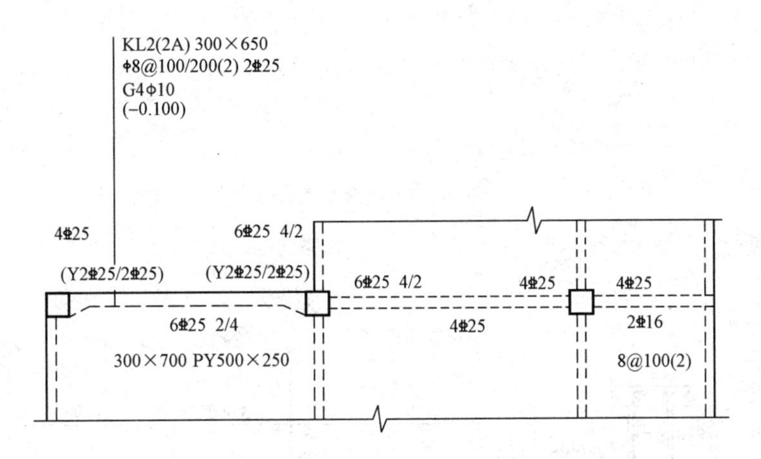

图 2.1-7 梁水平加腋平面注写公式表达示例

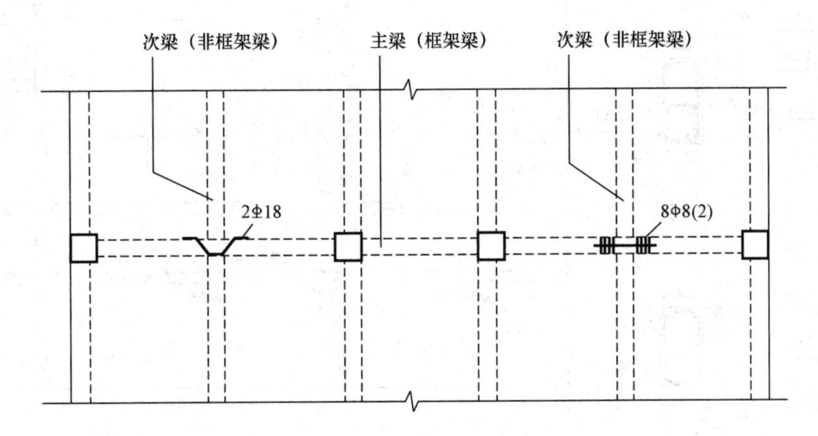

图 2.1-8 附加箍筋和吊筋的画法示例

2.1.2 截面注写方式

截面注写方式，是在分标准层绘制的梁平面布置图上，分别在不同编号的梁中各选择一根梁用剖面号引出配筋图，并在其上注写截面尺寸和配筋具体数值的方式来表达梁平法施工图(图 2.1-9)。

平法梁平面注写有平法注写方式[图 2.1-10(a)]和截面注写传统表达方式[图 2.1-10(b)]两种，两种方式表达完全相同的内容，平法注写方式更为简捷，设计工作量大大减少，但同时增加了识图的难度；截面注写方式设计工作量大，但让人一目了然，更易理解。在实际应用中，以平法注写为主，以截面注写为辅。

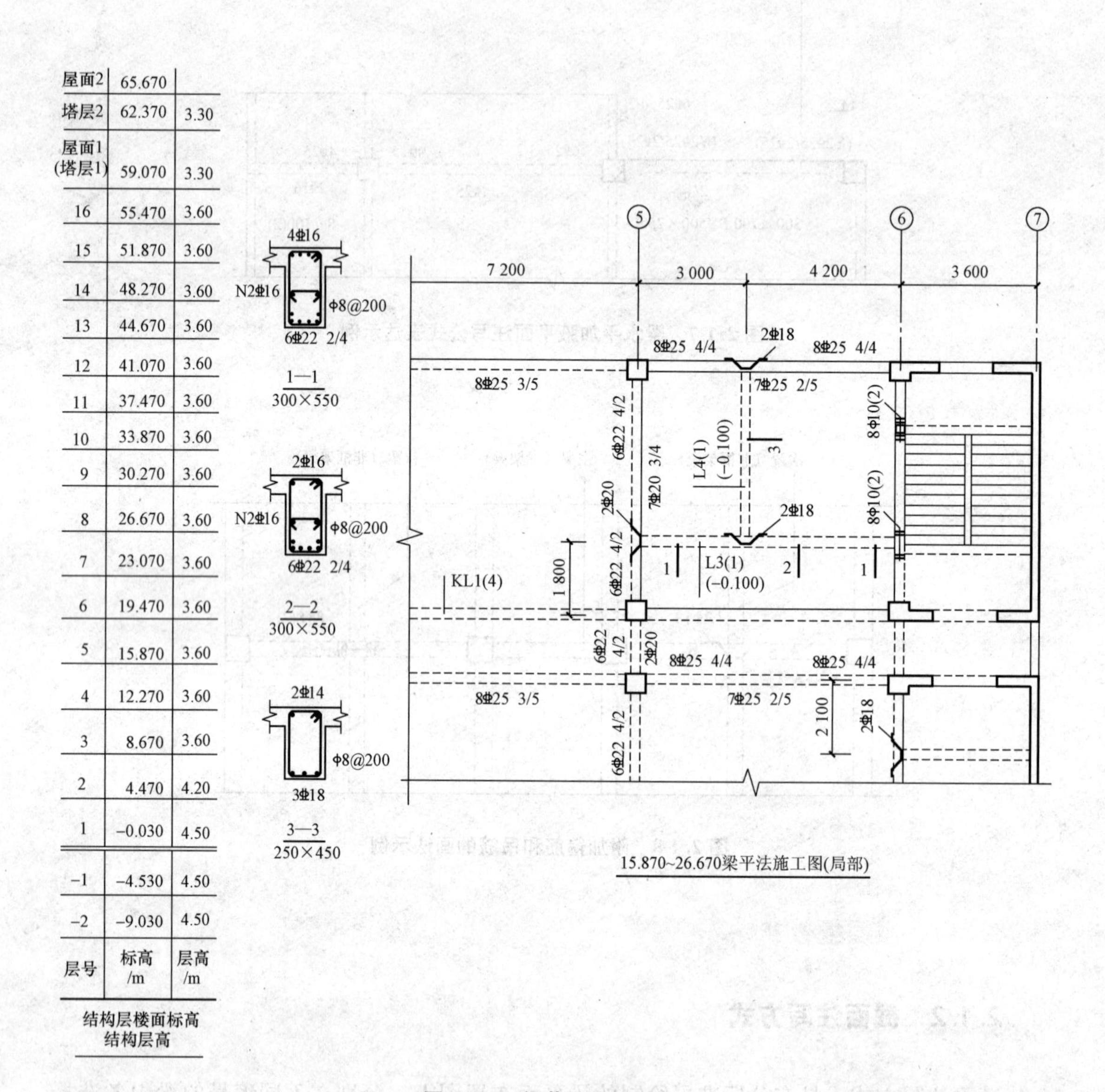

图 2.1-9 梁截面注写示例

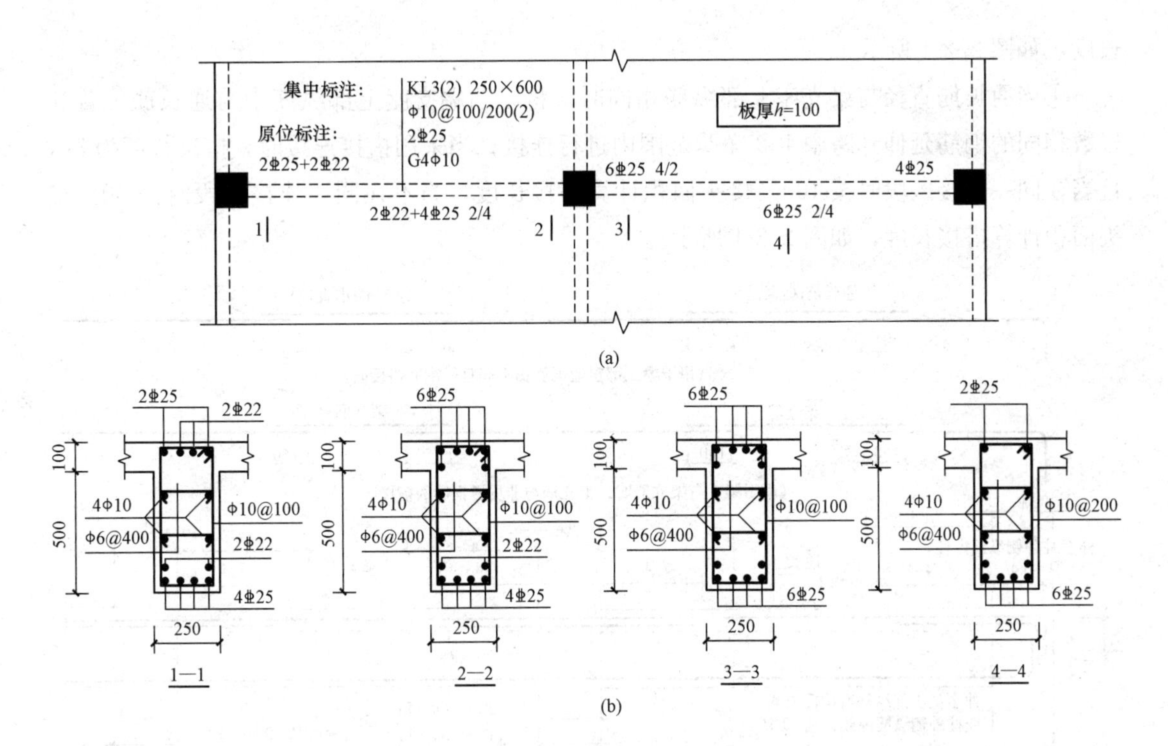

图 2.1-10　梁平法施工图示例

(a)平法注写方式；(b)截面注写方式

2.2　梁钢筋构造

2.2.1　楼层框架梁钢筋构造

1. 框架梁上部纵筋构造

框架梁上部纵筋包括上部通长筋、支座负筋(即支座上部纵向钢筋)和架立筋，如图 2.2-1所示。

(1)框架梁上部通长筋构造。

①根据抗震规范要求，抗震框架梁应设两根上部通长筋。《建筑抗震设计规范(2016 年版)》(GB 50011—2010)规定，沿梁全长顶面、底面的配筋，一、二级不应少于 2Φ14，且分别不应少于梁顶面、底面两端纵向配筋中较大截面面积的 1/4；三、四级不应少于 2Φ12。

②通长筋可为相同或不同直径采用搭接连接、机械连接或对焊连接的钢筋。

③当跨中通长筋直径小于梁支座上部纵筋时，其分别与梁两端支座上部纵筋(角筋)连接，当采用搭接连接时搭接长度为 l_{lE}(l_{lE}为抗震搭接长度)，且按 100％接头面积计算搭接

长度，如图 2.2-1 所示。

④当通长筋直径与梁支座上部纵筋相同时，将梁两端支座上部纵筋中与通长筋位置和根数相同的钢筋延伸到跨中 1/3 净跨范围内进行连接；当采用搭接连接时，搭接长度为 l_{lE}，且当在同一连接区段时按 100%接头面积计算搭接长度，当不在同一连接区段时按 50%接头面积计算搭接长度，如图 2.2-1 所示。

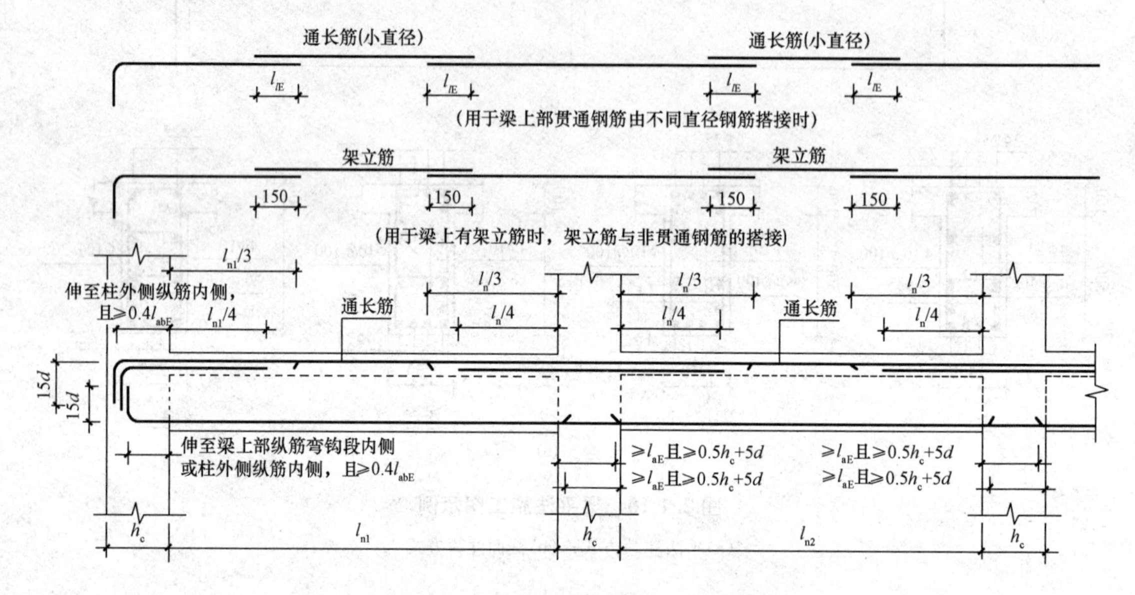

图 2.2-1　楼层框架梁纵向钢筋构造

(2)框架梁支座负筋的延伸长度。框架梁端支座和中间支座上部非通长纵筋从柱边缘算起的延伸长度统一取：当配置不多于 3 排纵筋而第一排部分为通长筋，且通长筋直径小于支座纵筋，或与支座纵筋相同时，第一排筋延伸至 $l_n/3$ 处、第二排筋延伸至 $l_n/4$ 处截断，如图 2.2-1 所示。

当配置 3 排或超过 3 排纵筋时，应由设计者注明各排纵筋延伸长度。

(3)框架梁上部纵筋在端支座构造。

①楼层框架梁纵筋在端柱(墙)内可弯锚，如图 2.2-1 所示。框架梁上部纵筋伸至柱外侧钢筋内侧，其水平平直段≥$0.4l_{abE}$，弯折 90°，留 15d 竖向平直段。弯钩与柱纵筋净距、各排纵筋弯钩净距应不小于 25 mm。

②楼层框架梁纵筋在端柱(墙)内可直锚，直锚段≥l_{aE}，如图 2.2-2 左图所示。

③当纵筋伸至柱外侧钢筋内侧，其直锚段不满足≥$0.4l_{abE}$时，应将纵筋按等强度、等面积代换为较小直径，使直锚段≥$0.4l_{abE}$，再设弯钩 15d，而不应采用加长竖向直钩长度使总锚长等于 l_{abE}的错误做法，或者采用端支座加锚头(锚板)的锚固措施，如图 2.2-2 右图所示。

(4)框架梁架立筋的构造。架立筋是梁的一种纵向构造钢筋。当梁顶面箍筋转角处无纵向受力钢筋时，应设置架立筋，如图 2.2-1 所示。架立筋的作用是形成钢筋骨架和承受温度收缩应力。

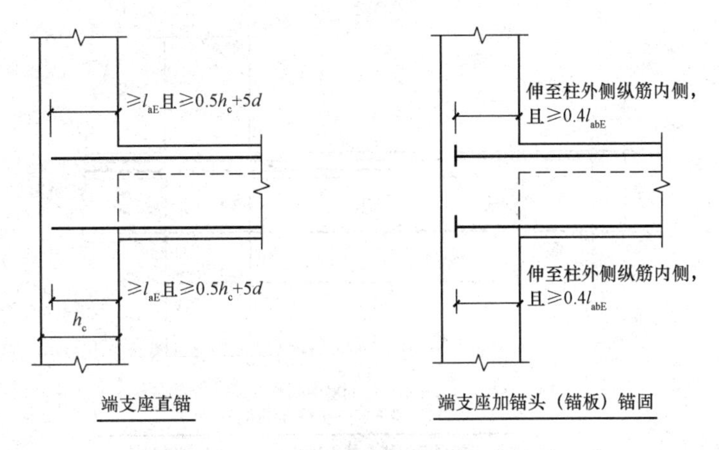

图 2.2-2　楼层框架梁端支座钢筋构造

若框架梁所设置的箍筋是双肢箍，2 根上部通长筋兼做架立筋即可，这种情况就不需要设置架立筋。当框架梁所设置的箍筋为 4 肢箍时，除 2 根上部通长筋外，还需设 2 根架立筋。例如，集中标注的上部钢筋不能标注为“2Φ25”这种形式，而必须把架立筋也标注上，这时的上部纵筋应该标注成“2Φ25＋(2Φ12)”形式，括号里的钢筋为架立筋。架立筋与支座负筋的搭接长度为 150 mm。

2. 框架梁下部纵筋构造

框架梁下部纵筋包括在集中标注中定义的下部通长筋和原位标注的下部纵筋两个。这里讲述的内容也适用于屋面框架梁下部纵筋。

(1)框架梁下部纵筋的锚固。框架梁下部纵筋可按跨布置，也可在满足钢筋定尺长度的要求下把相邻两跨的下部纵筋做贯通筋布置。框架梁下部纵筋在支座处锚固方式，如图 2.2-1 和图 2.2-2 所示。

①楼层框架梁下部纵筋在端柱(墙)内弯锚和直锚构造除满足框架梁上部钢筋在端支座内构造外，梁下部纵筋弯锚时要求伸至梁上部纵筋弯钩段内侧，还要满足钢筋之间的间距要求。若上部钢筋向下弯钩 15d，下部钢筋向上弯钩 15d 互相碰头，可以把“15d 垂直段”向垂直于框架方向偏转一定角度。

②框架梁的下部纵筋在中间支座锚固，锚固长度≥l_{aE}，且≥0.5h_c＋5d(h_c 为柱截面沿框架方向的尺寸；d 为钢筋直径)。

(2)框架梁下部纵筋连接。梁的下部钢筋不能在下部跨中进行连接，也不能在支座内连接。由于钢筋定长问题，需要连接的抗震楼面框架梁下部纵筋，可以在节点外连接范围内连接，如图 2.2-3 所示，要点如下：

①框架梁下部纵筋可贯通中间支座在内力较小处连接，连接范围为距离柱边≥1.5h_0 处(h_0 为梁截面有效高度)。当采用搭接连接时，搭接长度为 l_{lE}，连接钢筋截面面积不应大于 50%。

②相邻跨梁下部纵筋直径不同时，搭接位置位于较小直径一跨。

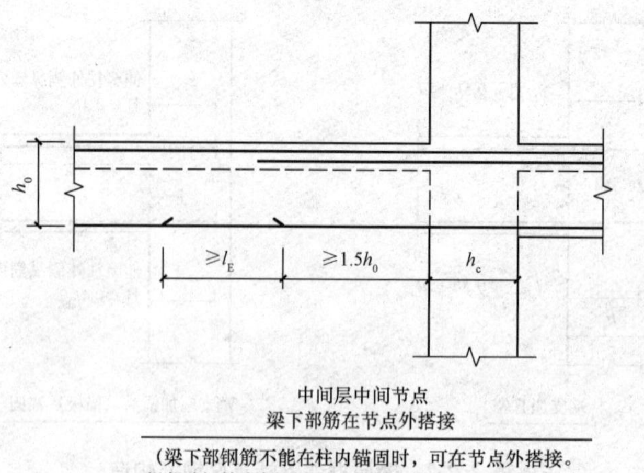

图 2.2-3　框架梁下部纵筋支座外连接

3. 梁侧面钢筋构造

梁侧面钢筋包括侧面纵向钢筋和拉筋。梁侧面纵向钢筋和拉筋构造如图 2.2-4 所示。梁侧面纵向钢筋俗称“腰筋”，其包括梁侧面构造钢筋和侧面抗扭钢筋。本处内容适用于楼面框架、屋面框架梁和非框架梁。

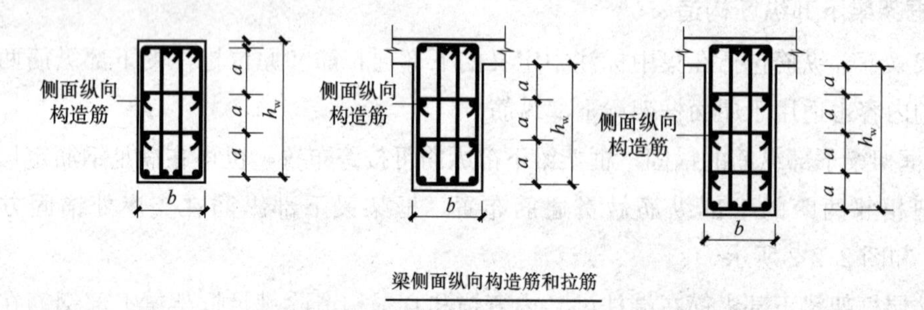

图 2.2-4　梁侧面纵向钢筋和拉筋构造

梁侧面纵向钢筋和拉筋构造要求如下：

(1)当梁的腹板高度 $h_w \geqslant 450$ mm 时，在梁的两个侧面应沿高度配置纵向构造钢筋，其间距不宜大于 200 mm，梁侧面构造钢筋的规格，由设计师在施工图上给出。侧面构造钢筋在梁的腹板高度上均匀布置。

(2)梁侧面抗扭钢筋需要设计人员进行抗扭计算才能确定其钢筋规格和根数。

(3)梁侧面构造钢筋的搭接和锚固长度可取为 $15d$。

(4)梁侧面抗扭钢筋的锚固长度和方式与框架梁下部纵筋相同，梁侧面抗扭钢筋的搭接长度为 l_l 或 l_{lE}。

(5)梁侧面纵向钢筋需要拉筋拉结。16G101－1 图集规定：当梁宽≤350 mm 时，拉筋直径为 6 mm；当梁宽>350 mm 时，拉筋直径为 8 mm。拉筋间距为非加密区箍筋间距的 2 倍。当设有多排拉筋时，上下两排拉筋要竖向错开设置(俗称“隔一拉一”)。

(6)拉筋紧靠纵向钢筋并钩住箍筋，拉筋弯钩角度为135°。弯钩平直段长度：对一般结构，不宜小于拉筋直径的5倍；对有抗震、抗扭要求的结构，不应小于拉筋直径的10倍且不应小于75 mm。

4. 框架梁箍筋构造

(1)框架梁箍筋加密区长度。梁支座附近设箍筋加密区，其长度应满足以下要求：

①一级抗震等级框架梁：箍筋加密区长度≥500 mm且≥$2h_b$(h_b为梁截面高度)，如图2.2-5所示；

②二～四级抗震等级框架梁：箍筋加密区长度≥500 mm且≥$1.5h_b$，如图2.2-6所示；

③非抗震框架梁和非框架梁：构造要求不设箍筋加密区，但是当受力计算需要设箍筋加密区时，由设计标注。

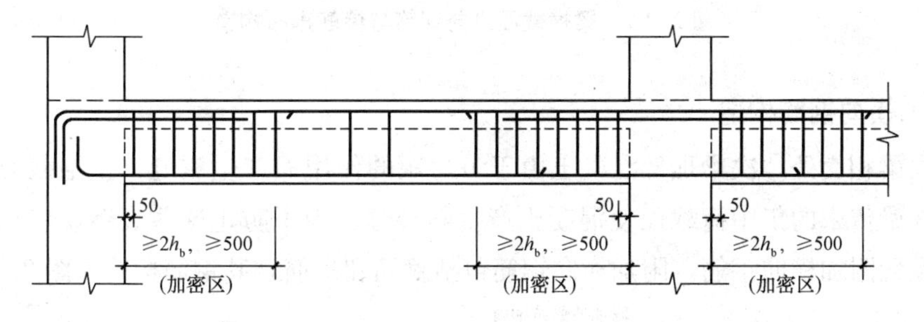

图2.2-5　一级抗震等级KL、WKL箍筋加密区

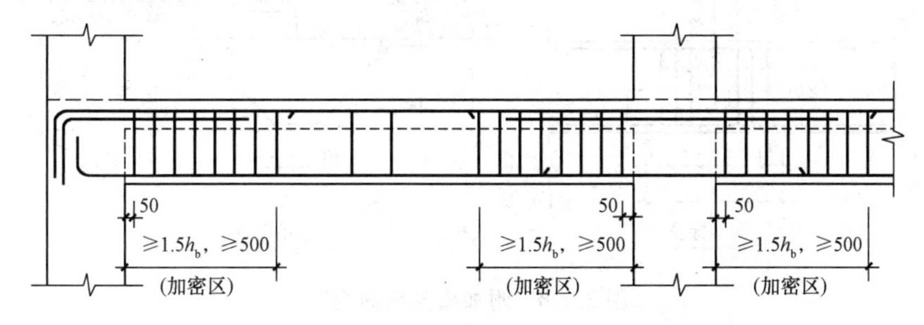

图2.2-6　二～四级抗震等级KL、WKL箍筋加密区

(2)框架梁箍筋排布构造。

①第一个箍筋距支座边缘50 mm处开始设置。

②当箍筋为多肢复合箍时，应采用大箍套小箍的形式。梁横截面纵向钢筋与箍筋排布构造如图2.2-7所示。图中m为梁上部第一排纵筋根数，n为梁下部第一排纵筋根数，k为梁箍筋肢数，图中为$m \geqslant n$时的钢筋排布方案。梁同一跨内各组箍筋的复合方式应完全相同，当同一组内复合箍筋各肢位置不能满足对称性要求时，此跨内每相邻两组箍筋各肢的安装绑扎位置应沿梁纵向交错对称排布。

③梁箍筋转角处应有纵向钢筋。

④梁横截面纵向钢筋与箍筋排布时，除考虑本跨内钢筋排布关联因素外，还应综合考虑相邻跨之间的关联影响。

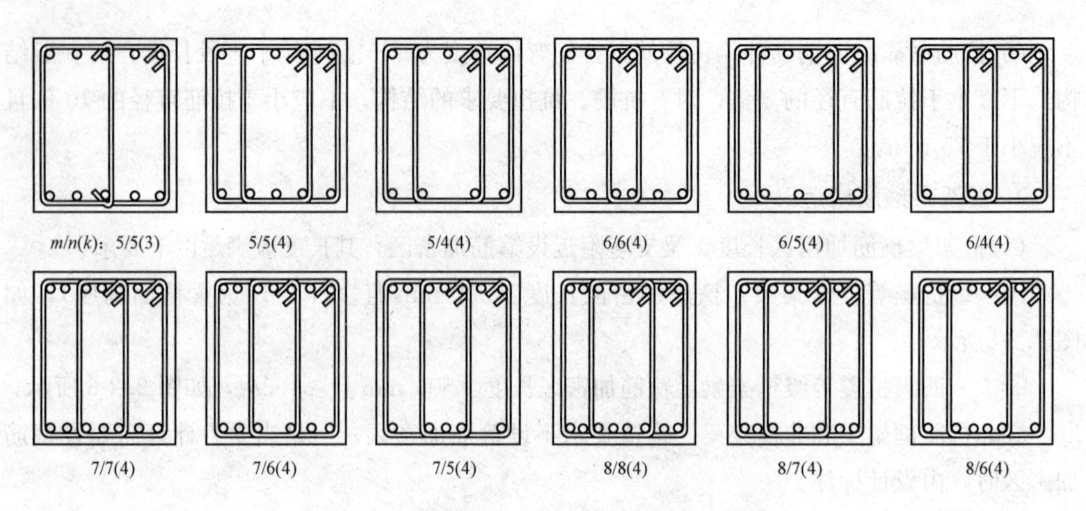

图 2.2-7　梁横截面纵向钢筋与箍筋排布构造

5. 附加横向钢筋构造

主、次梁相交处，次梁顶部混凝土由于负弯矩的作用而产生裂缝，主梁截面高度的中下部由于次梁传来的集中荷载而使混凝土产生斜裂缝。为了防止这些裂缝，应在次梁两侧的主梁内设置附加横向钢筋。附加横向钢筋包括箍筋和吊筋，其钢筋构造如图 2.2-8 所示。

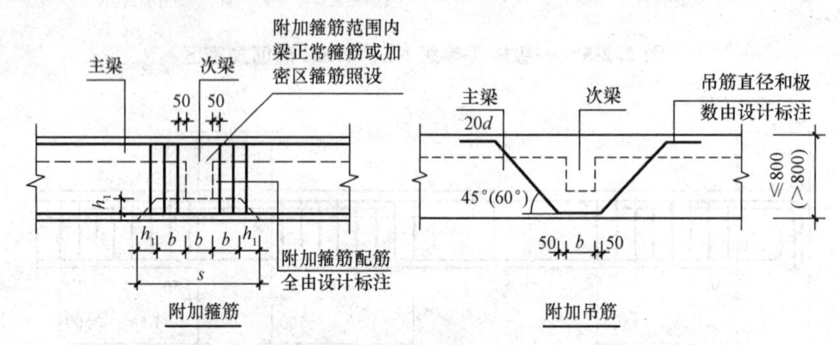

图 2.2-8　附加横向钢筋构造

6. 其他构造

(1)框架梁中间支座梁高、梁宽变化时钢筋构造。

楼层框架梁中间支座两边梁顶或梁底有高差时，或支座两边的梁宽不同时，或支座两边梁错开布置时的钢筋构造如图 2.2-9 所示。

节点④适用于楼面梁顶部或底部有高低差时，$\Delta_h/(h_c-50)>l/6$，钢筋能直锚时直锚，不能直锚时弯锚。直锚长度$>l_{aE}\geqslant 0.5h_c+5d$；弯锚水平段：$\geqslant 0.4l_{abE}$，且到柱外侧纵筋内侧，竖直段要求 $15d$。

节点⑤适用于楼面梁顶部或底部有高低差，$\Delta_h/(h_c-50)>l/6$，钢筋不截断，斜弯贯通支座。

节点⑥适用于楼面梁宽不同、错开布置、纵筋根数不同时，无法直锚的纵筋，锚固构造同节点④。

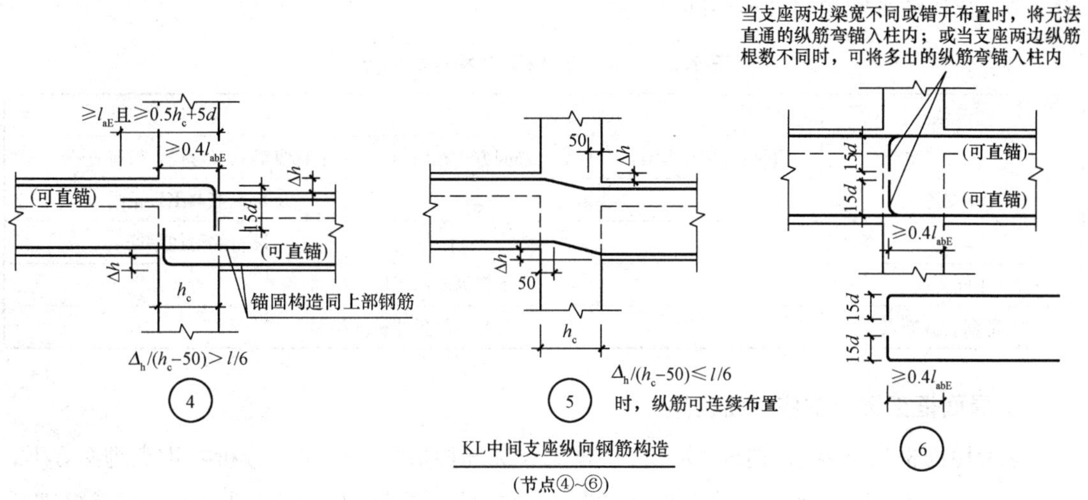

KL中间支座纵向钢筋构造
（节点④~⑥）

图 2.2-9　框架梁中间支座梁高、梁宽变化时钢筋构造

(2)框架梁一端以梁为支座时钢筋构造。常见的框架梁是以柱(剪力墙)为支座的，但是个别的框架梁一部分以柱为支座，一部分以梁为支座，如图 2.2-10 所示，此时不能因为它是框架梁，就完全执行框架梁的配筋构造，而是要分别对待。其要点如下：

①纵筋构造。当梁以另一根梁为支座时，要遵循非框架梁配筋构造；当以柱(剪力墙)为支座时，要遵循框架梁配筋构造。

②箍筋构造。当框架梁以柱(剪力墙)为支座时，按照构造要求设箍筋加密区；当以梁为支座时，构造上没有要求设箍筋加密区，而是由设计标注。

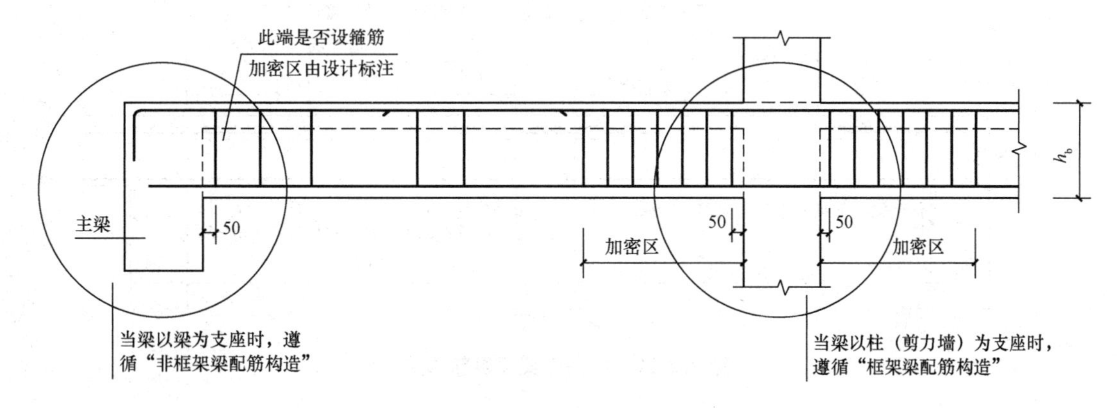

图 2.2-10　框架梁一端以梁为支座时钢筋构造

2.2.2　屋面框架梁钢筋构造

1. 楼层框架梁 KL 与屋面框架梁 WKL 的区别

楼层框架梁 KL 与屋面框架梁 WKL 在端支座处的受力机理不同，表 2.2-1 列出了 KL

和 WKL 在构造上的相同点和不同点。

表 2.2-1　KL 与 WKL 的构造异同点

部位	KL	WKL
端支座	上下部纵筋有弯锚，有直锚，锚固方式相同	上部纵筋只有弯锚，没有直锚
		下部纵筋与 KL 相同
	—	设角部附加钢筋
中间支座	下部纵筋锚固构造相同	
上部钢筋截断点	向跨内的延伸长度相同	

2. 屋面框架梁端支座纵筋构造

学习屋面框架梁纵筋构造，要和楼层框架梁纵筋构造相互对照、分析，重点理解 WKL 与 KL 的不同构造。另外，要结合框架边柱、角柱柱顶纵筋构造来共同学习。虽然框架边柱、角柱柱顶纵筋构造和屋面框架梁纵筋构造分开表示，但是对实物来说是同一件事情。

屋面框架梁纵筋构造与楼层框架梁纵筋构造的不同点如下。

(1)屋面框架梁端支座梁上部纵筋构造。图 2.2-11 中表示的屋面框架梁端支座梁上部纵筋伸至柱外侧纵筋内侧，弯钩到梁底线。

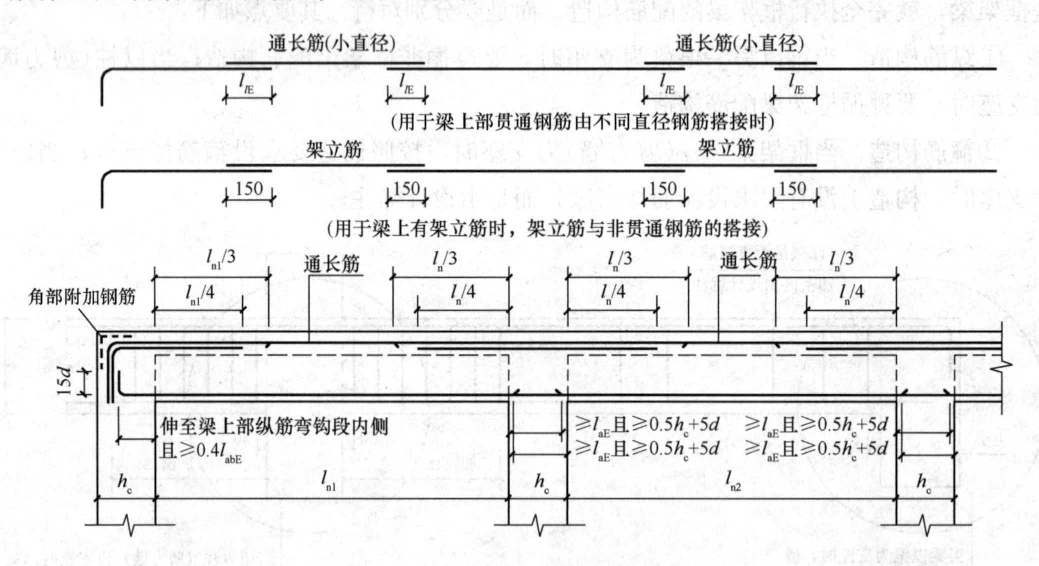

图 2.2-11　屋面框架梁纵筋构造

(2)屋面框架梁端支座梁下部纵筋。屋面框架梁端支座梁下部纵筋首先看能不能直锚，直锚条件是$\geqslant 0.5h_c+5d$，$\geqslant l_{aE}$。不满足时可以弯锚，要求梁下部纵筋伸至梁上部纵筋弯钩段内侧，且其直锚段$\geqslant 0.4l_{aE}$，再弯折 15d 后截断。或者采用加锚头(锚板)锚固构造，要求梁下部纵筋伸至梁上部纵筋弯钩段内侧，且$\geqslant 0.4l_{aE}$。

(3)屋面框架梁中间支座纵筋构造。屋面框架梁中间支座钢筋构造如图 2.2-12 所示，内容分析见表 2.2-2。

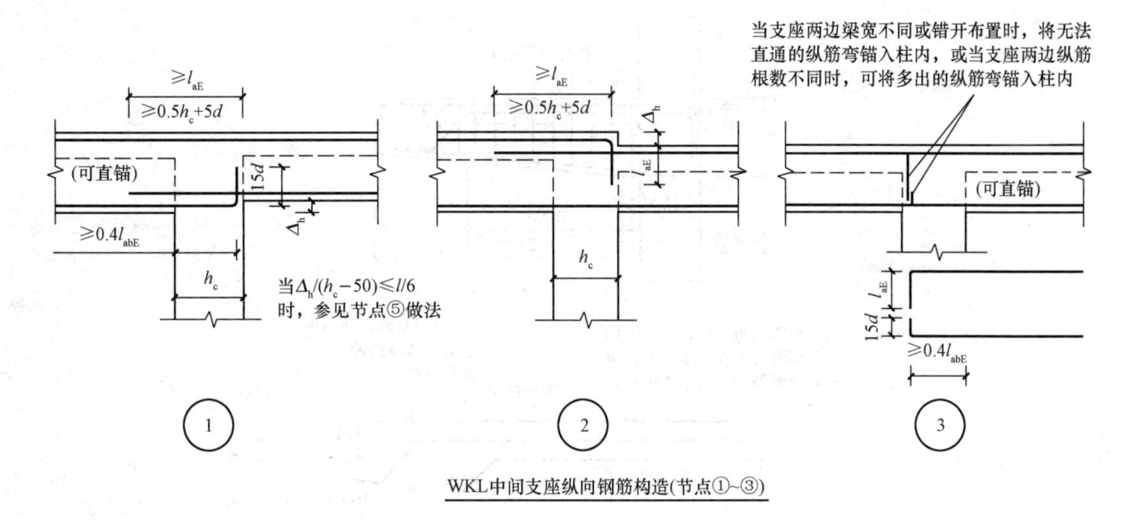

图 2.2-12 屋面框架梁中间支座纵筋构造

表 2.2-2 屋面框架梁中间支座纵筋构造分析

位置	节点	变化情况	斜率	钢筋锚固	锚固长度
屋面	①	梁底部有高低差	$\Delta_h/(h_c-50)>l/6$	能直锚时直锚，不能直锚时弯锚	直锚长度$\geqslant l_{aE}$，$\geqslant 0.5h_c+5d$ 弯锚要求：水平段：$\geqslant 0.4l_{abE}$，且到柱外侧纵筋内侧；竖直段：$15d$
			$\Delta_h/(h_c-50)\leqslant l/6$	钢筋不截断，斜弯贯通支座	
	②	梁顶部有高低差	—	高位钢筋弯锚 低位钢筋直锚	弯锚后竖直段伸入矮梁顶部算起 l_{aE} 直锚长度$\geqslant l$
	③	梁宽不同、错开布置、纵筋根数不同	—	无法直锚的纵筋弯锚入柱内	上部钢筋：同②节点高位钢筋弯锚 下部钢筋：同①节点下部钢筋弯锚

2.2.3 悬挑梁钢筋构造

悬挑梁钢筋构造分为两大类：一类是延伸悬挑梁，即框架的边跨所带的悬挑端；另一类是纯悬挑梁，用 XL 代码表示，如图 2.2-13 所示。无论是纯悬挑梁，还是框架梁、屋面框架梁悬挑端，悬挑处的钢筋构造一般不考虑竖向地震荷载作用。

1. 悬挑梁上部纵筋配筋构造

(1)当上部钢筋为一排且满足 $l<4h_b$ 时，可不将钢筋在端部斜弯下，而是伸至端部后再直弯，且$\geqslant 12d$。

(2)上部第一排纵筋中至少设两根角筋，并不少于第一排纵筋的二分之一的上部纵筋(直弯钢筋)一直伸到悬挑梁端部，再直弯下伸到梁底，且$\geqslant 12d$，其余第一排纵筋下弯 45°或 60°后直段长度$\geqslant 10d$，且满足下弯点离边梁边缘 50 mm。

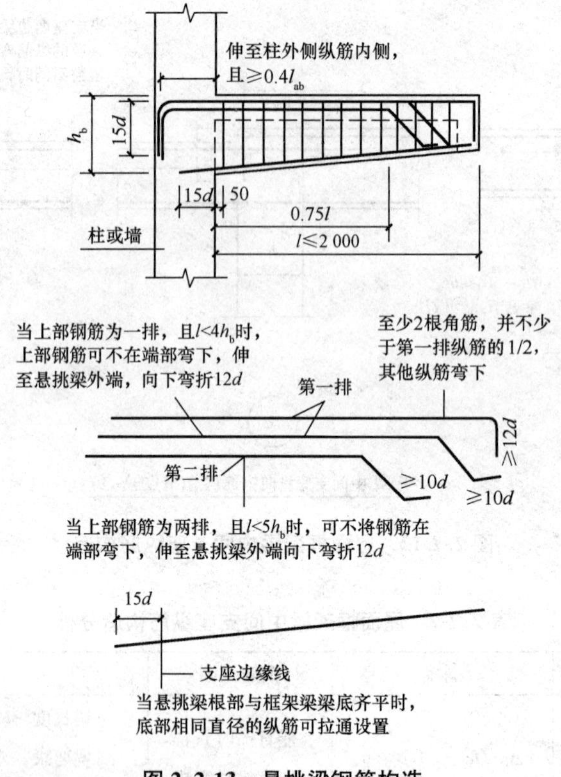

图 2.2-13 悬挑梁钢筋构造

(3)当上部钢筋为两排且满足 $l<5h_b$ 时，可不将钢筋在端部斜弯下，而是伸至端部后直弯。

(4)第二排上部纵筋(弯起筋)伸到悬挑端长度的 $0.75l$ 处下弯 45°或 60°，弯折后直段长度≥$10d$。

(5)纯悬挑梁(XL)的上部纵筋在支座内锚固，直锚长度≥l_a，且≥$0.5h_c+5d$ 时可直锚；当不满足直锚时则弯锚，即伸至柱外侧纵筋内侧且≥$0.4l_{ab}$后再弯折 $15d$。

2. 悬挑梁下部纵筋配筋构造

悬挑端下部钢筋直锚长度为 $15d$。由于悬挑端下部受压，配筋量较少，钢筋直径不大，锚固长度 $15d$ 一般都能实现柱内直锚。

3. 悬挑梁箍筋构造

悬挑梁根部第一根箍筋距离支座 50 mm，而端部因为没有支座，所以，端部第一根筋距离端部边缘减一个保护层厚度后再稍往内开始设置。箍筋根数计算时，可以减一个保护层厚度。

若悬挑梁端部布置边梁，则在悬挑梁端部加设附加钢筋。附加钢筋可分为附加箍筋和吊筋。悬挑梁内的弯起筋在端部所起的作用就像吊筋。悬挑梁端部附加箍筋范围内梁箍筋正常布置。

2.2.4 非框架梁钢筋构造

在框架结构中，框架梁以柱为支座，非框架梁以框架梁或非框架梁为支座。按照钢筋所在位置和受力特点，非框架梁的钢筋也可分为纵向钢筋(上部纵筋、侧面中部纵筋、下部纵筋)、箍筋、附加钢筋等。非框架梁钢筋构造如图 2.2-14 所示。

1. 非框架梁上部纵筋构造

(1)非框架梁上部纵筋的连接构造。

①非框架梁上部不用设抗震通长筋，但是当设计需要设通长筋时，它是非抗震通长筋，其连接构造根据具体情况分别对待。

②非框架梁的上部通长筋可为相同或不同直径采用搭接连接、机械连接或焊接的钢筋。当梁上部通长筋直径小于梁支座负筋时，其分别与梁两端支座负筋连接。当采用搭接连接时，搭接长度为 l_l，且按 100%接头面积计算搭接长度。当梁上部通长筋直径与梁支座负筋相同时，可在跨中 1/3 净跨范围内进行连接。当采用搭接连接时，搭接长度为 l_l，且当在同一连接区段时按 100%接头面积计算搭接长度；当不在同一连接区段时按 50%接头面积计算搭接长度。梁的架立筋分别与两端支座负筋构造搭接 150 mm。

(2)非框架梁上部纵筋的延伸长度。

①非框架梁端支座上部纵筋从主梁内边缘算起的延伸长度，当设计按铰接时取 $1/5l_n$；当充分利用钢筋的抗拉强度时取 $1/3l_n$。

②非框架梁中间支座上部纵筋第一排延伸长度取 $l_n/3$(l_n 为相邻左右两跨中净跨值较大者)，第二排延伸长度取 $l_n/4$。

(3)非框架梁上部纵筋的锚固。非框架梁上部纵筋在端支座内锚固可直锚，直锚长度满足 l_a。若端支座不满足直锚长度要求，可弯锚，伸入支座的平直段长度，当设计按铰接时要求≥$0.35l_{ab}$，当充分利用钢筋的抗拉强度时要求≥$0.6l_{ab}$，且伸至对边后再弯折，弯直钩 $15d$。

2. 非框架梁下部纵筋构造

(1)下部纵筋在端支座、中间支座的锚固。当为光圆钢筋时，下部钢筋的直锚长度为 $15d$；当为带肋钢筋时，下部钢筋的直锚长度为 $12d$。若不满足直锚，光圆钢筋伸入支座内平直段为 $9d$，带肋钢筋伸入支座内平直段为 $7.5d$，弯折 135°后留 $5d$ 平直段。

(2)非框架梁下部纵筋可贯通中间支座，在梁端 $l_n/4$ 范围连接，连接钢筋面积不宜大于 50%。

3. 非框架梁侧面中部纵筋

非框架梁侧面钢筋构造同框架梁，详见框架梁侧面钢筋构造。非框架梁受扭纵筋在支座内锚固同非框架梁下部纵筋构造。

4. 非框架梁的箍筋

(1)非框架梁的箍筋没有作为抗震构造要求的箍筋加密区。

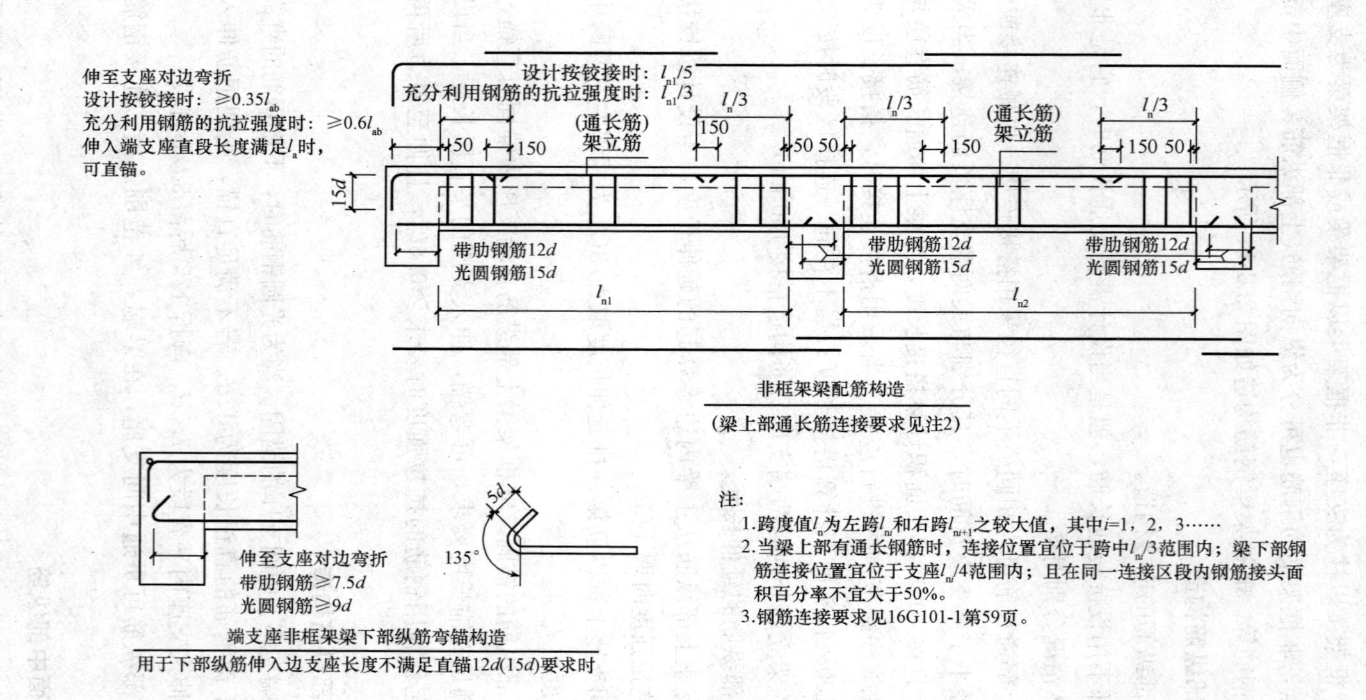

注：

1. 跨度值l_n为左跨l_{ni}和右跨l_{ni+1}之较大值，其中i=1，2，3……
2. 当梁上部有通长钢筋时，连接位置宜位于跨中$l_{ni}/3$范围内；梁下部钢筋连接位置宜位于支座$l_{ni}/4$范围内；且在同一连接区段内钢筋接头面积百分率不宜大于50%。
3. 钢筋连接要求见16G101-1第59页。

图2.2-14　非框架梁钢筋构造

(2)当设计为两种箍筋值时，在梁跨两端配置较大的箍筋，在跨中配置较小的箍筋。

(3)梁第一道箍筋距离主梁支座边缘 50 mm。

(4)当箍筋为多肢复合箍时，应采用大箍套小箍的形式。

2.3 钢筋翻样配料与代换

2.3.1 钢筋翻样配料概述

(1)结构施工图只标明混凝土构件的截面尺寸和各种钢筋的配置，不能直接用来施工，施工之前要先进行翻样。所谓翻样就是根据施工图、设计施工规范的相关要求和钢筋在加工过程中长度发生的实际变化，计算出每个构件中每根钢筋的下料长度，编制配料单，根据配料单来下料、加工；将加工好的钢筋送到施工现场后，要按构件分别编号、堆放；工人根据施工图纸和配料单来进行绑扎安装。

(2)钢筋翻样的基本要求为全面、准确、符合设计、服务施工。全面，就是要精通图纸和施工工艺，不遗漏每一根钢筋；准确，就是要不少算、不多算、不重算；符合设计，就是整个翻样过程能反映设计意图，符合规范规定；服务施工，就是翻样成果要适用于钢筋的加工安装、预算结算、材料计划和成本核算。

(3)钢筋翻样与钢筋算量不完全相同。算量主要服务于预算、材料计划；翻样除了服务于预算、材料计划，还要服务于实际施工。由翻样做出的配料单，非常具体、细致，是施工下料的依据；而算量做出的清单省略了一些细节，估算稍为偏大，可以作为材料计划和采购的依据，不能作为施工下料的依据。

(4)钢筋翻样是一项要求高，烦琐而又复杂的技术工作，是施工项目部一项十分重要的工作，其结果直接关系到工程质量和企业经济效益。钢筋翻样最基本的方法是传统的手算法；为了加快进度，应推广使用各种翻样软件；但是由于混凝土结构的复杂多变，往往需要多种手段综合运用，才能全面解决实际问题。因此在学习阶段强调应先从手算做起。

(5)本书介绍的钢筋下料长度的计算公式，都是根据设定的条件经理论推导出来的，在工程应用中还根据工程的实际情况结合施工经验做出适当的微调。由于钢筋的连接引起的钢筋长度的增减，显示行业内约定，下料单内不考虑钢筋的连接问题，由下料人员根据现场钢筋的实际情况来确定。

2.3.2 钢筋下料计算的基本原理和方法

1. 计算原理

钢筋配料就是根据施工图中构件的设计配筋，先计算出每个编号的钢筋应截取的直线总长度及弯折加工后各段尺寸，然后编制钢筋配料单，依据钢筋配料单进行剪切弯折等加工。其中钢筋下料长度的计算是关键。

一般设计图中注明的钢筋尺寸是其外轮廓尺寸(从外皮到外皮量取)，称为钢筋的外包尺寸或量度尺寸，如图 2.3-1 所示，钢筋加工完毕后，也按该尺寸检查验收。

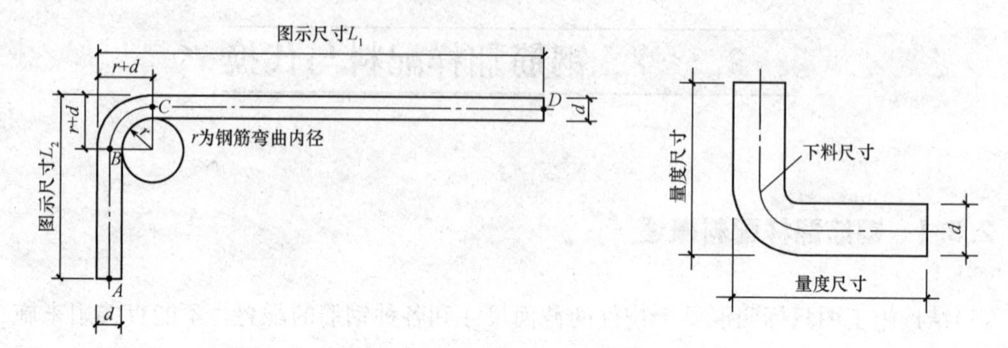

图 2.3-1　钢筋弯曲时的度量尺寸

钢筋弯曲后的特点是在弯曲处内皮被压缩，外皮被拉长，而中心长度加工前后不变，此长度值即在直段钢筋上应截取的长度，即下料长度。下料长度计算的基本原理是把弯折加工后的中心长度(各直线段中心长度和各弧线段中心长度之和)计算出来，在中间弯折处钢筋的外包尺寸大于中心长度，两者之差称为弯曲调整值；在末端有弯钩时，钢筋的外包尺寸小于中心长度，两者之差称为末端弯钩增加长度。则下料长度的计算公式如下：

钢筋下料长度＝外包尺寸之和－弯曲调整值＋末端弯钩加长值

对于几种常见的不同形式的钢筋，其下料长度可按下式计算：

直钢筋下料长度＝构件长度－保护层厚度＋弯钩增加长度

弯起钢筋下料长度＝直段长度＋斜段长度－弯曲调整值＋弯钩增加长度

2. 钢筋弯曲调整值

当设计要求钢筋末端需做 135°弯钩时，HRB335 级、HRB400 级钢筋的弯弧内直径不应小于钢筋直径的 4 倍，弯钩的弯后平直部分长度应符合设计要求；钢筋做不大于 90°的弯折时，弯折处的弯弧内直径不应小于钢筋直径的 5 倍。钢筋弯曲时的度量尺寸如图 2.3-2 所示。

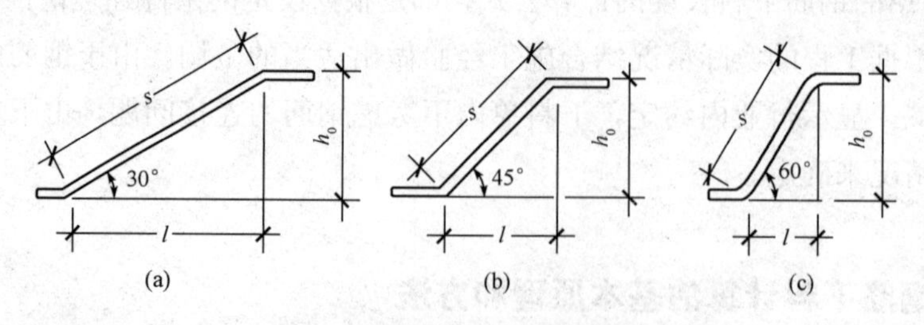

图 2.3-2　钢筋弯曲时的度量尺寸

根据理论推算并结合实践经验，不同的钢筋直径与弯折半径的理论值是有差别的。为便于操作工人提高工作效率，根据理论计算与工程实践经验规范得出简化通用值，便于简化钢筋下料长度的计算，也方便工人记忆。在工程中优先选用，见表 2.3-1。

表 2.3-1 钢筋弯曲调整值

钢筋弯曲角度	30°	45°	60°	90°	135°
光圆钢筋弯曲调整值	0.3d	0.54d	0.9d	1.75d	0.38d
热轧带肋钢筋弯曲调整值	0.35d	0.5d	0.85d	2.08d	0.4d

3. 弯起钢筋调整值

受力钢筋中间部位弯折处的弯曲直径 D 不应小于 5d，按弯弧内径 D 等于 5d 计算，并结合实践经验，常见弯起钢筋的弯曲调整值详见表 2.3-2。

表 2.3-2 钢筋弯曲调整值

钢筋弯起角度	30°	45°	60°
斜边长度 s	$2h_0$	$1.41h_0$	$1.15h_0$
底边长度 l	$1.732h_0$	h_0	$0.575h_0$
弯曲调整值	0.34d	0.67d	1.22d

4. 光圆钢筋弯钩增加长度

光圆钢筋末端应做 180°弯钩，其弯弧内直径不应小于钢筋直径的 2.5 倍，弯钩的弯后平直部分长度不应小于钢筋直径的 3 倍。

钢筋的弯钩形式有半圆弯钩、直弯钩及斜弯钩三种，如图 2.3-3 所示。在图示情况下(弯弧内直径为 2.5d、平直部分为 3d)弯钩增加长度可按如下规定取值：半圆弯钩为 6.25d；直弯钩为 3.5d；斜弯钩为 4.9d。

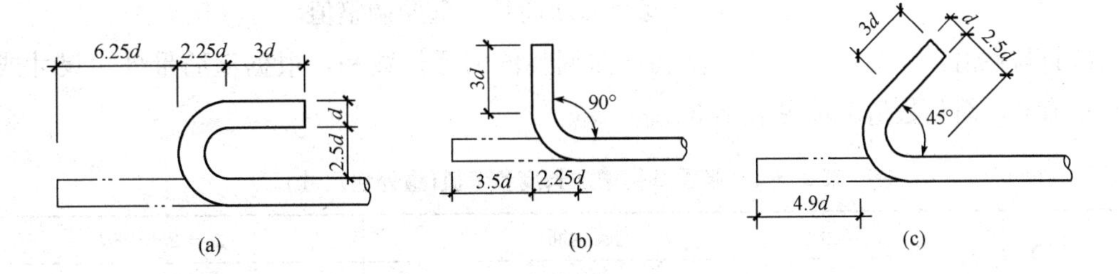

图 2.3-3 光圆钢筋的弯钩增加值

(a)半圆弯钩；(b)直弯钩；(c)斜弯钩

在生产实践中，由于实际弯心直径与理论弯心直径有时不一致，钢筋粗细和机具条件不同等而影响平直部分的长短(手工弯钩时平直部分可适当加长，机械弯钩时可适当缩短)，因此在实际配料计算时，对弯钩增加长度常根据具体条件，采用经验数据，见表 2.3-3。

表 2.3-3　半圆弯钩增加长度参考值(用于机械弯钩)

钢筋直径 d/mm	≤6	8～10	12～18	20～28	32～36
一个弯钩长度	$4d$	$6d$	$5.5d$	$5d$	$4.5d$

5. 箍筋下料和箍筋调整值

箍筋下料的基本原理同前，仍可按钢筋下料长度＝外包尺寸之和－弯曲调整值＋末端弯钩加长值计算，如图 2.3-4 所示。

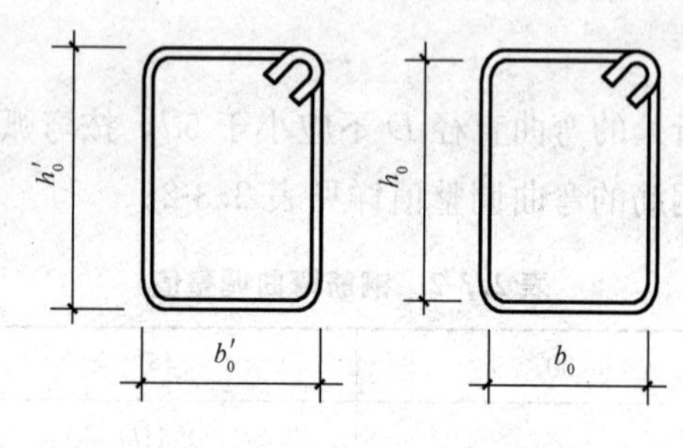

图 2.3-4　箍筋度量方法

除焊接封闭环式箍筋外，箍筋的末端应做弯钩，弯钩形式应符合设计要求；当设计无具体要求时，应符合下列规定：

(1)箍筋弯钩的弯弧内直径除应满足上述的规定外，还应小于受力钢筋的直径。

(2)箍筋弯钩弯折角度，一般结构不应小于 90°，对有抗震要求的结构应为 135°。

(3)箍筋弯后平直部分长度，对一般结构不宜小于箍筋直径的 5 倍，对有抗震要求的结构不应小于箍筋直径的 10 倍。

由于箍筋形式、弯折数量、角度等参数已知，为使下料计算简单方便，对于箍筋的下料可按下式计算：

箍筋下料长度＝箍筋周长＋箍筋调整值

箍筋调整值，即为弯钩增加长度和弯曲调整值两项代数和，根据箍筋量外包尺寸或内皮尺寸确定，简化数值取值见表 2.3-4。

表 2.3-4　半圆弯钩增加长度参考值(量外包尺寸)

抗震设计	光圆钢筋	$2a+2b+23d$
	热轧带肋钢筋	$2a+2b+24d$
非抗震设计	光圆钢筋	$2a+2b+13d$
	热轧带肋钢筋	$2a+2b+14d$

6. 钢筋配料单与料牌

钢筋配料计算完毕后，应填写钢筋配料单，见表 2.3-5。

表 2.3-5　钢筋配料单

构件名称与编号	钢筋编号	简图	直径/mm	钢筋级别	下料长度/m	单位根数	合计根数	质量/kg
合计								

将每一编号的钢筋制作一块料牌，作为钢筋加工的依据。钢筋料牌，如图 2.3-5 所示，应严格校核，必须准确无误，以免返工浪费材料。

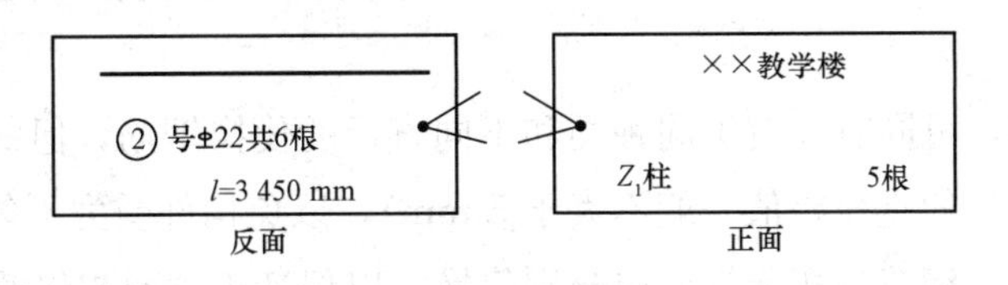

图 2.3-5　钢筋料牌

2.3.3　钢筋代换

1. 代换原则

施工中遇到钢筋的品种或规格与设计要求不符时，可参照以下原则进行钢筋代换，当需做变更时，应办理设计变更文件。

等强度代换：当构件受强度控制时，钢筋可按强度相等原则进行代换。

等面积代换：当构件按最小配筋率配筋时，钢筋可按面积相等原则进行代换。

当构件受裂缝宽度或挠度控制时，代换后应进行裂缝宽度或挠度验算。

2. 等强度代换方法

代换公式

$$n_2 \geqslant \frac{n_1 d_1^2 f_{y_1}}{d_2^2 f_{y_2}}$$

式中　n_2——代换后钢筋根数；

n_1——原设计钢筋根数；

d_2——代换后钢筋直径；

d_2——原设计钢筋直径；

f_{y_2}——代换钢筋抗拉强度设计值；

f_{y_1}——原设计钢筋抗拉强度设计值。

3. 等面积代换方法

$$A_{s1} \leqslant A_{s2} \text{或} n_1 d_1^2 \leqslant n_2 d_2^2$$

式中 A_{s1}、n_1、d_1——原设计钢筋截面面积、根数、直径；

A_{s2}、n_2、d_2——代换钢筋截面面积、根数、直径。

4. 代换注意事项

钢筋代换时，必须充分了解设计意图和代换材料性能，并严格遵守现行《混凝土结构设计规范(2015 年版)》(GB 50010—2010)的各项规定；凡重要结构中的钢筋代换，应征得设计单位同意。

(1)对某些重构件，如吊车梁、薄腹梁、桁架下弦等，不宜用 HPB300 级钢筋代替 HRB335 级和 HRB400 级钢筋。

(2)钢筋代换后，应满足配筋构造规定，如钢筋的最小直径、间距、根数、锚固长度等。

(3)同一截面内，可同时配有不同种类和不同直径的代换钢筋，但每根钢筋的拉力差不应过大(如同品种钢筋的直径差值一般不大于 5 mm)，以免构件受力不匀。

(4)梁的纵向受力钢筋与弯起钢筋应分别代换，以保证正截面与斜截面强度。

(5)偏心受压构件(如框架柱、有吊车厂房柱、桁架上弦等)或偏心受拉构件做钢筋代换时，不取整个截面配筋量计算，应按受力面(受压或受拉)分别代换。

2.4 梁钢筋翻样

2.4.1 “平法梁图上作业法”简介

采用“平法梁图上作业法”，进行钢筋手算。所谓“平法梁图上作业法”，即把平法梁的原始数据(轴线尺寸、集中标注和原位标注)、中间的计算过程和最后的计算结果都写在一张纸上，层次分明，数据关系清楚，便于检查，提高了计算的可靠性和准确性。其一般步骤如下：

(1)多跨梁柱的示意图，不一定按比例绘制，只要表示出轴线尺寸、柱宽及偏中情况即可。

(2)梁中钢筋布置的“七线图”(一般为上部纵线 3 线、下部纵线 4 线)，要求不同的钢筋要分线表示，计算箍筋和构造钢筋时可增加几条线，以便表示出箍筋加密区和非加密区位置及构造钢筋或抗扭钢筋的情况。(说明：这样表示就能避免出现在梁的配筋构造详图中同一层面的钢筋互相重叠看不清楚的现象)

(3)在每跨梁支座的左右两侧画出每跨梁 $l_n/3$ 和 $l_n/4$ 的大概位置。

(4)图的下方空地方用作中间数据的计算。

下面结合一个框架梁工程实例来介绍“平法梁图上作业法”的操作步骤，并制作钢筋下料单。

2.4.2 楼层框架梁翻样实例

这里以 KL1 为例，进行楼层框架梁翻样，KL1 工程信息：混凝土强度等级 C25，四级抗震，室内干燥环境，板厚 h=120 mm，柱外侧纵筋直径为 25 mm，柱箍筋直径为 10 mm，构件数量共 10 根。KL1 平法施工图如图 2.4-1 所示。

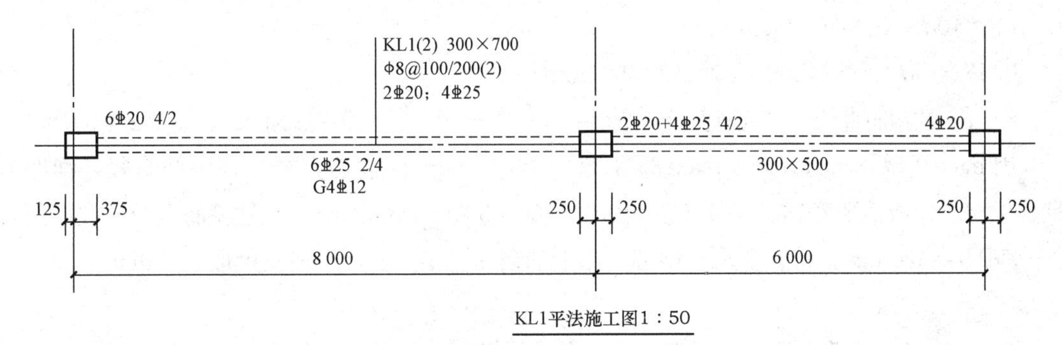

图 2.4-1 KL1 平法施工图

前面已经绘制了 KL1 立面钢筋排布图和截面钢筋排布图。下面采用“平法梁图上作业法”绘制钢筋分离图，如图 2.4-2 所示。

1. KL1“平法梁图上作业法”操作

(1)绘制多跨梁柱的示意图，标注轴线尺寸、柱宽及偏中情况，每跨梁 $l_n/3$ 和 $l_n/4$ 的位置以及梁的“七线图”框架上部纵线 3 线、下部纵线 4 线。

第一跨：$l_{n1}/3=(8\ 000-375-250)/3=2\ 460(\text{mm})$

$l_{n1}/4=(8\ 000-375-250)/4=1\ 850(\text{mm})$

第二跨：$l_{n2}/3=(6\ 000-250-250)/3=1\ 850(\text{mm})$

$l_{n2}/4=(6\ 000-250-250)/4=1\ 375(\text{mm})$

(2)绘制梁的各层上部纵筋和下部纵筋的形状和分布图，同层次的不同形状或规格的钢筋要画在“七线图”中不同的线上，梁两端的钢筋弯折部分要按照构造要求逐层向内缩进(缩进的层次由外向内分别为梁的第一排上部纵筋、第二排上部纵筋；或者是梁的第一排下部纵筋、第二排下部纵筋)。

(3)标出每种钢筋的根数。

第一根线：上部通长筋为①2⌀20。

第二根线：第一跨左支座第一排支座负筋②2⌀20、中间支座第一排负筋③2⌀25 以及第二跨右支座第一排支座负筋④2⌀20。

第三根线：第一跨左支座第二排支座负筋⑥2⌀20、中间支座第二排负筋⑤2⌀25。

第四根线：第一跨梁腰筋⑩4⌀12。

第五根线：第二跨梁底钢筋⑨4⌀25。

第六根线：第一跨梁底上排钢筋⑦2⏀25。

第七根线：第二跨梁底下排钢筋⑧4⏀25。

(4)计算基本数据：l_{abE}和l_{aE}、水平平直段长度和竖向长度$15d$等数值。图2.4-2中已注写各排钢筋的长度计算，这里以上部第一排钢筋①2⏀20为例。

l_{abE}、l_{aE}按普通HRB400级钢筋、混凝土强度等级C25、四级抗震等级查表取值。

C20钢筋的$l_{abE}=40d=40\times 20=800$(mm)

$l_{aE}=40d=40\times 20=800$(mm)

$0.5h_c+5d=0.5\times 500+5\times 20=350$(mm)

h_c-c—柱箍筋直径—柱纵筋直径—净距$=500-20-10-25-25=420$(mm)，如图2.4-3所示。

因$\max(0.5h_c+5d, l_{aE})=\max(350, 800)>(h_c-c$—柱箍筋直径—柱纵筋直径—净距)，即$800>420$，故需要弯锚。又$0.4l_{abE}=0.4\times 800=320(mm)<(h_c-c$—柱箍筋直径—柱纵筋直径—净距$)=420$ mm，符合要求，即端支座上部钢筋支座内的水平段长度取420 mm。

$15d=15\times 20=300$(mm)

(5)根据已有的数据计算每根钢筋的长度，并将它标在相应的钢筋上，如图2.4-2所示。

(6)计算箍筋长度：画出箍筋的形状，计算并标出箍筋的细部尺寸。

箍筋的标注尺寸为b和h，计算外皮尺寸。

KL1的截面尺寸为300 mm×700 mm，梁保护层厚度为20 mm，所以箍筋下料长度为

$$2[(h+b)-4c]+20.3d=2\times[(300+700)-4\times 20]+20.3\times 8=2\ 002.4(\text{mm})$$

(7)计算箍筋加密区尺寸、箍筋非加密区尺寸，并标注。本工程为四级抗震，所以加密区长度为$\max(1.5h_b, 500)$。箍筋起步距离为50 mm(开始布置箍筋的位置)。计算“$1.5h_b$”的数值，并把它与“500”比较，取其大者作为箍筋加密区尺寸。

第一跨加密区长度：$\max(1.5h_b, 500)=1.5\times 700=1\ 050(\text{mm})>500$ mm，第一道箍筋离支座50 mm。

第一跨非加密区长度：$8\ 000-375-250-2\times 1\ 050=5\ 275$(mm)。

第二跨加密区长度：$\max(1.5h_b, 500)=1.5\times 500=750(\text{mm})>500$ mm，第一道箍筋离支座50 mm。

第二跨非加密区长度：$6\ 000-250-250-2\times 750=4\ 000$(mm)。

(8)逐跨计算箍筋根数：每一跨的箍筋根数分别计算，对每一个(范围/间距)的数值取整数，小数位只入不舍。

第一跨的箍筋根数：梁的两端有箍筋加密区，中间为非加密区，故箍筋根数计算如下：

$$n=2\times(1\ 050-50)/100+5\ 275/200+1=48$$

第二跨的箍筋根数：梁的两端有箍筋加密区，中间为非加密区，故箍筋根数计算如下：

$$n=2\times(750-50)/100+4\ 000/200+1=35$$

(9)计算梁的侧面构造钢筋(G4⏀12)，其锚固长度为$15d$。

侧面构造钢筋长度：$8\ 000-375-250+15\times 12\times 2=7\ 735$(mm)

(10)计算侧面构造钢筋的拉筋(ϕ6)；

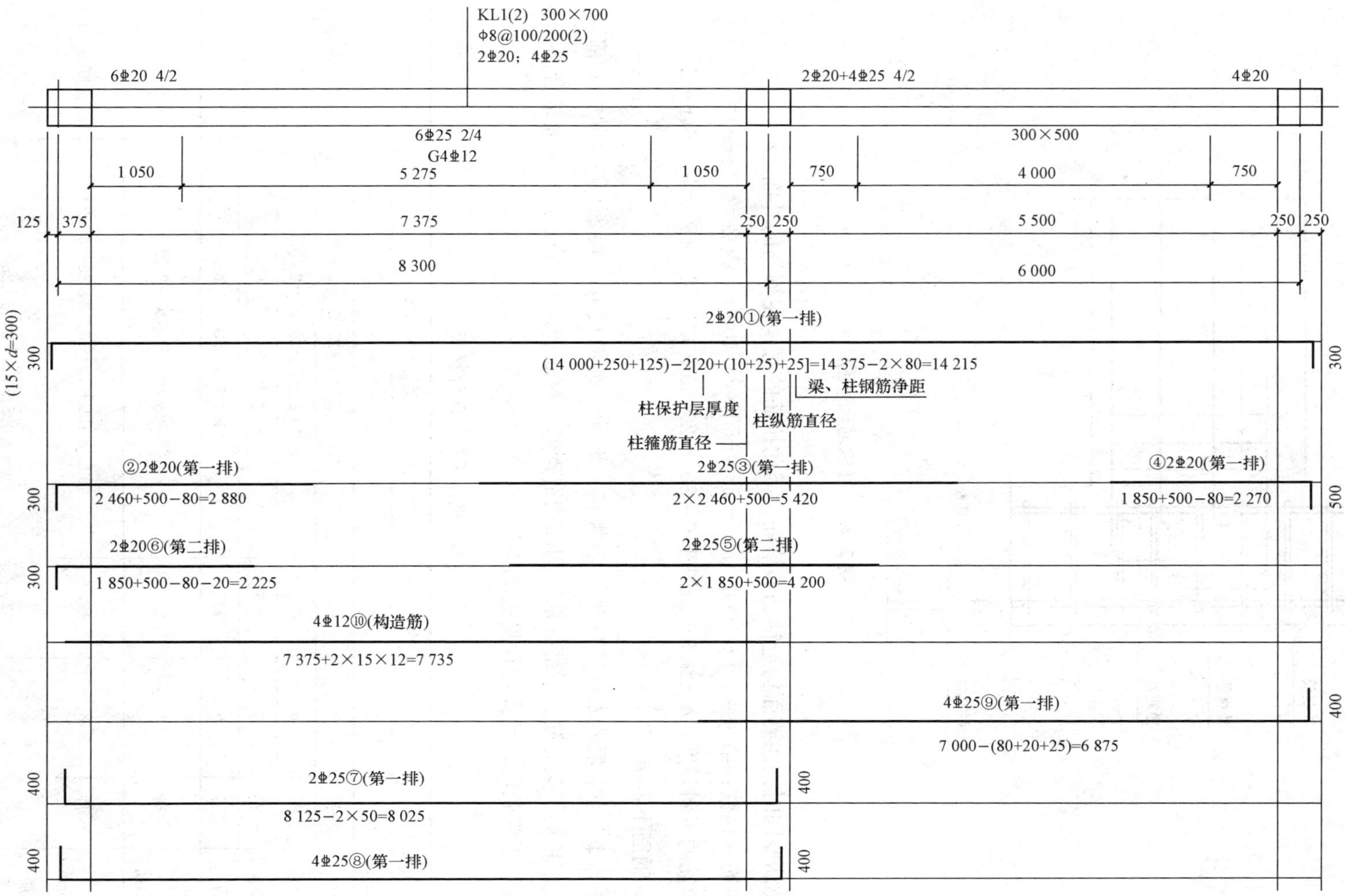

KL1(2) 300×700
Φ8@100/200(2)
2Φ20；4Φ25

6Φ20 4/2
2Φ20+4Φ25 4/2
4Φ20

6Φ25 2/4
G4Φ12
300×500

1 050　5 275　1 050　750　4 000　750

125　375　7 375　250　250　5 500　250　250

8 300　6 000

(15×d=300)

2Φ20①(第一排)
300　(14 000+250+125)−2[20+(10+25)+25]=14 375−2×80=14 215　300
柱保护层厚度
柱纵筋直径
柱箍筋直径
梁、柱钢筋净距

②2Φ20(第一排)
300　2 460+500−80=2 880
2Φ25③(第一排)
2×2 460+500=5 420
④2Φ20(第一排)
1 850+500−80=2 270　500

2Φ20⑥(第二排)
300　1 850+500−80−20=2 225
2Φ25⑤(第二排)
2×1 850+500=4 200

4Φ12⑩(构造筋)
7 375+2×15×12=7 735

4Φ25⑨(第一排)　400
7 000−(80+20+25)=6 875

2Φ25⑦(第一排)
400　8 125−2×50=8 025　400

4Φ25⑧(第一排)
400　400

图 2.4-2　KL1图上作业法

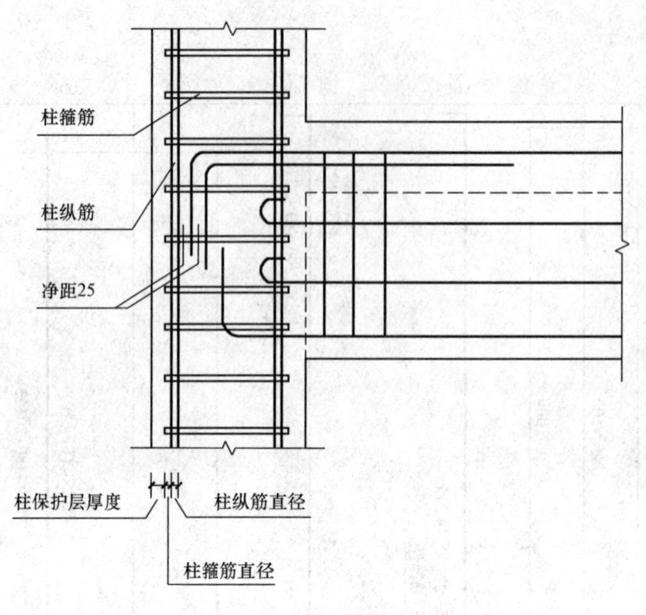

图 2.4-3　柱钢筋示意图

拉筋要同时钩住侧面构造钢筋和箍筋，因此拉筋的弯钩在箍筋的外面。

拉筋的根数：第一跨：[(8 000－375－250－50×2)/400＋1]×2＝40(mm)

拉筋的下料长度：$b-2c+9.1d+150=300-2\times20+9.1\times6+150=464.6$(mm)

2. 钢筋下料单

图 2.4-1 中清楚地表示出各种钢筋规格、形状、细部尺寸、根数(包括梁的上部通长筋、支座负筋、架立筋、下部纵筋、侧面构造钢筋、箍筋和拉筋)的信息。下面结合图 2.4-1 计算钢筋下料长度，计算过程见表 2.4-1。

表 2.4-1　钢筋下料长度计算表　　mm

钢筋名称		编号	钢筋规格	钢筋下料长度	备注
上部通长筋		1	Φ20	300＋14 215＋300－2×2×20＝14 735	量度差 $2d$
第一跨左支座负筋	一排	2	Φ20	300＋2 880－2×20＝3 140	
	二排	6	Φ20	300＋2 225－2×20＝2 485	
中间支座负筋	一排	3	Φ25	2×2 460＋500＝5 420	
	二排	5	Φ20	2×1 850＋500＝4 200	
第二跨右支座负筋	一排	4	Φ20	2 270＋300－2×20＝2 530	量度差 $2d$
第一跨下部纵筋	一排	8	Φ25	400＋8 125＋400－2×2×25＝8 825	
	二排	7	Φ25	400＋8 025＋400－2×2×25＝8 725	
第二跨下部纵筋	一排	9	Φ25	6 875＋400－2×25＝7 225	量度差 $2d$

续表

钢筋名称	编号	钢筋规格	钢筋下料长度	备注
侧面构造筋	10	Φ12	8 000－375－250＋15×12×2＝7 735(mm)	
箍筋	11	ϕ8	2×[(300＋700)－4×20]＋20.3×8＝2 002.4(mm)	
拉筋	12	ϕ6	300－2×20＋9.1×6＋150＝464.6(mm)	

钢筋下料单是工程施工必需的表格，钢筋工尤其需要这种表格，它用来指导钢筋工进行下料。其内容包括构件名称、钢筋编号、钢筋简图、钢筋规格、下料长度、构件数量、每构件质量、总质量等。

其中：每构件质量＝每构件长度×该钢筋的每米质量

总质量＝单个构件的所有钢筋的质量之和×构件数量

依据表 2.4-1，绘制 KL1 的钢筋下料单，见表 2.4-2。

表 2.4-2　钢筋下料单

构件名称	钢筋编号	简图	钢筋规格	下料长度/mm	单位根数	总根数	质量/kg
KL1	1	300　14 215　300	Φ20	14 735	2	20	727.909
	2	300　2 880	Φ20	3 140	2	20	155.116
	3	5 420	Φ25	5 420	2	20	417.34
	4	2 270　300	Φ20	2 530	2	20	249.964
	5	4 200	Φ20	4 200	2	20	323.4
	6	300　2 225	Φ20	2 485	2	20	122.759
	7	400　8 025　400	Φ25	8 725	2	20	671.825
	8	400　8 125　400	Φ25	8 825	4	40	1 359.05
	9	6 875	Φ25	7 225	4	40	1 112.65
	10	7 735	Φ12	7 735	4	40	274.747 2
	11	81.2　81.2　560　360	ϕ8	2 002.4	83	830	656.486 84
	12	360　52.3　52.3	ϕ6	464.6	40	400	41.256

2.5 梁钢筋加工与绑扎

钢筋的绑扎与安装是钢筋工程施工的重要工序。钢筋绑扎不牢固在浇捣混凝土时容易造成偏位；钢筋安装位置如果不正确，轻者会造成钢筋混凝土结构承载能力下降，重者可能导致结构垮塌。故应重视钢筋的绑扎与安装工作，加强管理做好预控。

2.5.1 准备工作

(1)熟悉施工图。熟悉结构施工图，弄清楚各个编号钢筋形状、标高、细部尺寸、安装部位，钢筋的相互关系，确定各类结构钢筋正确合理的绑扎顺序。同时，若发现施工图有错漏或不明确的地方，应及时与有关部门联系解决。

(2)核对成品钢筋。核对已加工好的成品钢筋的钢号、直径、形状、尺寸和数量等是否与料单料牌相符、与施工图相符。如有错漏，应纠正增补。

(3)准备绑扎料具。

①绑扎材料的准备：绑扎材料即绑扎用的铁丝，可采用 20～22 号铁丝，其中 22 号铁丝只用于绑扎直径 12 mm 以下的钢筋。

②绑扎工具的准备：绑扎工具即钢筋钩、带扳口的小撬棍、绑扎架等。

(4)准备控制混凝土保护层用的水泥砂浆垫块或塑料卡。

(5)制定钢筋穿插就位的安装方案。对于绑扎形式复杂的主次梁交接处、柱子节点等结构部位时，应先研究钢筋逐排穿插就位的顺序，制定出钢筋穿插就位的安装方案，必要时可与编制模板支模方案一并综合考虑，模板安装与钢筋绑扎紧密配合、协调进行，以减少绑扎困难。

2.5.2 梁钢筋绑扎安装程序

梁钢筋绑扎施工

梁钢筋的绑扎安装程序可以分为模外绑扎和模内绑扎。当梁的高度较小时，梁的钢筋可架空在梁模上绑扎，然后落位，即模外绑扎；梁的高度较大(≥1.0 m)时，梁的钢筋宜在梁底模上绑扎，其两侧模或一侧模后装，即模内绑扎。

梁钢筋绑扎

(1)模外绑扎(先在梁模板上口绑扎成型后再入模内)：画箍筋间距→在主次梁模板上口铺横杆数根→在横杆上面放箍筋→穿主梁下层纵筋→穿次梁下层钢筋→穿主梁上层钢筋→按箍筋间距绑扎→穿次梁上层纵筋→按箍筋间距绑扎→抽出横杆落骨架于模板内。

(2)模内绑扎(在梁底模上绑扎，后装两侧模或一侧模)：画主次梁箍筋间距→放主梁次梁箍筋→穿主梁底层纵筋及弯起筋→穿次梁底层纵筋并与箍筋固定→穿主梁上层纵向架立筋→按箍筋间距绑扎→穿次梁上层纵向钢筋→按箍筋间距绑扎。

具体方法如下：

①在梁侧模板上画出箍筋间距，摆放箍筋。

②穿主梁的下部纵向受力钢筋及弯起钢筋，将箍筋按已画好的间距逐个分开；穿次梁的下部纵向受力钢筋及弯起钢筋，并套好箍筋；放主次梁的架立筋；隔一定间距将架立筋与箍筋绑扎牢固；调整箍筋间距使间距符合设计要求，绑扎架立筋，再绑扎主筋，主次同时配合进行。次梁上部纵向钢筋应放在主梁上部纵向钢筋之上，为了保证次梁钢筋的保护层厚度和板筋位置，可将主梁上部钢筋降低一个次梁上部主筋直径的距离加以解决，如图 2.5-1 所示。

图 2.5-1　主次梁钢筋绑扎

③框架梁上部纵向钢筋应贯穿中间节点，梁下部纵向钢筋伸入中间节点锚固长度及伸过中心线的长度要符合设计要求。框架梁纵向钢筋在端节点内的锚固长度也要符合设计要求，一般大于 $45d$。绑扎梁上部纵向筋的箍筋，宜用套扣法绑扎。

④箍筋在叠合处的弯钩，在梁中应交错布置，箍筋弯钩采用 135°，平直部分长度为 $10d$。

⑤梁端第一个箍筋应设置在距离柱节点边缘 50 mm 处。梁与柱交接处箍筋应加密，其间距与加密区长度均应符合设计要求。梁柱节点处，由于梁筋穿在柱筋内侧，导致梁筋保护层加大，应采用渐变箍筋，渐变长度一般为 600 mm，以保证箍筋与梁筋紧密绑扎到位。

⑥在主、次梁受力筋下均应垫垫块(或塑料卡)，保证保护层的厚度。受力筋为双排时，可用短钢筋垫在两层钢筋之间，钢筋排距应符合设计规范要求，如图 2.5-2 所示。

⑦梁钢筋绑扎时应防止水电线管将钢筋抬起或压下，如图 2.5-3 所示。

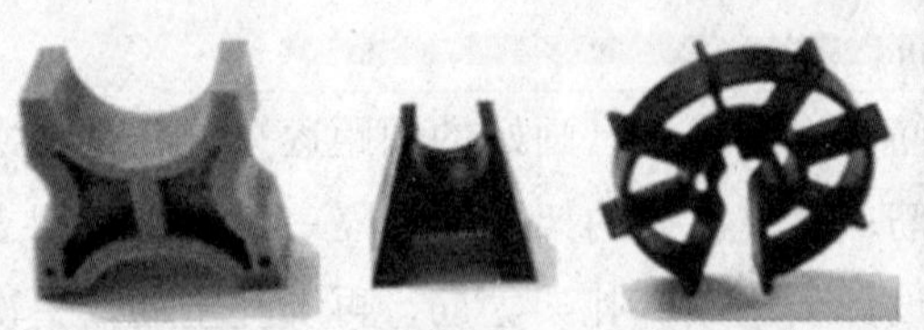

图 2.5-2　钢筋保护层塑料卡

图 2.5-3　梁钢筋绑扎与水电线管布设的配合

2.5.3　梁钢筋验收

1. 主控项目

(1)钢筋的品种和质量必须符合设计要求和有关标准的规定。

(2)钢筋的表面必须清洁。带有颗粒状或片状老锈，经除锈后仍留有麻点的钢筋，严禁按原规格使用。

(3)钢筋规格、形状、尺寸、数量、锚固长度、接头位置，必须符合设计要求和施工规范的规定。

(4)钢筋焊接或机械连接接头的机械性能结果，必须符合钢筋焊接及机械连接验收的专门规定。

2. 一般项目

(1)缺扣、松扣的数量不超过绑扣数的10%，且不应集中。

(2)弯钩的朝向应正确，绑扎接头应符合施工规范的规定，搭接长度不小于规定值。

(3)箍筋的间距数量应符合设计要求，有抗震要求时，弯钩角度为135°，弯钩平直长度为10d。

(4)绑扎钢筋时禁止碰动预埋件及洞口模板。

(5)钢筋加工的允许偏差，见表2.5-1。

表2.5-1　钢筋加工的允许偏差　　mm

项目	允许偏差
受力钢筋顺长度方向全长的净尺寸	±10
弯起钢筋的弯折位置	±20
箍筋内的净尺寸	±5

3. 重点检查内容

(1)纵向受力钢筋品种、规格、数量、位置等。

(2)受力钢筋连接可靠，在同一连接区段内，纵向受力钢筋搭接接头面积百分率要满足规范要求。

(3)箍筋的品种、规格、数量。

(4)箍筋弯钩的弯折角度：对一般结构，不应小于90°；对有抗震等要求的结构，应为135°。

(5)箍筋弯钩后平直部分长度：对一般结构，不宜小于箍筋的5倍；对有抗震等要求的结构不宜小于箍筋直径的10倍。

(6)梁的箍筋应与受力钢筋垂直，梁中箍筋封闭的位置应尽量放在梁上部有现浇板的位置，并交错放置。

(7)梁箍筋的加密区要满足规范要求。

(8)梁侧面构造钢筋，纵向钢筋的搭接长度与构造钢筋锚入柱的长度可取15d。梁侧面受扭纵向钢筋，纵向钢筋的搭接长度为l_l或l_{lE}，锚入柱内长度和方式同框架梁下部纵筋。

(9)钢筋安装完毕后，应检查钢筋绑扎是否牢固、间距和锚固长度是否达到要求，混凝土保护层是否符合规定。

2.5.4　梁钢筋常见的质量缺陷

1. 同一连接区段接头过多

在绑扎或安装钢筋骨架时，发现同一连接区段内(对于绑扎接头，在任一接头中心至规定搭接长度的1.3倍区段内，所存在的接头都认为是没有错开，即位于同一连接区段内)受力钢筋接头过多，有接头的钢筋截面面积占总截面面积的百分率超出规范规定的数值。

(1)原因分析。

①钢筋配料时疏忽大意，没有认真安排原材料下料长度的合理搭配。

②忽略了某些构件不允许采用绑扎接头的规定。

③错误取用有接头的钢筋截面面积占总截面面积的百分率数值。

④分不清钢筋位于受拉区还是受压区。

(2)防治措施。

①配料时按下料单钢筋编号再画出几个分号，注明哪几个分号搭配，对于同一组搭配而安装方法不同的要加文字说明。

②轴心受拉和小偏心受拉杆件中的受力钢筋接头均应焊接，不得采用绑扎。

③若分不清钢筋所处部位是受拉区或受压区时，接头位置均应按受拉区的规定处理。

2. 梁箍筋弯钩与纵筋相碰

在梁的支座处，箍筋弯钩与纵向钢筋抵触。

(1)原因分析。梁箍筋弯钩应放在受压区，从受力角度看，是合理的，而且从总构造角度看也合理。但是，在特殊情况下，如在连续梁支座处，受压区在截面下部，要是箍筋弯钩向下，有可能被钢筋压开，在这种情况下，只好将箍筋弯钩放在受拉区，这样做法不合理，但为了加强钢筋骨架的牢固程度，习惯上也只好这样处理。另外，实践中还会出现另一种矛盾：在目前的高层建筑中，采用框架或框架-剪力墙结构形式的工程中，大多数是需要抗震设计的，因此箍筋弯钩应采用 135°，而且平直部分长度又较其他种类型的弯钩长，故箍筋弯钩与梁上部一、二排钢筋必然相抵触。

(2)防治措施。

①按梁的截面宽度确定一种双肢箍筋(截面宽度减去两侧混凝土保护层厚度)，绑扎时沿骨架长度放几个这种箍筋定位。

②在骨架绑扎过程中，要随时检查四肢箍宽度的准确性，发现偏差及时纠正。

现浇框架结构梁钢筋绑扎工艺见表 2.5-2。

表 2.5-2　现浇框架结构梁钢筋绑扎工艺

工程名称		交底部位	
工程编号		日　期	
1　总则 1.1　适用范围 本工艺标准适用于多层工业及民用建筑现浇框架、框架－剪力墙结构梁钢筋绑扎工程。 1.2　编制参考标准及规范 《混凝土结构设计规范(2015 年版)》(GB 50010—2010)； 《混凝土结构工程施工质量验收规范》(GB 50204—2015)； 《建筑分项工程施工工艺标准》(某总公司编第二版)。 2　术语、符号 3　基本规定 3.1　一般规定 在浇筑混凝土之前，应进行钢筋隐蔽工程验收，其内容包括以下几项：			

(1)纵向受力钢筋的品种、规格、数量、位置等；

(2)钢筋的连接方式、接头位置、接头数量、接头面积百分率等；

(3)箍筋、横向钢筋的品种、规格、数量、间距等；

(4)预埋件的规格、数量、位置等。

3.2 质量目标

钢筋加工的形状、尺寸应符合设计要求，其偏差应符合相关规定。

4 施工准备

4.1 技术准备

(1)准备工程所需的图纸、规范、标准等技术资料，并确定其是否有效。

(2)按图纸和操作工艺标准向班组进行安全、技术交底，对钢筋绑扎安装顺序予以明确规定：

①钢筋的翻样、加工；

②钢筋的验收；

③钢筋绑扎的工具；

④钢筋绑扎的操作要点；

⑤钢筋绑扎的质量通病防治。

4.2 材料准备

(1)成型钢筋：必须符合配料单的规格、尺寸、形状、数量，并应有加工出厂合格证。

(2)铁丝：可采用20～22号铁丝(火烧丝)或镀锌铁丝。铁丝切断长度要满足使用要求。

(3)垫块：宜用与结构等强度细石混凝土制成，50 mm见方，厚度同保护层，垫块内预留20～22号火烧丝，或用塑料卡、拉筋、支撑筋。

4.3 主要机具准备

钢筋钩子、撬棍、扳子、绑扎架、钢丝刷、手推车、粉笔、尺子等。

4.4 作业条件

(1)钢筋进场后应检查是否有出厂证明、复试报告，并按施工平面布置图指定的位置，按规格、使用部位、编号分别加垫木堆放。

(2)做好抄平放线工作，弹好水平标高线，墙、柱、梁部位外皮尺寸线。

(3)根据弹好的外皮尺寸线，检查下层预留搭接钢筋的位置、数量、长度，如不符合要求时，应进行处理。绑扎前先整理调直下层伸出的搭接筋，并将锈蚀、水泥砂浆等污垢清理干净。

(4)根据标高检查下层伸出搭接筋处的混凝土表面标高(柱顶、墙顶)是否符合图纸要求，如有松散不实之处，要剔除并清理干净。

5 材料和质量要点

5.1 材料的关键要求

钢筋应有出厂合格证、出厂检验报告和按规定做力学性能复试。当加工过程中发生脆断等特殊情况，还需做化学成分检验。钢筋应无锈蚀及油污。对有抗震设防要求的钢筋工程，其纵向受力钢筋的强度要满足设计要求，当设计无具体要求时，受力钢筋强度实测值应符合《混凝土结构工程施工质量验收规范》(GB 50204—2015)的有关规定。

5.2 技术关键要求

(1)认真熟悉施工图，了解设计意图和要求，编制钢筋绑扎技术交底。

(2)根据设计图纸及工艺标准要求，向班组进行技术交底。

5.3 质量关键要求

(1)钢筋绑扎前，应检查有无锈蚀，除锈之后再运至绑扎部位。

(2)熟悉图纸，按设计要求检查已加工好的钢筋规格、形状、数量是否准确。

(3)做好抄平放线工作，根据弹好的外皮尺寸线，检查下层预留搭接钢筋的位置、数量、长度。绑扎前先整理调直下层伸出的搭接筋，并将锈蚀、水泥砂浆等污垢清理干净。

5.4 职业健康安全关键要求

(1)进行钢筋绑扎施工时，要求正确佩戴和使用个人防护用品。尤其高空作业要系好安全带，戴好安全帽。

(2)高空作业时钢筋钩子、撬棍、扳子等手执工具应防止失落伤人。

(3)认真检查高凳、脚手架、脚手板的安全可靠性和适用性。

5.5 环境关键要求

废旧钢筋头应及时收集清理，保持工完场清。

6 梁钢筋绑扎施工工艺

(1)工艺流程：

模内绑扎：画主次梁箍筋间距→放主、次梁箍筋→穿主梁底层纵筋及弯起筋→穿次梁底层纵筋并与箍筋固定。

(2)在梁侧模板上画出箍筋间距，摆放箍筋。

(3)穿主梁的下部纵向受力钢筋及弯起钢筋，将箍筋按已画好的间距逐个分开；穿次梁的下部纵向受力钢筋及弯起钢筋，并套好箍筋；放主次梁的架立筋；隔一定间距将架立筋与箍筋绑扎牢固；调整箍筋间距使间距符合设计要求，绑架立筋，再绑主筋，主次梁同时配合进行。

(4)框架梁上部纵向钢筋应贯穿中间节点，梁下部纵向钢筋伸入中间节点锚固长度及伸过中心线的长度要符合设计要求。框架梁纵向钢筋在端节点内的锚固长度也要符合设计要求。

(5)绑梁上部纵向筋的箍筋，宜用套扣法绑扎。

(6)箍筋在叠合处的弯钩，在梁中应交错绑扎，箍筋弯钩为135°，平直部分长度为$10d$，如做成封闭箍时，单面焊缝长度为$5d$。

(7)梁端第一个箍筋应设置在距离柱节点边缘50 mm处。梁端与柱交接处箍筋应加密，其间距与加密区长度均要符合设计要求。

(8)在主、次梁受力筋下均应垫垫块(或塑料卡)，保证保护层的厚度。受力筋为双排时，可用短钢筋垫在两层钢筋之间，钢筋排距应符合设计要求。

(9)梁筋的搭接：梁的受力钢筋直径等于或大于22 mm时，宜采用焊接接头；小于22 mm时，可采用绑扎接头，搭接长度要符合规范的规定。搭接长度末端与钢筋弯折处的距离，不得小于钢筋直径的10倍。接头不宜位于构件最大弯矩处，受拉区域内HPB300级钢筋绑扎接头的末端应做弯钩(HRB335级钢筋可不做弯钩)，搭接处应在中心和两端扎牢。接头位置应相互错开，当采用绑扎搭接接头时，在规定搭接长度的任一区域内有接头的受力钢筋截面面积占受力钢筋总截面面积百分率，受拉区不大于50%。

7 质量标准

7.1 主控项目

(1)钢筋的品种和质量必须符合设计要求和有关标准的规定。

(2)钢筋的表面必须清洁。带有颗粒状或片状老锈，经除锈后仍留有麻点的钢筋，严禁按原规格使用。钢筋表面应保持清洁。

(3)钢筋规格、形状、尺寸、数量、锚固长度、接头位置，必须符合设计要求和施工规范的规定。

(4)钢筋焊接或机械连接接头的机械性能结果，必须符合钢筋焊接及机械连接验收的专门规定。

7.2 一般项目

(1)缺扣、松扣的数量不超过绑扣数的10%，且不应集中。

(2)弯钩的朝向应正确，绑扎接头应符合施工规范的规定，搭接长度不小于规定值。

(3)箍筋的间距数量应符合设计要求，有抗震要求时，弯钩角度为135°，弯钩平直长度为10d。

(4)绑扎钢筋时禁止碰动预埋件及洞口模板。

(5)钢筋加工的允许偏差见表2.5-1。

7.3 重点检查内容

(1)纵向受力钢筋的品种、规格、数量、位置等。

(2)受力钢筋连接可靠，在同一连接区段内，纵向受力钢筋搭接接头面积百分率要满足规范要求。

(3)箍筋的品种、规格、数量。

(4)箍筋弯钩的弯折角度：对一般结构，不应小于90°；对有抗震等要求的结构，应为135°。

8 成品保护

(1)负弯矩钢筋绑扎好后，不准在上面踩踏行走。浇筑混凝土时派钢筋工专门负责修理，保证负弯矩筋位置的正确性。

(2)钢模板内面涂隔离剂时不要污染钢筋。

(3)安装电线管、暖卫管线或其他设施时，不得任意切断和移动钢筋。

9 安全环保措施

(1)加强对作业人员的环保意识教育，钢筋运输、装卸、加工应防止不必要的噪声产生，最大限度地减少施工噪声污染。

(2)钢筋吊运应选好吊点，捆绑结实，防止坠落。

(3)废旧钢筋头应及时收集清理，保持工完场清。

10 质量记录

本工艺标准应具备以下质量记录：

(1)钢筋出厂质量证明或实验报告单。

(2)钢筋机械性能实验报告。

(3)进口钢筋应有化学成分检验报告。国产钢筋在加工过程中发生脆断、焊接性能不良和机械性能显著不正常的，应有化学成分检验报告。

(4)技术交底、钢筋隐蔽验收记录。

2.6 梁模板制作与安装

2.6.1 梁模板结构

梁的跨度较大而宽度不大。梁底一般是架空的，混凝土对梁侧模板有水平侧压力，对梁底模板有垂直压力，因此，梁模板及其支架必须能承受这些荷载而不致发生超过规范允许的过大变形。

梁模板主要由底模、侧模、夹木及其支架系统组成，如图 2.6-1、图 2.6-2所示。为承受垂直荷载，在梁底模板下每隔一定间距(800～1 200 mm)用顶撑顶住。顶撑可以用圆木、方木或钢管制成。顶撑底要加垫一对木楔块以调整标高。为使顶撑传下来的集中荷载均匀地传递给地面，在顶撑底加铺垫板。多层建筑施工中，应使上、下层的顶撑在同一条竖向直线上。侧模板用长板条加拼条制成，为承受混凝土侧压力，底部用夹木固定，上部由斜撑和水平拉条固定。

单梁的侧模板，一般拆除较早，因此，侧模板应包在底模板的外面。柱模板与梁侧板一样，可较早拆除，梁模板不应伸到柱模板的开口内，如图 2.6-3 所示。同理，次梁模板也不应伸到开口内。

如梁或板的跨度等于或大于 4 m，应使梁或板底模起拱，防止新浇筑混凝土的荷载使跨中模板下挠。如设计无规定，起拱高度宜为全跨长度的 1/1 000～3/1 000(木模板为 1.5/1 000～3/1 000；钢模板为 1/1 000～2/1 000)。

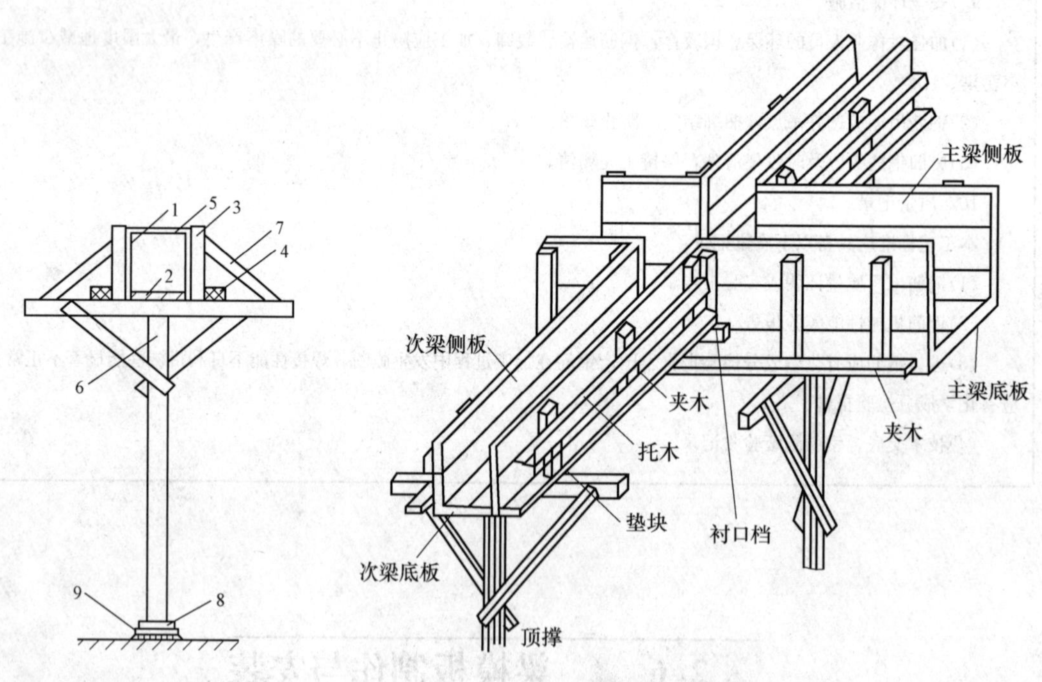

图 2.6-1　单梁模板

1—侧模板；2—底模板；3—侧模拼条；4—夹木；5—水平拉条；6—顶撑(支架)；7—斜撑；8—木楔；9—木垫板

图 2.6-2　梁模板结构图

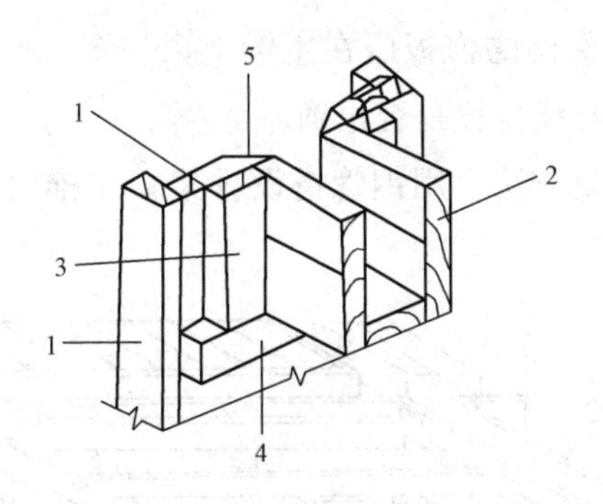

图 2.6-3　梁模板连接

1—柱或大柱侧板；2—梁；

3、4—衬口档；5—斜口小木条

2.6.2　梁模板安装

安装模板之前，应事先熟悉设计图样，掌握建筑物结构的形状尺寸，并根据现场条件，初步考虑好立模及支撑的程序，以及与钢筋绑扎、混凝土浇捣等工序的配合，尽量避免工种之间的相互干扰。模板的安装包括放样、立模、支撑加固、吊正找平、尺寸校核、堵设缝隙及清仓去污等工序。

梁模板安装

梁模板安装一般工序：弹出梁轴线及标高控制线并复核→搭设梁模支架→安装梁底钢（木）楞或梁卡具→安装梁底模板→梁底起拱→安装侧梁模→安装另一侧梁模→安装梁侧模上下锁口楞（夹木）、斜撑楞、腰楞和对拉螺栓→复核梁模尺寸、位置→与相邻模板连固。

安装梁模支架之前，首层为土壤地面时应平整夯实，支柱下脚要铺设垫板，并且上下楼层支柱应在一条直线上。在柱模板顶部与梁模板连接处预留的缺口外侧钉衬口档，以便把梁底模板搁置在衬口档上。先立起靠近柱或墙的梁模支柱，再根据计算确定的支柱间距将梁长度等分，立中间部分支柱，支柱可加可调底座或在底部打入木楔调整标高，支柱下部和中间加设纵、横向拉结杆或纵横向剪刀撑，以保证支架的整体性和稳定性。

模板支架

安装梁底模板：底模要求平直，标高正确；若梁的跨度等于或大于 4 m，应使梁底模板中部略起拱，防止由于混凝土的重力使跨中下垂。如设计无规定时，起拱高度宜为全跨长度的 1/1 000～3/1 000。

梁模板安装动画

安装梁侧模板：安装时应将梁侧模板紧靠底模放在支柱顶的小楞（横担）上，两头钉于衬口档上，在侧板底外侧铺钉夹木，再钉上斜撑和水平拉条。侧模安装要求垂直并撑牢。若梁高超过 600 mm，为抵抗混凝土的侧压力，还应设对拉螺栓加固。

有主次梁时，要待主梁模板安装并校正后才能进行次梁模板安装，在主梁侧模相应位置处预留安装次梁的缺口，次梁的模板压在主梁上，如图 2.6-4 所示。梁模板安装后再次拉线检查、复核各梁模板中心线位置是否正确。

胶合板模板常采用的支模方法：用钢管搭设排架，在排架上铺枋木做小楞，在其上铺设梁底模。

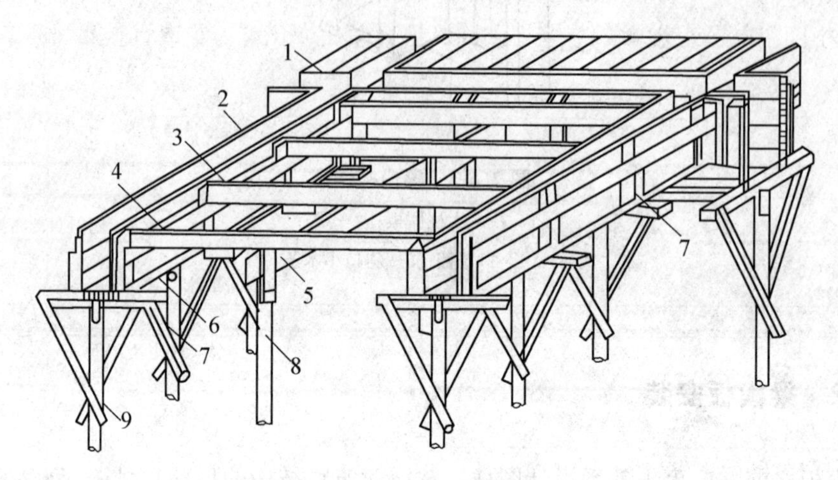

图 2.6-4　主次梁及楼板模板

1—楼板模板；2—梁侧模板；3—楞木；4—托木；5—杠木(或大楞)；
6—夹木；7—短撑木；8—杠木撑；9—琵琶撑

2.6.3　梁模板拆除

1. 拆除期限的原则规定

梁模板、支架和拱架的拆除期限应根据结构物特点、模板部位和混凝土所达到的强度来决定。

(1)非承重侧模板，如连系梁等应在混凝土强度能保证其表面及棱角不致因拆模而受损坏时方可拆除，一般应在混凝土抗压强度达到 2.5 MPa 时，方可拆除侧模板。

(2)钢筋混凝土结构的承重模板、支架和拱架，应在混凝土强度能承受其自重力及其他可能的叠加荷载时，方可拆除，当构件跨度不大于 4 m 时，在混凝土强度符合设计强度标准值的 50％的要求后，方可拆除；当构件跨度大于 4 m 时，在混凝土强度符合设计强度标准值的 75％的要求后，方可拆除。

2. 拆除时的技术要求

模板拆除应按设计的顺序进行，设计无规定时，应遵循先支后拆，后支先拆的顺序，拆除时严禁抛扔。卸落支架应按拟订的卸落程序进行，分几个循环卸完，卸落量开始宜小，以后逐渐增大。在纵向应对称均衡卸落，在横向应同时一起卸落。在拟订卸落程序时应注意以下几点：

(1)在卸落前应在卸架设备上画好每次卸落量的标记。

(2)简支梁、连续梁宜从跨中向支座依次循环卸落。

拆除模板，卸落支架时，不允许用猛烈地敲打和强扭等方法进行；模板、支架和拱架拆除后，应维修整理，分类妥善存放。

2.7 梁混凝土浇筑

2.7.1 浇筑前的准备工作

(1)检查模板的标高、位置及严密性，支架的强度、刚度及稳定性，检查外架是否搭设高出该层混凝土完成面 1.5 m，并满挂密目网，清理模板内垃圾、泥土、积水和钢筋上的油污，高温天气模板宜浇水湿润。

(2)做好钢筋及预留预埋管线的验收和钢筋保护层检查，做好钢筋工程隐蔽记录。注意梁柱交接处钢筋过密时，绑扎时应留置振捣孔。

(3)施工缝处混凝土表面已经清除浮浆，剔凿露出石子，用水冲洗干净，湿润后清除明水，松动砂石和软弱混凝土层已经清除，已浇筑混凝土强度≥1.2 MPa(通过同条件试块来确定)。

(4)混凝土浇筑前的各项技术准备到位，管理人员到位及施工班组、技术、质检人员到位，要进行现场技术交底。各种用电工具检修正常，夜间照明设施完善，施工道路畅通。

(5)搭好施工马道，泵管用马凳搭设固定好，必须高于板面 150 mm 以上。

2.7.2 梁、板混凝土浇筑要点

(1)肋形楼板的梁、板应同时浇筑，浇筑方法应由一端开始用“赶浆法”，即先浇筑梁，根据梁高分层浇筑成阶梯形，当达到板底位置时再与板的混凝土一起浇筑，随着阶梯形不断延伸，梁板混凝土浇筑连续向前进行。

梁板混凝土浇筑注意事项

(2)与板连成整体高度大于 1 m 的梁，允许单独浇筑，其施工缝应留设在板底以下 2～3 cm 处。浇捣时，浇筑与振捣必须紧密配合，第一层下料慢些，梁底充分振实后再下二层料，用“赶浆法”保持水泥浆沿梁底包裹石子向前推进，每层均应振实后再下料，梁底及梁侧部位要注意振实，振捣时不得触动钢筋及预埋件。

(3)梁柱节点钢筋较密时，浇筑此处混凝土时宜用小粒径石子同强度等级的混凝土浇筑，并用小直径振捣棒振捣。

(4)施工缝位置，宜沿次梁方向浇筑楼板，施工缝应留置在次梁跨度的中间 1/3 范围

内。施工缝的表面应与梁轴线或板面垂直，不得留斜槎。施工缝宜用木板或钢丝网挡牢。

(5)施工缝处须待已浇筑混凝土的抗压强度不小于1.2 MPa时，才允许继续浇筑。在继续浇筑混凝土前，施工缝混凝土表面应凿毛，剔除浮动石子，并用水冲洗干净后，先浇一层水泥浆，然后继续浇筑混凝土，应细致操作并振实，使新旧混凝土紧密结合。

2.7.3 梁、柱节点混凝土浇筑要点

梁、柱节点框架核心区域的配筋较多，箍筋对混凝土的约束作用有利于提高混凝土抗压作用。框架柱与框架梁的混凝土强度等级不同时，当框架柱与框架梁的混凝土强度等级相差较大时，施工图设计文件会对其提出施工要求。

梁混凝土浇筑现场

(1)考虑施工方便，通常对柱子混凝土强度等级高于梁板混凝土强度等级不超过二级时，将梁柱节点处的混凝土随同楼面梁板一起浇捣。

(2)若柱的强度等级比楼层梁板混凝土强度等级均高二级以上，可采用楼面与柱同时浇捣的施工方法，节点做法如图2.7-1所示。

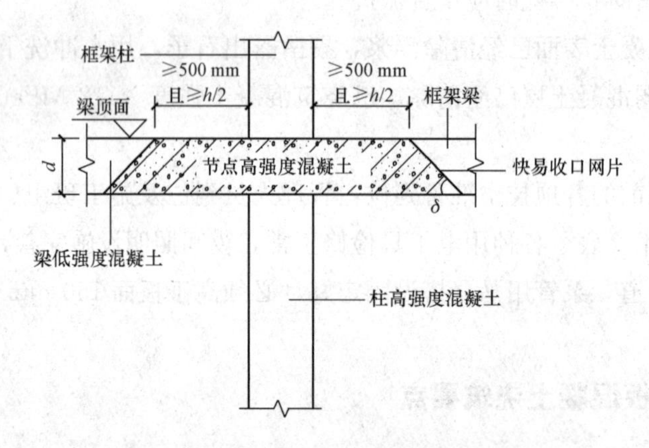

图2.7-1 不同强度等级梁、柱节点构造

①梁、柱节点处主梁钢筋绑扎时，在梁、柱节点附近离开柱边≥500 mm，且≥1/2梁高处，沿45°斜面从梁顶面到梁底面用2 mm网眼的密目铝丝网分隔(作为高低强度等级混凝土的分界)，铁丝网绑扎ϕ12钢筋上，钢筋数量同梁箍支数。

②节点混凝土按先高后低的顺序浇筑，在高低强度等级混凝土交界处设置快易收口网片，以控制浇筑范围。施工时，混凝土实行“先高后低”的浇捣原则，即先浇高强度等级混凝土，后浇低强度等级混凝土，严格控制在先浇柱混凝土初凝前继续浇捣梁、板混凝土。

③梁柱节点核心区的混凝土分层振捣，在楼面梁板处留出45°斜面。

④在混凝土初凝前，浇筑楼面梁板的混凝土。应重点控制高低强度等级混凝土的邻接面，不能形成冷缝，故宜在柱顶梁底处留设施工缝。

技能训练

一、选择题

1. 梁的上部有4根纵筋，2Φ25放在角部，2Φ12放在中部作为架立筋，在梁支座上部应注写为(　　)。

A. 2Φ25+2Φ12　　B. 2Φ25+(2Φ12)　　C. 2Φ25；2Φ12

2. 梁的支座下部钢筋两排，上排2Φ22，下排4Φ25，在梁支座上部应注写为(　　)。

A. 2Φ22+4Φ25

B. 2Φ22+4Φ25　4/2

C. 2Φ22+4Φ25　2/4

D. 4Φ22+2Φ25　4/2

3. 300×700 Y500×250表示(　　)。

A. 7号框架梁，3跨，截面尺寸为宽300 mm，高700 mm，第三跨变截面根部高500 mm，端部高250 mm

B. 7号框架梁，3跨，截面尺寸为宽700 mm，高300 mm，第三跨变截面根部高500 mm，端部高250 mm

C. 7号框架梁，3跨，截面尺寸为宽300 mm，高700 mm，第一跨变截面根部高250 mm，端部高500 mm

D. 7号框架梁，3跨，截面尺寸为宽300 mm，高700 mm，框架梁加腋，腋长500 mm，腋高250 mm

4. 一单跨梁，支座为600 mm×600 mm的框架柱，轴线居中，梁跨长3 300 mm，箍筋为10Φ10@100/200，箍筋加密区的根数为(　　)根，非加密区的根数为(　　)根。

A. 20，4　　B. 10，9　　C. 20，3　　D. 10，8

5. 任何情况下，受拉钢筋锚固长度不得小于(　　)mm。

A. 200　　B. 250　　C. 300　　D. 350

6. 抗震箍筋的弯钩构造要求采用135°弯钩，弯钩的平直段取值为(　　)。

A. 10d，85 mm中取大值

B. 10d，75 mm中取大值

C. 12d，85 mm中取大值

D. 12d，75 mm中取大值

7. 梁的上部钢筋第一排全部为4根通长筋，第二排为2根支座负筋，支座负筋长度为(　　)。

A. $1/5l_n$+锚固　　B. $1/4l_n$+锚固　　C. $1/3l_n$+锚固　　D. 其他值

8. 架立钢筋同支座负筋的搭接长度为(　　)。

A. $15d$　　　　B. $12d$　　　　C. 150 mm　　　　D. 250 mm

9. 当梁的腹板高度 h_w 大于(　　)时必须配置构造钢筋，其间距不得大于(　　)mm。

A. 450，250　　　　B. 800，250　　　　C. 450，200　　　　D. 800，200

10. 非抗震框架梁的箍筋加密区判断条件为(　　)。

A. $1.5h_b$(梁高)，500 mm 取大值

B. $2h_b$(梁高)，500 mm 取大值

C. 500 mm

D. 一般不设加密区

11. 当直形普通非框架梁端支座为框架梁时，第一排端支座负筋伸入梁内的长度为(　　)。

A. $1/3l_n$　　　　B. $1/4l_n$　　　　C. $1/5l_n$　　　　D. $1/6l_n$

12. 梁侧面构造钢筋锚入支座的长度为(　　)。

A. $15d$　　　　B. $12d$　　　　C. 150　　　　D. l_{aE}

13. 直形非框架梁下部带肋钢筋在中间支座处锚固长度为(　　)。

A. l_{aE}　　　　B. $0.5h_c+5d$　　　　C. $0.5h_c$　　　　D. $12d$

14. 梁的平法注写包括集中标注和原位标注，(　　)表达梁的通用数值，(　　)表达梁的特殊数值。

A. 原位标注，集中标注　　　　B. 集中标注，原位标注

C. 原位标注，原位标注　　　　D. 集中标注，集中标注

15. 混凝土保护层是指(　　)。

A. 纵筋中心至截面边缘的距离

B. 纵筋外缘至截面边缘的距离

C. 箍筋中心至截面边缘的距离

D. 箍筋外缘至截面边缘的距离

16. 平法表示中，若某梁箍筋为 ϕ8@100/200(4)，则括号中 4 表示(　　)。

A. 有 4 根箍筋间距

B. 箍筋肢数为 4 肢

C. 有 4 根箍筋加密

D. 连续 4 跨梁的箍筋

17. 梁平法配筋图集中标注中，G2ϕ14 表示(　　)。

A. 梁侧面构造钢筋每边两根

B. 梁侧面构造钢筋每边一根

C. 梁侧面抗扭钢筋每边两根

D. 梁侧面抗扭钢筋每边一根

18. 施工图中若某梁编号为 KL2(3B)，则 3B 表示(　　)。

A. 三跨无悬挑

B. 三跨一端有悬挑

C. 三跨两端有悬挑

D. 三跨边框梁

19. 梁中同排纵筋直径有两种时，用(　　)将两种纵筋相连，注写时将角部纵筋写在前面。

A. /　　B. ;　　C. *　　D. +

20. 当梁上部纵筋多余一排时，用(　　)将各排钢筋自上而下分开。

A. /　　B. *　　C. -　　D. +

21. 梁的平面注写包括集中标注和原位标注，集中标注有5项必注值的是(　　)。

A. 梁编号、截面尺寸

B. 梁上部通长筋、箍筋

C. 梁侧面纵向钢筋

D. 梁顶面标高高差

22. 在平法制图表示中，下列说法错误的是(　　)。

A. (××A)为一端悬挑

B. KL7 表示 7 跨框架梁

C. KL(5A)表示 5 跨一端有悬挑

D. (××B)为两端悬挑

23. 下列关于梁配筋说法，错误的是(　　)。

A. 梁上部钢筋注写为 2Φ22+2Φ25，表示 2Φ22 放在梁角部，2Φ25 放在梁中间

B. 下部纵筋注写为 6Φ252(-2)/4，表示上一排纵筋为 2Φ25，且不伸入支座；下一排纵筋为 4Φ25，全部伸入支座

C. "3Φ22；4Φ20"表示梁的上部配置 3Φ22 的通长筋；梁的下部配置 4Φ20 的通长筋

D. 梁下部纵筋注写为 6Φ252/4，则表示上一排纵筋为 4Φ25，下一排纵筋为 2Φ25，全部伸入支座

24. 梁端支座负筋的截断处说法正确的是(　　)。

A. 第二排支座负筋截断处为净跨的三分之一

B. 第一排支座负筋截断处为净跨的四分之一

C. 第一排支座负筋截断处为净跨的三分之一

D. 第二排支座负筋截断处为净跨的二分之一

25. 梁上部通长钢筋的搭接位置为(　　)。

A. 跨中净跨的三分之一

B. 跨端净跨的三分之一

C. 跨中净跨的二分之一

D. 跨端净跨的四分之一

26. 一级抗震框架梁箍筋加密区条件为(　　)。

A. 1.5h_b(梁高)，500 mm 取大值

B. 1 200 mm

C. 2.0h_b(梁高)，500 mm 取大值

D. 1 500 mm

27. 梁有侧面钢筋时需要设置拉筋，当设计没有给出拉筋直径时，(　　)。

A. 当梁宽≤350 mm 时为 6 mm，梁宽>350 mm 时为 8 mm

B. 当梁宽≤450 mm 时为 6 mm，梁宽>450 mm 时为 8 mm

C. 当梁高≤450 mm 时为 6 mm，梁高>450 mm 时为 8 mm

D. 当梁高≤350 mm 时为 6 mm，梁高>350 mm 时为 8 mm

28. 纯悬挑梁下部带肋钢筋伸入支座长度为(　　)。

A. 12d　　B. 支座宽　　C. l_{aE}　　D. 15d

29. 在梁标注中，(××A)表示(　　)。

A. 一端悬挑　　B. 两端悬挑

C. 无悬挑　　D. 梁的编号为××A

30. KL 上部钢筋在端支座处若要直锚，需满足的条件是(　　)。

A. 支座宽度≥l_{aE}

B. 支座宽度≥l_{aE}，且深入支座中线+5d

C. 深入支座中线+5d

D. 不受限制

31. KL 在端部若不满足直锚条件，需进行弯锚，弯折长度为(　　)。

A. 500　　B. 12d　　C. 15d　　D. 1.7l_{abE}

32. WKL 在端部若不满足直锚条件，需进行弯锚，弯折长度为(　　)。

A. 弯折到梁底部　　B. 12d　　C. 15d　　D. 1.7l_{abE}

33. 不伸入支座的下部钢筋长度为(　　)。

A. 该跨梁净长

B. 该跨梁净长的三分之一

C. 该跨梁净长的三分之二

D. 该跨梁净长的五分之四

34. 悬挑梁上部钢筋，在自由端需弯折长度为(　　)。

A. 6d　　B. 10d　　C. 12d　　D. 15d

35. 梁编号“WKL”表示(　　)。

A. 屋面梁　　B. 框架梁　　C. 屋面框架梁　　D. 悬挑梁

36. 梁集中标注中的选注项是(　　)。

A. 梁截面尺寸　　B. 梁编号　　C. 梁箍筋　　D. 梁顶面标高高差

37. 下列说法错误的是(　　)。

A. KL3(6)表示框架梁，第3号，6跨，无悬挑

B. XL2 表示现浇梁 2 号

C. WKL1(3 A)表示屋面框架梁，1号，3跨，一端有悬挑

D. L 表示非框架梁

二、计算题

1. 已知某综合楼钢筋混凝土框架梁 KL1 的截面尺寸与配筋，如图 1 所示，共计 5 根。混凝土强度等级为 C25，结构抗震等级为四级，环境类别为一类，次梁宽250 mm。求各钢筋下料长度。

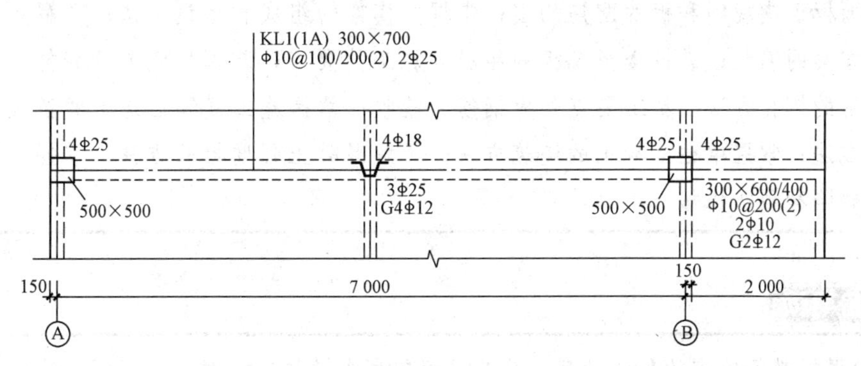

图 1　计算题 1 图

2. 某楼盖框架梁抗震等级为二级，梁的平法配筋图如图 2 所示。已知混凝土强度等级为 C30，环境类别为一类。试计算每根钢筋长度，编制钢筋配料单，并进行钢筋画线。

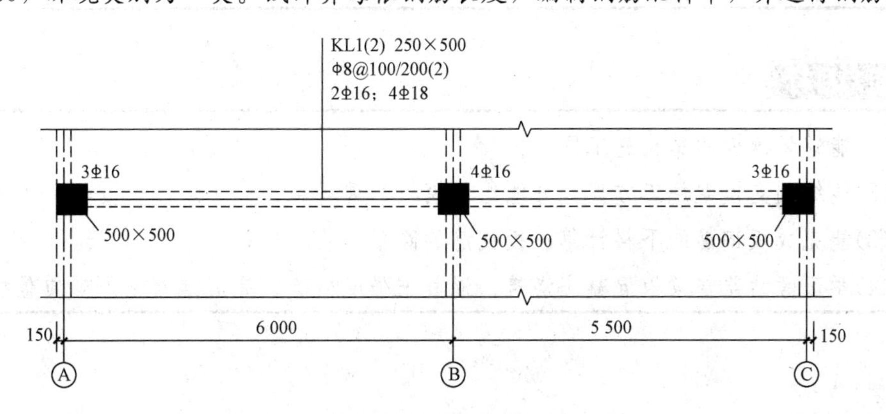

图 2　计算题 2 图

项目3　钢筋混凝土板施工

项目任务

掌握板识读规则和板的配筋构造；掌握支模架的组成和搭设方法；了解高大支模架施工方案的编制；掌握楼板模板的组成和施工的要点；掌握板钢筋的翻样；掌握板钢筋常用的绑扎方法、施工要点和板钢筋的验收；掌握施工缝和后浇带的留设位置以及处理方法；掌握梁柱混凝土的浇筑方法；了解混凝土强度检验方法；掌握混凝土外观质量缺陷和预防措施。

项目导读

(1)根据教师给定的工程项目，分析并编制高支模施工方案；

(2)识读板的结构施工图，完成板的翻样并填写配料单，小组共同完成一块板的钢筋绑扎和验收任务；

(3)小组共同完成实训楼混凝土外观质量检查。

能力目标

(1)能够识读板的结构施工图；

(2)能编制支模架施工方案，并能组织模板的现场施工；

(3)能完成板钢筋的下料计算、板钢筋的隐蔽验收工作；

(4)学习旁站监督梁板混凝土浇筑、混凝土强度检验，完成混凝土外观质量检查。

3.1　板施工图识读

板包括楼面板和屋面板，是房屋结构中重要的水平承重构件，它把荷载传递到梁或墙上。当为无梁楼盖时，板荷载直接传递到柱上。当板的位置(与梁、墙的关系)不同时，由于受力不同，配筋构造不同，就会有各种情况的板。板的分类见表3.1-1。

表 3.1-1　板的分类

分类依据	板的名称	特点
按板的受力方式分	单向板	短跨方向布置主筋，长跨方向布置分布筋
	双向板	两个互相垂直的方向都布置主筋
按板的配筋方式分	单层布筋板	板下部布置贯通筋，板上部周边布置支座负筋
	双层布筋板	板的上部和下部均布置贯通纵筋
按板的位置分	楼面板	各楼层面板
	屋面板	屋顶面板
	悬挑板	悬挑板上部钢筋从板跨一直贯通到悬挑板端部
		悬挑板上部钢筋锚固到根部梁内

3.1.1　有梁楼盖平法施工图

有梁楼盖

有梁楼盖平法施工图，是在楼面板和屋面板布置图上，采用平面注写的表达方式(图 3.1-1)。板平面注写主要包括板块集中标注和板支座原位标注。

为了方便设计表达和施工识图，规定结构平面的坐标方向：当两向轴网正交布置时，图面从左至右为 X 向，从下至上为 Y 向；当轴网转折时，局部坐标方向顺轴网转折角度做相应转折；当轴网向心布置时，切向为 X 向，径向为 Y 向。

1. 板块集中标注

板块集中标注的内容为板块编号、板厚、上部贯通纵筋、下部纵筋，以及当板面标高不同时的标高高差。对于普通楼面，两向均以一跨为一板块；对于密肋楼盖，两向主梁(框架梁)均以一跨为一板块(非主梁密肋不计)。所有板块应逐一编号，相同编号的板块可择其一做集中标注，其他仅注写置于圆圈内的板编号，以及当板面标高不同时的标高高差。

板块编号按表 3.1-2 的规定。

表 3.1-2　板块编号

板类型	代号	序号
楼面板	LB	××
屋面板	WB	××
悬挑板	XB	××

板厚注写为 h=×××(为垂直于板的厚度)；当悬挑板的端部改变截面厚度时，用斜线分隔根部与端部的高度值，注写为 h=×××/×××；当设计已在图注中统一注明板厚时，此项可不注。

纵筋按板块的下部纵筋和上部贯通纵筋分别注写(当板块上部不设贯通纵筋时则不注)，并以 B 代表下部纵筋，以 T 代表上部贯通纵筋，B&T 代表下部与上部；X 向纵筋以 X 打头，Y 向纵筋以 Y 打头，两向纵筋配置相同时则以 X&Y 打头。

当为单向板时，分布筋可不必注写，而在图中统一注明。

层号	标高/m	层高/m
屋面2	65.670	
塔层2	62.370	3.30
屋面1(塔层1)	59.070	3.30
16	55.470	3.60
15	51.870	3.60
14	48.270	3.60
13	44.670	3.60
12	41.070	3.60
11	37.470	3.60
10	33.870	3.60
9	30.270	3.60
8	26.670	3.60
7	23.070	3.60
6	19.470	3.60
5	15.870	3.60
4	12.270	3.60
3	8.670	3.60
2	4.470	4.20
1	−0.030	4.50
−1	−4.530	4.50
−2	−9.030	4.50

结构层楼面标高
结构层高

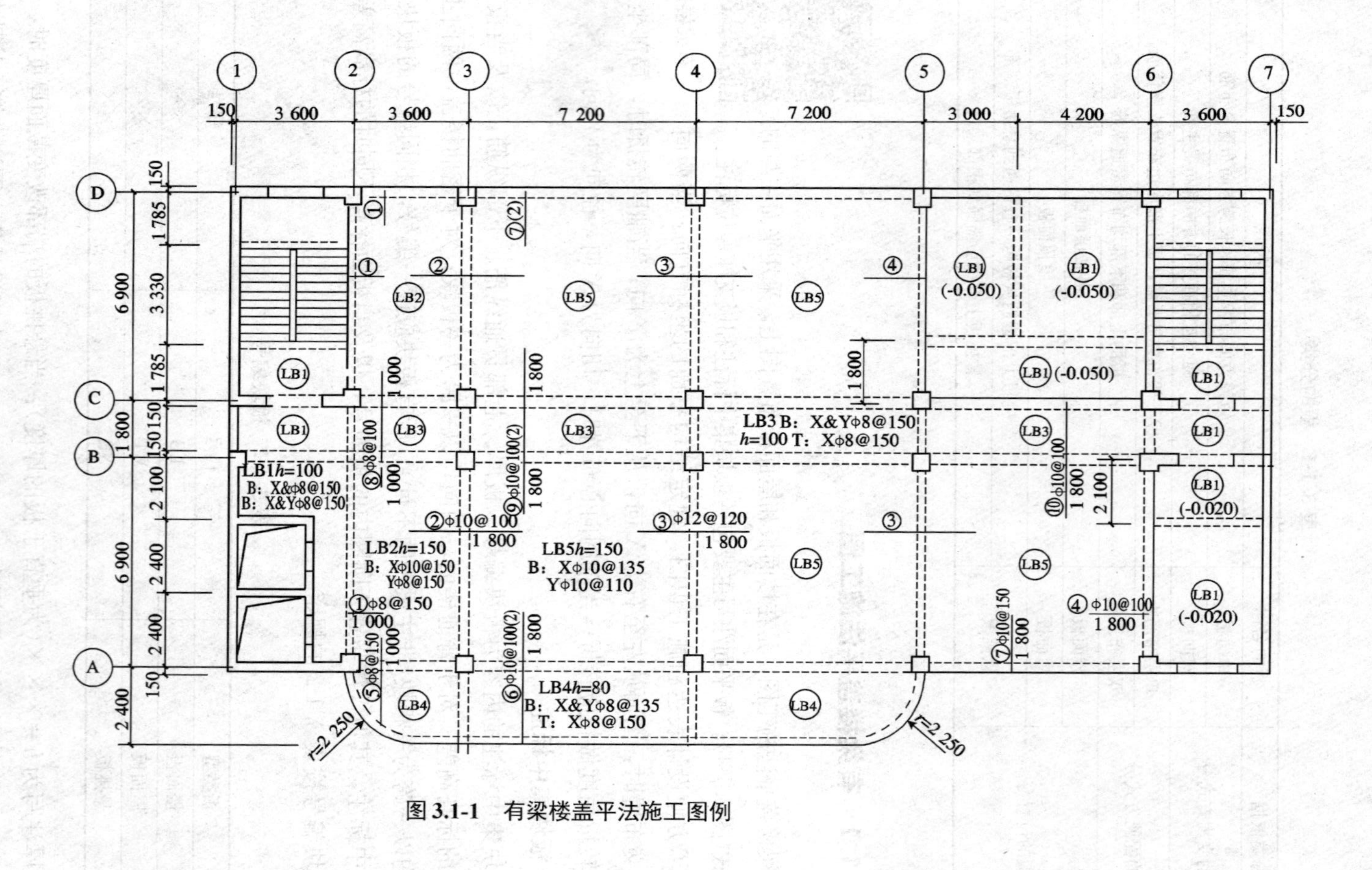

图 3.1-1　有梁楼盖平法施工图例

当在某些板内(如在悬挑板 XB 的下部)配置有构造钢筋时，则 X 向以 Xc，Y 向以 Yc 打头注写。

当 Y 向采用放射配筋时(切向为 X 向，径向为 Y 向)，设计者应注明配筋间距的定位尺寸。

当纵筋采用两种规格钢筋“隔一布一”方式时，表达为 φxx/yy@×××，表示直径为 xx 的钢筋和直径为 yy 的钢筋两者之间间距为×××，直径 xx 的钢筋的间距为×××的 2 倍，直径 yy 的钢筋的间距为×××的 2 倍。

板面标高高差，是指相对于结构层楼面标高的高差，应将其注写在括号内，且有高差则注，无高差不注。

【例】 有一楼面板块注写为：LB5　$h=110$

B：XΦ12@120；YΦ10@110

表示 5 号楼面板，板厚 110 mm，板下部配置的贯通纵筋 X 向为 Φ12@120，Y 向为 Φ10@110；板上部未配置贯通纵筋。

【例】 有一楼面板块注写为LB5　$h=110$

B：XΦ10/12@100；YΦ10@110

表示 5 号楼面板，板厚 110 mm，板下部配置的贯通纵筋 X 向为 Φ10、Φ12 隔一布一，Φ10 与 Φ12 之间间距为 100 mm；Y 向为 Φ10@110；板上部未配置贯通纵筋。

【例】 有一悬挑板注写为XB2 $h=150/100$

B：Xc&Yc Φ8@200

表示 2 号悬挑板，板根部厚 150 mm，端部厚 100 mm，板下部配置构造钢筋双向均为 Φ8@200(上部受力钢筋见板支座原位标注)。

2. 板支座原位标注

板支座原位标注的内容：板支座上部非贯通纵筋和悬挑板上部受力钢筋。

板支座原位标注的钢筋应在配置相同跨的第一跨表示(当在梁悬挑部位单独配置时则在原位表达)。在配置相同跨的第一跨(或梁悬挑部位)，垂直于板支座(梁或墙)绘制一段适宜长度的中粗线(当该通长筋设置在悬挑板或短跨板上部时，实线段应画至对边或贯通短跨)，以该线段代表支座上部非贯通纵筋，并在线段上方注写钢筋符号(如①、②等)、配筋值、横向连续布置的跨数(注写在括号内，且当为一跨时可不注)，以及是否横向布置到梁的悬挑端。

【例】 (××)为横向布置的跨数，(××A)为横向布置的跨数及一端的悬挑梁部位，(××B)为横向布置的跨数及两端的悬挑梁部位。

板支座上部非贯通筋自支座中线向跨内的伸出长度，注写在线段的下方位置。

当中间支座上部非贯通纵筋向支座两侧对称伸出时，可仅在支座一侧线段下方标注伸出长度，另一侧不注，如图 3.1-2(a)所示；当向支座两侧非对称伸出时，应分别在支座线段下方注写伸出长度，如图 3.1-2(b)所示。

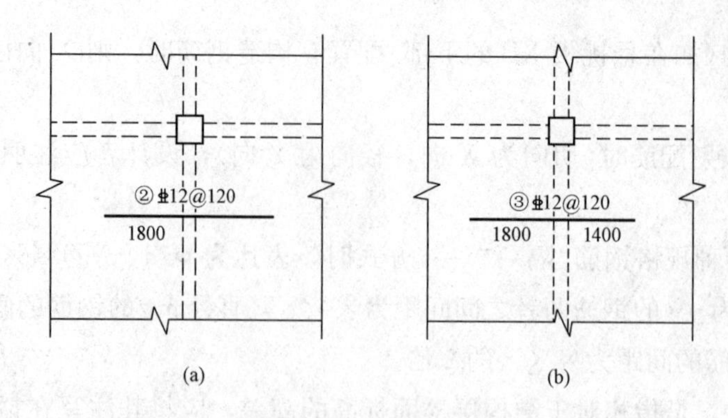

图 3.1-2　板支座上部非贯通筋自支座向跨内伸出

(a)对称伸出；(b)非对称伸出

对边贯通全跨或贯通全悬挑长度的上部通长纵筋，贯通全跨或伸出至全悬挑一侧的长度值不注，只注明非贯通筋另一侧的伸出长度值，如图 3.1-3 所示。

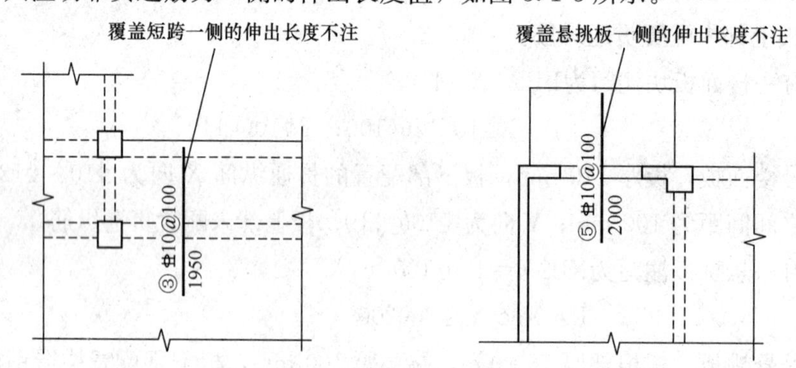

图 3.1-3　板支座非贯通筋贯通全跨或伸出至悬挑端

关于悬挑板的注写方式如图 3.1-4 所示。

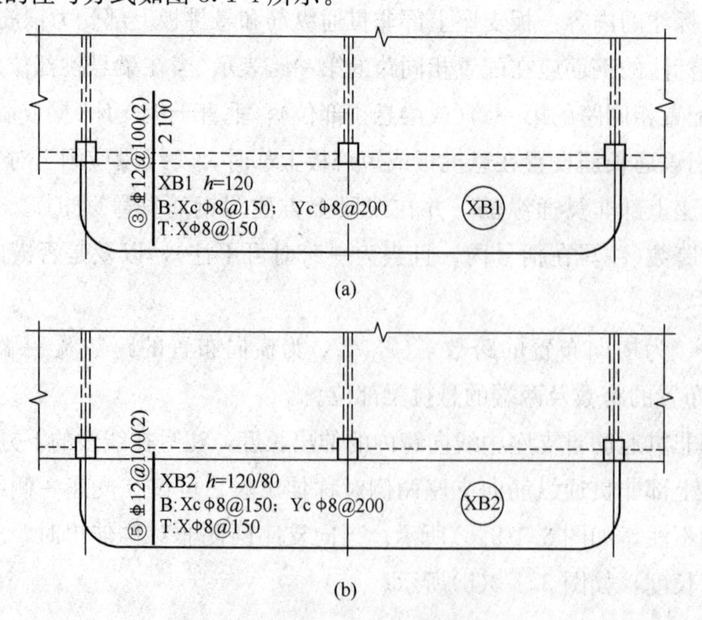

图 3.1-4　悬挑板支座非贯通筋

在板平面布置图中，不同部位的板支座上部非贯通纵筋及悬挑板上部受力钢筋，可仅在一个部位注写，对其他相同者仅需在代表钢筋的线段上注写编号及按上述规则注写横向连续布置的跨数即可。

【例】 在板平面布置图某部位，横跨支撑梁绘制的对称线段上注有⑦ⴱ12@100(5A)和1 500，表示支座上部⑦号非贯通纵筋为ⴱ12@100，从该跨起沿支承梁连续布置5跨加梁一端的悬挑端，该筋自支座中线向两侧跨内的伸出长度均为1 500 mm。在同一板平面布置图的另一部位横跨梁支座绘制的对称线段上注有⑦(2)者，是表示该筋同⑦号纵筋，沿支承梁连续布置2跨，且无梁悬挑端布置。

另外，与板支座上部非贯通纵筋垂直且绑扎在一起的构造钢筋或分布钢筋，应由设计者在图中注明。

当板的上部已配置有贯通纵筋，但需增配板支座上部非贯通纵筋时，应结合已配置的同向贯通纵筋的直径与间距采取"隔一布一"方式配置。

"隔一布一"方式，为非贯通纵筋的标注间距与贯通纵筋相同，两者组合后的实际间距为各自标注间距的1/2。当设定贯通纵筋截面面积为纵筋总截面面积的50%时，两种钢筋应取相同直径；当设定贯通纵筋截面面积大于或小于总截面面积的50%时，两种钢筋则取不同直径。

【例】 板上部已配置贯通纵筋ⴱ12@250，该跨同向配置的上部支座非贯通纵筋为⑤ⴱ12@250，表示在该支座上部设置的纵筋实际为ⴱ12@125，其中1/2为贯通纵筋，1/2为⑤号非贯通纵筋(伸出长度值略)。

【例】 板上部已配置贯通纵筋ⴱ10@250，该跨配置的上部同向支座非贯通纵筋为③ⴱ12@250，表示该跨实际设置的上部纵筋为ⴱ10和ⴱ12间隔布置，两者间距为125。

施工中应注意：当支座一侧设置了上部贯通纵筋(在板集中标注中以T打头)，而在支座另一侧仅设置了上部非贯通纵筋时，如果支座两侧设置的纵筋直径、间距相同，应将两者连通，避免各自在支座上部分别锚固。

3.1.2 板的传统施工图

1. 板块底筋表示

板的传统配筋图

板块底筋以板筋线图例绘制，绘制范围即布置区域，绘制方向即布置方向。板筋图例通常情况为板筋线图例末端做180°弯钩(一般是HPB300级钢筋的表示方式)和板筋线图例末端做135°或不做弯钩(一般是HRB335、HRB400级钢筋的表示方式)。

2. 板块负筋表示

板块负筋以板筋线图例绘制，绘制范围即布置区域，绘制方向即布置方向。板筋图例通常情况为板筋线图例末端做90°弯钩。

3. 板块支座钢筋表示

板块底筋以板筋线图例绘制，一般是以沿梁或墙为支座的延线绘制，一般情况按梁或墙的端点区域为布筋范围。板筋图例通常情况为板筋线图例末端做 90°弯钩。

4. 板的平法标注和传统标注比较

从图 3.1-5 和图 3.1-6 可以看出，板的平法标注和传统标注的不同之处。

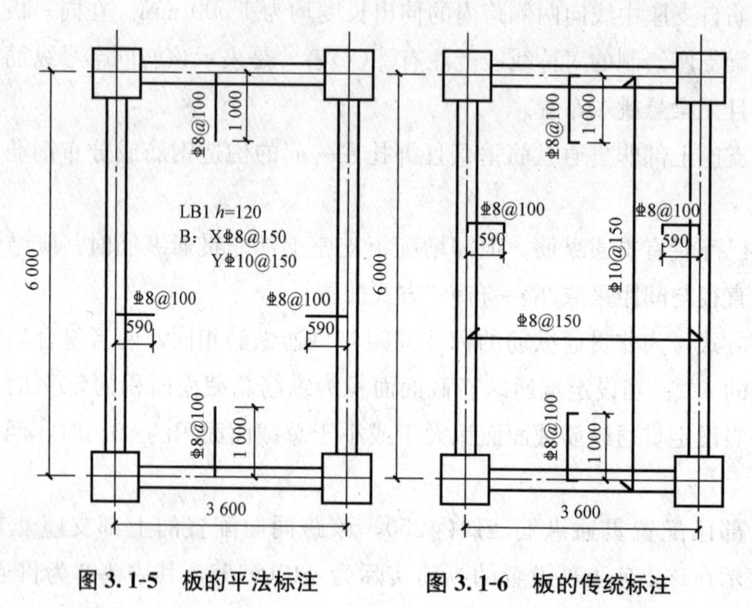

图 3.1-5　板的平法标注　　**图 3.1-6　板的传统标注**

建筑界推广应用“平法”已有 20 多年，目前从很多地方的设计院出图的情况来看，柱、梁、剪力墙的构件已普遍用“平法”表示，但是板构件很多地方还是喜欢用传统方式表示，而构造方面则要求满足 16G101 图集的构造要求。

3.2　板钢筋构造与加工

3.2.1　楼板钢筋构造

1. 板内钢筋类型

板内钢筋类型如图 3.2-1 所示。

2. 楼板端部钢筋构造

(1)当端部支座为梁时，构造要求如图 3.2-2(a)所示，板下部贯通纵筋在端部支座的直锚长度≥5d 且至少到梁中线；板上部贯通纵筋伸到支座梁外侧角筋的内侧，然后弯钩长度为 15d；当端支座梁的截面宽度较宽，板上部贯通纵筋的直锚长度≥l_a 时可直锚；板上部非贯通纵筋在支座内的锚固与板上部贯通纵筋相同，只是板上部非贯通纵筋伸入板内的伸出长度见具体设计。

(2)当板的端部支座为剪力墙时，构造要求如图 3.2-2(b)所示，板下部贯通纵筋在端部支座的直锚长度≥5d 且至少到墙中线；板上部贯通纵筋伸到墙身外侧水平分布筋的内侧，然后弯钩长度为 15d。

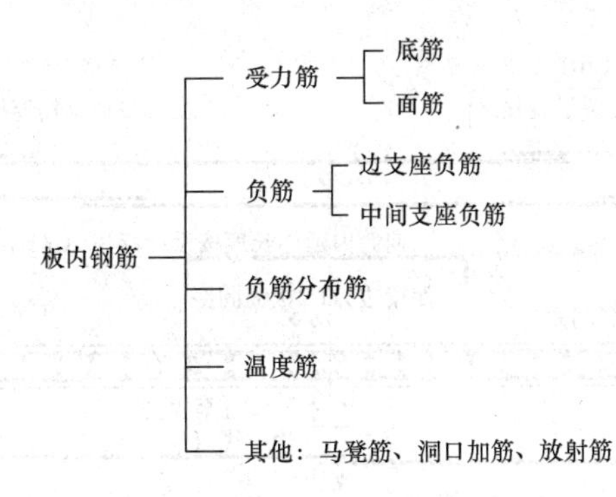

图 3-2-1 板内钢筋类型

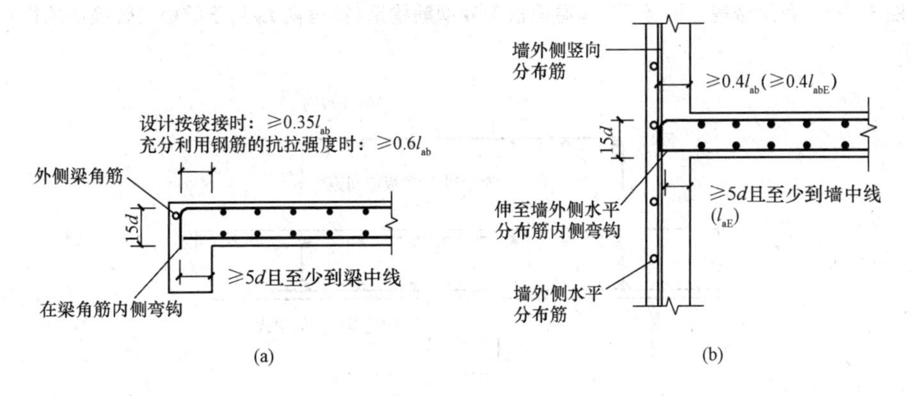

图 3.2-2 板在端部支座的锚固构造

(a)端部支座为梁；(b)端部支座为剪力墙

【特别提示】

平法中的楼面板与屋面板，支撑它们的主体结构无论是抗震还是非抗震，板自身的各种钢筋构造均不考虑抗震要求，即锚固长度均用 l_a。

3. 楼板中间支座钢筋构造

板的中间支座均按梁绘制，如图 3.2-3 所示。

(1)板下部纵筋。与支座垂直的贯通纵筋，伸入支座 5d 且至少到梁中线；与支座平行的贯通纵筋：第一根钢筋在距梁边为 1/2 板筋间距处开始设置。

(2)板上部纵筋。

①贯通纵筋：与支座垂直的贯通纵筋应贯通跨越中间支座；与支座平行的贯通纵筋的

第一根钢筋在距梁边为 1/2 板筋间距处开始设置。

②非贯通筋(负筋)：非贯通筋(与支座垂直)向跨内延伸长度详见具体设计。

③非贯通筋的分布筋(与支座平行)构造如图 3.2-4 所示，从支座边缘算起，第一根分布筋从 1/2 分布筋间距处开始设置；在负筋拐角处必须布置一根分布筋；在负筋的直段范围内按分布筋间距进行布置。板分布筋的直径和间距一般在结构施工图的说明中给出。

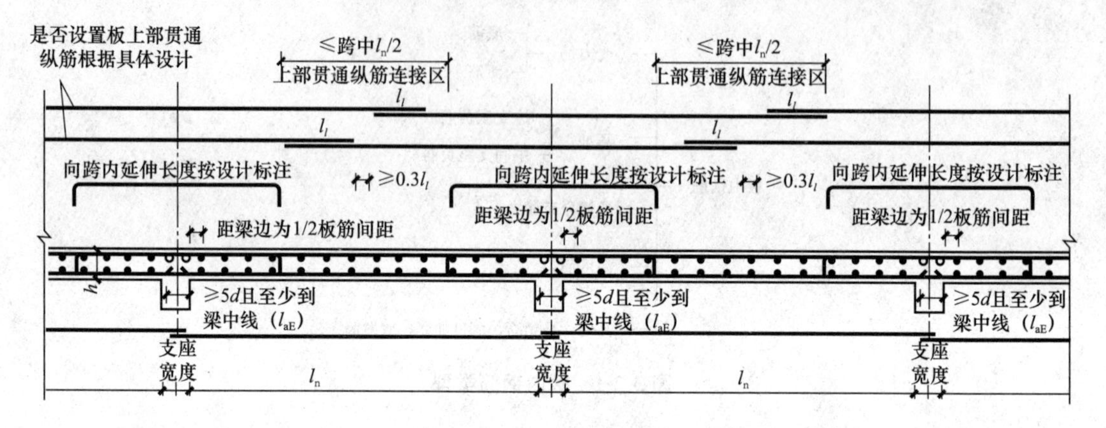

图 3.2-3　有梁楼盖楼面板 LB 和屋面板 WB 钢筋构造(括号内 l_{aE} 用于梁板式转换层的板)

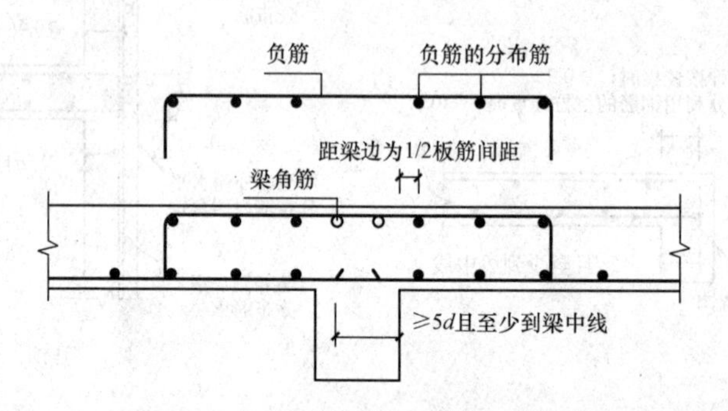

图 3.2-4　中间支座上部非贯通筋构造

【特别提示】

楼面板和屋面板中，无论是受力钢筋还是构造钢筋(分布筋)，当与梁(墙)纵向平行时，在梁(墙)宽度范围内不布置钢筋。

4. 楼板钢筋连接、搭接构造

(1)板上部贯通纵筋连接(图 3.2-3)。上部贯通纵筋连接区在跨中净跨的 1/2 跨度范围之内(跨中 $l_n/2$)。当相邻等跨或不等跨的上部贯通纵筋配置不同时，应将配置较大者越过其标注的跨数终点或起点延伸至相邻跨的跨中连接区域连接。

(2)负筋分布筋搭接构造(图 3.2-5)。在楼板角部矩形区域，纵横两个方向的负筋相互交叉，已形成钢筋网，所以这个角部矩形区域不应该再设置分布筋，否则，4 层钢筋交叉重叠在一块，混凝土不能包裹住钢筋。负筋分布筋伸进角部矩形区域 150 mm。分布筋并非一点都不受力，所以 HPB300 级钢筋做分布筋时，钢筋端部需要加 180°的弯钩。

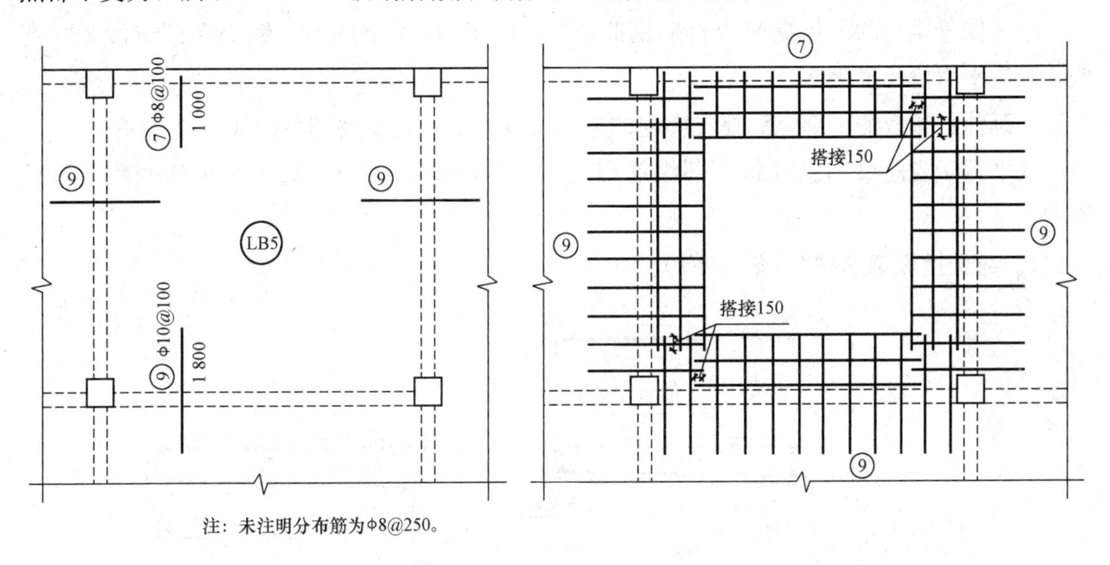

图 3. 2-5　负筋分布筋的搭接构造

5. 悬挑板 XB 钢筋构造

悬挑板有两种：一种是延伸悬挑板，即楼面板(屋面板)的端部带悬挑，如挑檐板、阳台板等；另一种是纯悬挑板，即仅在梁的一侧带悬挑的板，常见的有雨篷板。

(1)延伸悬挑板钢筋构造(图 3. 2-6)。延伸悬挑板上部纵筋的锚固构造如下：

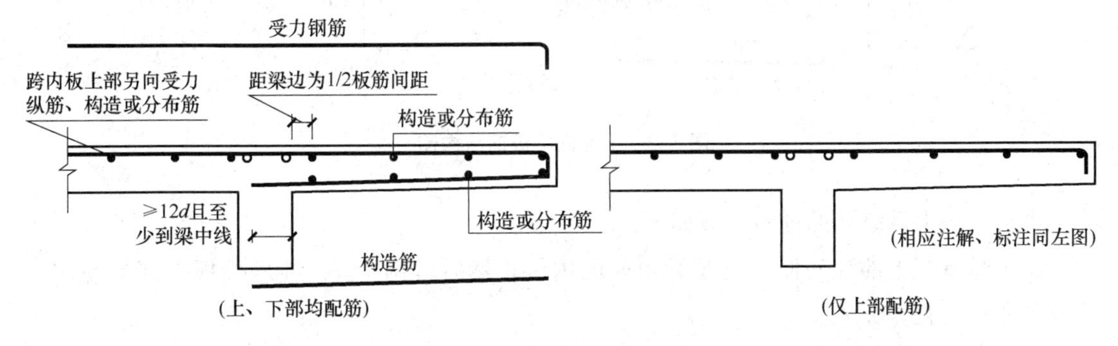

图 3. 2-6　延伸悬挑板钢筋构造

①延伸悬挑板的上部纵筋与相邻跨板同向的顶部贯通纵筋或非贯通纵筋贯通。

②当跨内板的上部纵筋是顶部贯通纵筋时，把跨内板的顶部贯通纵筋一直延伸到悬挑板的末端，此时的延伸悬挑板上部纵筋的锚固长度容易满足。

③当跨内板的上部纵筋是顶部非贯通纵筋时，原先插入支座梁中的“负筋腿”没有了，而把负筋的水平段一直延伸到悬挑端的尽头。由于原先负筋的水平段长度也是足够长的，所以此时的延伸悬挑板上部纵筋的锚固长度也是足够的。

④平行于支座梁的悬挑板上部纵筋(构造或分布筋)，从距梁边 1/2 板筋间距处开始

设置。

延伸悬挑板如果有下部纵筋：

①延伸悬挑板的下部纵筋为直形钢筋（当为 HPB300 级钢筋时，钢筋端部应设 180°弯钩，弯钩平直段长度为 $3d$）。

②延伸悬挑板的下部纵筋在支座内的弯锚长度为 $12d$ 且至少到梁中线。

③平行于支座梁的悬挑板下部纵筋（构造或分布筋），从距梁边 1/2 板筋间距处开始设置。

(2)纯悬挑板钢筋构造（图 3.2-7）。

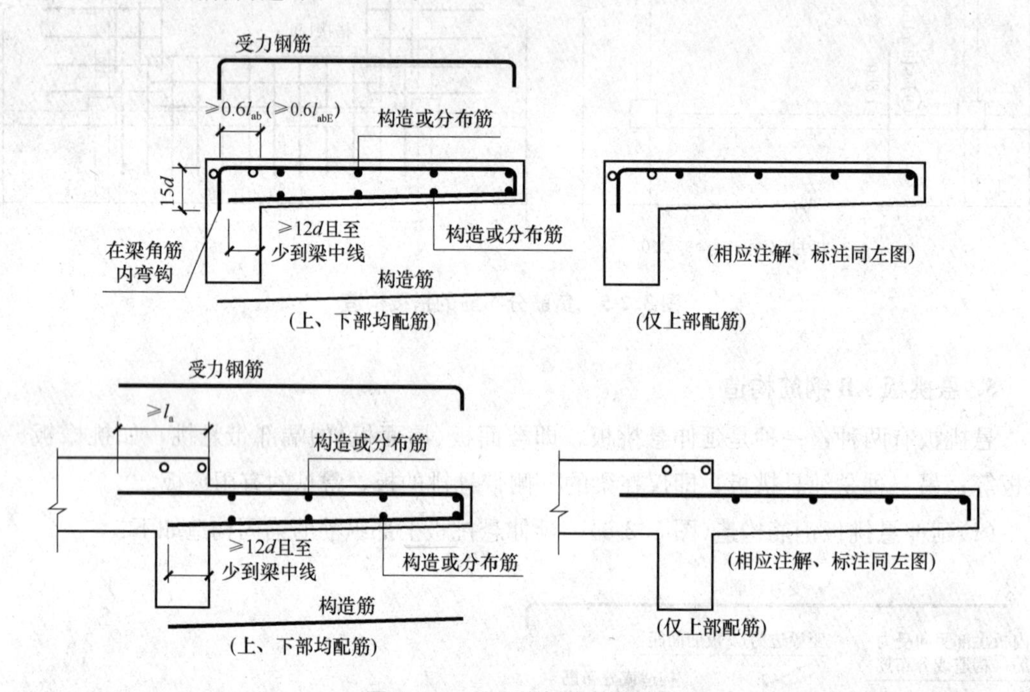

图 3.2-7 纯悬挑板钢筋构造

纯悬挑板上部纵筋的锚固构造如下：

①纯悬挑板上部纵筋伸至支座梁角筋的内侧，然后弯钩 $15d$；纯悬挑板上部纵筋伸入支座的水平段长≥$0.6l_{ab}$。

②延伸悬挑板和纯悬挑板如果有下部纵筋，其下部纵筋构造相同。

3.2.2 楼板钢筋翻样

1. 板钢筋计算公式

(1)板底部贯通筋计算公式。

钢筋长度＝板净跨＋左、右支座内锚固长度＋弯钩增加值（光圆钢筋） (3.2-1)

式中，板净跨是指与钢筋平行的板净跨。

$$钢筋根数=[(板净跨-2\times起步距离)/间距]+1=[(板净跨-间距)/间距]+1 \quad (3.2\text{-}2)$$

式中，板净距是指与钢筋垂直的板净跨；第一根钢筋的起步距离按“距梁边板筋间距的1/2”考虑。

(2)板顶部贯通筋计算公式。板顶部贯通筋长度和根数的计算公式仍然用式(3.2-1)和式(3.2-2)，但是作为板顶部贯通筋，支座内的锚固构造不同其锚固长度也不同，计算时要注意。

(3)板支座负筋(非贯通筋)计算公式。

$$中间支座负筋长度=平直段长+左弯折长+右弯折长 \quad (3.2\text{-}3)$$

$$端支座负筋长度=平直段长+15d(端支座)+弯折长(板跨内) \quad (3.2\text{-}4)$$

板支座负筋根数应用式(3.2-2)计算。

(4)板负筋的分布筋计算公式。单向板中一个方向配有受力钢筋，另一个方向必须配分布筋以形成钢筋网；支座负筋(非贯通筋)中与其垂直方向上也要配分布筋以形成钢筋网。分布筋一般不在图中画出，而是在说明中指出分布筋的规格、直径和间距，初学者很容易漏掉，一定要仔细、认真地读图。

支座负筋的分布筋与其平行的支座负筋搭接 150 mm，如图 3.2-5 右图所示。当采用光圆钢筋时，如果分布筋不做温度筋，其末端不做180°弯钩。

$$负筋分布筋长度=板净跨-左侧负筋板内净长-右侧负筋板内净长+2\times150 \quad (3.2\text{-}5)$$

$$负筋分布筋根数=[(负筋板内净长-起步距离)/间距]+1$$
$$=[(负筋板内净长-间距/2)/间距]+1 \quad (3.2\text{-}6)$$

(5)温度筋。在温度、收缩应力较大的现浇板区域内，应在板的未配筋表面布置温度收缩钢筋，如图 3.2-8 所示。

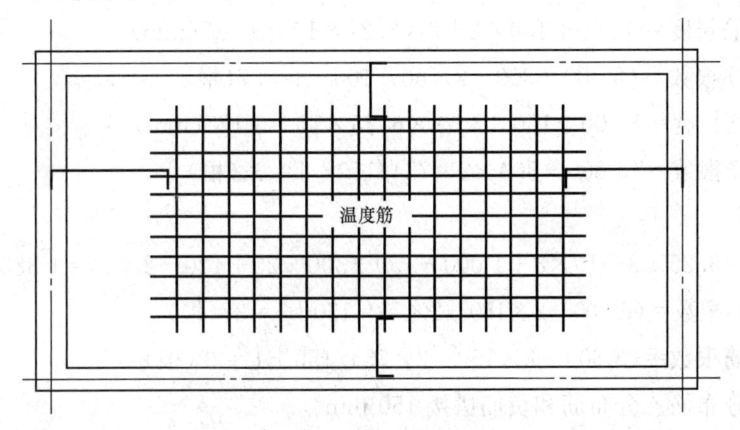

图 3.2-8　温度筋的布置

$$长度=板净跨-左负筋板内净长-右负筋板内净长+150\times2 \quad (3.2\text{-}7)$$

$$根数=(板净跨-左负筋伸入板内的净长-右负筋伸入板内的净长)/间距-1 \quad (3.2\text{-}8)$$

2. 板钢筋计算例题

请计算板的底筋的长度和根数，板的负筋、分布筋长度和根数，温度筋长度和根数。如图 3.2-9 所示，柱截面尺寸为 700 mm×750 mm，梁截面尺寸为 300 mm×700 mm，1 000表示自支座中线向跨内延伸的长度，梁的保护层厚度为 25 mm，板的保护层厚度为 15 mm，未注明的分布筋为 Φ8@250，温度筋为 Φ8@200。

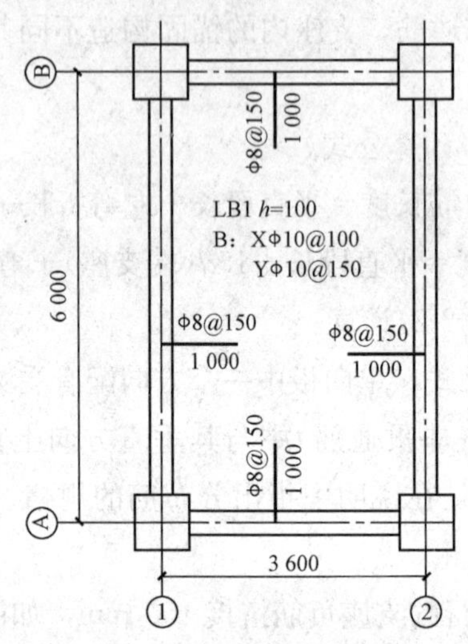

图 3.2-9　单跨板 LB1 平法施工图

计算过程如下：

(1)板底筋：

X 方向净跨＝3 600－150－150＝3 300(mm)，Y 方向净跨＝6 000－150－150＝5 700(mm)

伸进长度＝max(300/2，5d)＝150(mm)

X 方向底筋长度＝3 300＋150×2＋2×6.25×10＝3 725(mm)

X 方向底筋根数＝(6 000－300－2×50)/100＋1＝57(根)

Y 方向底筋长度＝5 700＋150×2＋2×6.25×10＝6 125(mm)

Y 方向底筋根数＝(3 600－300－2×75)/150＋1＝22(根)

(2)板负筋：

负筋长度＝6.25×8＋15×8＋1 000－150＋300－25＋120－2×15＝1 385(mm)

①轴线负筋根数＝(6 000－2×150－2×75)/150＋1＝38(根)

Ⓐ轴线负筋根数＝(3 600－2×150－2×75)/150＋1＝22(根)

①板负筋分布筋。分布筋和负筋搭接 150 mm。

X 方向分布筋长度＝3 600－2×1 000＋2×150＝1 900(mm)

Y 方向分布筋长度＝6 000－2×1 000＋2×150＝4 300(mm)

根数＝(1 000－150)/250＝3.4(根)≈4 根

②板温度筋。

X 方向温度筋长度＝3 600－2×1 000＋2×150＋2×6.25×8＝2 000(mm)

X 方向温度筋根数＝(6 000－2×1 000)/200－1＝19(根)

Y 方向温度筋长度＝6 000－2×1 000＋2×150＋2×6.25×8＝4 400(mm)

Y 方向温度筋根数＝(3 600－2×1 000)/200－1＝7(根)

3.2.3　板钢筋的绑扎与安装

钢筋绑扎与安装是钢筋工进行的最后一道工序，关系到钢筋的就位和骨架的整体受力状态，十分关键。

1. 施工准备

(1)材料要求。钢筋原材：应有供应商资格证书，钢筋出厂质量证明书，按规定做力学性能复试和见证取样试验。若加工过程中发生脆断等特殊情况，还需做化学成分检验。钢筋应无老锈及油污。成型钢筋：必须符合配料单的规格、型号、尺寸、形状、数量，并应进行标识。成型钢筋必须进行覆盖，防止雨淋生锈。铁丝可采用 20～22 号(火烧丝)或镀锌铁丝(铅丝)。铁丝切断长度要满足使用要求。

(2)机具准备。成型钢筋、钢筋钩子、撬棍、扳子、钢丝刷子、手推车、粉笔、尺子等。

(3)作业条件。

①钢筋进场后应检查是否有出厂材质证明、做完复试，并按施工平面图中指定的位置，按规格、使用部位、编号分别在料场墙墩上堆放。

②钢筋绑扎前，应检查有无锈蚀，除锈之后再运至绑扎部位。

③熟悉图纸，按设计要求检查已加工好的钢筋规格、形状、数量是否正确。做好抄平放线工作，弹好水平标高线。

④梁钢筋安装完毕，箍筋位置、间距及保护层厚度符合要求。

2. 施工工艺

(1)钢筋绑扎操作方法。绑扎的方法根据各地习惯不同而各异，板钢筋最常用的是一面顺扣操作法(图 1.4-4)。

一面顺扣操作法的步骤是先将已切断的小股扎丝在中间弯折 180°，以左手方便握住为宜。在绑扎时，右手抽出一根扎丝，将弯折处扳弯 90°后，左手将弯折部分穿过钢筋扎点的底部，手拿扎丝钩钩住扎丝扣，食指压在钩前部，紧靠扎丝开口端，顺时针旋转 2～3 圈，即完成绑扎。

采用一面顺扣法绑扎钢筋网、架时，每个扎点的丝扣不能顺着一个方向，应交叉进行。

(2)施工流程。清理模板→在模板上画间距线→绑板下层钢筋→管线施工→放马凳、绑板上层钢筋→放置垫块→检查验收。

(3)施工要点。

①钢筋可分段绑扎成型或整片绑扎成型，绑扎前应修整模板，将模板上垃圾杂物清扫

干净，用墨斗弹出横竖向钢筋的位置线。

板钢筋绑扎施工视频

②板下层钢筋，先铺短向钢筋，再铺长向钢筋，预埋件、电线管、预留孔等及时配合安装并固定；然后再安装板上层钢筋，先铺长向钢筋，再铺短向钢筋，与长向钢筋绑扎牢固。

③板的钢筋网，除靠近外围两行钢筋的交叉点全部扎牢外，中间部分交叉点可间隔交错绑扎，但必须保证受力钢筋不产生位置偏移；双向受力钢筋必须全部绑扎牢固。

板筋的梅花形绑扎

④板、次梁与主梁交叉处，板的钢筋在上，次梁钢筋居中，主梁钢筋在下；当有圈梁、垫梁时，主梁钢筋在上。

⑤应特别注意板上部的负筋，一是要保证其绑扎位置准确；二是要防止施工人员的踩踏，尤其是雨篷、挑檐、阳台等悬臂板，防止其拆模后断裂垮塌。

梁板钢筋布置次序

⑥混凝土保护层垫块可用混凝土垫块或定型垫块，垫块厚度符合设计要求，按 0.6～1 m 间距均匀布置。

⑦板采用双层钢筋网时，在上层钢筋网下面应设置钢筋撑脚，以保证钢筋位置正确，钢筋撑脚下部应焊在下层钢筋网上，间距以能保证钢筋位置为准，如图 3.2-10 所示。

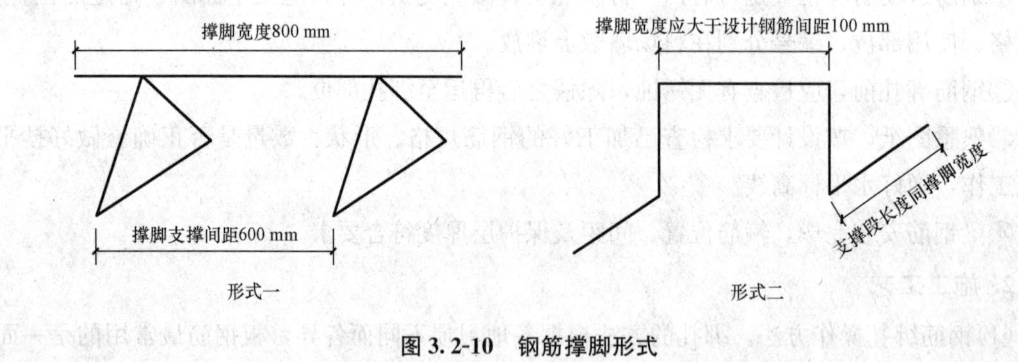

图 3.2-10　钢筋撑脚形式

⑧梁板钢筋绑扎时，应防止水电管线将钢筋抬起或压下。

3. 质量检查

(1)钢筋品种和质量必须符合设计和有关标准规定，钢筋表面应保持清洁无油污。

(2)钢筋规格、形状、尺寸、数量、锚固长度、搭接长度、接头位置，必须符合设计要求和施工规范的要求。

(3)无缺扣、松扣、漏扣现象。

(4)钢筋安装偏差及检验方法应符合《混凝土结构工程施工质量验收规范》(GB 50204—2015)的规定，梁板类构件上部受力钢筋保护层厚度的合格点率应达到 90%及以上，且不得有超过表中数值 1.5 倍的尺寸偏差。

检查数量：在同一检验批内，对板，应按有代表性的自然间抽查10%，且不应少于3间；对大空间结构，板可按纵、横轴线划分检查面，抽查10%，且均不应少于3面。

4. 成品保护

(1)钢筋绑扎完毕后，严禁践踏。

(2)绑扎钢筋时禁止碰动预埋件及洞口模板。

(3)严禁随意隔断钢筋，木工和水电工的所有预埋件包括接地引线不得和设计的钢筋直接进行焊接。

(4)板钢筋绑扎在梁钢筋安装完毕后进行，绑扎时禁止移动梁钢筋，如有移位，及时恢复到原位置。

3.3 模板支架的搭设

近年来，我国城市化建设日新月异，高层建筑越来越多，工程建设支模架规模也越来越大，造型日益复杂，模板支撑体系坍塌事故时有发生，不仅造成人员伤亡、经济损失和不良的社会影响，也给企业的生存和发展带来不利。在施工过程中，我们要切实控制好模板支撑体系的强度、刚度、稳定性，重视模板支架的构造措施，确保建筑施工的质量安全。

3.3.1 模板支撑体系

1. 基本术语、概念

模板支架倒塌警示片

模板系统由模板板块和支撑体系两大部分组成。

模板板块是由面板、次肋、主肋等组成的。面板是直接接触新浇混凝土的承力板，面板的种类有很多，可以选用钢、木、胶合板、塑料板等其他形式。小梁是直接支承面板的小型楞梁，又称次楞或次梁。在小梁的下方是主梁，它直接支承小梁，又称主楞。一般采用钢、木梁或钢桁架。

(1)模板支撑体系：为浇筑混凝土构件或安装钢结构等安装的模板主、次楞以下的承力结构体系。

(2)底座：设于立杆底部的垫座，包括固定底座、可调底座。

(3)可调托撑：插入立杆钢管顶部，可调节高度的顶撑。

(4)水平杆：脚手架中的水平杆件，也称横杆。

(5)扫地杆：贴近楼(地)面，连接立杆根部的纵、横向水平杆件；包括纵向扫地杆、横向扫地杆。

(6)连墙件：将脚手架架体与建筑物主体构件连接，能够传递拉力和压力的构件。

(7)剪刀撑：在脚手架竖向或水平向成对设置的交叉斜杆。

(8)步距：上下水平杆轴线间的距离。

(9)立杆纵(跨)距：脚手架纵向相邻立杆之间的轴线距离。

(10)立杆横距：脚手架横向相邻立杆之间的距离。

2. 常用的模板支撑体系

(1)扣件式钢管支撑体系(图 3.3-1)。

图 3.3-1　扣件式钢管支撑体系

扣件式钢管支撑体系已在工程中使用多年，立杆与横杆采用扣件连接，立杆采用一字扣件连接，龙骨多为100 mm×100 mm 木方，搭拆过程中需要拆装扣件，搭拆速度慢，连接扣件与钢管分开，扣件丢损率高。

(2)碗扣式钢管支撑体系(图 3.3-2)。碗扣式支架是由铁道部专业设计院研究设计，1984 年通过部级鉴定，是多年来建筑行业使用较为广泛的一种支撑架系统。碗扣式支架采用了带齿碗扣接头，不仅拼拆迅速省力，而且结构简单，受力稳定可靠，避免了螺栓作业，不易丢失零散配件，使用安全，方便经济。

碗扣架为工具式脚手架，对工人技术要求不高，减少了人为因素对搭设质量的影响；但受产品模数的限制，其通用性差，配件易损坏且不便修理。并且市场的碗口架缺乏配套斜杆等专用配件，大多需要与钢管扣件架组合使用，降低了其实际承载力。

(3)门架式钢管支撑体系(图 3.3-3)。门式架在我国南方地区多有应用。门式脚手架属于标准定型组件，搭设操作简便，工效高，其所用的交叉斜杆截面尺寸小，经济性好。但作为工具式定型产品同样存在通用性问题。

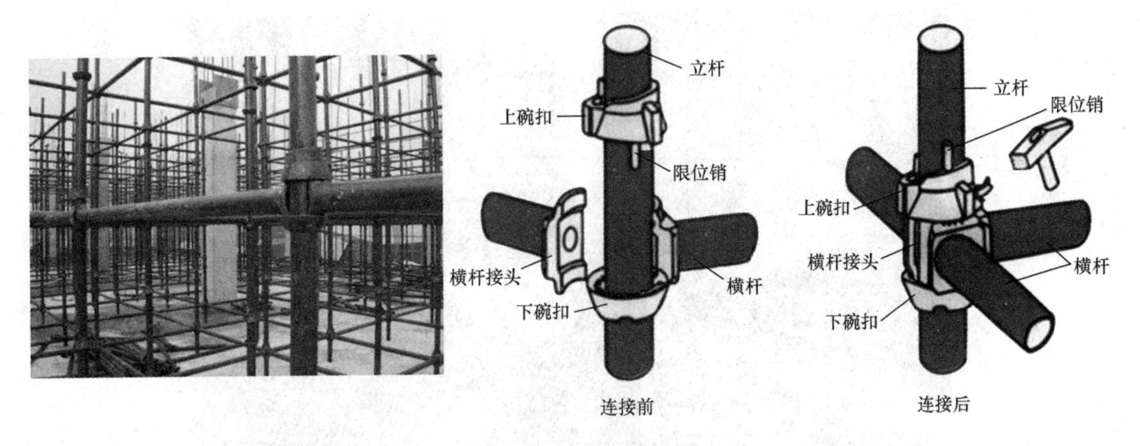

图 3.3-2　碗扣式钢管支撑体系

图 3.3-3　门架式钢管支撑体系

(4)盘扣式钢管支撑体系(图 3.3-4)。盘扣式钢管支撑体系由立杆、水平杆、斜杆和连接盘等组成。组装时，立杆采用套管承插连接，水平杆和斜杆采用杆端扣接头卡入连接盘，用楔形插销连接，形成几何不变体系的钢管支架。

节点连接可靠，立杆与水平杆为轴心连接，配套斜杆连接，提高了架体的抗侧向力稳定性；杆件的系列化、标准化设计，适应各种结构和空间的组架，搭配灵活，由于有斜杆的连接，还可搭设悬挑结构、跨空结构等。

(5)普通独立钢支撑(图 3.3-5)。独立钢支撑是由支撑立柱、支撑头组成的。其特征：支撑头的钢板板面上焊有两组间距的四肢角钢；支撑立柱下部有由支撑架组装头、支撑、立柱左右卡瓦和锁紧装置组成的折叠三脚架，支撑架组装头呈槽钢形断面，槽钢形断面的腹板上开有矩形孔，腹板上焊有主支撑，在上下翼缘板上开有销孔，用销钉连接左右支撑，在左右支撑的销轴上套接立柱左右卡瓦，卡瓦由上下卡瓦和卡瓦板焊成；焊有扇形钢板的锁紧装置手柄以销钉连接在主支撑上；支撑立柱的内管上套有回形销钉。

图 3.3-4 盘扣式钢管支撑体系

图 3.3-5 普通独立钢支撑

3.3.2 模板支架搭设施工

1. 前期准备工作

模板支架搭设前的准备工作主要包括编制专项方案、组织专家论证、对搭设班组进行专项交底。

模板工程施工前，施工单位应根据工程结构形式、荷载大小、地基土类别、施工设备和材料供应等条件进行设计，选择合适的模板类型进行模板及支撑架设计，计算模板及支撑架的强度、刚度、整体稳定性，保证能可靠承受结构荷载、混凝土振捣荷载以及施工荷载。

《危险性较大的分部分项工程安全管理办法》(住建部的建质〔2009〕87 号文)中说明：搭设高度 5 m 及以上；或搭设跨度 10 m 及以上；或施工总荷载 10 kN/m^2 及以上；或集中线荷载 15 kN/m 及以上；或高度大于支撑水平投影宽度且相对独立无联系构件的混凝土模板

支撑工程为危险性较大的分部分项工程，施工单位需要在施工前编制专项方案。

搭设高度 8 m 及以上；或搭设跨度 18 m 及以上；或施工总荷载 15 kN/m^2 及以上；或集中线荷载 20 kN/m 及以上的为“超过一定规模的危险性较大的分部分项工程”，施工单位应当编制专项方案并组织专家对专项方案进行论证。

支模架施工过程中不但个别作业人员因高处坠落会发生伤亡，若作业中支模系统发生坍塌，就会造成其上作业人员群死群伤的重大伤亡事故。

因此，施工作业前，必须对工人进行专项交底，还必须认真按高支模的要求作业，切实预防各类事故发生。支模架施工前，主管工长及班组长、施工作业人员均需要认真熟悉方案交底中的排架图，并严格按照排架图，提前在支模架搭设区域放线排架，保证支模架的整体性及稳定性。

2. 扣件式钢管脚手架支撑体系搭设要求

在钢筋混凝土现浇结构的施工过程中，扣件式钢管支撑架作为模板支架是当前应用最为广泛的一种模板支撑体系，为了保证支撑结构的安全性，我们有必要掌握构造措施的具体要求。

(1)在立柱底距离地面 200 mm 高处，沿纵横水平方向应按纵下横上的顺序设扫地杆，每根立柱底部应设置底座及垫板，垫板厚度不得小于 50 mm。

横向扫地杆在纵向扫地杆的下面，通过设置扫地杆能有效地增大模板支架的整体刚度，使立杆受力趋于均匀，有效地共同工作，提高承载力，同时可以避免因局部支架刚度偏小、变形过大进而影响整个支架稳定性的现象。

(2)可调支托底部的立柱顶端应沿纵横向设置一道水平拉杆。扫地杆与顶部水平拉杆之间的间距，在满足模板设计所确定的水平拉杆步距要求条件下，进行平均分配确定步距后，在每一步距处纵横向应各设一道水平拉杆。当层高为 8～20 m 时，在最顶步距两水平拉杆中间应加设一道水平拉杆；当层高大于 20 m 时，在最顶两步距水平拉杆中间应分别增加一道水平拉杆。所有水平拉杆的端部均应与四周建筑物顶紧顶牢。无处可顶时，应在水平拉杆端部和中部沿竖向设置连续式剪刀撑。

(3)满堂支撑架的可调底座、可调托撑螺杆伸出长度不宜超过 300 mm，插入立杆内的长度不得小于 150 mm。立杆伸出顶层水平杆中心线至支撑点的长度 a 不应超过 0.5 m。

满堂扣件式钢管支撑架是在纵、横方向，由不少于 3 排立杆并与水平杆、水平剪刀撑、竖向剪刀撑、扣件等构成的脚手架。该架体顶部钢结构安装等(同类工程)施工荷载通过可调托轴心传力给立杆，顶部立杆呈轴心受压状态，简称满堂支撑架。

(4)当立柱底部不在同一高度时，高处的纵向扫地杆应向低处延长不少于 2 跨，高低差不得大于 1 m，立柱距离边坡上方边缘不得小于 0.5 m。

(5)立柱接长严禁搭接，必须采用对接扣件连接，相邻两立柱的对接接头不得在同步内，且对接接头沿竖向错开的距离不宜小于 500 mm，各接头中心距主节点不宜大于步距的 1/3。

(6)严禁将上段的钢管立柱与下段钢管立柱错开固定在水平拉杆上。

(7)在架体外侧周边及内部纵、横向每 5～8 m，应由底至顶设置连续竖向剪刀撑，剪刀撑宽度应为 5～8 m。在竖向剪刀撑顶部交点平面应设置连续水平剪刀撑。

剪刀撑是对脚手架起着纵向稳定，加强纵向刚性的重要杆件。

①水平剪刀撑：在架体外侧周边及内部纵、横每 5～8 m 由底至顶设置连续竖向剪刀撑，剪刀撑宽度为 5～8 m；水平剪刀撑至架体底平面距离与水平剪刀撑间距不超过 8 m。

②纵向剪刀撑：十字盖宽度不得超过 7 根立杆，与水平夹角应为 45°～60°。剪刀撑的里侧一根与交叉处立杆用回转扣件扣牢，外侧一根与小横杆伸出部分扣牢。

剪刀撑斜杆的接长应采用搭接或对接，当采用搭接时，搭接长度不应小于 1 m，并应采用不少于 3 个旋转扣件固定。

3. 扣件式钢管支模架搭设施工流程

检查钢管、扣件质量→钢管分类→选取立杆、支撑→整理地面基础→放线定梁位→设水平扫地杆→立杆固定校正→加剪刀撑杆→定梁底标高→复测检查加固。

扣件式支模架搭设动画

4. 支模架检查验收

支模架检查验收应根据专项施工方案，检查现场实际搭设与方案的符合性。施工过程中检查项目应符合下列要求：

(1)立柱底部基础应回填夯实；

(2)垫木应满足设计要求；

(3)底座位置应正确，自由端高度、顶托螺杆伸出长度应符合规定；

(4)立杆的间距和垂直度应符合要求，不得出现偏心荷载；

(5)扫地杆、水平拉杆、剪刀撑等设置应符合规定，固定可靠；

(6)安装后的扣件螺栓扭紧力矩应达到 40～65 N·m。抽检数量应符合规范要求。

3.3.3 高大模板支撑系统

1. 高大模板支撑系统的定义

高大模板支撑系统是指建设工程施工现场混凝土构件模板支撑高度超过 8 m，或搭设跨度超过 18 m，或施工总荷载大于 15 kN/m^2 及以上；或集中线荷载大于 20 kN/m 的模板支撑系统。

施工单位应依据国家现行相关标准规范，由项目技术负责人组织相关专业技术人员，结合工程实际，编制高大模板支撑系统的专项施工方案，并经过专家论证方可实施。

2. 高大模板支撑系统专项施工方案

施工方案的主要内容应包括以下几项：

(1)编制说明及依据：相关法律、法规、规范性文件、标准、规范及图纸(国标图集)、施工组织设计等。

(2)工程概况：高大模板工程特点、施工平面及立面布置、施工要求和技术保证条件，具体明确支模区域、支模标高、高度、支模范围内的梁截面尺寸、跨度、板厚、支撑的地基情况等。

(3)施工计划：施工进度计划、材料与设备计划等。

(4)施工工艺技术：高大模板支撑系统的基础处理、主要搭设方法、工艺要求、材料的力学性能指标、构造设置以及检查、验收要求等。

(5)施工安全保证措施：模板支撑体系搭设及混凝土浇筑区域管理人员组织机构、施工技术措施、模板安装和拆除的安全技术措施、施工应急救援预案，模板支撑系统在搭设、钢筋安装、混凝土浇捣过程中及混凝土终凝前后模板支撑体系位移的监测监控措施等。

(6)劳动力计划：包括专职安全生产管理人员、特种作业人员的配置等。

(7)计算书及相关图纸：验算项目及计算内容包括模板、模板支撑系统的主要结构强度和截面特征及各项荷载设计值及荷载组合，梁、板模板支撑系统的强度和刚度计算，梁板下立杆稳定性计算，立杆基础承载力验算，支撑系统支撑层承载力验算，转换层下支撑层承载力验算等。每项计算列出计算简图和截面构造大样图，注明材料尺寸、规格、纵横支撑间距。

附图包括支模区域立杆、纵横水平杆平面布置图(图 3.3-6)，支撑系统立面图(图 3.3-7)、剖面图(3.3-8)，水平剪刀撑布置平面图及竖向剪刀撑布置投影图，梁板支模大样图(图 3.3-9)，支撑体系监测平面布置图及连墙件布设位置(图 3.3-10)及节点大样图(图 3.3-11、图 3.3-12)等。

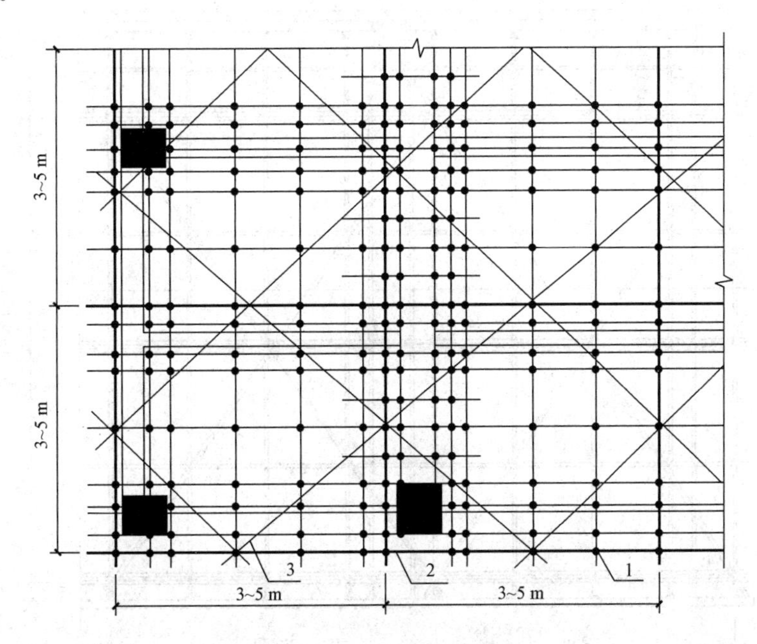

图 3.3-6 高大模板支撑平面图

1—立杆，其间距应根据构造要求进行布置；2—竖向剪刀撑，架体外侧周边及内部纵、横向每隔 3～5 m 由底至顶设置宽度 3～5 m 连续竖向剪刀撑；3—水平剪刀撑，在竖向剪刀撑交点平面设置宽度 3～5 m 连续水平剪刀撑

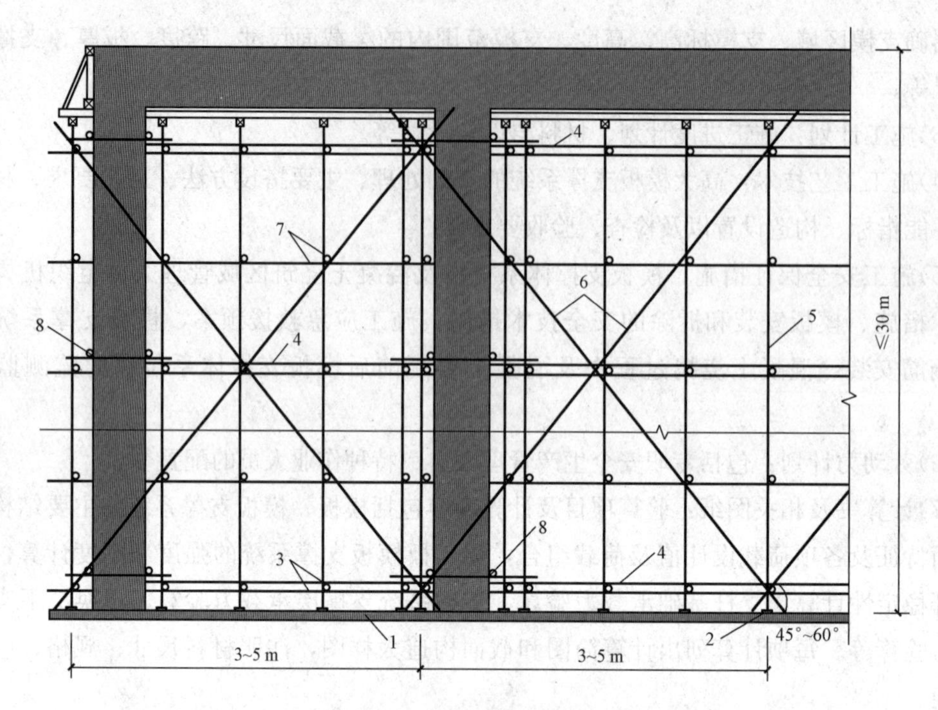

图 3.3-7　高大模板支撑立面图

1—夯实基础或硬化地面；2—50 厚通长垫木；3—纵横向扫地杆；
4—水平剪刀撑；5—立杆；6—竖向剪刀撑；7—纵横向水平拉杆；8—抱柱加固钢管

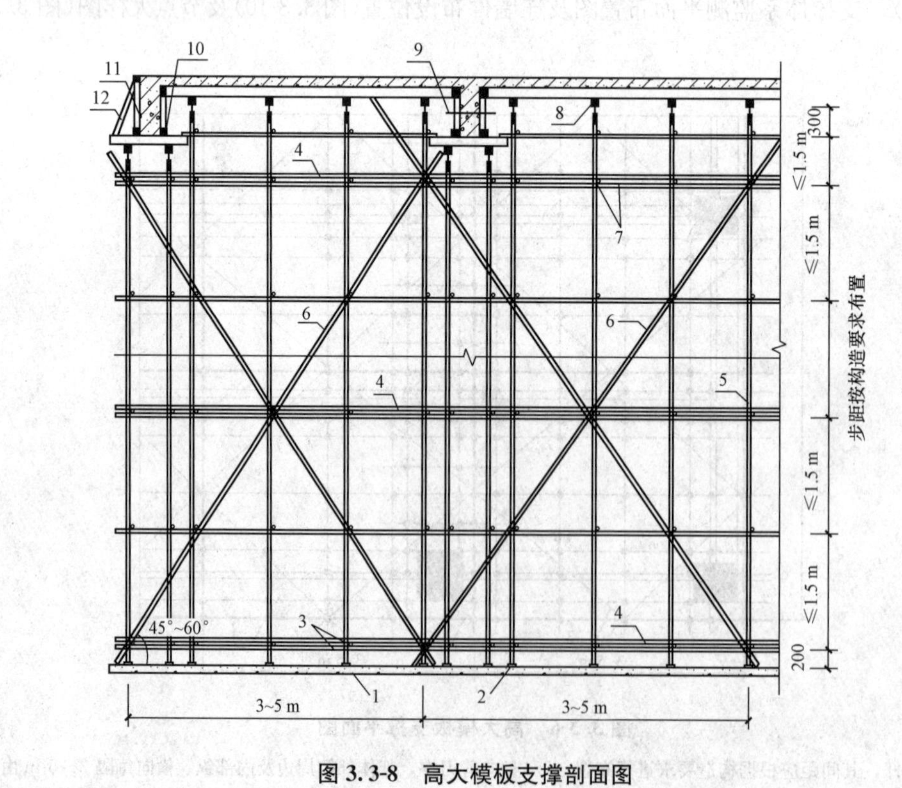

图 3.3-8　高大模板支撑剖面图

1—夯实基础或硬化地面；2—垫木；3—纵横向扫地杆；4—水平剪刀撑；5—立杆；
6—竖向剪刀撑；7—纵横向水平拉杆；8—U 形顶托；9—对拉螺栓；10—通长托木；11—立档；12—斜撑

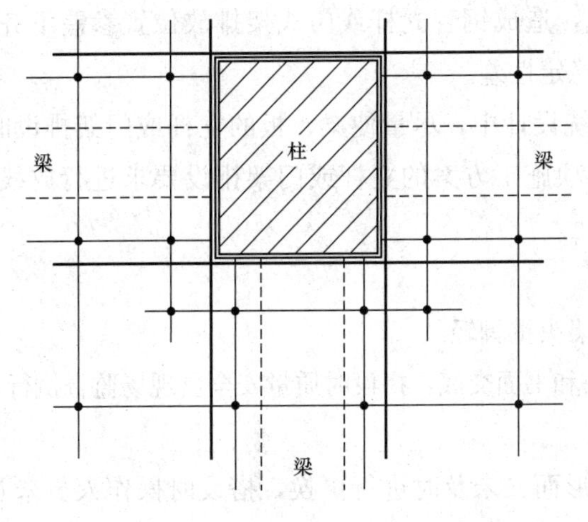

图 3.3-9　高大模板架体与框架柱连接大样

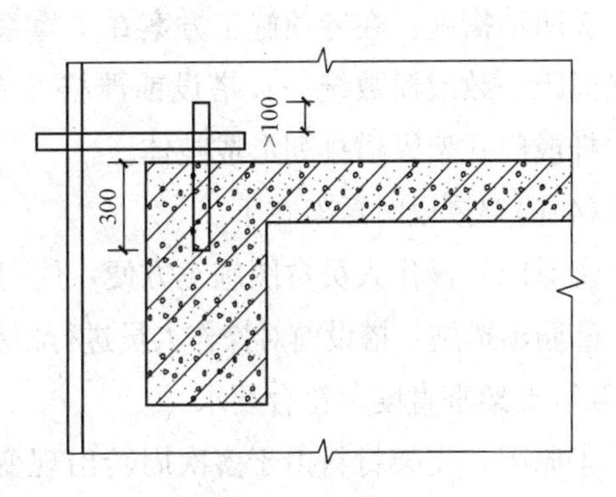

图 3.3-10　高大模板架体与梁板连接大样

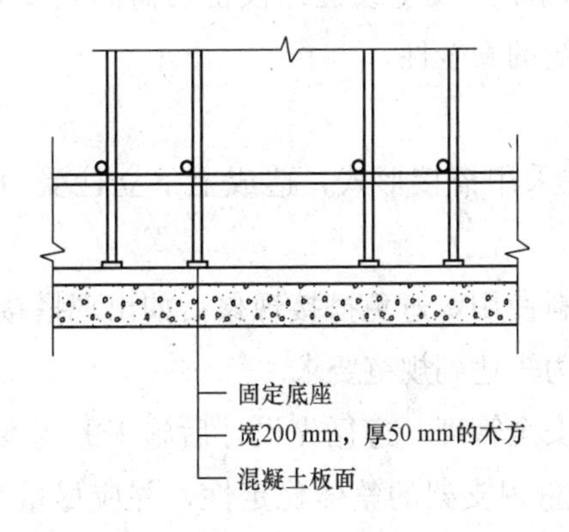

图 3.3-11　基础为混凝土面时立杆底部大样图

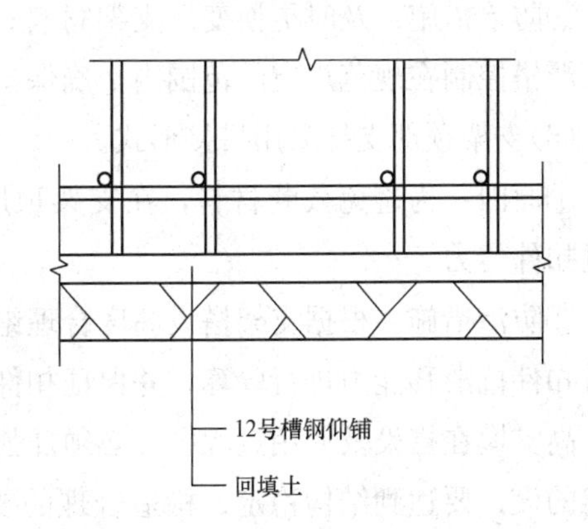

图 3.3-12　基础为回填土时立杆底部大样图

3. 高支模施工的通病治理

(1)支架沉降不均匀。

①原因：地基不平或地基承载力不足。

②防治措施：对原土地基进行夯实平整；当地基承载力不足时，采用浇筑混凝土垫层或铺设钢、木垫板。

(2)上下螺杆伸出长度超出规范要求。

①原因：梁、板结构截面变化引起支架高度的变化，在立杆材料规格相同的情况下，局部出现上下螺杆超长的现象。

②防治措施：在支架搭设前，应充分考虑到支架主构件和托座的正常高度，当预计会出现螺杆超长的情况时，应提前在支承面标高上做分段的调整，避免支撑系统承载力的降低。对超长的螺杆采取纵横拉设水平杆的临时加固措施，并对立杆的承载力进行相应的折减。

(3)扫地杆、水平杆、剪刀撑拉设未形成整体。

①原因：专项施工方案未充分考虑支架整体性，出现立杆或门架排设间距不合理等而

无法形成整体；搭设前未进行立杆排设放线，造成钢管立杆或门式架排放位置参差不齐，水平拉杆、剪刀撑无法拉设，造成支架整体稳定性差。

②防治措施：在专项施工方案在支撑系统设计中，尽量使梁、板的立杆或门架排设时纵横间距一致或模数统一；搭设前严格按专项施工方案的立杆或门架排设要求进行放线，使立杆或门式架纵横排列形成整体。

(4)门架搭设时矮架在下。

①原因：操作人员贪图施工方便，使门架头重脚轻。

②防治措施：搭设前对操作人员进行口头和书面交底，搭设时质量安全员现场监督执行。

(5)支架垂直度不符合要求。

①原因：支架材料由于多次周转出现变形而又未及时进行更换，搭设时操作人员未及时对支架垂直度进行调整。

②防治措施：及时更换变形支架材料；搭设时采用线坠或经纬仪密切监测其安装垂直度，严格控制在规范规定的范围内，确保支架系统的安全性。

(6)支架顶部支柱采用搭接形式。

①原因：为避免截断材料，在支架顶层支柱采用搭接形式，造成上下立柱受力错位，通过扣件传力。

②防治措施：根据支架搭设高度合理组合材料使用，避免搭接现象；如出现搭接现象，应对扣件抗滑移能力进行验算，并保证扣件拧紧力矩达到规范要求。

高支模在搭设及使用过程中，必须加强日常安全管理，遵循先设计后施工的基本原则，支架的设计要达到结构稳定、构造合理的要求，重视支架的整体稳定性，并应尽量与已浇筑的建筑构件立体连接，提高支架的整体抗倾覆能力，做好信息化监测措施，严格控制钢管支架的过量应力与变形，加强施工中的通病治理，确保支架的使用安全稳定。

高支模检查要点

3.4 楼板模板的制作安装

模板工序是使混凝土按设计形状成形的关键工序，拆模后混凝土构件必须达到表面平整、线角顺直、不漏浆、不跑模(爆模)、不烂根、梁类构件不下挠，使混凝土成形质量达到规定的标准，如图 3.4-1～图 3.4-3 所示。

为了达到这样的质量要求，首先必须了解楼板模板的构造特点。

图 3.4-1　梁柱节点顺直，不爆模，不咬肉，不漏浆

图 3.4-2　梁梁节点顺直，不爆模，不漏浆

图 3.4-3　板底接缝平整，不漏浆、不错台、不沉降

3.4.1　楼板模板的构造特点

(1)楼板模板一般面积大而厚度不大，侧向压力小，下部架空(图 3.4-4)。

图 3.4-4　楼板模板的特点

(2)楼板模板包括板底模和支架，主要承受钢筋、混凝土的自重以及施工荷载，在施工过程中保证模板不变形，楼板安装首先就要解决强度、刚度的问题。

(3)楼板模板一般与梁模板连成一体。模板铺设前，先在梁侧模外边钉立木和横档，在横档上安装搁栅。搁栅安装要水平，调平后即可铺放楼板模板(图 3.4-5)。

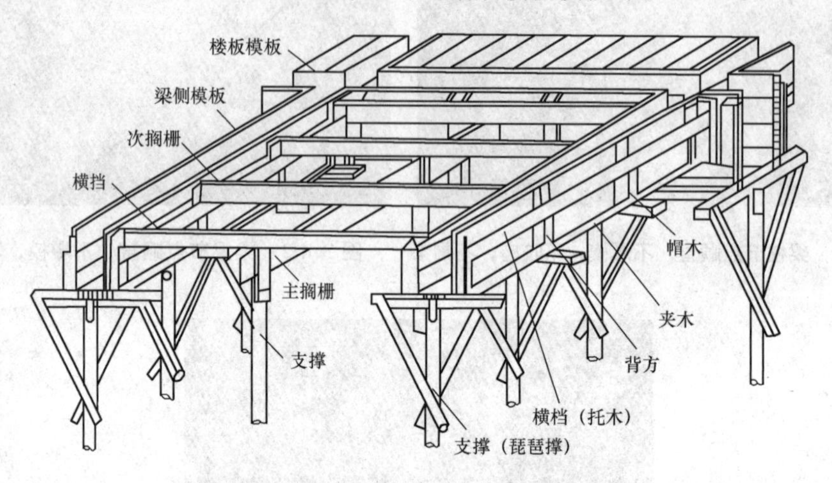

图 3.4-5　肋形楼盖的木模板支模

(4)在密肋钢筋混凝土楼盖的施工中常采用塑料模壳作为模板来使用，模板采用增强的聚丙烯塑料制作，其周转使用次数达 60 次以上。模壳的主要规格为 1 200 mm×1 200 mm、1 500 mm×1 500 mm(图 3.4-6、图 3.4-7)。

图 3.4-6　密肋楼板模壳

图 3.4-7　南京玄武区政府的密肋楼板采用塑料模壳

(5)采用桁架做支撑结构时，一般应预先支好梁、墙模板，然后将桁架按模板设计要求支设在梁侧模通长的型钢或方木上，调平固定后再铺设楼板模板(图 3.4-8)。

定型化早拆体系拆卸视频

采用桁架可以扩大底部的施工空间。

(6)早拆模板体系。早拆模板是为实现早期拆除楼板模板而采用的一种支模装置和方法，其工作原理就是“拆板不拆柱”，拆模时使原设计的

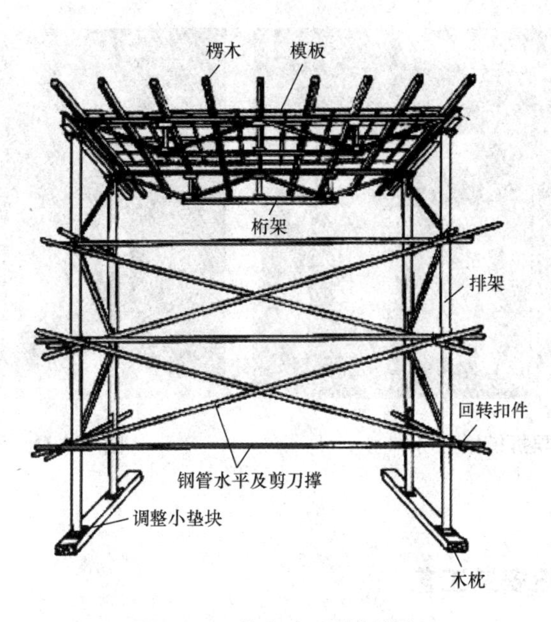

图 3.4-8　桁架支设楼板模板

楼板处于短跨(短跨小于 2 m)的受力状态，即保持楼板模板跨度不超过相关规范所规定的跨度要求，这样，只要当混凝土强度达到设计强度的 50%时即可拆除楼板模板及部分支撑，而柱间、立柱及可调支座仍保持支撑状态。当混凝土强度达到设计要求时，再拆去全部竖向支撑。

早拆模板的关键部件是早拆柱头，早拆柱头的形式及工作原理如图 3.4-9 所示。

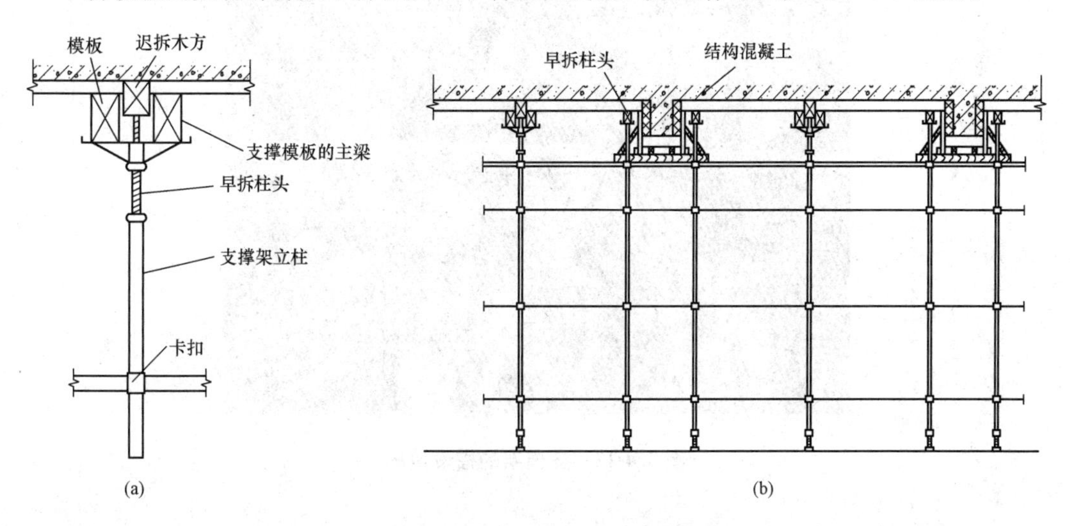

图 3.4-9　早拆模板体系示意图

(a)早拆柱头布置；(b)模板早拆支撑体系

早拆模板使用中如图 3.4-10 所示，拆模后如图 3.4-11 所示。

图 3.4-10　早拆模板使用中

图 3.4-11　早拆模板拆模后

3.4.2　楼板模板安装工艺

楼板模板的安装工序：搭设模板支架(图 3.4-12)→安装横、纵向钢(木)楞→调整模板下皮标高并且按规定要求起拱→铺设模板→检查模板上皮标高、平整度→楼板模板预检。

楼板模板安装工艺

楼板模板安装的施工要点如下：

图 3.4-12　支模架的搭设情况

(1)底层地面应夯实，并铺垫脚板。采用多层支架支模时，支柱应垂直，上下层支柱应在同一竖向中心线上，各层支柱间的水平拉杆和剪刀撑要认真加强。

(2)拉通线调节支柱高度，先将大楞木找平，再架设小楞木，楼板跨度大于 4 m 时，模板的跨中要起拱，起拱高度为板跨度的 1‰～3‰。

(3)采用组合钢模板做楼板模板时，大楞木可采取 φ48 mm×3.5 mm 双钢管、冷轧轻型卷边槽钢、轻型可调钢桁架，其跨度经计算确定；小楞木可采取 φ48 mm×3.5 mm 双钢管或方木，必须保证每一块模板长度内有两根楞木支撑。同时，应尽量采取大规格的模板，以减少模板拼缝，楼板模板与梁侧模板及墙体模板相交处用阴角模板固定。

(4)楼板与墙板或梁板交接阴角处均应设置一根通常方木，用来固定阴角处模板，保证阴角顺直和防止漏浆。

(5)铺模板时可从四周铺起，并在中间收口。楼面模板铺完后，应认真检查支架是否牢固，模板梁面、板面应清扫干净。

(6)挂模施工。挂模就是吊模，是指没有下部支撑而悬在空中的模板，它可以用各种方式固定，一般用在有高低差的部位，与其他模板施工最明显的地方是下口无支撑或采取特殊方式加以固定支撑，一般都承受侧向荷载，保持其稳定性，能使混凝土构件水平度、垂直度达到要求即可。

挂模

对不大于 15 cm 的下沉式挂板可见高低跨挂模施工方法一(图 3.4-13)；对大于 15 cm 的下沉式挂板，应额外采取顶拉结合的定位加固措施，在模板底部焊接“十”字定位卡，角部拼缝处采用直三角加固，见高低跨挂模施工方法二(图 3.4-14)。

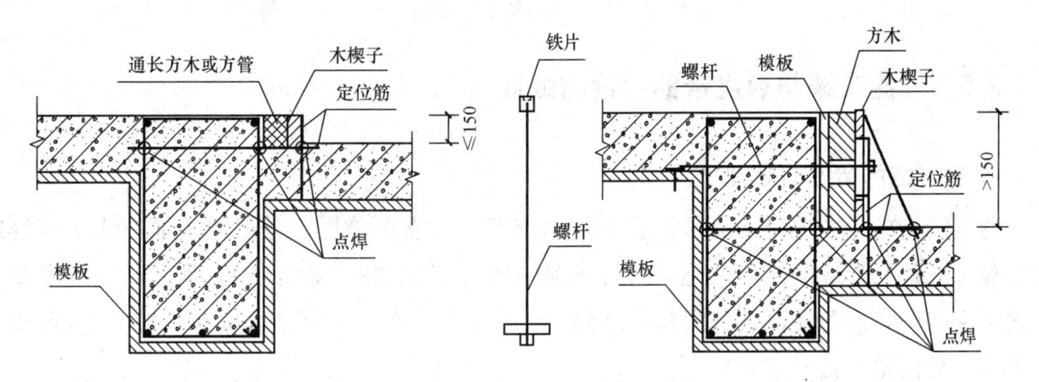

图 3.4-13　高低跨挂模施工方法一　　图 3.4-14　高低跨挂模施工方法二

3.4.3　模板质量要求

(1)模板及其支架具有足够的强度、刚度和稳定性，不致发生不允许的下沉和变形；其支架的支承部分必须有足够的支承面积。以满堂脚手架等做支撑加固的模板，其必须采取稳定措施。检验方法为对照模板设计，现场观察或尺量检查。

(2)模板接缝严密，不得漏浆，宽度应不大于 2 mm。检查数量：墙和板抽查 20%。检验方法：观察和用楔形塞尺检查。

(3)模板表面应清理干净，并均匀涂刷脱模剂，不得有漏涂现象。

(4)模板安装允许偏差及检验方法见表 3.4-1。

表 3.4-1　模板安装允许偏差及检验方法

项目		允许偏差/mm	检验方法
轴线位置		5	尺量
底模上表面标高		±5	水准仪或拉线、尺量
模板内部尺寸	基础	±10	尺量
	柱、墙、梁	±5	尺量
	楼梯相邻踏步高差	5	尺量
柱、墙垂直度	层高≤6 m	8	经纬仪或吊线、尺量
	层高>6 m	10	经纬仪或吊线、尺量
相邻模板表面高差		2	尺量
表面平整度		5	2 m靠尺和塞尺量测

3.5　板(梁)的混凝土浇筑

3.5.1　施工缝与后浇带的留设与处理

1. 施工缝的留设与处理

施工缝指的是在混凝土浇筑过程中，因施工工艺需要分层、分段浇筑而在先、后浇筑的混凝土之间所形成的接缝。施工缝并不是一种真实存在的“缝”，它只是因后浇筑混凝土超过初凝时间，而与先浇筑的混凝土之间存在一个结合面，将该结合面称为施工缝(区别于变形缝、后浇带等)。

(1)施工缝的留设位置。施工缝的留设位置应在混凝土浇筑之前确定，总的留设原则：设置在结构受剪力较小和便于施工的部位。受力复杂的结构构件或有防水抗渗要求的结构构件，施工缝留设位置应经设计单位认可。

单向板施工缝应留设在平行于板短边的任何位置(图 3.5-1)。

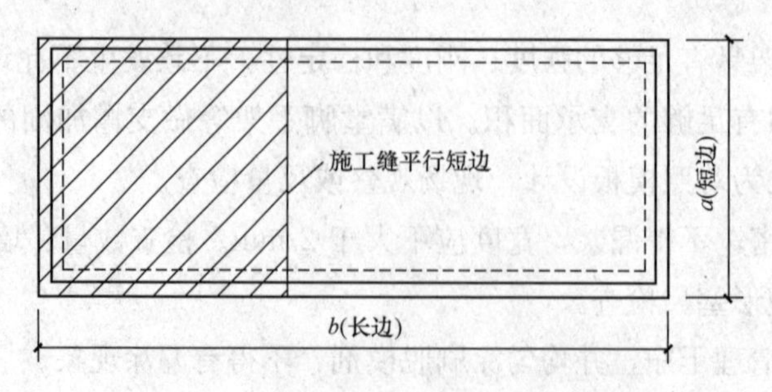

图 3.5-1　单向板施工缝留设位置示意图

有主次梁的楼板宜顺着次梁方向浇筑，施工缝应留在次梁跨度的中间 1/3 范围内(图 3.5-2)。

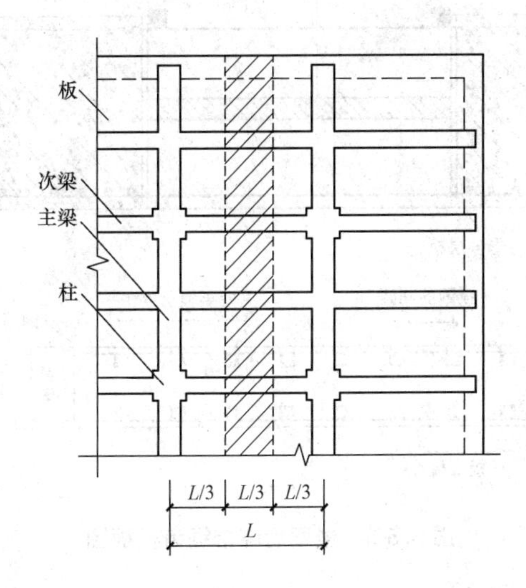

图 3.5-2　有主次梁楼板施工缝留设位置示意图

(2)施工缝的处理。

①待已浇筑的混凝土抗压强度不小于 1.2 MPa 时，才可进行施工缝处施工；

②进行凿毛、清洗，清除泥垢、浮渣、松动石子等，积水要清除(施工缝处)；

③满铺一层 10～15 mm 厚水泥浆或与混凝土中砂浆成分相同的水泥砂浆后，即可继续浇筑混凝土。

2. 后浇带的留设与处理

后浇带，也称施工后浇带。为了解决高层主体与低层裙房的差异沉降(后浇沉降带)或解决钢筋混凝土收缩变形(后浇收缩带)或解决混凝土温度应力(后浇温度带)，按照设计，在相应位置留设临时施工缝，将结构暂时分为若干部分，一定时间后再浇捣该施工缝混凝土，将结构连成整体。

(1)后浇带的留设。

后浇带的留置必须依据设计要求的位置与尺寸，设在受力和变形较小的部位，间距一般不超过 40 m，宽度不低于 800 mm。

后浇带收口是工程的重点和难点，由于收口处理不好，造成后浇带两侧混凝土跑、胀现象发生，为后期清理增加很大难度。目前，最常见的收口有锯齿板收口、快易收口网收口和钢板网收口三种。

①锯齿板。锯齿板适用于厚度比较小的楼层板的后浇带收口，遇钢筋穿过位置制作成锯齿口，齿口的宽度 1.5 倍的钢筋直径，后浇带两侧锯齿板之间采用 50 mm×100 mm @1 000 mm 木方进行支顶。收口的锯齿板在下层钢筋网片绑扎完成后进行安装，安装过程中对于齿口部位可采用钢丝网辅助进行收口。楼层后浇带锯齿模板图如图 3.5-3 所示，锯齿模板现场照片如图 3.5-4 所示。

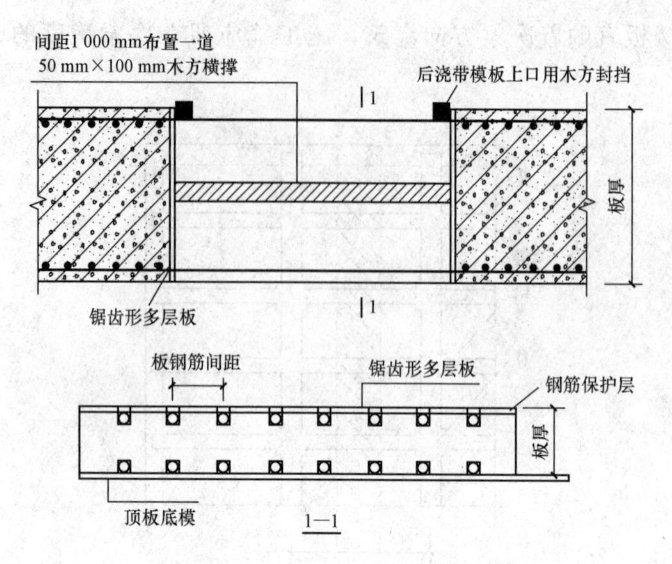

图 3.5-3　楼层后浇带锯齿模板图

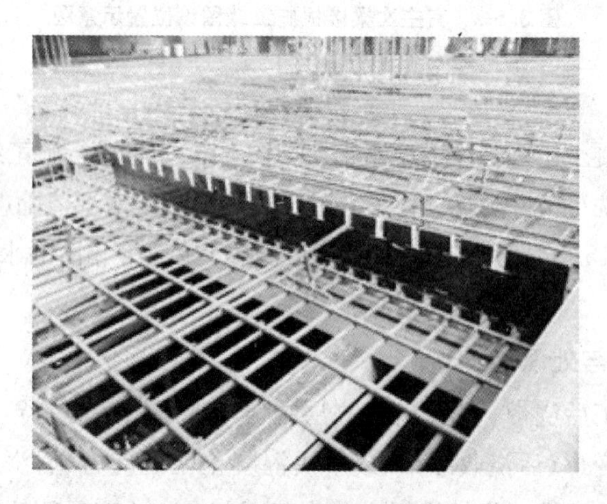

图 3.5-4　锯齿模板现场照片

②快易收口网。快易收口网是用热浸锌钢板制成，其具有密度小、易切割、易弯曲、易成型、易搬运的优点。其适用于底板、地下室外墙后浇带的收口。混凝土浇筑时，网眼上的斜角片嵌在混凝土里，这样新旧混凝土接槎处能有较好的咬合力，如图 3.5-5 所示。

③钢丝网。由于钢丝网刚度小，主要配合快易收口网、锯齿板使用(在钢筋部位或局部小洞口部位使用)。

后浇带部位需要设置支撑架的只有楼板后浇带。对于楼板后浇带架体要同其他区域架体同时进行支设，但由于后浇带两侧的梁板在未补浇混凝土前长期处于悬臂状态，后浇带部位架体(后浇带两侧至少各一跨)需要在后浇带混凝土浇筑完成且达到 100%强度后方可以拆除。因此，楼板后浇带部位的模板、支撑体系要独立设置，以便相邻区域模板、支架拆除时不影响后浇带部位的模板、支架。为此，在模板支架实施前就需

楼板后浇带支模工艺动画

图 3.5-5　底板后浇带采用快易收口网

要进行考虑，实施过程中模板、支架宜从后浇带开始向两侧支设，如图 3.5-6 所示。

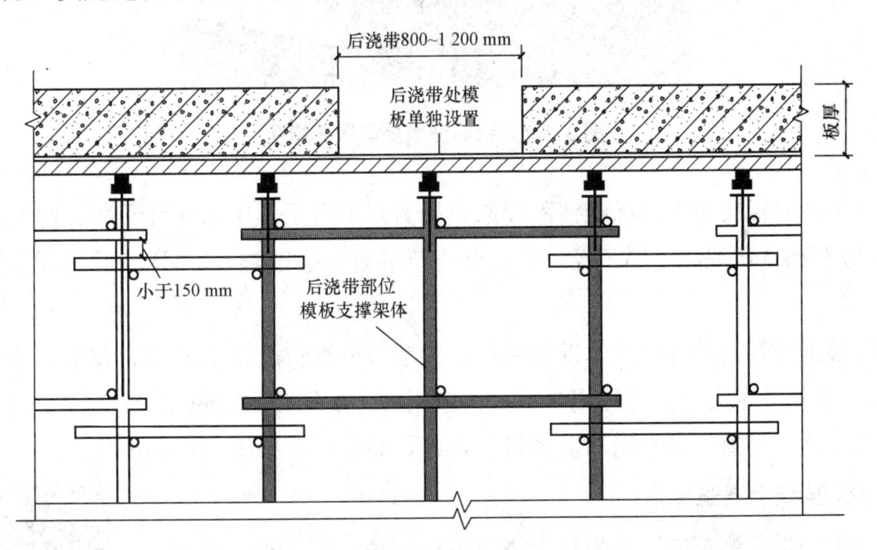

图 3.5-6　后浇带模板独立支撑体系简图

(2)后浇带的浇筑。楼板面后浇带混凝土浇筑施工工序：清理先浇混凝土界面→检查原有模板的严密性与可靠性→调整后浇带钢筋并除锈→浇筑后浇带混凝土→后浇带混凝土养护。

浇筑混凝土前，应将后浇带表面清理干净，并对钢筋整理或施焊。所有后浇带的清理、钢筋除锈、调直、模板的支设、混凝土浇筑等应派专人管理，并一直到养护结束。

后浇带宜选用比原设计强度高一级别早强、补偿收缩混凝土浇筑，并应表面覆盖养护。

3.5.2 梁板混凝土的浇筑

1. 浇筑前的准备工作

(1)检查模板的标高、位置及严密性，支架的强度、刚度、稳定性，检查外架是否搭设高出该层混凝土完成面 1.5 m，并满挂密目网，清理模板内垃圾、泥土、积水和钢筋上的油污，高温天气模板宜浇水湿润。

(2)做好钢筋及预留预埋管线的验收和钢筋保护层检查，做好钢筋工程隐蔽记录。注意梁柱交接处钢筋过密时，绑扎时应留置振捣孔，如图 3.5-7 所示。

图 3.5-7 钢筋密集处留置振捣孔

(3)施工缝处混凝土表面已经清除浮浆，剔凿露出石子，用水冲洗干净，湿润后清除明水，松动砂石和软弱混凝土层已经清除，已浇筑混凝土强度≥1.2 MPa(通过同条件试块来确定)。

(4)混凝土浇筑前的各项技术准备到位，管理人员到位及施工班组、技术、质检人员到位，要进行现场技术交底。各种用电工具检修正常，夜间照明设施完善，施工道路畅通。

(5)搭好施工马道，泵管用马凳搭设固定好，必须高于板面 150 mm 以上。

2. 梁板混凝土浇筑要点

(1)肋形楼板的梁板应同时浇筑，浇筑方法应由一端开始，使用“赶浆法”，即先将梁根据梁高分层浇筑成阶梯形，当达到板底位置时再与板的混凝土一起浇筑，随着阶梯形不断延长，梁板混凝土浇筑连续向前推进(图 3.5-8)。

肋形楼板混凝土浇筑

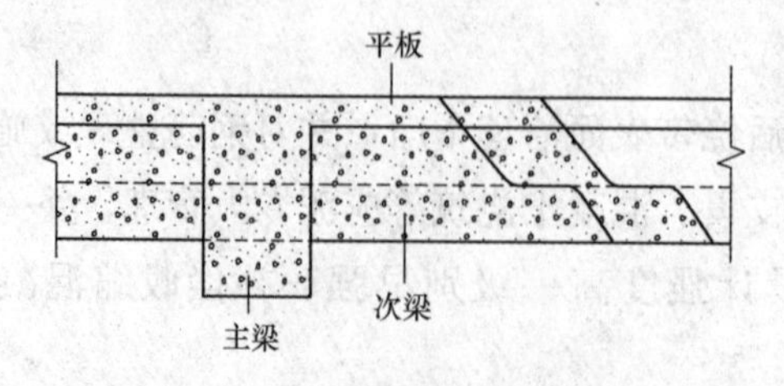

图 3.5-8 梁、板同时浇筑方法示意

(2)和板连成整体的大断面梁允许将梁单独浇筑，其施工缝应留在板底以下 2～3 cm 处。浇捣时，浇筑与振捣必须紧密配合，第一层下料慢些，梁底充分振实后再下二层料。用“赶浆法”保持水泥浆沿梁底包裹石子向前推进，每层均应振实后再下料，梁底及梁膀部位要注意振实，振捣时不得触动钢筋及预埋件。

(3)梁柱节点钢筋较密时，浇筑此处混凝土时宜用与细石子同强度等级混凝土浇筑，并用小直径振捣棒振捣。

(4)浇筑板混凝土的虚铺厚度应略大于板厚，用平板振捣器垂直浇筑方向来回拖动振捣，并用铁插尺检查混凝土厚度，振捣完毕后用木刮杠刮平，浇水后再用木抹子压平、压实。施工缝处或有预埋件及插筋处用木抹子抹平。浇筑板混凝土时不允许用振捣棒铺摊混凝土。

(5)混凝土浇筑时钢筋工、木工、电工必须有专人到场。

①钢筋工：重点注意剪力墙及梁的钢筋在混凝土浇筑时不要贴着模板，板的面筋在浇筑混凝土时不要翘起，特别是楼板的面筋在梁上的锚固位置。

②木工：重点注意跑模、爆模的发生。

③电工：重点注意用电安全和保障。

(6)混凝土浇筑完成以后 12 h 内立即安排专人养护，养护时间达到规范和设计规定要求。

3.5.3 混凝土的质量检查与缺陷处理

1. 外观质量检查

混凝土结构拆模后，应从外观上检查其表面有无麻面、蜂窝、孔洞、露筋、缺棱掉角、缝隙夹层等缺陷，外形尺寸是否超过规范允许偏差。

(1)外观质量缺陷及产生的原因。

①麻面。麻面是指混凝土表面呈现出无数绿豆般大小的不规则小凹点，直径通常不大于 5 mm，如图 3.5-9 所示。

成因分析：模板表面未清理干净，附有水泥浆渣等杂物。浇筑前模板上未洒水湿润或湿润不足，混凝土的水分被模板吸去或模板拼缝漏浆，靠近拼缝的构件表面浆少，拆模后出现麻面。混凝土搅拌时间短，加水量不准确致使混凝土和易性差，混凝土浇筑时有的地方砂浆少石子多，形成蜂麻面。混凝土没有分层浇筑，造成混凝土离析，出现麻面。混凝土入模后振捣不到位，气泡未能完全排出，拆模后出现麻面。

②蜂窝。蜂窝是指混凝土表面无水泥浆，集料间有空隙存在，形成数量或多或少的窟窿，大小如蜂窝，形状不规则，露出石子深度大于 5 mm，深度不漏主筋，可能漏箍筋，如图 3.5-10所示。

图 3.5-9　麻面

图 3.5-10　蜂窝

成因分析：模板漏浆或振捣过度，跑浆严重致使出现蜂窝。混凝土坍落度偏小，配合比不当，或砂、石子、水泥材料加水量计量不准，造成砂浆少、石子多，加上振捣时间过短或漏振形成蜂窝。混凝土下料不当或下料过高，未设串筒使石子集中，造成石子砂浆离析，没有采用带浆法下料和赶浆法振捣。混凝土搅拌与振捣不足，使混凝土不均匀，不密实，和易性差，振捣不密实，造成局部砂浆过少。

③孔洞。孔洞是指混凝土表面有超过保护层厚度，但不超出截面尺寸 1/3 缺陷，结构内存在着空隙，局部或部分没有混凝土，如图 3.5-11 所示。

图 3.5-11　梁产生孔洞、露筋

成因分析：内外模板距离狭窄，振捣困难，集料粒径过大，钢筋过密，造成混凝土下料中被钢筋卡住，下部形成孔洞。混凝土流动性差，或混凝土出现离析，粗集料同时集中到一起，造成混凝土浇筑不畅形成孔洞。未按浇筑顺序振捣，有漏振点形成孔洞。没有分层浇筑，或分层过厚，使下部混凝土振捣作用半径达不到，呈松散状态而形成孔洞。

④露筋。钢筋混凝土结构内部的主筋、负筋或箍筋等裸露在混凝土表面，如图 3.5-11 所示。

成因分析：浇筑混凝土时，垫块发生位移或数量太少；保护层薄或该处混凝土漏振；结构构件截面小，钢筋过密。

⑤缝隙夹层。施工缝处混凝土结合不好，有缝隙或有杂物，造成结构整体性不良，如图 3.5-12 所示。

成因分析：浇筑前，未认真处理施工缝表面；捣实不够；浇筑前垃圾未能清理干净。

⑥缺棱掉角。梁、柱、板、墙和洞口直角处混凝土局部掉落，不规整，棱角有缺陷，如图 3.5-13 所示。

图 3.5-12　剪力墙产生缝隙夹层

图 3.5-13　混凝土孔洞、露筋、缺棱掉角

成因分析：混凝土浇筑前木模板未湿润或湿润不够，或者钢模板未刷脱模剂或刷涂不均匀；混凝土养护不好；过早拆除侧面非承重模板；拆模时外力作用或重物撞击，或保护不好，棱角被碰掉。

《混凝土结构工程施工质量验收规范》(GB 50204—2015)中规定：现浇结构的外观质量缺陷应由监理单位、施工单位等各方根据其对结构性能和使用功能影响的严重程度按表 3.5-1确定。

表 3.5-1　现浇结构外观质量缺陷

名称	现象	严重缺陷	一般缺陷
露筋	构件内钢筋未被混凝土包裹而外露	纵向受力钢筋有露筋	其他钢筋有少量露筋
蜂窝	混凝土表面缺少水泥砂浆而形成石子外露	构件主要受力部位有蜂窝	其他部位有少量蜂窝
孔洞	混凝土中孔穴深度和长度均超过保护层厚度	构件主要受力部位有孔洞	其他部位有少量孔洞
夹渣	混凝土中央有杂物且深度超过保护层厚度	构件主要受力部位有夹渣	其他部位有少量夹渣

续表

名称	现象	严重缺陷	一般缺陷
疏松	混凝土局部不密实	构件主要受力部位有疏松	其他部位有少量疏松
裂缝	裂缝从混凝土表面延伸至混凝土内部	构件主要受力部位有影响结构性能或使用功能的裂缝	其他部位有少量不影响结构性能或使用功能的裂缝
连接部位缺陷	构件连接处混凝土有缺陷及连接钢筋、连接件松动	连接部位有影响结构传力性能的缺陷	连接部位有基本不影响结构传力性能的缺陷
外形缺陷	缺棱掉角、棱角不直、翘曲不平、飞边凸肋等	清水混凝土构件有影响使用功能或装饰效果的外形缺陷	其他混凝土构件有不影响使用功能的外形缺陷
外表缺陷	构件表面麻面、掉皮、起砂、沾污等	具有重要装饰效果的清水混凝土构件有外表缺陷	

现浇结构的外观质量不应有严重缺陷。对已经出现的严重缺陷，应由施工单位提出技术处理方案，并经监理单位认可后进行处理；对裂缝、连接部位出现的严重缺陷及其他影响结构安全的严重缺陷，技术处理方案尚应经设计单位认可。对经处理的部位应重新验收。

检查数量：全数检查。

检验方法：观察，检查处理记录。

对已经出现的一般缺陷，应由施工单位按技术处理方案进行处理。对经处理的部位应重新验收。

检查数量：全数检查。

检验方法：观察，检查处理记录。

(2)位置和尺寸偏差。现浇结构不应有影响结构性能或使用功能的尺寸偏差；混凝土设备基础不应有影响结构性能和设备安装的尺寸偏差。

对超过尺寸允许偏差且影响结构性能和安装、使用功能的部位，应由施工单位提出技术处理方案，并经监理、设计单位认可后进行处理。对经处理的部位应重新验收。

现浇结构的位置、尺寸偏差及检验方法应符合表 3.5-2 的规定。

表 3.5-2　现浇结构位置、尺寸允许偏差及检验方法

项目			允许偏差/mm	检验方法
轴线位置	整体基础		15	经纬仪及尺量
	独立基础		10	经纬仪及尺量
	柱、墙、梁		8	尺量
垂直度	柱、墙层高	≤6 m	10	经纬仪或吊线、尺量
		>6 m	12	经纬仪或吊线、尺量
	全高(H)≤300 m		H/30 000+20	经纬仪、尺量
	全高(H)>300 m		H/10 000且≤80	经纬仪、尺量

续表

项目		允许偏差/mm	检验方法
标高	层高	±10	水准仪或拉线、尺量
	全高	±30	水准仪或拉线、尺量
截面尺寸	基础	+15，−10	尺量
	柱、梁、板、墙	+10，−5	尺量
	楼梯相邻踏步高差	±6	尺量
电梯井洞	中心位置	10	尺量
	长、宽尺寸	+25，0	尺量
表面平整度		8	2 m 靠尺和塞尺量测
预埋件中心位置	预埋板	10	尺量
	预埋螺栓	5	尺量
	预埋管	5	尺量
	其他	10	尺量
预留洞、孔中心线位置		15	尺量

注：1. 检查轴线、中心线位置时，沿纵、横两个方向测量，并取其中偏整的较大值。

2. H 为全高，单位为 mm。

检查数量：按楼层、结构缝或施工段划分检验批。在同一检验批内，对梁、柱和独立基础，应抽查构件数量的 10%，且不应少于 3 件；对墙和板，应按有代表性的自然间抽查 10%，且不应少于 3 间；对大空间结构，墙可按相邻轴线间高度 5 m 左右划分检查面，板可按纵、横轴线划分检查面，抽查 10%，且均不应少于 3 面；对电梯井，应全数检查。

2. 混凝土质量缺陷的处理

(1)表面抹浆修补。对数量不多的小蜂窝、麻面、露筋、露石的混凝土表面，主要是保护钢筋和混凝土不受侵蚀，可用 1∶2～1∶2.5 水泥砂浆抹面修整。

露筋烂根修补

(2)细石混凝土填补。当蜂窝比较严重或露筋较深时，应去掉不密实的混凝土，用清水洗净并充分湿润后，再用比原强度等级高一级的细石混凝土填补并仔细捣实。

(3)水泥灌浆与化学灌浆。对于宽度大于 0.5 mm 的裂缝，宜采用水泥灌浆；对于宽度小于 0.5 mm 的裂缝，宜采用化学灌浆。

3.5.4 混凝土强度的检查

混凝土的强度检验主要是抗压强度检验，它既是评定混凝土是否达到设计强度的依据，也是混凝土工程验收的控制性指标，还可为结构构件的拆模、出厂、吊装、张拉、放张提供混凝土实际强度的依据。

1. 混凝土试件的取样与留置

(1)用于检查结构构件混凝土强度的试件取样规定。应在浇筑地点随机抽取，对同一配合比混凝土，取样与试件留置应符合下列规定：

①每拌制 100 盘且不超过 100 m^3 时，取样不得少于一次；

②每工作班拌制不足 100 盘时，取样不得少于一次；

③连续浇筑超过 1 000 m^3 时，每 200 m^3 取样不得少于一次；

④每一楼层取样不得少于一次；

⑤每次取样应至少留置一组试件。

(2)用于混凝土结构实体检验的同条件养护试件的取样规定。

同条件养护试块是指混凝土试块脱模后放置在混凝土结构或构件一起，进行同温度、同湿度环境的相同养护，达到等效养护龄期时进行强度试验的试件。它的试压强度值是反映混凝土结构实体强度的重要指标，其试验强度是作为结构验收的重要依据。

同条件养护试件的留置方式和取样数量，应由监理(建设)、施工等各方共同选定，并应符合下列规定：

①对混凝土结构工程中的各混凝土强度等级，均应留置同条件养护试件；

②同一强度等级的同条件养护试件，其留置数量应根据混凝土工程量和重要性确定，不宜少于 10 组，且不应少于 3 组，其中每连续两层楼不应小于 1 组；

③同条件养护试件的留置宜均匀分布于工程施工周期内，两组试件留置之间浇筑的混凝土量不得大于 2 000 m^3。

同条件养护试件拆模后，应放置在靠近相应结构构件或结构部位的适当位置，并应采取相同的养护方法。为便于保管，施工单位通常将试块装在特制的钢筋笼内并放置在相应的位置。

(3)有抗渗要求的混凝土结构，其试件应在浇筑地点随机取样。同一工程、同一配合比的混凝土取样不应少于一次，留置组数可根据实际需要确定。

2. 每组试件的强度

(1)取 3 个试件的算术平均值；

(2)当 3 个试件强度中的最大值和最小值之一与中间值之差超过中间值的 15%时，取中间值；

(3)当 3 个试件强度中的最大值和最小值与中间值的差均超过中间值的 15%时，该组试件不作为强度评定的依据。

【特别提示】

同条件养护试件的强度代表值应根据强度试验结果按现行国家标准《混凝土强度检验评定标准》(GB/T 50107—2010)的规定确定后，除以 0.88 后使用。

当采用非标准尺寸试件时，应将其抗压强度乘以尺寸折算系数，折算成边长为150 mm的标准尺寸试件抗压强度。当混凝土强度等级＜C60时，200 mm×200 mm×200 mm试件为1.05，对100 mm×100 mm×100 mm试件为0.95。当混凝土强度等级≥C60时，宜采用标准试件；使用非标准试件时，尺寸换算系数由试验确定。

3. 强度评定

混凝土强度应分批验收，同一验收批的混凝土由强度等级相同、龄期相同及生产工艺和配合比基本相同的混凝土组成。按单位工程的验收项目划分验收批，同一验收批的混凝土强度应以全部标准试件的强度代表值评定。

超声回弹综合法
检测混凝土强度方法

混凝土强度检验评定应符合《混凝土强度检验评定标准》(GB/T 50107—2010)的相关规定。

由于施工质量不良、管理不善、试件与结构中混凝土质量不一致，或对试件试验结果有怀疑时，可采用钻芯取样或回弹法、超声回弹综合法等非破损检验方法，按有关规定进行强度推定，作为是否进行处理的依据。

技能训练

一、单选题

1. 关于楼板配筋错误的是(　　)。

A. 楼板的配筋有单向板和双向板两种

B. 单向板在一个方向上布置主筋，而在另一个方向上配置分布筋

C. 双向板在两个互相垂直的方向上都布置主筋

D. 双层布筋就是在板的下部布置贯通纵筋，在板周边布置扣筋

2. 板的集中标注：LB1 h=100

B：X&Yϕ10@150

T：X&Yϕ12@250

同时该跨Y方向原位标注的上部支座非贯通纵筋为⑤ϕ12@250，则该支座上部Y方向设置的纵向钢筋实际为(　　)。

A. ϕ10@150　　B. ϕ12@125　　C. ϕ12@250　　D. ϕ10@250

3. 当板的端支座为梁时，板上部贯通纵筋在构造要求应伸至(　　)的内侧，弯直钩15d。

A. 梁中线　　B. 梁内侧角筋

C. 梁外侧角筋　　D. 箍筋

4. 对跨度不小于(　　)m的现浇钢筋混凝土梁、板，其模板应按设计要求起拱；当设计无具体要求时，起拱高度为跨度的1/1 000～3/1 000。

A. 2　　B. 3　　C. 4　　D. 5

5. 悬挑长度为1.5 m，混凝土强度为C30的板，当混凝土至少达到(　　)N/mm² 时，方可拆除底模。

A. 10　　B. 15　　C. 20　　D. 30

6. 现场钢筋绑扎完毕后不能(　　)。

A. 自检　　B. 质检员检查　　C. 监理验收　　D. 立即浇筑

7. 浇筑肋形楼板混凝土，板和梁应一起浇筑，当(　　)时，可在板下2～3 mm处留设施工缝。

A. 梁高大于1 m　　B. 梁宽大于40 cm

C. 梁的工程量大　　D. 板的厚度

8. 关于后浇带施工的做法，下列正确的是(　　)。

A. 浇筑与原结构相同等级的混凝土

B. 浇筑与原结构提高一等级的微膨胀混凝土

C. 接槎部分未剔凿直接浇筑混凝土

D. 后浇带模板支撑重新搭设后浇带混凝土

9. 某组混凝土试块的强度分别为26.5 MPa、32.5 MPa及37.9 MPa，则该组试块的强度代表值为(　　)MPa。

A. 26.5　　B. 32.3　　C. 32.5　　D. 不作为评定的依据

10. 在梁、板、柱等结构的接缝和施工缝处产生烂根的原因之一是(　　)。

A. 混凝土振捣不密实、漏振

B. 配筋不足

C. 施工缝的位置留得不当，不易振捣

D. 混凝土强度偏低

二、多选题(每题的备选项中，有2个或2个以上符合题意，至少有1个错误选项。)

1. 模板工程设计的安全性指标包括(　　)。

A. 强度　　B. 刚度　　C. 平整度　　D. 稳定性

E. 实用性

2. 针对水平混凝土构件模板支撑系统的施工方案，施工企业需进行论证审查的有(　　)。

A. 高度超过8 m　　B. 跨度超过18 m

C. 施工总荷载大于10 kN/m²　　D. 集中线荷载大于12 kN/m²

E. 均布面荷载大于8 kN/m²

3. 梁、板底不平、下挠是由于地面下沉、模板支柱下无垫板所引起的，预防措施有(　　)。

A. 模板支柱下应垫通长木板，且地面应夯实、平整

B. 对湿陷性黄土必须有防水措施

C. 安装施工中，严格按照符合设计要求的钢楞尺寸和间距、穿墙螺栓间距、墙体支撑方向施工

D. 对冻胀性土，必须有在冻胀土冻结和融化时能保持其设计标高的措施

E. 防止地面产生不均匀沉陷

4. 下列可能是产生混凝土构件麻面缺陷的原因有(　　)。

A. 模板表面粗糙　　B. 模板湿润不足

C. 模板漏浆　　D. 振捣不密实

E. 钢筋位移

5. 关于主体结构混凝土工程施工缝留置位置，下列说法正确的有(　　)。

A. 柱留置在基础、楼板、梁的顶面

B. 单向板留置在平行于板的长边位置

C. 有主次梁的楼板，留置在主梁跨中 1/3 范围内

D. 墙留置在门洞口过梁跨中 1/3 范围内

E. 与板连成整体的大截面梁(高超过 1 m)，留置在板底面以下 20～30 mm 处

三、计算题

如图 1 所示，板 LB1 的尺寸为 7 200 mm×7 000 mm，X 方向的梁宽度为 300 mm，Y 方向的梁宽度为 250 mm，均为正中轴线。混凝土强度等级为 C25，二级抗震等级。

请计算钢筋下料长度并填写配料单。

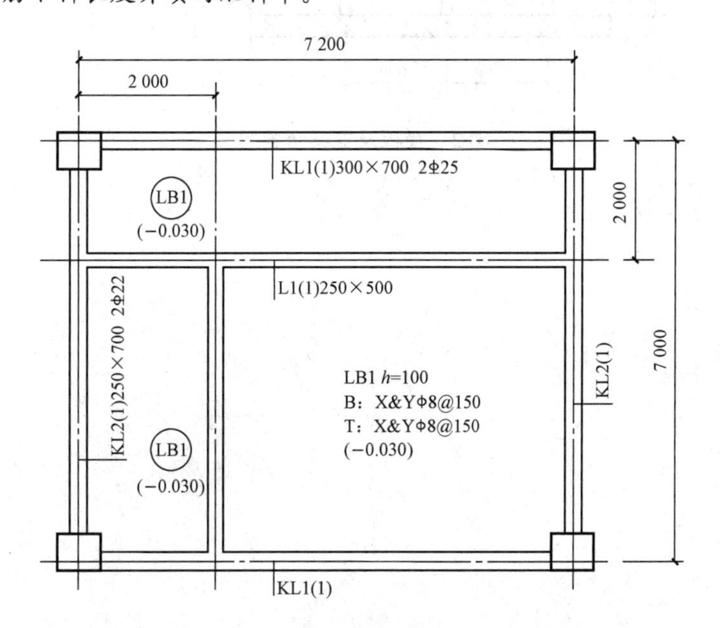

图 1　计算题图

四、案例分析题

背景资料：某公共建筑工程，建筑面积为 22 000 m²，地下 2 层，地上 5 层，层高为 3.2 m，钢筋混凝土框架结构，大堂 1 至 3 层中空，大堂顶板为钢筋混凝土井字梁结构，

屋面为女儿墙，屋面防水材料采用SBS卷材，某施工总承包单位承担施工任务。

合同履行过程中，施工总承包单位根据《建筑施工模板安全技术规范》(JGJ 162—2008)，编制了《大堂顶板模板工程施工方案》，并绘制了模板及支架示意图，如图2所示。监理工程师审查后要求重新绘制。

请指出模板及支架示意图中不妥之处的正确做法。

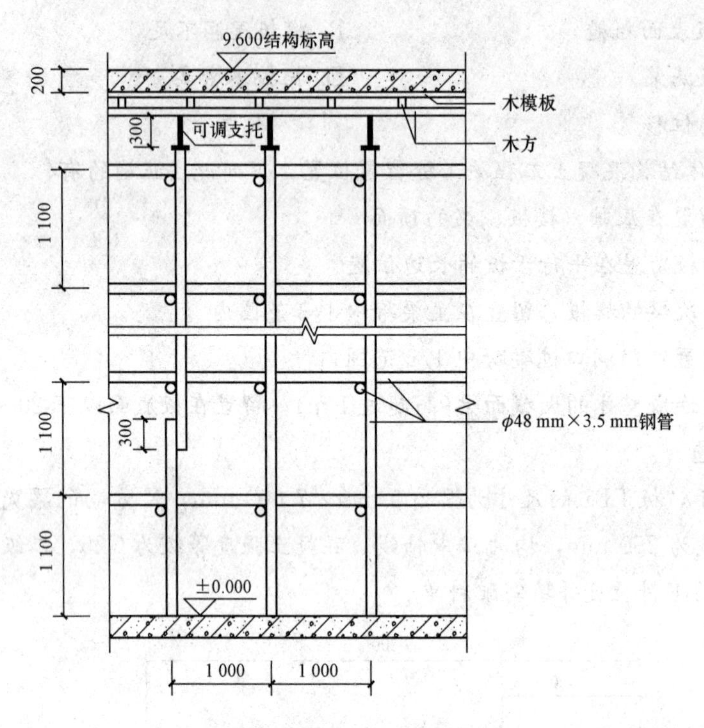

图2 模板及支架示意图

项目4　钢筋混凝土楼梯施工

项目任务

了解钢筋混凝土楼梯的基本特性，熟悉16G101—2图集，掌握楼梯的识图方式、方法和各类型号楼梯配筋构造；熟悉楼梯模板的种类与构造要求；掌握楼梯模板的配板方法；掌握楼梯下料长度的计算方法，掌握现浇混凝土楼梯施工缝的留置和混凝土浇筑要点。

项目导读

(1)识读楼梯的结构施工图，完成楼梯的翻样并填写配料单；

(2)小组共同完成楼梯混凝土浇筑技术交底。

能力目标

(1)作为施工技术人员能准确识读楼梯的施工图；

(2)作为施工技术人员能准确计算楼梯的下料长度、编制钢筋下料单，并能组织安排工人进行楼梯钢筋的制作与安装施工；

(3)学习旁站监督楼梯的支模和混凝土浇筑。

4.1　楼梯施工图的识读

4.1.1　认识钢筋混凝土楼梯

楼梯是实现建筑垂直交通运输的主要方式，用于楼层之间和楼层高差较大时的交通联系。高层建筑尽管采用电梯作为主要垂直交通工具，但是仍然要保留楼梯供紧急时逃生之用。

1. 楼梯的构造特点

设有踏步供建筑物楼层之间上下通行的通道称为梯段。踏步又可分为踏面(供行走时踏脚的水平部分)和踢面(形成踏步高差的垂直部分)。

2. 楼梯的分类

楼梯按梯段可分为单跑楼梯、双跑楼梯和多跑楼梯；楼梯梯段的平面形状有直线的、折线的和曲线的；按材料划分，有钢结构楼梯、混凝土楼梯、木结构楼梯、绳梯等。本章重点介绍钢筋混凝土楼梯在建筑物中作为楼层间交通用的构件，由连续梯级的梯段、平台和围护结构等组成。在设有电梯的高层建筑中也同样必须设置楼梯。

楼梯可分为普通楼梯和特种楼梯两大类。普通楼梯包括钢筋混凝土楼梯、钢楼梯和木楼梯等。其中，钢筋混凝土楼梯在结构刚度、耐火、造价、施工、造型等方面具有较多的优点，应用最为普遍。特种楼梯主要有安全梯、消防梯和自动梯三种。

安全梯

单跑楼梯最为简单，适用于层高较低的建筑；双跑楼梯最为常见，有双跑直上、双跑曲折、双跑对折(平行)等，适用于一般民用建筑和工业建筑；三跑楼梯有三折式、丁字式、分合式等，多用于公共建筑；剪刀楼梯是由一对方向相反的双跑平行梯组成，或由一对互相重叠而又不连通的单跑直上梯构成，剖面呈交叉的剪刀形，能同时通过较多的人流并节省空间；螺旋转梯是以扇形踏步支承在中立柱上，虽行走欠舒适，但节省空间，适用于人流较少、使用不频繁的场所；圆形、半圆形、弧形楼梯，由曲梁或曲板支承，踏步略呈扇形，花式多样，造型活泼，富于装饰性，适用于公共建筑。

3. 钢筋混凝土楼梯的特性

钢筋混凝土楼梯在结构刚度、耐火、造价、施工以及造型等方面都有较多的优点，应用最为普遍。钢筋混凝土楼梯的施工方法可分为整体现场浇筑式、预制装配式、部分现场浇筑和部分预制装配 3 种。

整体现浇楼梯

(1)整体现场浇筑，刚性较好，适用于有特殊要求和防震要求高的建筑，但模板耗费大，施工期较长。

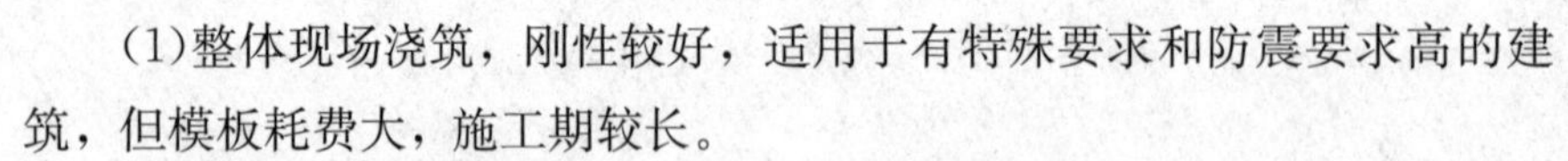

(2)预制装配的楼梯构件有大型的、中型的和小型的。大型的是把整个梯段和平台预制成一个构件；中型的是把梯段和平台各预制成一个构件，采用较广；小型的是将楼梯的斜梁、踏步、平台梁和板预制成各个小构件，用焊、锚、栓、销等方法连接成整体。小型的还有一种是把预制的 L 形踏步构件，按楼梯坡度砌在侧墙内，成为悬挑式楼梯。小型预制件装配的施工方法适应性强，运输安装简便，造价较低。

预制楼梯
施工工艺

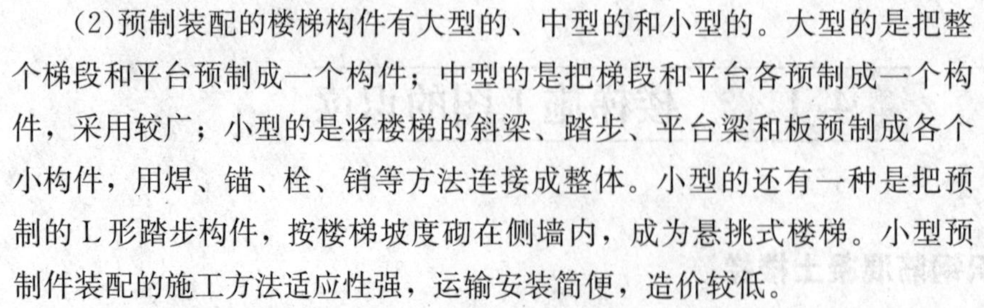

(3)部分现场浇筑和部分预制装配的，通常先制模浇筑楼梯梁，再安装预制踏步和平台板，然后在三者预留钢筋连接处浇灌混凝土，连成整体。这种方法较整体现场浇筑节省模板和缩短工期，但仍保持预制构件加工精确的特点，而且可以调整尺寸和形式。

4. 现浇钢筋混凝土楼梯的结构形式

现浇钢筋混凝土楼梯的结构形式主要有现浇钢筋混凝土板式楼梯和梁式楼梯两种。板式楼梯是由梯段斜板、平台板和平台梁组成的。板式楼梯是将楼梯作为一块板考虑。板式楼梯下表面平整，施工时支模方便，故常用于使用荷载不大、梯段跨度不大于 3 m 的情况，在公共建筑中为了符合卫生和美观的要求大量采用板式楼梯，如图 4.1-1 所示。

现浇混凝土板式楼梯

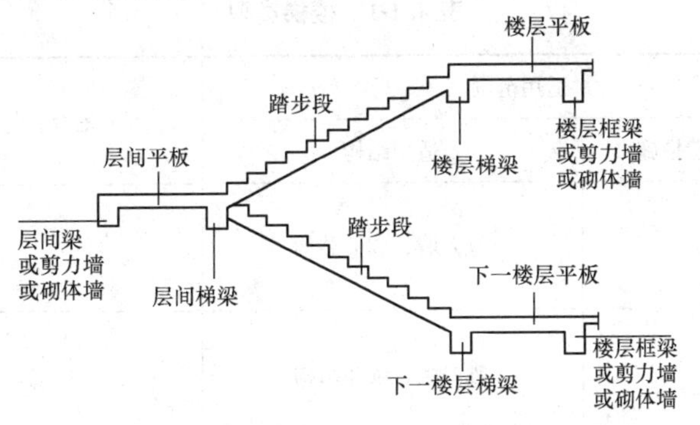

图 4.1-1　板式楼梯示意图

现浇梁式楼梯由踏步板、斜边梁、平台板和平台梁及楼层梁等组成。踏步板支承在斜边梁及墙上，也可在靠墙处加设斜边梁。斜边梁支承在平台梁和楼层梁上(底层楼梯下端支承在地垄墙上)，当使用荷载较大且梯段的水平投影长度大于 3 m 时，则宜采用梁式楼梯较为经济，如图 4.1-2 所示。

现浇混凝土梁式楼梯

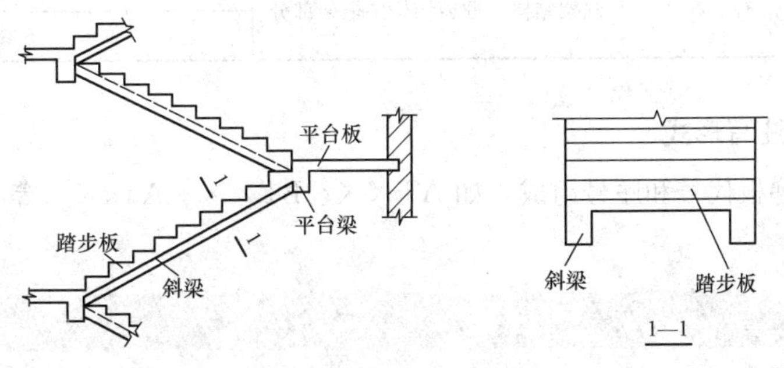

图 4.1-2　梁式楼梯示意图

4.1.2　现浇混凝土板式楼梯的注写方式

现浇混凝土板式楼梯平法施工图有平面注写、剖面注写和列表注写三种表达方式。

本处制图规则主要表述梯板的表达方式，与楼梯相关的平台板、梯梁、梯柱的注写方式参见国家建筑标准设计图集《混凝土结构施工图平面整体表示方法制图规则和构造详图(现浇混凝土框架、剪力墙、梁、板)》(16G101-1)。

4.1.3 楼梯类型

1. 楼梯类型表

本书楼梯包含 12 种类型，详见表 4.1-1。

表 4.1-1 楼梯类型

<table>
<tr><th rowspan="2">梯板代号</th><th colspan="2">适用范围</th><th rowspan="2">是否参与结构整体抗震计算</th></tr>
<tr><th>抗震构造措施</th><th>适用结构</th></tr>
<tr><td>AT</td><td rowspan="2">无</td><td rowspan="2">剪力墙、砌体结构</td><td rowspan="2">不参与</td></tr>
<tr><td>BT</td></tr>
<tr><td>CT</td><td rowspan="2">无</td><td rowspan="2">剪力墙、砌体结构</td><td rowspan="2">不参与</td></tr>
<tr><td>DT</td></tr>
<tr><td>ET</td><td rowspan="2">无</td><td rowspan="2">剪力墙、砌体结构</td><td rowspan="2">不参与</td></tr>
<tr><td>FT</td></tr>
<tr><td>GT</td><td>无</td><td>剪力墙、砌体结构</td><td>不参与</td></tr>
<tr><td>ATa</td><td rowspan="3">有</td><td rowspan="3">框架结构、框剪结构中框架部分</td><td>不参与</td></tr>
<tr><td>ATb</td><td>不参与</td></tr>
<tr><td>ATc</td><td>参与</td></tr>
<tr><td>CTa</td><td rowspan="2">有</td><td rowspan="2">框架结构、框剪结构中框架部分</td><td>不参与</td></tr>
<tr><td>CTb</td><td>不参与</td></tr>
</table>

2. 楼梯编号注写形式

楼梯编号由梯板代号和序号组成，如 AT××、BT××、ATa××等。

【特别提示】

ATa、CTa 低端设滑动支座支承在梯梁上，ATb、CTb 低端设滑动支座支承在挑板上。

3. AT～ET 型板式楼梯适用条件与具备的特征

(1)AT 型。AT 型楼梯的适用条件：两梯梁之间的矩形梯板全部由踏步段构成，即踏步段两端均以梯梁为支座。凡是满足该条件的楼梯均可为 AT 型，如双跑楼梯、双分平行楼梯、交叉楼梯和剪刀楼梯等，如图 4.1-3 所示。

(2)BT 型。BT 型梯板由低端平板和踏步段构成，梯板两端分别以低端和高端梯梁为支座。凡是满足该条件的楼梯均可为 BT 型，如双跑楼梯、双分平行楼梯、交叉楼梯和剪刀楼梯等，如图 4.1-4 所示。

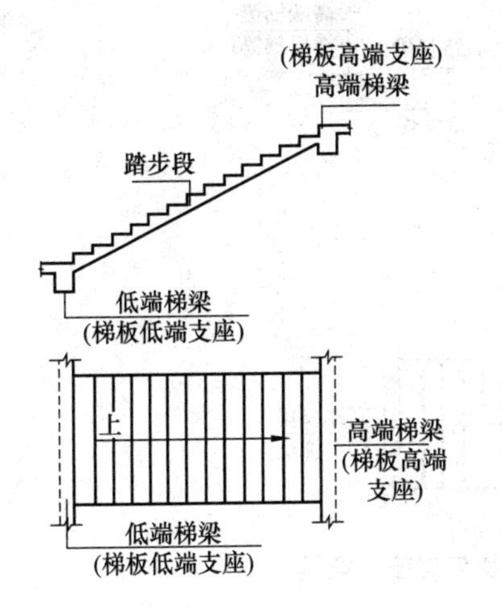

图 4.1-3　AT 型楼梯截面形状与支座示意图

(BT 型图)

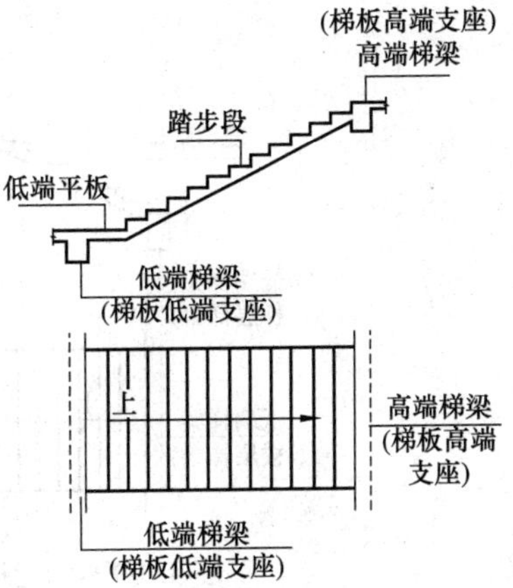

图 4.1-4　BT 型楼梯截面形状与支座示意图

(3)CT 型。CT 型梯板由踏步段和高端平板构成，梯板两端分别以低端和高端梯梁为支座。凡是满足该条件的楼梯均可为 CT 型，如双跑楼梯、双分平行楼梯、交叉楼梯和剪刀楼梯等，如图 4.1-5 所示。

(4)DT 型。DT 型梯板由低端平板、踏步段、高端平板构成，梯板两端分别以低端和高端梯梁为支座。凡是满足该条件的楼梯均可为 DT 型，如双跑楼梯、双分平行楼梯、交叉楼梯和剪刀楼梯等，如图 4.1-6 所示。

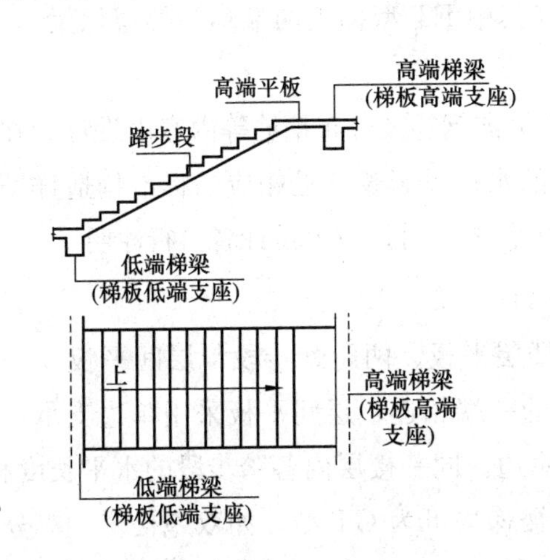

图 4.1-5　CT 型楼梯截面形状与支座示意图

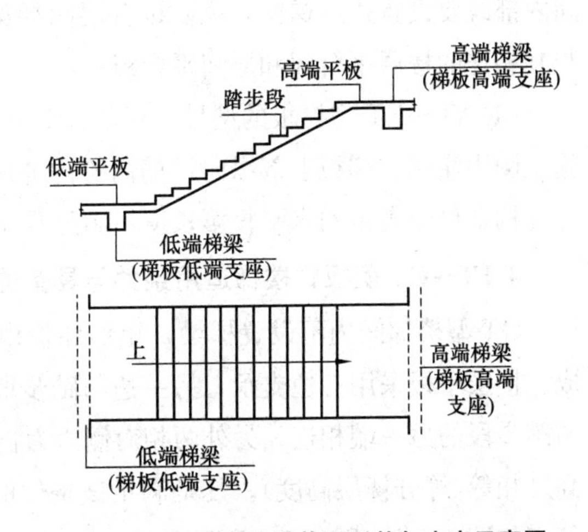

图 4.1-6　DT 型楼梯截面形状与支座示意图

(5)ET 型。ET 型梯板由低端踏步段、中位平板和高端踏步段构成，梯板两端分别以低端和高端梯梁为支座。凡是满足该条件的楼梯均可为 ET 型，如图 4.1-7 所示。

这 5 种梯段具备的特征：

(1)AT～ET 型板式楼梯代号代表一段带上下支座的梯板。梯板的主体为踏步段，除踏步段之外，梯板可包括低端平板、高端平板以及中位平板。

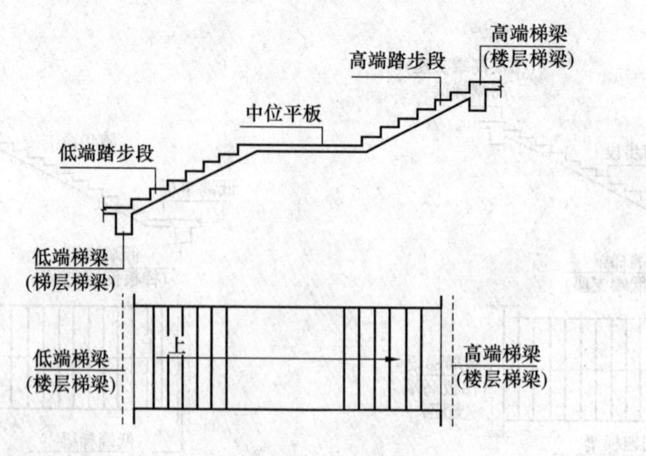

图 4.1-7　ET 型楼梯截面形状与支座示意图

(2)AT～ET 各型梯板的截面形状如下：

①AT 型梯板全部由踏步段构成；

②BT 型梯板由低端平板和踏步段构成；

③CT 型梯板由踏步段和高端平板构成；

④DT 型梯板由低端平板、踏步板和高端平板构成；

⑤ET 型梯板由低端踏步段、中位平板和高端踏步段构成。

(3)AT～ET 型梯板的两端分别以(低端和高端)梯梁为支座，采用该组板式楼梯的楼梯间内部既要设置楼层梯梁，也要设置层间梯梁(其中 ET 型梯板两端均为楼层梯梁)，以及与其相连的楼层平台板和层间平台板。

(4)AT～ET 型梯板的型号、板厚、上下部纵向钢筋及分布钢筋等内容由设计者在平法施工图中注明。梯板上部纵向钢筋向跨内伸出的水平投影长度见相应的标准构造详图；当标准构造详图规定的水平投影长度不满足具体工程要求时，应由设计者另行注明。

4. FT～GT 型板式楼梯适用条件与具备的特征

GT 型楼梯间内不设置梯梁，矩形梯板由楼层平板、两跑踏步段与层间平板 3 部分构成。楼层平板采用三边支承，另一边与踏步段的一端相连；层间平板采用单边支承，对边与踏步段的另一端相连，另外两相对侧边为自由边。同一楼层内各踏步段的水平长度相等、高度相等(等分楼层高度)。凡是满足该条件的楼梯均可为 GT 型，如双跑楼梯、双分楼梯等，如图 4.1-8、图 4.1-9 所示。

HT 型楼梯间设置楼层梯梁，但不设置层间梯梁；矩形梯板由两跑踏步段与层间平台板两部分构成。层间平台板采用三边支承，另一边与踏步段的一端相连；踏步段的另一端以楼层梯梁为支座。同一楼层内各踏步段的水平长度相等、高度相等(等分楼层高度)。凡是满足该条件的楼梯均可为 HT 型，如双跑楼梯、双分楼梯等。

FT～GT 型板式楼梯具备的特征如下：

(1)FT～GT 每个代号代表两跑踏步段和连接它们的楼层平板及层间平板。

(2)FT～GT 型梯板的构成分两类：

第一类：FT 型，由层间平板、踏步段和楼层平板构成。

第二类：GT 型，由层间平板和踏步段构成。

(3)FT～GT 型梯板的支承方式如下：

①FT 型：梯板一端的层间平板采用三边支承，另一端的楼层平板也采用三边支承。

②GT 型：梯板一端的层间平板采用三边支承，另一端的梯板段采用单边支承(在梯梁上)。

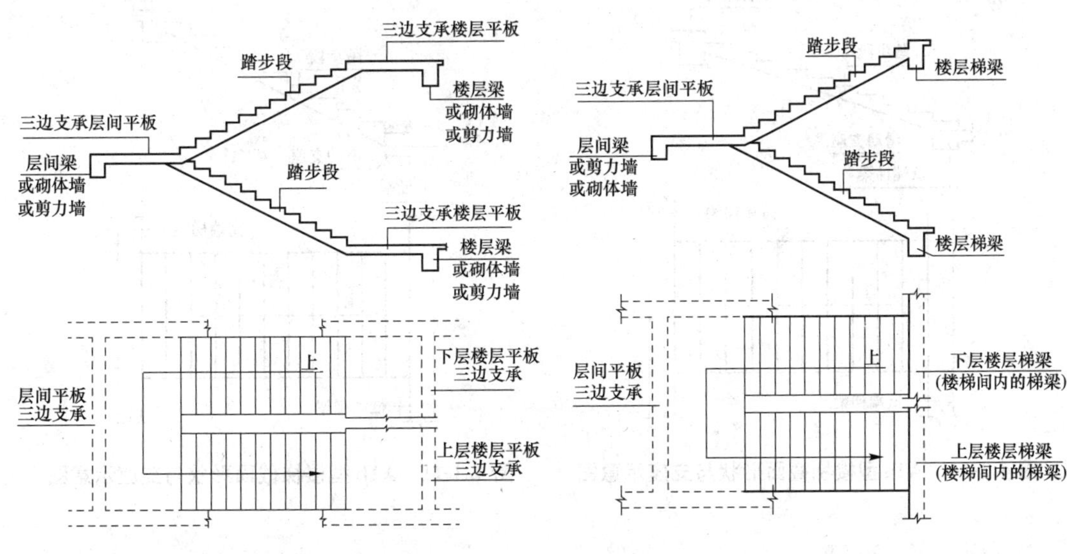

图 4.1-8　FT 型楼梯截面形状与支座示意图　　**图 4.1-9　GT 型楼梯截面形状与支座示意图**

【特别提示】

由于 FT～GT 梯板本身带有层间平板或楼层平板，对平板段采用三边支承方式可以有效减小梯板的计算跨度，能够减小板厚，从而减轻梯板自重和减少配筋。

(4)FT～GT 型梯板的型号、板厚、上下部纵向钢筋及分布钢筋等内容由设计者在平法施工图中注明。FT～GT 型平台上部横向钢筋及其外伸长度，在平面图中原位标注。梯板上部纵向钢筋向跨内伸出的水平投影长度见相应的标准构造详图；当标准构造详图规定的水平投影长度不满足具体工程要求时，应由设计者另行注明。

5. ATa、ATb、ATc 型板式楼梯适用条件与具备的特征

ATa 型楼梯设滑动支座不参与结构整体抗震计算，其适用条件：两梯梁之间的矩形梯板全部由踏步段构成，即踏步段两端均以梯梁为支座，且梯板低端支承处做成滑动支座，滑动支座直接落在梯梁上。框架结构中，楼梯中间平台通常设梯柱、梯梁，中间平台可与框架柱连接，如图 4.1-10 所示。

ATb 型楼梯设滑动支座，不参与结构整体抗震计算，其适用条件：两梯梁之间的矩形梯板全部由踏步段构成，即踏步段两端均以梯梁为支座，且梯板低端支承处做成滑动支座，滑动支座直接落在梯梁挑板上。框架结构中，楼梯中间平台通常设梯柱、梯梁，中间平台可与框架柱连接，如图 4.1-11 所示。

ATc 型楼梯不设滑动支座，参与结构整体抗震计算，其适用条件：梯板全部由踏步段组成，梯板两端均支承在梯梁上，楼梯休息平台与主体结构可连接，也可全部脱开，如图 4.1-12 所示。

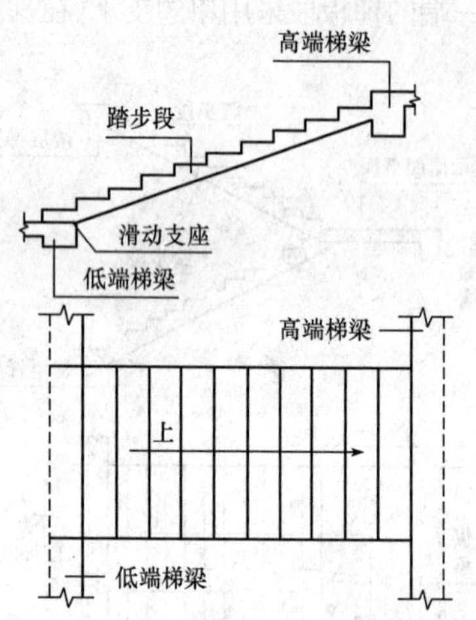

图 4.1-10　ATa 型楼梯截面形状与支座示意图

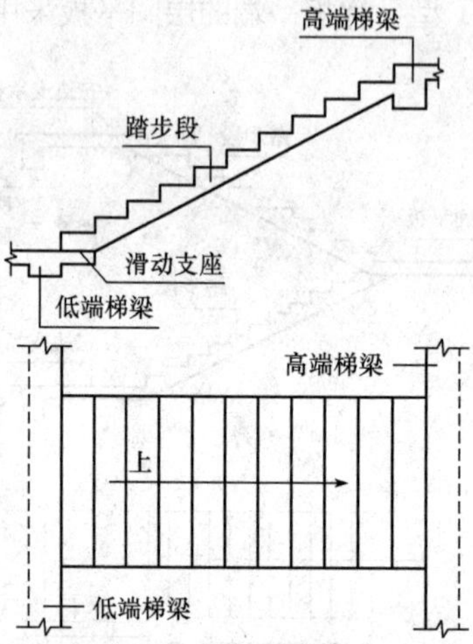

图 4.1-11　ATb 型楼梯截面形状与支座示意图

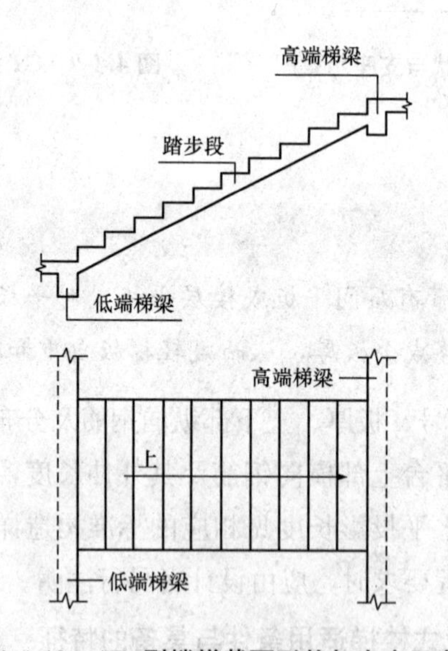

图 4.1-12　ATc 型楼梯截面形状与支座示意图

ATa、ATb 型板式楼梯具备的特征如下：

(1)ATa、ATb 型为带滑动支座的板式楼梯，梯板全部由踏步段构成，其支承方式为梯板高端均支承在梯梁上，ATa 型梯板低端带滑动支座支承在梯梁上，ATb 型梯板低端带滑动支座支承在梯梁的挑板上。

(2)滑动支座做法采用何种做法应由设计指定。滑动支座垫板可选用聚四氟乙烯板(四氟板），也可选用其他能起到有效滑动的材料，其连接方式由设计者另行处理。

(3)ATa、ATb 型梯板采用双层双向配筋。梯梁支承在梯柱上时，其构造做法按 16G101-1中框架梁“KL”；支承在梁上时，其构造做法按 16G101-1 中非框架梁“L”。

ATc 型板式楼梯具备的特征如下：

(1)梯板厚度应按计算确定，且不宜小于 140 mm，梯板采用双层配筋。

(2)梯板两侧设置边缘构件(暗梁)，边缘构件的宽度取 1.5 倍板厚，平台板按双层双向配筋。

6. CTa、CTb 型板式楼梯适用条件与具备的特征

CTa、CTb 型板式楼梯的适用条件参照 ATa、ATb 型楼梯(图 4.1-13、图 4.1-14)。

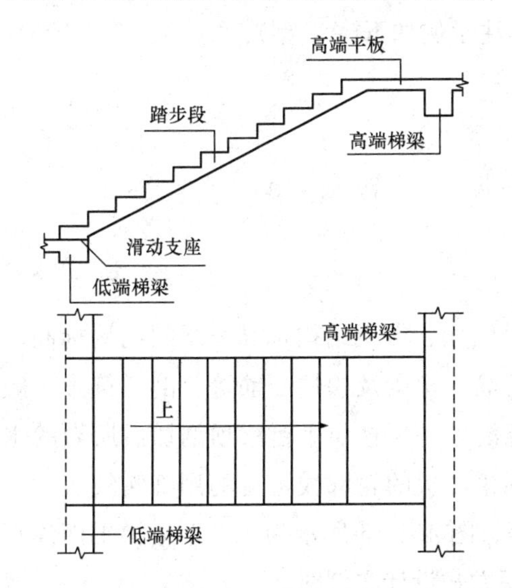

图 4.1-13　CTa 型楼梯截面形状与支座示意图

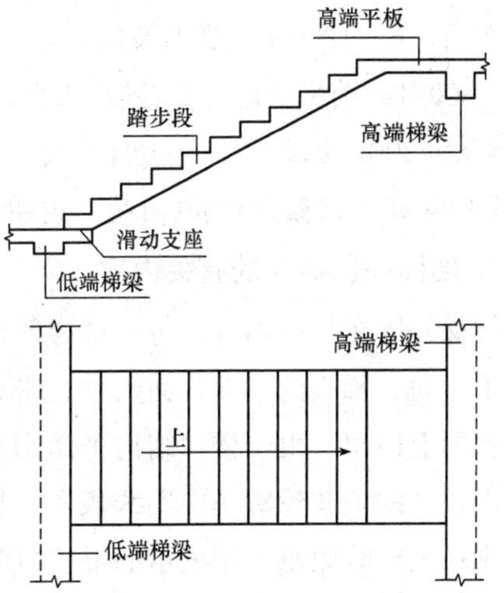

图 4.1-14　CTb 型楼梯截面形状与支座示意图

(1)CTa、CTb 型为带滑动支座的板式楼梯，梯板由踏步段和高端平板构成，其支承方式为梯板高端均支承在梯梁上。CTa 型梯板低端带滑动支座支承在梯梁上，CTb 型梯板低端带滑动支座支承在挑板上。

(2)滑动支座做法按照图集，采用何种做法应由设计指定。滑动支座垫板可选用聚四氟乙烯板、钢板和厚度大于等于 0.5 mm 的塑料片，也可选用其他能保证有效滑动的材料，其连接方式由设计者另行处理。

(3)CTa、CTb 型梯板采用双层双向配筋。

4.1.4　楼梯平法施工图的平面标注识图方法

1. 楼梯平面注写标注方式

楼梯平面注写方式，是在楼梯平面布置图上注写截面尺寸和配筋具体数值的方式来表达楼梯施工图。它包括集中标注和外围标注。

2. 楼梯集中标注的有关内容

楼梯集中标注的内容有 5 项，具体规定如下：

(1)梯板类型代号与序号，如 AT××；

(2)梯板厚度，标注为 h=×××。当为带平板的梯板且梯段板厚度和平板厚度不同时，可在梯段板厚度后面括号内以字母 P 打头标注平板厚度；

例如，h=130(P150)，130 表示梯段板厚度，150 表示梯板平板段的厚度。

(3)踏步段总高度和踏步级数，之间以斜线"/"分隔；

(4)梯板支座上部纵筋，下部纵筋，之间以分号"；"分隔；

(5)梯板分布筋，以 F 打头标注分布钢筋具体值。该项也可在图中统一说明。

【例】 平面图中梯板类型及配筋的完整标注示例如下(AT 型)：

AT1；h=120(梯板类型及编号，梯板板厚)

1 800/12(踏步段总高度/踏步级数)

ⴔ10@200；ⴔ120@150(上部纵筋；下部纵筋)

FΦ8@250[梯板分布筋(可统一说明)]

3. 楼梯外围标注的有关内容

楼梯外围标注的内容，包括楼梯间的平面尺寸、楼层结构标高、层间结构标高、楼梯的上下方向、梯板的平面几何尺寸、平台板配筋、梯梁及梯柱配筋等。剖切符号一般在底层平面图上标出。由于楼梯结构平面图是设想沿上一层楼层平台梁顶剖切后所做的水平投影，剖切到的墙体轮廓用中实线表示；楼梯的梁、板的轮廓线可见的用细实线表示，不可见的则用细虚线表示；不表示墙上的门窗洞等。图 4. 1-15 所示为 AT 型楼梯平面注写方式示意图，图 4.1-16 所示为 AT 型楼梯平面注写方式设计实例图。

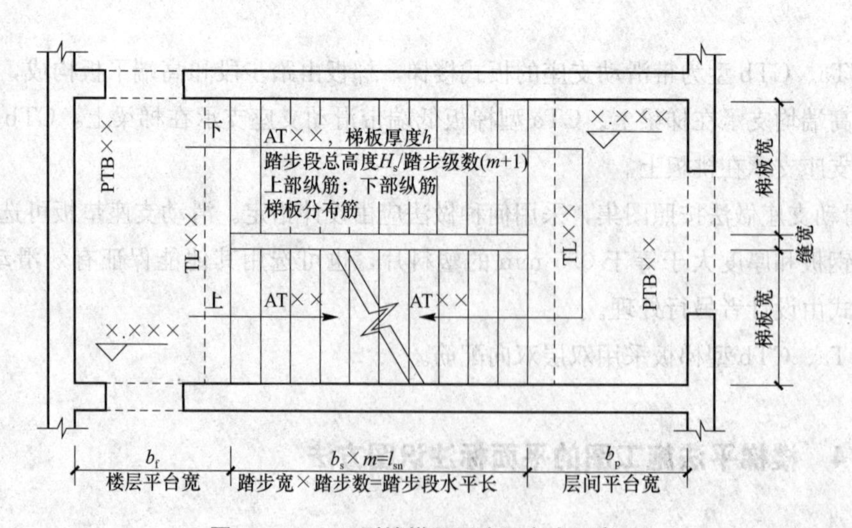

图 4. 1-15 AT 型楼梯平面注写方式示意图

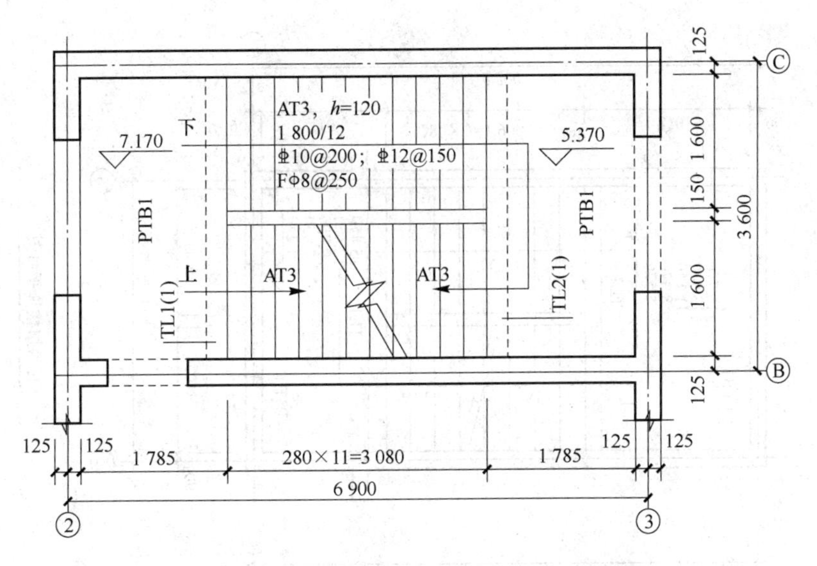

图 4.1-16　AT 型楼梯平面注写方式设计实例图

4.1.5　楼梯平法施工图的剖面标注识图方法

1. 剖面注写的方式

剖面注写方式需在楼梯平法施工图中绘制楼梯平面布置图和楼梯剖面，注写方式可分为平面注写、剖面注写两部分。

2. 楼梯平面注写的有关内容

楼梯平面布置图注写内容，包括楼梯间的平面尺寸、楼层结构标高、层间结构标高、楼梯的上下方向、梯板的平面几何尺寸、梯板类型及编号、平台板配筋、梯梁及梯板配筋等。

3. 楼梯剖面注写的有关内容

楼梯剖面图注写内容，包括梯板集中标注、梯梁梯板编号、梯板水平及竖向尺寸、楼层结构标高、层间结构标高等。

4. 梯板集中标注的内容

梯板集中标注的内容有四项，具体规定如下：

(1)梯板类型及编号，如 AT××。

(2)梯板厚度，注写为 h=×××。当梯板由踏步段和平板构成，且踏步段梯板厚度和平板厚度不同时，可在梯板厚度后面括号内以字母 P 打头注写平板厚度。

(3)梯板配筋，注明梯板上部纵筋和梯板下部纵筋，用分号“;”将上部与下部纵筋的配筋值分隔开来。

(4)梯板分布筋，以 F 打头注写分布钢筋具体值，该项也可在图中统一说明。

5. 楼梯剖面图设计实例

楼梯剖面注写方式设计实例如图 4.1-17 所示。

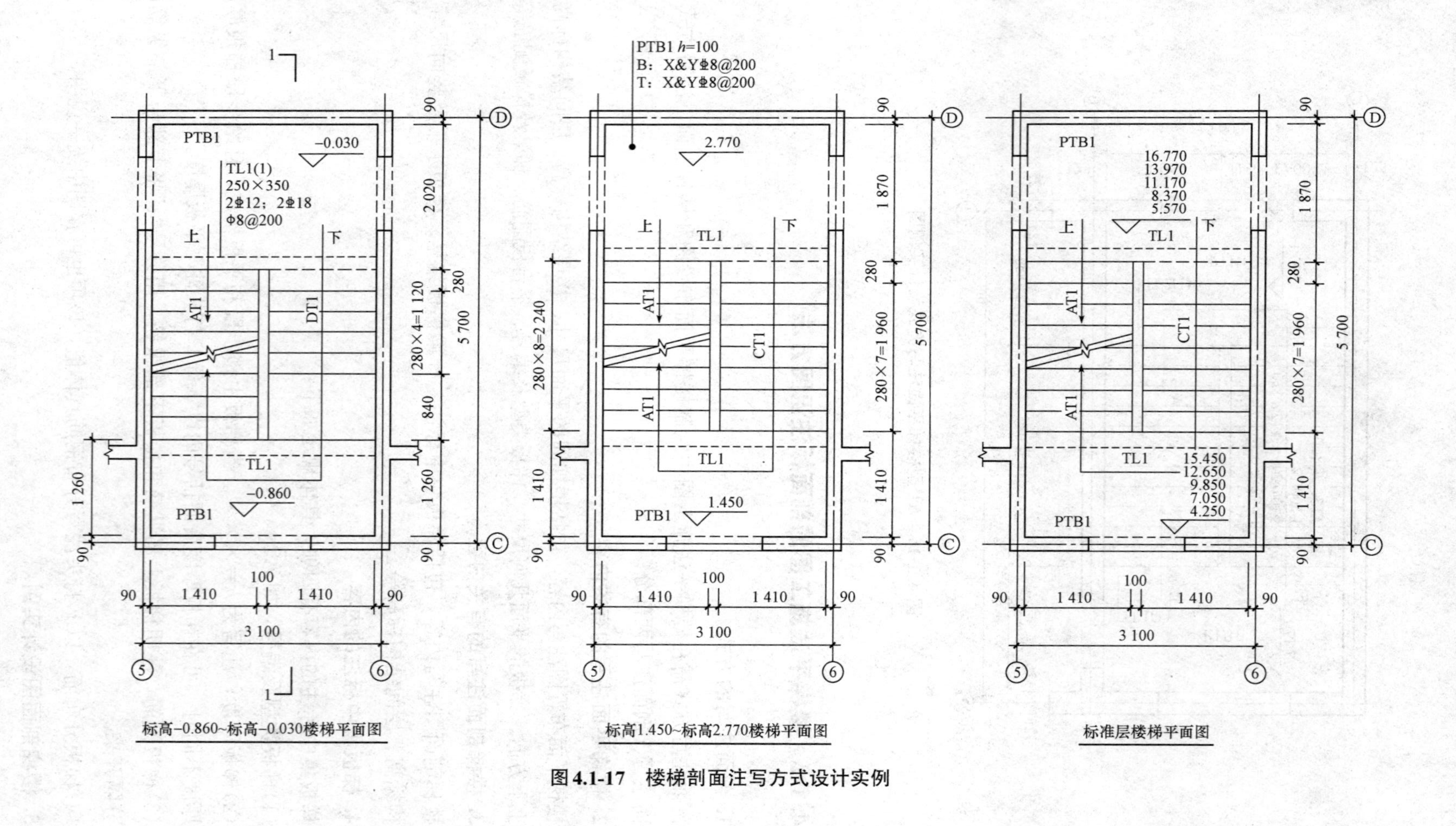

图 4.1-17 楼梯剖面注写方式设计实例

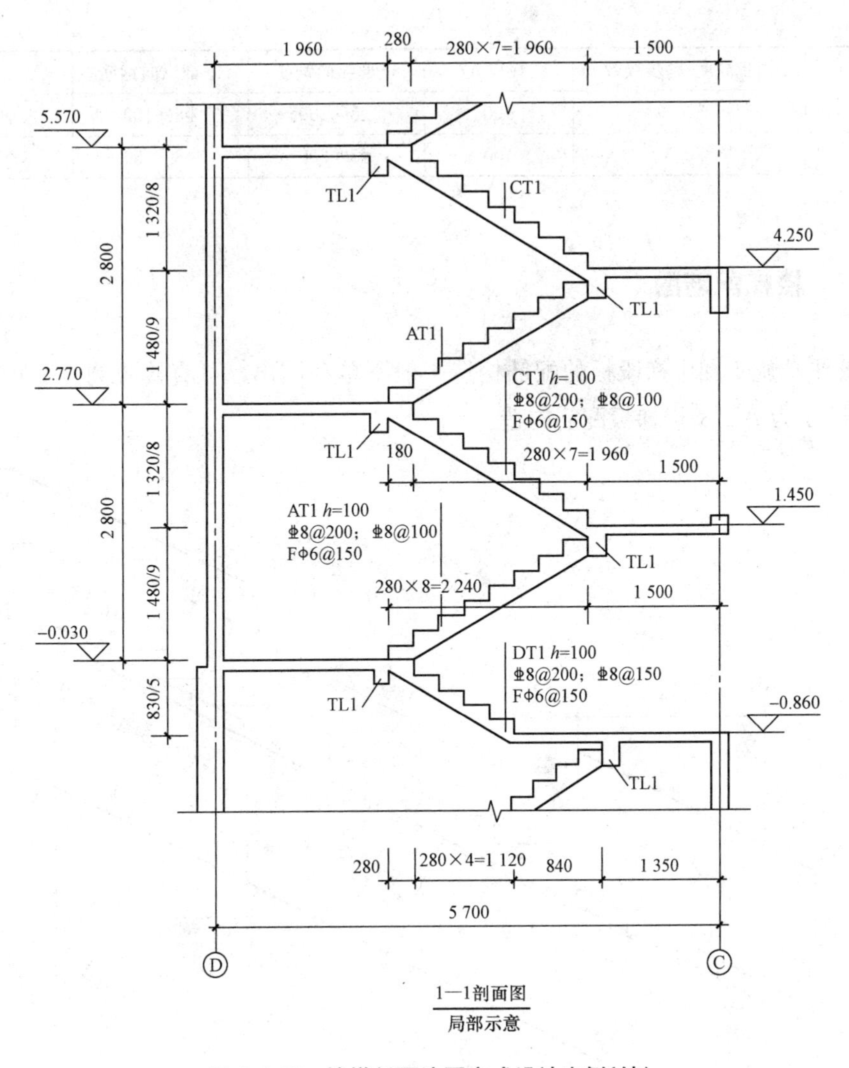

图 4. 1-17　楼梯剖面注写方式设计实例(续)

4. 1. 6　楼梯平法施工图的列表标注识图方法

1. 列表注写的有关内容

列表注写方式，是用列表方式注写梯板截面尺寸和配筋具体数值的方式来表达楼梯施工图。

2. 列表注写方式示意

列表注写方式的具体要求同剖面注写方式，仅将剖面注写方式中的梯板配筋注写项改为列表注写项即可，梯板列表格式见表 4. 1-2。

表 4. 1-2　梯板列表注写方式

楼梯编号	踏步高度/踏步级数	板厚 h	上部纵向钢筋	下部纵向钢筋	分布筋
AT1	1 480/9	100	ф8@200	ф8@100	ф6@150

续表

楼梯编号	踏步高度/踏步级数	板厚 h	上部纵向钢筋	下部纵向钢筋	分布筋
CT1	1 320/9	100	⌀8@200	⌀8@100	ϕ6@150
DT1	830/5	100	⌀8@200	⌀8@150	ϕ6@150

4.1.7 楼梯配筋图

在楼梯平法施工图中梯段板的配筋构造一般不单独画出，可直接查阅 16G101-2 图集，图 4.1-18 所示为 AT 型楼梯板配筋构造。

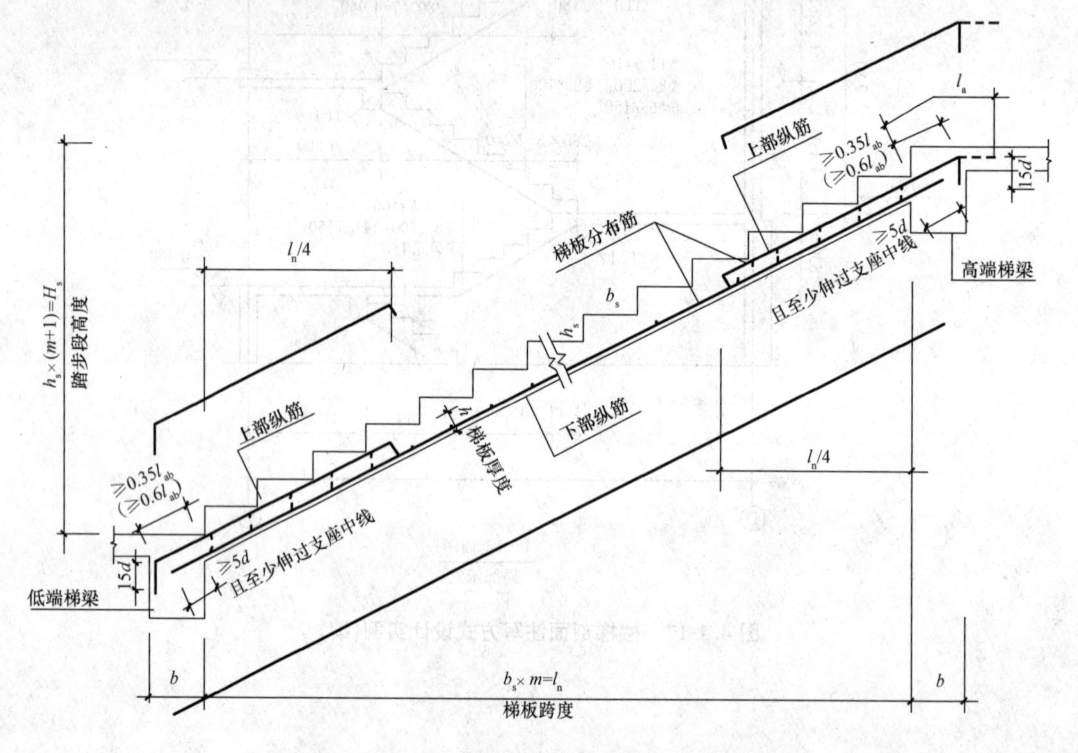

图 4.1-18　AT 型楼梯板配筋构造

若不采用平法施工图，楼梯板和楼梯平台梁的钢筋配筋情况，一般用较大比例单独画出。TB1、TB3 全部由踏步段构成，两端均以梯梁为支座。以 TB3 为例说明(图 4.1-19)如下：TB3 的踏步数为 12，踏步高为 150 mm，踏步段为 12×150＝1 800(mm)；踏步宽度为 280 mm，踏步段水平净长(即梯段板净跨度)为 11×280＝3 080(mm)；踢板厚度 $h=$

110 mm；梯板的下部纵筋采用 ⌀12@100；梯段两端支座配 ⌀12@200 的上部纵筋，上部纵筋自支座边缘向跨内延伸的水平投影长度为 L=770 mm，上部纵筋的跨内端头做 90°直角弯钩；分布筋采用 φ8@200。

外形简单、配筋也简单的梁，可用断面表示其配筋情况。如 TL1 是矩形截面梁，截面宽度 b=200 mm，梁高度 h=400 mm。其配筋：梁底 3⌀18，梁顶 2⌀18，箍筋采用 φ8@200。

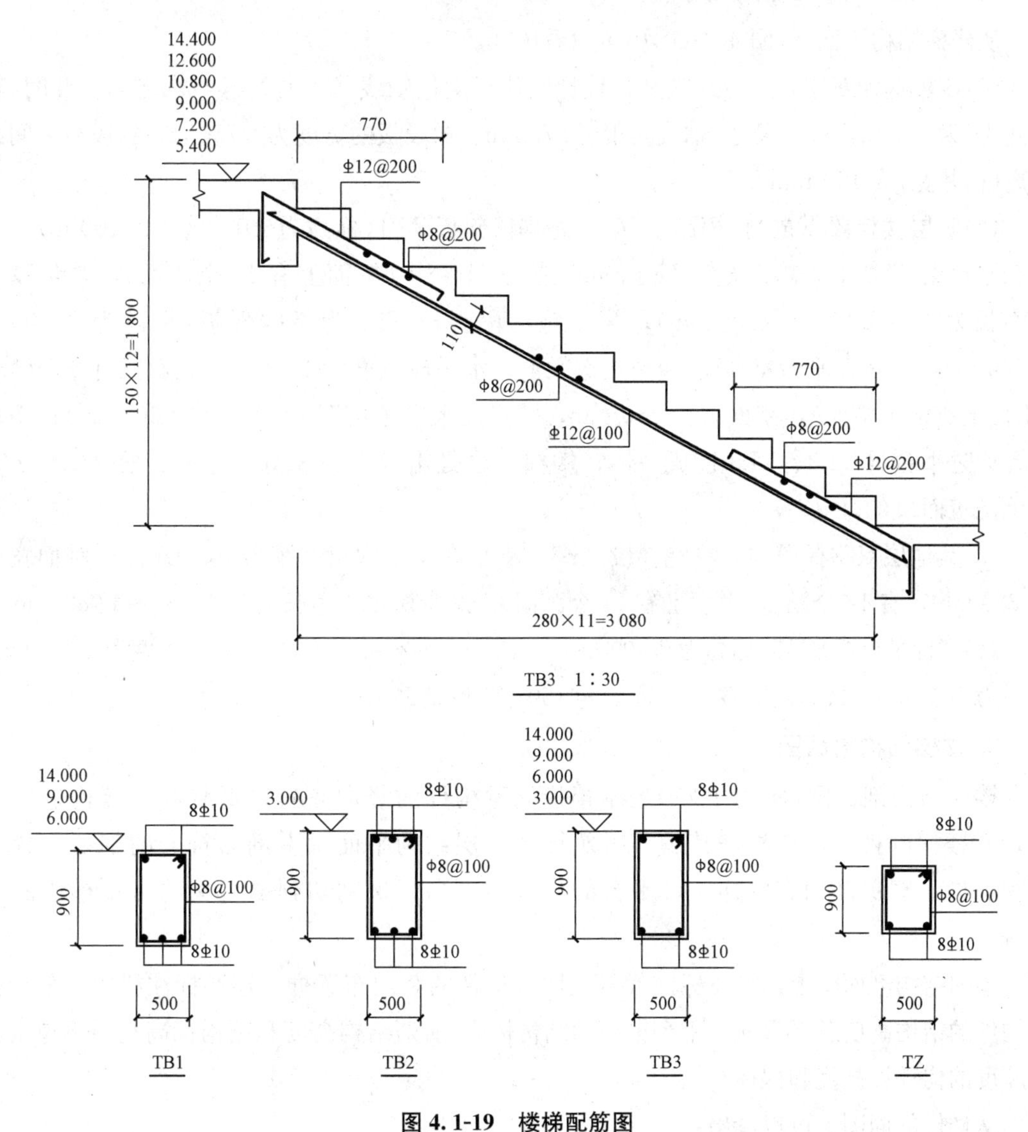

图 4.1-19　楼梯配筋图

4.1.8　楼梯平法识图案例

钢筋混凝土楼梯平法结构施工图包括两部分，即平面图部分和剖面图部分。识图首先是对图纸进行初步了解，首先看图名，了解图纸的大致内容，然后看里面的具体内容。在本楼梯案例中，读完图名后，已经对楼梯的类型有了一个初步的了解。接着，看平面图部分，通过里面的信息可以知道整个楼梯的架构尺寸、踏步数以及平台板的钢筋信息。最后，结合剖面图，就能知道整个楼梯的高度、踏步高、楼梯板厚和楼梯有关钢筋。那么，通过这两部分内容可以对整个楼梯构件进行识图，结合图纸内容就便于施工人员对其进行施工。

1. 楼梯结构平面图的识读

从楼梯结构平面图(图 4.1-20)中可以看出：

(1)该楼梯为双跑式、板式楼梯；楼梯间位于定位轴线⑨～⑩×Ⓐ～Ⓒ之间，开间(轴线间距)为 3.6 m，进深尺寸(轴线间距)为 7.2 m；梯段板的宽度为 1 750 m，梯段板之间的距离(梯井宽)为 100 mm。

(2)底层楼梯段做成“长短跑”，第一跑梯段斜板 TB1(标高为±0.000～2.400 m)，支承在平台梁 TL2 上，踏面宽为 280 mm，有 16 个踏步(平面上有 15 个踏面)，踏步段水平净长为 15×280＝4 200(mm)；第二跑梯段斜板 TB2 为折线形板(标高为 2.400～3.600 m)，支承在平台梁 TL2 和楼层次梁上，水平段宽度为 1 120 mm，斜段有 8 个踏步(平面上有 7 个踏面)，踏面宽为 280 mm，踏步段水平净长为 7×280＝1 960(mm)；楼梯平台通过平台梁 TL2、TL3 连成一体；楼梯平台是由平台板 PAB1 与平台梁 TL2、TL3 整体浇筑而成的。

(3)其他层双跑梯段均为等跑梯段 TB3，支承在楼层次梁和平台梁 TL1 上，踏面宽度为 280 mm，有 12 个踏步(平面上有 11 个踏面)，踏步段水平净长为 11×280＝3 080(mm)。

(4)楼梯平台板 PTB1(标高为 2.400 m、5.400 m、9.000 m、12.600 m)，宽度为 1 800 mm；板厚为 100 mm，板底配筋双向均为 φ8@150；支座负筋为 φ8@150。

2. 楼梯结构剖面图

楼梯结构剖面图(图 4.1-21)表示楼梯承重构件的竖向布置、形状和连接构造等情况。看楼梯剖视图，应根据其编号对照楼梯底层结构平面图上剖切符号的剖切位置与剖视方向，想象剖切到的梯段、平台的位置与走向、未剖切到的可见的另一梯段的走向等。

楼梯结构剖面图上，除要标注代号说明各构件的竖向布置外，还要标注梯段、平台梁等构件的结构高度及平台面、平台梁底的结构标高(所谓结构高度和结构标高是指不包括面层厚度的构件裸高度和裸标高)。

从楼梯剖面图上可以看出：

(1)从室内±0.000 m 到室外－0.450 m 用坡道连接，楼梯的梯段板为 TB1、TB2、TB3，分别与梯梁和楼层次梁整体浇筑。

(2)楼梯踏步的高度均为 150 mm，休息平台的标高分别为 2.400、3.600、5.400、7.200、9.000、10.800、12.600、14.400 m。

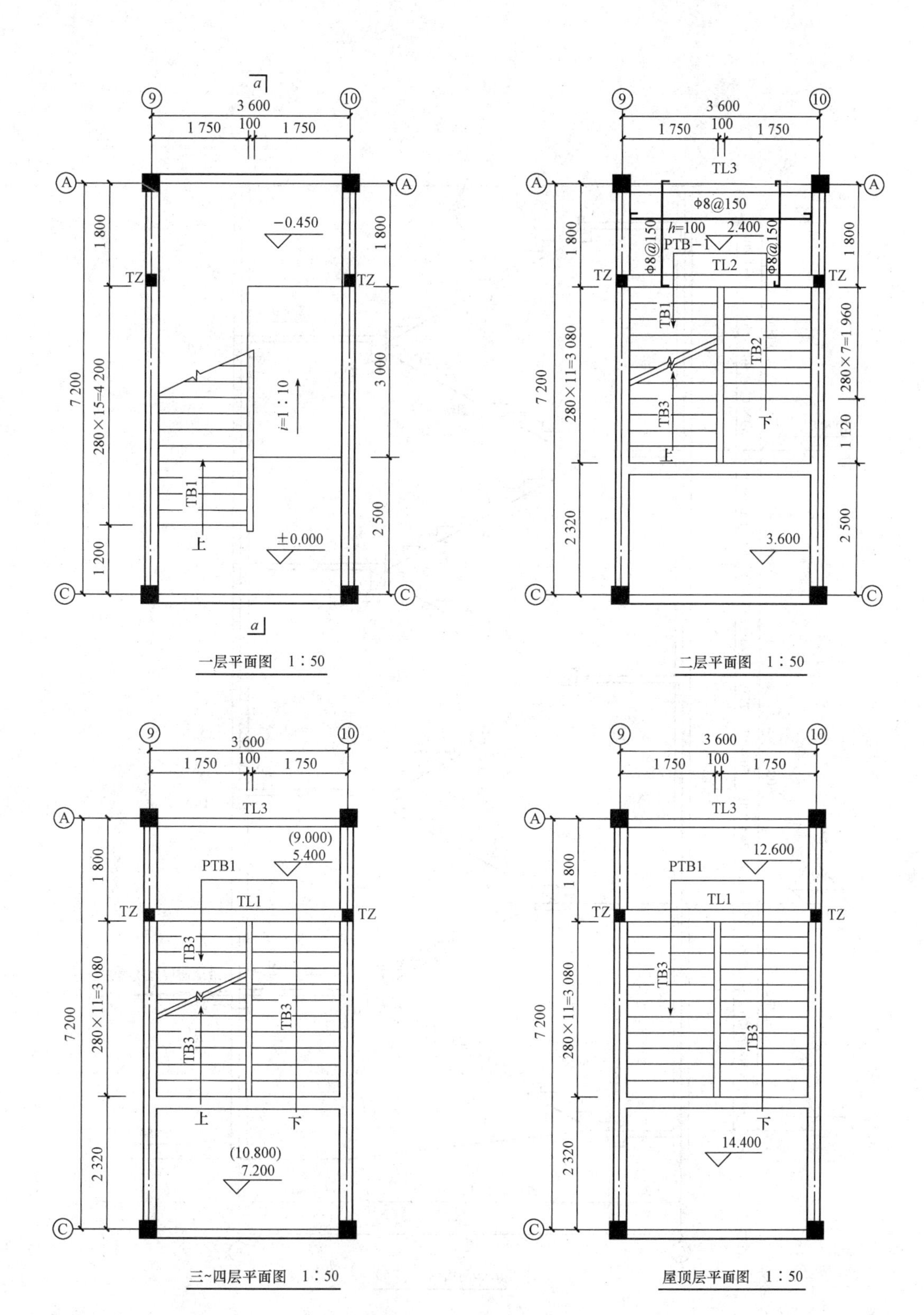

图 4.1-20 楼梯结构平面图

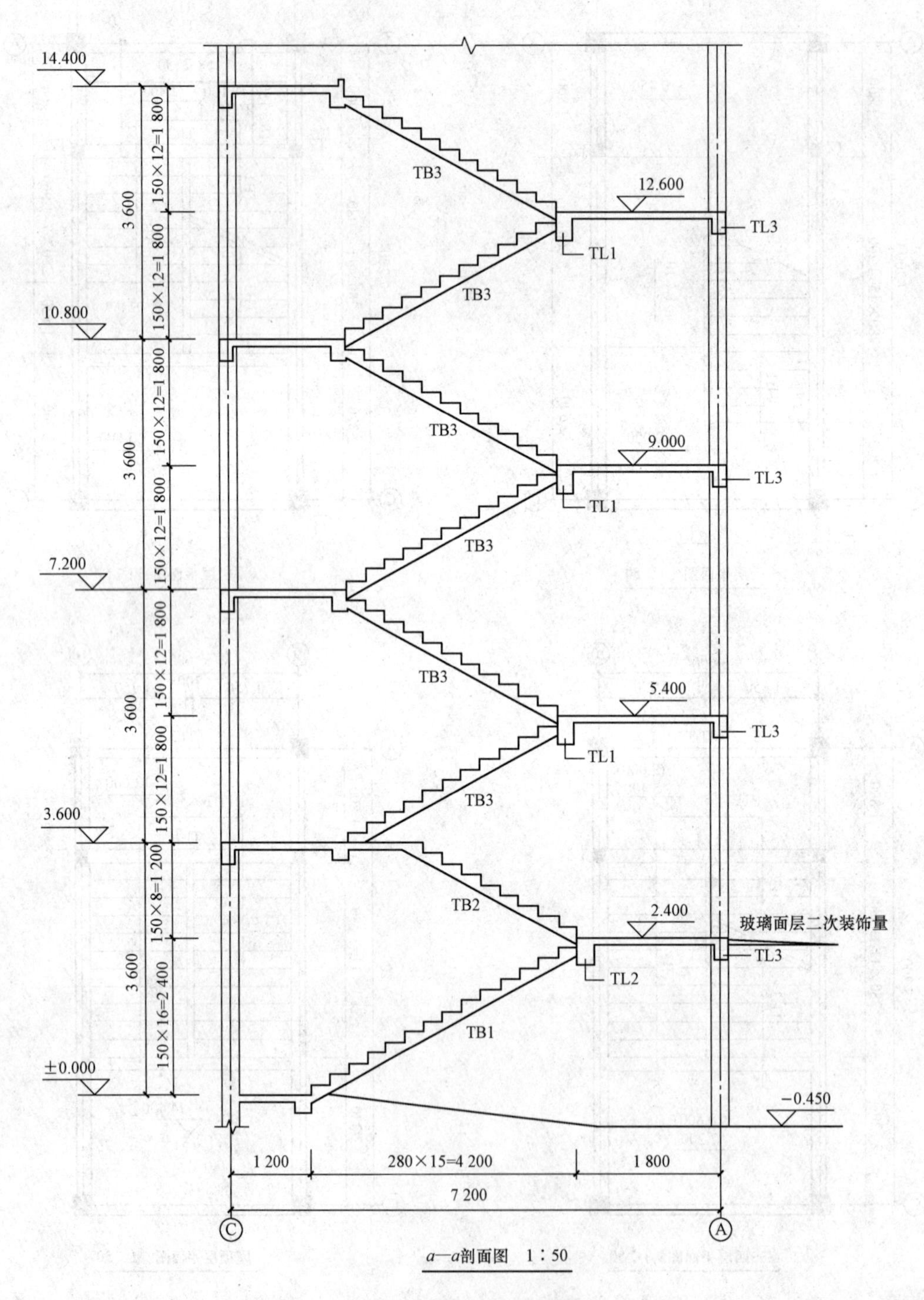

a—a剖面图 1：50

图 4.1-21 楼梯结构剖面图

4.2 楼梯模板制作与安装

4.2.1 楼梯模板的构造

楼梯模板

双跑板式楼梯包括楼梯段(梯板和踏步)、梯基梁、平台梁及平台板等，平台梁和平台板模板的构造与肋形楼盖模板基本相同(图 4.2-1)。楼梯模板由底模、搁栅、牵杠、牵杠撑、外帮板、踏步侧板、反三角木等组成(图 4.2-2)。

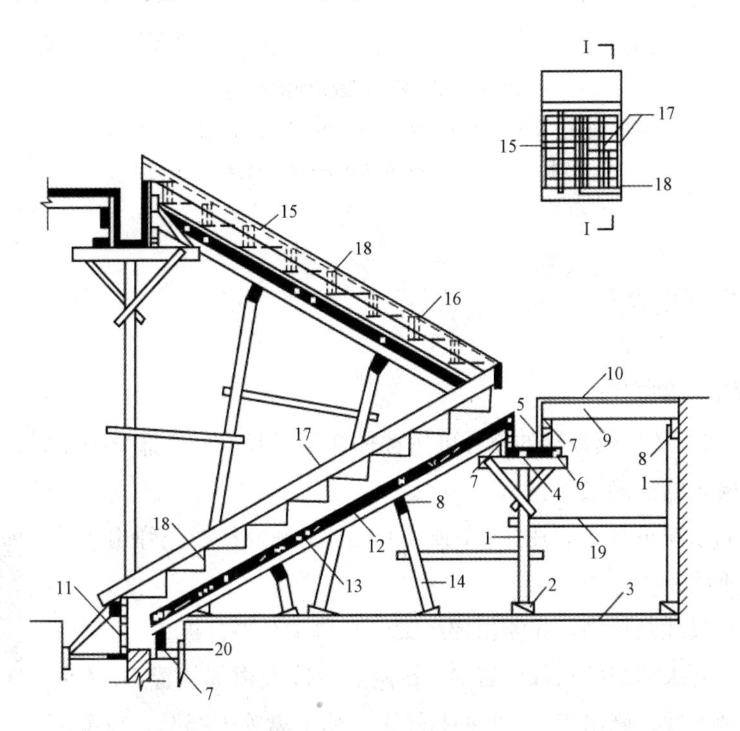

图 4.2-1　楼梯模板

1—支柱(顶撑)；2—木楔；3—垫板；4—平台梁底板；5—平台梁侧板；6—夹木；7—托木；8—杠木(或大楞)；9—楞木；10—休息平台底板；11—梯基侧板；12—斜楞木；13—楼梯板底模板；14—斜向顶撑；15—外帮板；16—横档木；17—反三角木；18—踏步侧板；19—拉杆；20—木桩

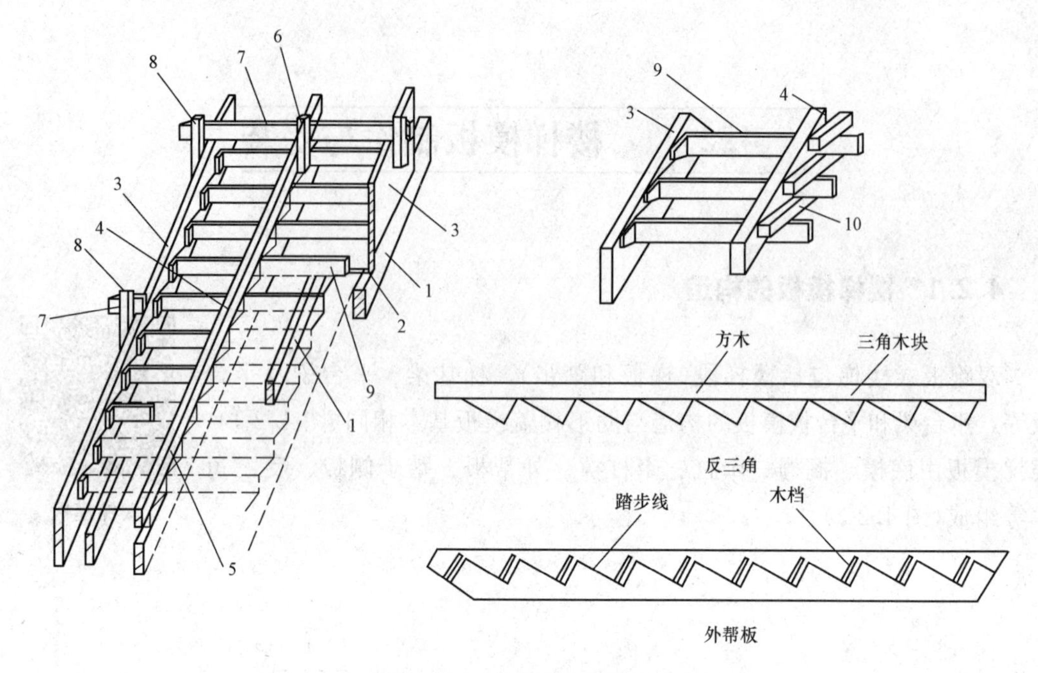

图 4.2-2 楼梯段模板的构造

1—楞木；2—底模；3—外帮板；4—反三角木；5—三角木；

6—吊木；7—横楞；8—立木；9—踏步侧板；10—定木

4.2.2 模板的制作

1. 楼梯模板配制方法

(1)放大样法。楼梯模板有的部分可按楼梯详图配制，有的部分则需要放出楼梯的大样图，以便量出模板的准确尺寸。

楼梯模板支模形式图

①在平整的水泥地坪上，用 1∶1 或 1∶2 的比例放样。先弹出水平基线 x-x 及其垂线 y-y。

②根据已知尺寸及标高，先测出梯级梁、平台梁及平台板。

③定出踏步首末两级的角部位置 A、a 两点，以及根部位置 B、b 两点，两点之间画连线，画出 B—b 线的平行线，其距离等于板厚，与梁边相交得 C、c[图 4.2-3(a)]。

④在 Aa 及 Bb 两线之间，通过水平等分线或垂直等分画出踏步[图 4.2-3(a)]。

⑤按模板厚度等于梁板底部和侧部画出模板图[图 4.2-3(b)]。

⑥按支撑系统的规格画出模板支撑系统及反三角等模板安装图[图 4.2-3(b)]。

(2)计算法。楼梯踏步的高和宽构成的直角三角形与梯段和水平线构成的直角三角形都是相似三角形(对应边平行)，因此，踏步的坡度和坡度系数即梯段的坡度和坡度系数。通过已知踏步的高和宽可以得出楼梯的坡度和坡度系数，所以，楼梯模板各倾斜部分都可利用楼梯的坡度值和坡度系数，进行各部分尺寸的计算。

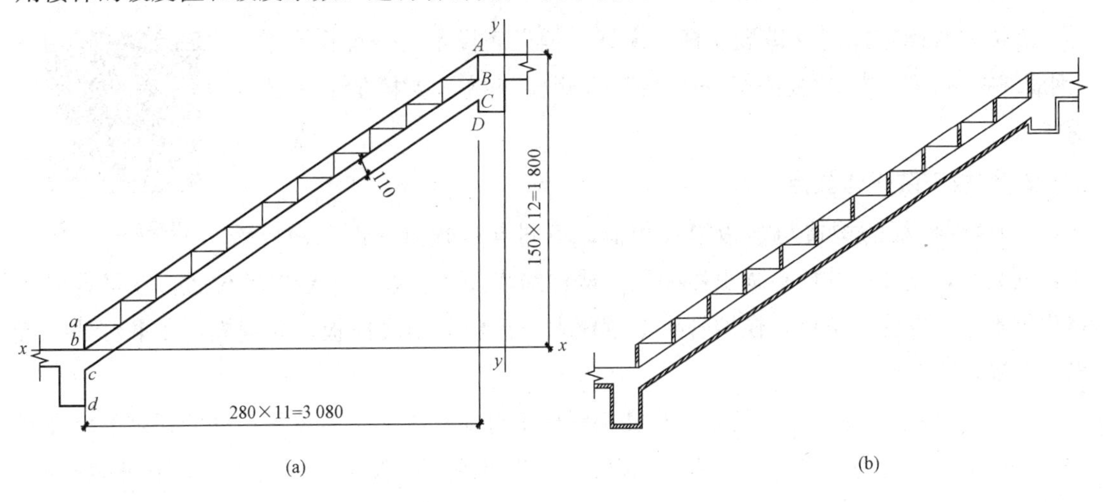

图 4.2-3　楼梯放样图

(a)画水平线和垂直线，并画出踏步；(b)画出模板支撑系统和模板安装

2. 模板配制要求

梯段侧板的宽度至少要等于梯段板厚度及踏步高，长度按梯段长度确定。反三角木是由若干三角木块钉在方块上，三角木块两直角边长分别等于踏步的高和宽，圆木断面为120 mm，每一梯段反三角木至少要配一块，楼梯较宽时可多配。反三角木用横楞及立木支吊。

板式楼梯模板用料参考表 4.2-1。

表 4.2-1　板式楼梯模板用料参考　　mm

斜搁栅断面	斜搁栅间距	牵杠断面	牵杠撑间距	底模板厚	总长顺带断面
50～100	400～500	70×150	1 000～1 200	20～25	70×150

4.2.3　模板的安装

楼梯模板安装如图 4.2-4 所示。

图 4.2-4　楼梯模板安装

1. 楼梯模板施工的工艺流程

楼梯施工模拟

测量放线确定标高→搭设立杆及横杆→铺设底模木楞→铺设底模→(钢筋绑扎后)安装梯段板侧模→安装踏步侧模→模板支撑加固→成品保护。

2. 模板安装操作要点

(1)楼梯模板的构造与楼板模板相似，不同点是倾斜支设和做成踏步，安装时，先按设计标高画出楼梯段，楼梯踏步及平台板、平台梁的位置。在平台梁下搭设钢管架，立柱下垫板，在钢管架上放楞木钉平台梁的底模板，立侧模，在平台处搁置楞木，铺钉平台底模板。

(2)在楼梯基面侧板上钉托木，将楼梯斜楞木钉在托木和平台梁侧板外的托木上。在斜楞木上面铺钉楼梯底模板，下面搭设钢管架，其间用拉杆拉结，再沿楼梯边立外侧帮板，用外侧帮板上的横档木将外帮板钉固在斜木楞上，先在其内侧弹出楼梯底板厚度线，用套板画出踏步侧板位置线。

楼梯踏步模板安装

(3)踏步安装时，在楼梯斜面两侧楞木上将反三角木立起，反三角木的两端可钉固于平台梁和梯基的侧板上，然后在反三角木与外帮板之间逐块钉上踏步侧板，踏板侧板一头钉在外帮板的木档上，另一头钉在反三角木块的侧面上。如果梯段中间再加设反三角木，并用木档上下连结固定，以免发生踏步侧板凸肚现象。为了确保梯板符合要求的厚度，在踏步侧板下面可以垫若干小木块，这些小木块在浇捣混凝土时取出。

(4)施工缝处模板安装。确定施工缝位置，架设背部挡板，挡住板筋上部混凝土；架设锯齿形挡板，挡住板筋下部混凝土；加钉水平撑板，为钢筋保护层厚度，100 mm宽，撑住挡板。三块板形成施工缝处的整体侧模。

(5)在楼段模板放线时，特别要注意每层楼梯的第一踏步与最后一个踏步的高度，梯步的平面宽度和高度要均匀一致，必须考虑楼梯面层的厚度，才能杜绝踏步高低不同的偏差现象，影响用户使用及观感效果。

4.2.4　楼梯模板施工质量检测

1. 主控项目

安装上层楼梯模板及其支架时，下层梯段板应具有承受上层荷载的承载能力；在涂刷模板隔离剂时，不得沾污钢筋和混凝土接槎处。楼梯施工缝位置准确，模板安装牢固。

2. 一般项目

模板的接缝不应漏浆；浇筑混凝土前模板内杂物应清理干净；模板应浇水湿润，且模板内不得有积水。

4.3 楼梯钢筋加工与绑扎

4.3.1 钢筋的下料计算

板式楼梯钢筋构造如图 4.3-1 所示。

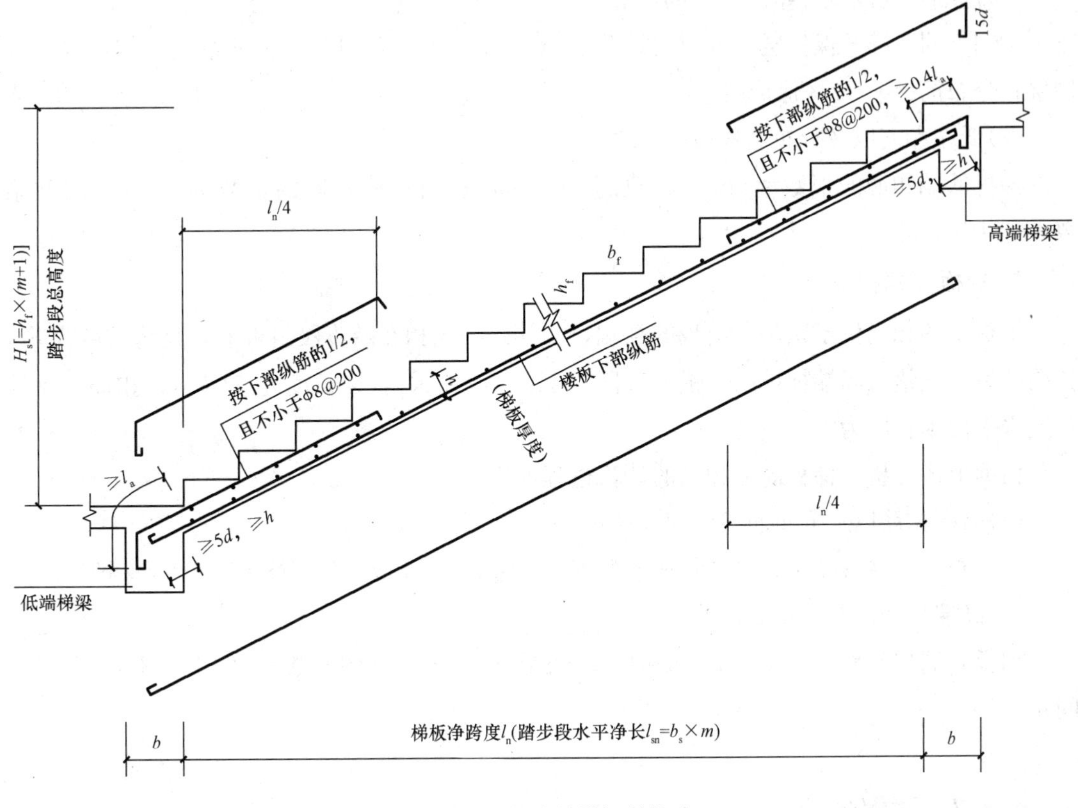

图 4.3-1 板式楼梯钢筋构造

1. 梯板下部纵筋

楼梯 AT1 纵向钢筋和分布筋

梯板下部纵筋位于 AT 踏步段斜板的下部，其计算依据为梯板净跨度 l_n；梯板下部纵筋两端分别锚入高端梯梁和低端梯梁。其锚固长度满足≥5d，且≥h；在具体计算中，可以取锚固长度 $a=\max(5d, h)$。

根据上述分析，梯板下部纵筋的计算过程如下。

(1)下部纵筋以及分布筋长度的计算。

梯板下部纵筋的长度 $l=l_n\times$斜坡系数 $k+2\times a$，其中 $a=\max(5d, h)$；分布筋长度$=b_n-2\times$保护层

(2)下部纵筋以及分布筋根数的计算。

梯板下部纵筋的根数=(b_n−2×保护层)/间距+1；分布筋的根数=(l_n×斜坡系数 k−50×2)/间距+1。

2. 梯板低端扣筋

梯板低端扣筋位于踏步段斜板的低端；扣筋的一端扣在踏步段斜板上，直钩长度为 h_1；扣筋的另一端锚入低端梯梁内，弯锚长度为 l_a(弯锚部分由锚入直段长度和直钩长度 l_2 组成)；扣筋的延伸长度水平投影长度为 $l_n/4$。

根据上述分析，梯板低端扣筋的计算过程如下：

(1)低端扣筋以及分布筋长度的计算。

l_1=[l_n/4+(b−保护层)]×斜坡系数 k；l_2=l_a−(b−保护层)×斜坡系数 k；h_1=h−保护层；分布筋=b_n−2×保护层。

(2)低端扣筋以及分布筋根数的计算。

梯板低端扣筋的根数=(b_n−2×保护层)/间距+1；分布筋的根数=(l_n/4×斜坡系数 k)/间距+1。

3. 梯板高端扣筋

梯板高端扣筋位于踏步段斜板的高端，扣筋的一端扣在踏步段斜板上，直钩长度为 h_1，扣筋的另一端锚入高端梯梁内，锚入直段长度：≥$0.4l_a$，直钩长度 l_2 为 $15d$，扣筋的延伸长度水平投影长度为 $l_n/4$。

根据上述分析，梯板高端扣筋的计算过程如下：

(1)高端扣筋以及分布筋长度的计算。

h_1=h−保护层；l_1=l_n/4×斜坡系数 k+$0.4l_a$；l_2=$15d$；分布筋=b_n−2×保护层。

(2)高端扣筋以及分布筋根数的计算。

梯板高端扣筋根数=(b_n−2×保护层)/间距+1；分布筋的根数=(l_n/4×斜坡系数 k)/间距−1。

4.3.2 案例分析

板式楼梯配筋图如图 4.3-2 所示。

1. 斜坡系数 k 的计算

$k=\sqrt{(b_s\times b_s+h_s\times h_s)}/b_s=\sqrt{(280\times280+150\times150)}/280=1.134$

2. 下部纵筋以及分布筋长度的计算

下部纵筋长度 $l=l_n\times k+2\times a$=3 080×1.134+2×120=3 733(mm)

分布筋长度=b_n−2×保护层=1 750−2×15=1 720(mm)

下部纵筋以及分布筋根数的计算：

下部纵筋根数=(b_n−2×保护层)/间距+1=(1 750−2×15)/100+1=19(根)

分布筋根数=(l_n×k−50×2)/间距+1=(3 080×1.134−50×2)/200+1=18(根)

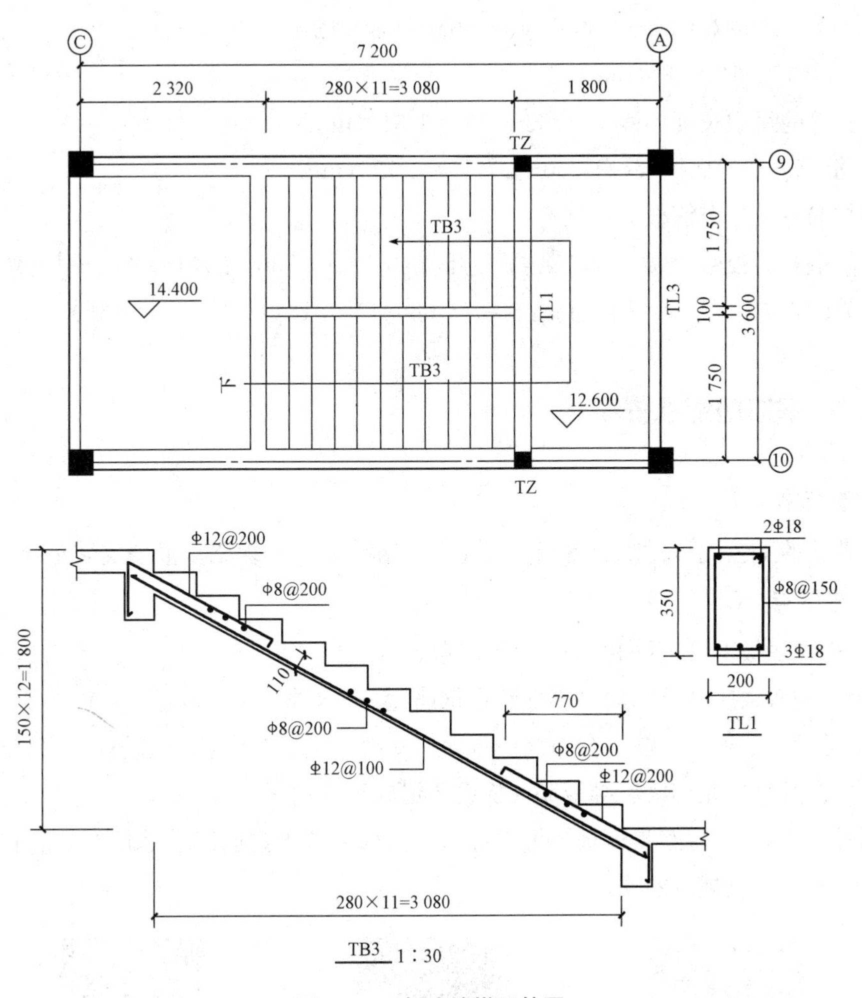

图 4.3-2　板式楼梯配筋图

3. 梯板低端扣筋的计算

低端扣筋以及分布筋长度的计算：

l_1=[l_n/4+(b−保护层)]×k=[3 080/4+(200−25)]×1.134=1 072(mm)

l_2=l_a−(b−保护层)×k=34×12−175×1.134=210(mm)

h_1=h−保护层=110−15=95(mm)

低端扣筋的每根长度=1 072+210+95=1 377(mm)

分布筋=b_n−2×保护层=1 750−2×15=1 720(mm)

低端扣筋以及分布筋根数的计算：

梯板低端扣筋的根数=(b_n−2×保护层)/间距+1=(1 750−2×15)/200+1=10(根)

分布筋的根数−(l_n/4×k)/间距+1=(3 080/4×1.134)/200+1=6(根)

4. 梯段高端扣筋的计算

高端扣筋以及分布筋长度的计算：

h_1=h−保护层=110−15=95(mm)

$l_1 = l_{n/4} \times k + 0.4 l_a = 3\ 080/4 \times 1.134 + 0.4 \times 34 \times 12 = 1\ 036$(mm)

$l_2 = 15d = 15 \times 12 = 180$(mm)

高端扣筋的每根长度＝95＋1 036＋180＝1 311(mm)

分布筋＝b_n－2×保护层＝1 750－2×15＝1 720(mm)

高端扣筋以及分布筋根数的计算：

梯板高端扣筋根数＝(b_n－2×保护层)/间距＋1＝(1 750－2×15)/200＋1＝10(根)

分布筋的根数＝(l_n/4×k)/间距＋1＝(3 080/4×1.134)/200＋1＝6(根)

4.3.3 钢筋的绑扎安装

1. 工艺流程

钢筋绑扎的工艺流程：画位置线→绑主筋→绑分布筋→绑踏步筋→安装垫块。

2. 工艺要点

(1)在楼梯底板上画主筋和分布筋的位置线。

(2)钢筋的弯钩应全部向内，不准踩在钢筋上进行绑扎。

(3)根据设计图纸中主筋、分布筋的方向，先绑扎主筋后绑扎分布筋，每个交点均应绑扎。如有楼梯梁时，先绑梁后绑板筋，板筋要锚固到梁内。

(4)底板筋绑完，待踏步模板吊模支好后，再绑扎踏步钢筋。主筋接头数量和位置均要符合设计及施工验收规范的规定。

楼梯钢筋施工工艺

楼梯支模及钢筋绑扎施工模拟

实拍建筑工地钢筋工绑扎旋转楼梯钢筋

4.3.4 钢筋安装质量检查

1. 主控项目

钢筋安装时，受力钢筋的品种、级别、规格和数量必须符合设计要求。

2. 一般项目

钢筋安装位置的偏差应符合表 1.4-2 的规定。

4.4 楼梯的混凝土浇筑

4.4.1 浇筑要点

1. 浇筑方向

楼梯段混凝土自下而上浇筑，先振实底板混凝土，达到踏步位置时再与踏步混凝土一起浇筑，不断连续向上推进，并随时用木抹子(或塑料抹子)将踏步上表面抹平，楼梯混凝土宜连续浇筑完成，如图 4.4-1 所示。

2. 送浆方法

料斗或小车将浆料卸在拌板上，再用小铁桶传递。

振捣楼梯混凝土

3. 振捣

注意踢板与踏板之间的阴角，既要饱满，又不能使踏板超厚。

4. 养护

楼梯达到一定强度方可拆模，拆模日期应按结构特点和混凝土所达到的强度确定。

图 4.4-1 楼梯混凝土浇筑

4.4.2 施工缝的留置

浇筑混凝土应连续进行，如必须间歇，间歇时间应尽量缩短。间歇的最长时间应按所用水泥品种及混凝土凝结条件确定。混凝土在浇筑过程中的最大间歇时间不得超过表 4.4-1 的规定。

表 4.4-1　混凝土浇筑中的最大间歇时间 min

混凝土强度等级	气温	
	低于 25 ℃	不低于 25℃
低于及等于 C30	210	180
高于 C30	180	150

1. 施工缝留置位置

如果由于技术上或组织上的原因，混凝土不能连续浇筑完毕，如中间间歇时间超过了表 4.4-1 规定的混凝土运输和浇筑所允许的间歇时间，这时由于先浇筑的混凝土已经凝结，继续浇筑时，后浇筑的混凝土的振捣将破坏先浇筑的混凝土的凝结。在这种情况下，应留置施工缝(新旧混凝土接槎处称为施工缝)。根据结构情况，可将施工缝位置留设于楼梯平台板跨中或楼梯段 1/3 范围内。通常情况下，施工缝留在第三步台阶处。

楼梯施工缝隙位置

2. 施工缝处继续浇筑混凝土的规定

已浇筑的混凝土，其抗压强度不应小于 1.2 N/mm^2。在已硬化的混凝土表面上，应清除水泥薄膜和松动石子以及软弱混凝土层，并加以充分湿润和冲洗干净，且不得积水。浇筑混凝土前，宜先在施工缝处铺一层水泥浆或与混凝土内成分相同的水泥砂浆，如图 4.4-2 所示。

楼梯施工缝清理

图 4.4-2　楼梯混凝土浇筑

【附：技术交底—混凝土浇筑(楼梯)(表 4.4-2)】

表 4.4-2　分项工程技术交底卡

施工单位	××施工公司第×项目部		
工程名称	××办公楼	分部工程	混凝土浇筑
交底部位	T1 楼梯间混凝土浇筑	日期	××××年××月××日
交底内容	楼梯混凝土浇筑 1. 施工前准备 1.1　材料计划组织，进场检验。 1.2　熟悉图纸，做好图纸会审。 1.3　施工机具组织进场，到位安装。 1.4　进行三级安全教育和技术安全交底。 2. 操作工艺要点 2.1　楼梯段混凝土自下而上浇筑，先振实底板混凝土，达到踏步位置与踏步混凝土一起浇筑，连续向上推进，并随时用木抹子(木扶板)将踏步上表面抹平。 2.2　楼梯混凝土宜连续浇筑完成。 2.3　施工缝位置，根据结构情况可留设于楼梯平台板跨中或楼梯段 1/3 范围内。 2.4　大模板轻集料混凝土浇筑。 2.4.1　应连续施工，不留设或少留设施工缝。 2.4.2　应分层浇筑，每层厚度不大于 300 mm。 2.4.3　由于轻集料密度小，容易造成砂浆下沉，轻集料上浮，使用插入式振动器时要快插慢拔，振点要适当加密，分布均匀，其振捣间距不大于振捣棒作用半径的一倍，振动时间不宜过长，防止分层离析。 2.4.4　施工缝设在内外墙交接处，用钢丝网或木板挡牢。 2.5　混凝土的养护。 2.5.1　混凝土浇筑完毕后，应在 12 小时以内加以覆盖，并浇水养护。 2.5.2　混凝土浇水养护日期一般不小于 7 天，掺用缓凝型外加剂或有抗渗要求的混凝土不得少于 14 天。 2.5.3　每日浇水次数应能保持混凝土处于足够的湿润状态，常温下每日浇水两次。 2.5.4　大面积结构如地坪、楼板、屋面等可蓄水养护，贮水池一类工程，可在拆除内模板后，待混凝土达到一定强度后注水养护。 2.5.5　可喷洒养护剂，在混凝土表面形成保护膜，防止水分蒸发，达到养护的目的。 2.5.6　采用塑料薄膜覆盖时，其四周应压至严密，并应保持薄膜内有凝结水。 2.5.7　养护用水与拌制混凝土用水相同。 3. 安全规定 3.1　浇筑混凝土必须搭设临时桥道才准车辆行走，桥道搭设要用桥凳架空，不允许桥道压在钢筋面上，也不允许手推车在钢筋面上行走和踩踏底面筋。 3.2　禁止在混凝土初凝前在上面行走车子或堆放实物。 3.3　混凝土自由倾落度不宜超过 2 m，如超过要用串筒进行送浆捣固。 3.4　浇捣混凝土时应有木工及电工值班，检查顶架及电气安全。 4. 本卡无规定者按有关施工验收规范和《建筑施工安全检查标准》(JGJ 59—2011)执行。 5. 本项目的特殊要求： 5.1　保持模板本身的整洁及配套设备零件的齐全，吊运应防止碰撞，堆放合理，保持板面不变形；冬期施工时大模板背面的保温措施应保持完好。 5.2　模板吊运就位时要平稳、准确，不得碰砸已施工完的部位，不得兜住钢筋。		

技能训练

一、选择题

1. 下面有关BT型楼梯描述，说法正确的是(　　)。

   A. BT型楼梯为有低端平板的一跑楼梯

   B. BT型楼梯为有高端平板的一跑楼梯

   C. 低端、高端均为单边支座

   D. 板低端为三边支座、高端为单边支座

2. 楼梯所包含的构件内容一般有层间平板和(　　)。

   A. 踏步段　　B. 层间梯梁　　C. 楼层梯梁　　D. 楼层平板

二、简答题

1. 简述AT型楼梯梯板配筋构造要求。

2. 描述下列楼梯平法表示的含义。

   AT1，h=120　　Φ10@200；Φ12@150　　Fφ8@250

3. 楼梯平法施工图的平面标注识图方法有哪几种？

项目5　高层钢筋混凝土工程施工

项目任务

掌握剪力墙平法施工图识图规则，掌握墙身、墙柱和墙梁的配筋构造；了解高层建筑垂直运输的机械设备，熟悉混凝土泵送施工的设备；了解大模板、滑模、爬模的施工；掌握剪力墙结构钢筋的连接、锚固、安装和常见的钢筋施工质量问题；掌握高层混凝土施工的方法和要点。

项目导读

(1)识读剪力墙结构全套施工图纸，完成墙身、墙柱、墙梁的翻样任务；

(2)根据教师给定的工程项目，分析并编制剪力墙结构工程整体施工方案。

能力目标

(1)能够准确识读剪力墙结构的施工图；

(2)能编制剪力墙结构整体的施工方案，并能组织现场施工和验收工作；

(3)学习旁站监督高层建筑施工整个流程，能对高层建筑施工进行安全检查，排除安全施工隐患。

5.1　剪力墙平法施工图识读

剪力墙又称抗风墙或抗震墙、结构墙，是在房屋或构筑物中主要承受风荷载或地震作用引起的水平荷载和竖向荷载的墙体。

剪力墙结构构件包含“一墙、二柱、三梁”，即一种墙身、两种墙柱、三种墙梁，剪力墙的组成构件及所配钢筋如图5.1-1所示。

剪力墙平法制图规则是指在剪力墙平面布置图上采用列表注写方式或截面注写方式表达的方法。

剪力墙钢筋现场实物

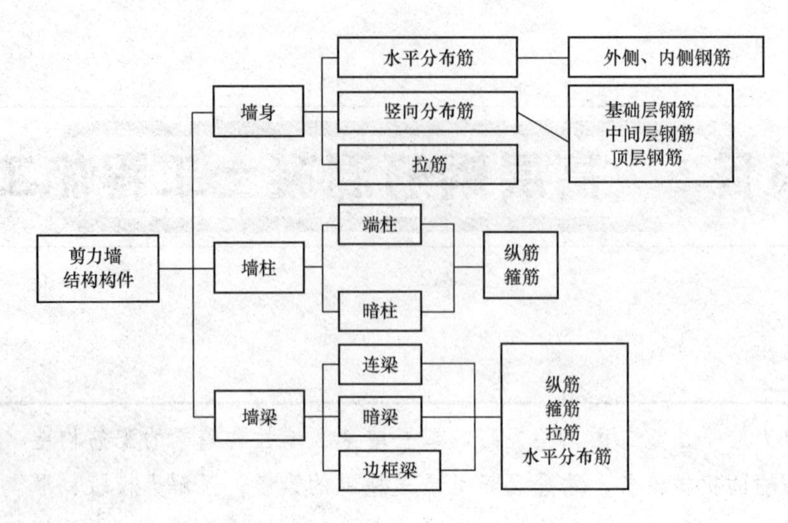

图 5.1-1　剪力墙的组成构件及钢筋

5.1.1　剪力墙列表注写方式

列表注写方式是分别在剪力墙柱表、剪力墙身表和剪力墙梁表中，对应于剪力墙平面布置图上的编号，用绘制截面配筋图并注写几何尺寸与配筋具体数值的方式，来表达剪力墙平法施工图。

1. 剪力墙编号规定

剪力墙柱编号见表 5.1-1，剪力墙身编号见表 5.1-2，剪力墙梁编号见表 5.1-3，剪力墙洞口编号见表 5.1-4。

表 5.1-1　剪力墙柱编号

墙柱类型	代号	序号	墙柱详称	说明
约束边缘构件	YBZ	××	约束边缘暗柱 约束边缘端柱 约束边缘翼墙(柱) 约束边缘转角墙(柱)	设置在剪力墙边缘(端部)起到改善受力性能作用的墙柱。用于抗侧力大和抗震等级高的剪力墙，其配筋要求比构造边缘构件更严，配筋范围更大
构造边缘构件	GBZ	××	构造边缘暗柱 构造边缘端柱 构造边缘翼墙(柱) 构造边缘转角墙(柱)	设置在剪力墙边缘(端部)的墙柱
非边缘暗柱	AZ	××	非边缘暗柱	在剪力墙的非边缘处设置的与墙厚等宽的墙柱
扶壁柱	FBZ	××	扶壁柱	在剪力墙的非边缘处设置的凸出墙面的墙柱

表 5.1-2　剪力墙身编号

类型	代号	序号	说明
剪力墙身	Q	××	剪力墙身指剪力墙除去端柱、边缘暗柱、边缘翼墙、边缘转角墙后的墙身部分

表 5.1-3　剪力墙梁编号

类型	代号	序号	特征
连梁	LL	××	设置在剪力墙洞口上方，两端与剪力墙相连，且跨高比小于 5，梁宽与墙厚相同
连梁(对角暗撑配筋)	LL(JC)	××	跨高比不大于 2，且连梁宽不小于 400 mm 时可设置
连梁(交叉斜筋配筋)	LL(JX)	××	跨高比不大于 2，且连梁宽不小于 250 mm 时可设置
连梁(集中对角斜筋配筋)	LL(DX)	××	跨高比不大于 2，且连梁宽不小于 400 mm 时宜设置
连梁(跨高比不小于 5)	LLk	××	跨高比不小于 5 的连梁按框架梁设计时采用
暗梁	AL	××	设置在剪力墙楼面和屋面位置，梁宽与墙厚相同
边框梁	BKL	××	设置在剪力墙楼面和屋面位置，梁宽大于墙厚

表 5.1-4　剪力墙洞口编号

类型	代号	序号	特征
矩形洞口	JD	××	通常为在内墙墙身或连梁上设置的设备管道预留洞
圆形洞口	YD	××	

2. 剪力墙柱表

现举例说明剪力墙柱列表注写方式，如图 5.1-2 所示。

剪力墙柱表中表达的内容说明如下：

(1)注写墙柱编号，按表 5.1-1 规定编号。编号时，如若干墙柱的截面尺寸与配筋均相同，仅截面与轴线的关系不同时，可将其编为同一墙柱号。

(2)注写各段墙柱的起止标高，自墙柱根部往上以变截面位置或截面未变但配筋改变处为界分段注写。墙柱根部标高是指基础顶面标高(如为框支剪力墙结构则为框支梁顶面标高)。

(3)注写各段墙的纵向钢筋，注写值应与在表中绘制的截面对应一致。纵向钢筋注写有总配筋值，墙柱辅筋的注写方式与柱箍筋相同。对于约束边缘构件，除注写图集的相应标准构造详图中所示阴影部位内的箍筋外，尚应注写非阴影区内布置的拉筋(或箍筋)。

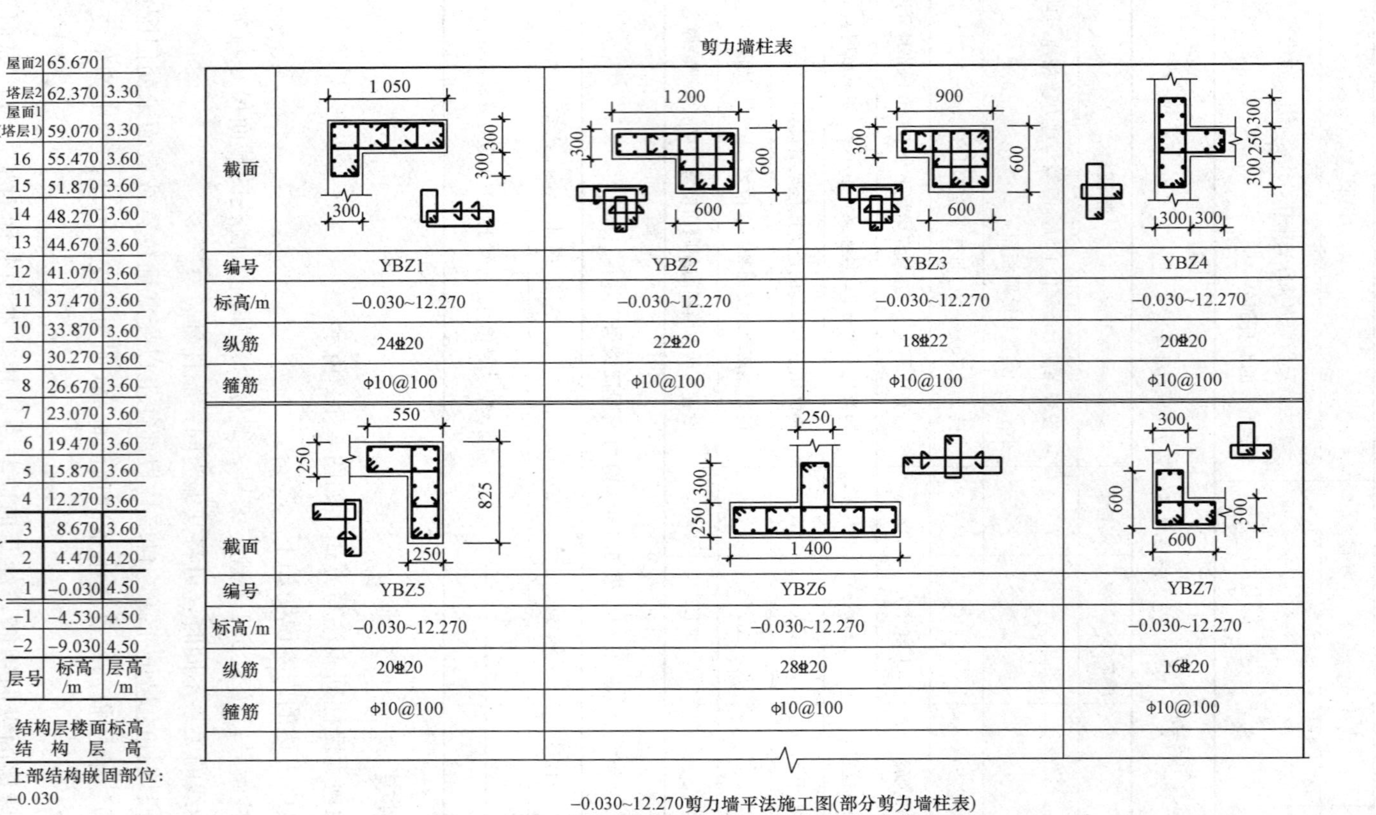

屋面2	65.670	
塔层2	62.370	3.30
屋面1 (塔层1)	59.070	3.30
16	55.470	3.60
15	51.870	3.60
14	48.270	3.60
13	44.670	3.60
12	41.070	3.60
11	37.470	3.60
10	33.870	3.60
9	30.270	3.60
8	26.670	3.60
7	23.070	3.60
6	19.470	3.60
5	15.870	3.60
4	12.270	3.60
3	8.670	3.60
2	4.470	4.20
1	-0.030	4.50
-1	-4.530	4.50
-2	-9.030	4.50
层号	标高/m	层高/m

底部加强部位（2、1层）

结构层楼面标高
结构层高
上部结构嵌固部位：
-0.030

剪力墙柱表

截面	1 050 / 300 / 300 / 300	1 200 / 300 / 600 / 600	900 / 300 / 600 / 600	300 250 300 / 300 300
编号	YBZ1	YBZ2	YBZ3	YBZ4
标高/m	-0.030~12.270	-0.030~12.270	-0.030~12.270	-0.030~12.270
纵筋	24Φ20	22Φ20	18Φ22	20Φ20
箍筋	φ10@100	φ10@100	φ10@100	φ10@100

截面	550 / 250 / 825 / 250	250 / 300 / 250 / 1 400	300 / 600 / 600 / 300
编号	YBZ5	YBZ6	YBZ7
标高/m	-0.030~12.270	-0.030~12.270	-0.030~12.270
纵筋	20Φ20	28Φ20	16Φ20
箍筋	φ10@100	φ10@100	φ10@100

-0.030~12.270剪力墙平法施工图(部分剪力墙柱表)

图 5.1-2　剪力墙列表注写方式

3. 剪力墙身表

现举例说明剪力墙身列表注写方式，见表 5.1-5。

表 5.1-5　剪力墙身表

编号	标高	墙厚/mm	水平分布筋	垂直分布筋	拉筋
Q1(2 排)	−4.000～2.830	250	⌀12@250	⌀12@250	Φ6@500
	2.830～31.130	200	⌀12@250	⌀12@250	Φ6@500
Q2(2 排)	−4.000～2.830	250	⌀10@250	⌀10@250	Φ6@500
	2.830～31.130	200	⌀10@250	⌀10@250	Φ6@500

剪力墙身表中表达的内容说明如下：

(1)注写墙身编号：按表 5.1-2 规定编号。

①编号时，如若干墙身的厚度尺寸和配筋均相同，仅墙厚与轴线的关系或墙身长度不同时，可将其编为同一墙身号。

②对于分布钢筋网的排数规定：当剪力墙厚度不大于 400 mm 时，应配置双排；当其厚度大于 400 mm，但不大于 700 mm 时，宜配置 3 排；当剪力墙厚度大于 700 mm 时，宜配置 4 排。

各排水平分布筋和竖向分布筋的直径和根数应保持一致。

当剪力墙配置的分布钢筋多于两排时，剪力墙拉筋两端应同时钩住外排水平纵筋和竖向纵筋，还应与剪力墙内排水平纵筋和竖向纵筋绑扎在一起。

(2)注写各段墙身起止标高，自墙身根部往上以变截面位置或截面未变但配筋改变处为界分段注写。墙身根部标高是指基础顶面标高(如为框支剪力墙结构则为框支梁顶面标高)。

(3)注写水平分布钢筋、竖向分布钢筋和拉筋的具体数值。

注写数值为一排水平分布钢筋和竖向分布钢筋的规格与间距，具体设置几排均在墙身编号后面表达。剪力墙身的拉筋配置在剪力墙身表中明确给出其钢筋规格与间距。

4. 剪力墙梁表

现举例说明剪力墙梁列表注写方式，见表 5.1-6。

表 5.1-6　剪力墙梁表

编号	所在楼层号	梁顶相对标高高差	梁截面 $b\times h$	上部纵筋	下部纵筋	箍筋
LL1	−1～屋面		200×600	2⌀20	2⌀20	Φ8@100(2)
LL2	−1～屋面		200×400	2⌀18	2⌀18	Φ8@150(2)
AL1	−1～屋面		200×400	2⌀16	2⌀16	Φ8@150(2)

剪力墙梁表中表达的内容说明如下：

(1)注写墙梁编号：按表 5.1-3 中规定编号。

(2)注写墙梁所在楼层号。

(3)注写墙梁顶面标高高差，是指相对于墙梁所在结构层楼面标高的高差值，高于者为正值，低于者为负值，当无高差时不注。

(4)注写墙梁截面尺寸 $b \times h$，上部纵筋、下部纵筋和箍筋的具体数值。

(5)当连梁设有对角暗撑时[代号为 LL(JC)××]，注写暗撑截面尺寸(箍筋外皮尺寸)；注写一根暗撑的全部纵筋，并标注×2 表明有两根暗撑相互交叉；注写暗撑箍筋的具体数值。

(6)当连梁设有交叉斜筋时[代号为 LL(JX)××]，注写连梁一侧对角斜筋的配筋值，并标注×2 表明对称设置；注写对角斜筋在连梁端部设置的连梁根数、强度等级及直径，并标注×4 表示四个角部设置；注写连梁一侧折线筋配筋值，并标注×2 表明对称设置。

(7)当连梁设有集中对角斜筋时[代号为 LL(DX)××]，注写一条对角线上的对角斜筋的配筋值，并标注×2 表明对称设置。

(8)跨高比不小于 5 的连梁，按框架梁设计时(代号为 LLk××)，采用平面注写方式，注写规则同框架梁，可采用适当比例单独绘制，也可与剪力墙平法施工图合并绘制。

墙梁侧面纵筋的配置，当墙梁水平分布筋满足连梁、暗梁及边框梁侧面纵筋要求时，该筋配置同墙身水平分布筋，表中不注，施工按标准构造详图的要求即可。当墙梁水平分布筋不满足连梁、暗梁及边框梁侧面纵筋要求时，应在表中补充注明梁侧面纵筋的具体数值；当为 LLk 时，平面注写方式以大写字母“N”打头。梁侧面纵筋在支座内锚固要求同连梁中受力钢筋。

5.1.2 剪力墙截面注写方式

剪力墙截面注写方式，是在分标准层绘制的剪力墙平面布置图上，直接在墙柱、墙身、墙梁上注写截面尺寸和配筋具体数值，整体表达该标准层的剪力墙平法施工图。

选用适当比例原位放大绘制剪力墙平面布置图，对所有墙柱、墙身、墙梁和墙洞口，应分别按表 5.1-1～表 5.1-4 的规定进行编号，并分别在相同编号的墙柱、墙身、墙梁中选择一根墙柱、一道墙身、一道墙梁进行注写，其他相同者则仅需标注编号及所在层数即可。

1. 剪力墙柱的注写

在选定进行标注的截面配筋图上集中注写：墙柱编号(按表 5.1-1 中规定编号)；墙柱竖向纵筋；墙柱核心部位箍筋/墙柱扩展部位拉筋。

2. 剪力墙身的注写

在选定进行标注的墙身上集中注写：墙身编号(按表 5.1-2 中规定编号)；墙厚；水平分布筋；竖向分布筋；拉筋。

3. 剪力墙梁的注写

在选定进行标注的墙梁上集中注写：墙梁编号(按表 5.1-3 中规定编号)；所在楼层号/(墙梁顶面相对标高高差)；截面尺寸/箍筋(肢数)；上部纵筋；下部纵筋；侧面纵筋。

当墙梁的侧面纵筋与剪力墙身的水平分布筋相同时，设计不注，施工按标准构造详图执行；当墙梁的侧面纵筋与剪力墙身的水平分布筋不同时，按有关注写梁侧面构造纵筋的方式进行标注。

4. 剪力墙洞口的表示方法

(1)洞口编号：矩形洞口为JD××(××为序号)，圆形洞口为YD××(××为序号)。

(2)洞口几何尺寸：矩形洞口为洞宽×洞高($b\times h$)，圆形洞口为洞口直径(D)。

(3)洞口中心相对标高，是相对于结构层楼面标高的洞口中心高度。当其高于结构层楼面时为正值，低于结构层楼面为负值。

(4)洞口每边补强钢筋，分以下几种不同情况：

①当矩形洞口的洞宽、洞高均不大于800 mm时，此项注写为洞口每边补强钢筋的具体数值。当洞宽、洞高方向补强钢筋不一致时，分别注写洞宽方向、洞高方向补强钢筋，以“/”分隔。

【例】 JD2 400×300，+3.100，3⌀14，表示2号矩形洞口，洞宽400 mm，洞高300 mm，洞口中心距本结构层楼面3 100 mm，洞口每边补强钢筋为3根⌀14。

【例】 JD3 400×300+3.100 mm，表示3号矩形洞口，洞宽400 mm，洞高300 mm，洞口中心距本结构层楼面3 100 mm，洞口每边钢筋按构造配置。

②当矩形或圆形洞口的宽度或直径大于800时，在洞口的上、下需设置补强暗梁，此项注写为洞口上、下每边暗梁的纵筋与箍筋的具体数值(在标准构造详图中，补强暗梁梁高一律定为400 mm，施工时按标准构造详图取值，设计不注。当设计者采用与该构造详图不同的做法时，应另行注明)；当洞口上、下边为剪力墙连梁时，此项免注；洞口竖向两侧按边缘构件配筋，也不在此项表达。

【例】 JD5 1 000×900，+1.400，6⌀20，Φ8@150，表示5号矩形洞口，洞宽1 000 mm，洞高900 mm，洞口中心距本结构层楼面1 400 mm，洞口上下设补强暗梁，每边暗梁纵筋为6⌀20，箍筋为Φ8@150。

③当圆形洞口设置在连梁中部1/3范围(且圆洞直径不应大于1/3梁高)时，需注写在圆洞上、下水平设置的每边补强纵筋与箍筋。

④当圆形洞口设置在墙身或暗梁、边框梁位置，且洞口直径不大于300 mm时，此项注写为洞口上下左右每边布置的补强纵筋的具体数值。

⑤当圆形洞口直径大于300 mm，但不大于800 mm时，此项注写为洞口上下左右每边布置的补强纵筋的具体数值，以及环向加强钢筋的具体数值。

5.1.3 剪力墙柱的钢筋构造

剪力墙构造
边缘暗柱

剪力墙柱包括的钢筋构造多，剪力墙柱的暗柱和端柱的构造要求区别较大，这是学习剪力墙柱的难点。

1. 剪力墙柱(边缘构件)插筋在基础中构造

剪力墙柱(边缘构件)插筋在基础内的锚固构造，按照保护层的厚度和基础高度是否满足直锚给出 4 种锚固构造，分述如下。

(1)当基础高度满足直锚，且插筋保护层厚度>5d 时，如图 5.1-3(a)所示。

角部纵筋(基础锚固区内配置的箍筋的角部钢筋)伸至基础板底部，支承在底板钢筋网上，弯折 90°留平直段 6d 且≥150，其余纵筋伸入基础内，竖向伸入长度≥l_{aE}。

锚固区内设置间距≤500 mm 且不少于两道矩形封闭箍筋，第一道箍筋距基础顶面 100 mm。

(2)当基础高度满足直锚，且插筋保护层厚度≤5d 时，如图 5.1-3(b)所示。

所有纵筋伸至基础板底部支承在底板钢筋网上，弯折 90°留平直段 6d 且≥150。

锚固区横向钢筋(箍筋和拉筋)应满足直径≥$d/4$(d 为插筋最大直径)，间距≤10d(d 为插筋最小直径)且≤100 mm 的要求，最上方第一道横向钢筋距基础顶面标高下方100 mm 处。

(3)当基础高度不满足直锚，且插筋保护层厚度>5d 时，如图 5.1-3(c)所示。

所有纵筋伸至基础板底部，支承在底板钢筋网上，竖向伸入长度≥0.6l_{abE}且≥20d，再做 90°弯钩，弯折段长 15d。

锚固区内设置间距≤500 mm 且不少于两道矩形封闭箍筋，第一道箍筋距基础顶面 100 mm。

(4)当基础高度不满足直锚，且插筋保护层厚度≤5d 时，如图 5.1-3(d)所示。

所有纵筋伸至基础板底部，支承在底板钢筋网上，竖向伸入长度≥0.6l_{aE}且≥20d，再做 90°弯钩，弯折段长 15d。

锚固区横向钢筋(箍筋和拉筋)应满足直径≥$d/4$(d 为插筋最大直径)，间距≤10d(d 为插筋最小直径)且≤100 mm 的要求，最上方第一道横向钢筋距基础顶面标高下方100 mm 处。

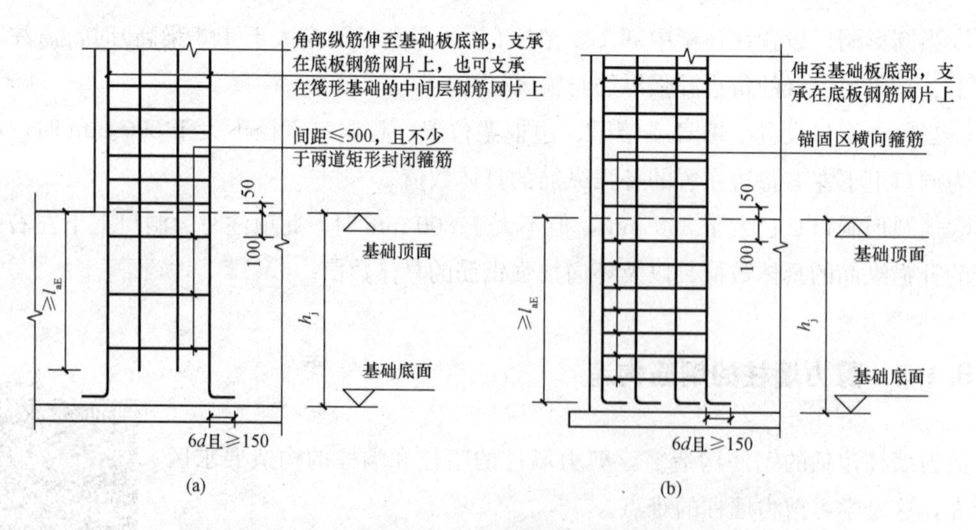

图 5.1-3　剪力墙柱(边缘构件)插筋在基础中构造

(a)基础高度满足直锚，且插筋保护层厚度>5d；(b)基础度满足直锚，且插筋保护层厚度≤5d

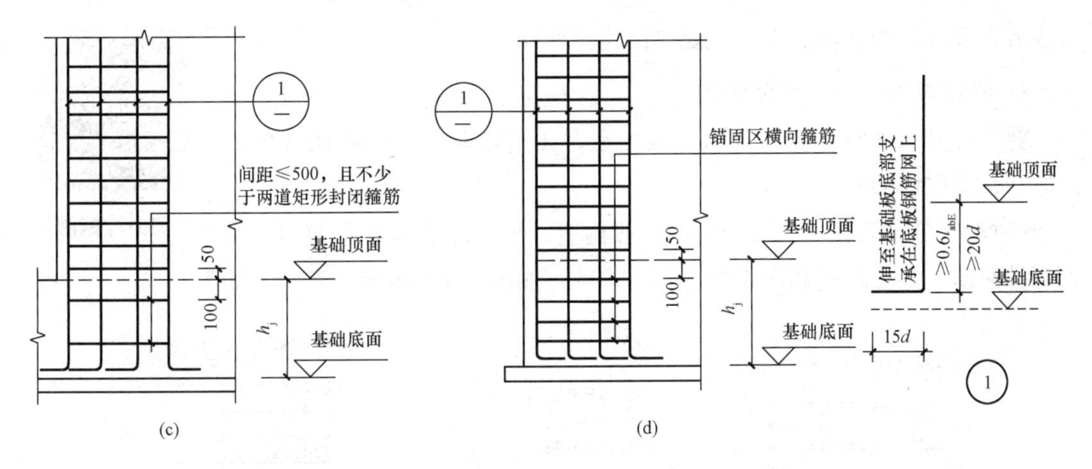

图 5.1-3　剪力墙柱(边缘构件)插筋在基础中构造(续)

(c)基础高度不满足直锚，且插筋保护层厚度>5d；(d)基础高度不满足直锚，且插筋保护层厚度≤5d

2. 剪力墙柱纵筋连接构造

剪力墙柱的纵筋连接构造如图 5.1-4 所示，要点如下：

(1)相邻纵筋交错连接。当采用搭接连接时，搭接长度≥l_{aE}，相邻纵筋搭接范围错开≥0.3l_{aE}；当采用机械连接时，相邻纵筋连接点错开 35d(d 为最大纵筋直径)。

当采用焊接时，相邻纵筋连接点错开 35d(d 为最大纵筋直径)且≥500 mm。

(2)机械连接、焊接时墙柱纵筋连接点距离结构层底面≥500 mm。

(3)端柱竖向钢筋和箍筋构造与框架柱相同，其内容见框架柱 KZ 纵向钢筋连接构造、框架柱 KZ 边柱和角柱柱顶纵向钢筋构造、框架柱 KZ 中柱柱顶纵向钢筋构造、框架柱 KZ 变截面纵向钢筋构造和框架柱 KZ 箍筋加密区范围。

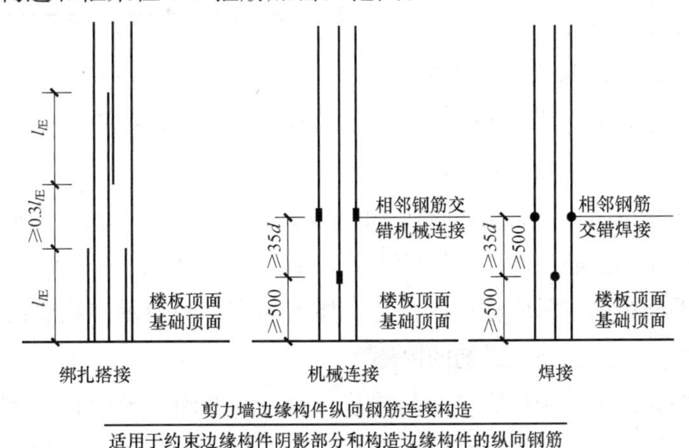

图 5.1-4　剪力墙边缘构件纵筋连接构造

5.1.4　剪力墙身的钢筋构造

剪力墙身的钢筋设置包括水平分布筋、竖向分布筋(垂直分布筋)和拉筋。这三种钢筋形成剪力墙身的钢筋网。本节主要讨论这三种钢筋构造。

剪力墙钢筋

1. 剪力墙身水平分布筋构造

剪力墙身水平分布筋可分为一般构造、无暗柱时构造、在暗柱中的构造和在端柱中的构造。

(1)水平分布筋在剪力墙身中的一般构造。平法图集给出了剪力墙布置两排配筋、三排配筋和四排配筋时的构造，如图 5.1-5 所示，其特点如下：

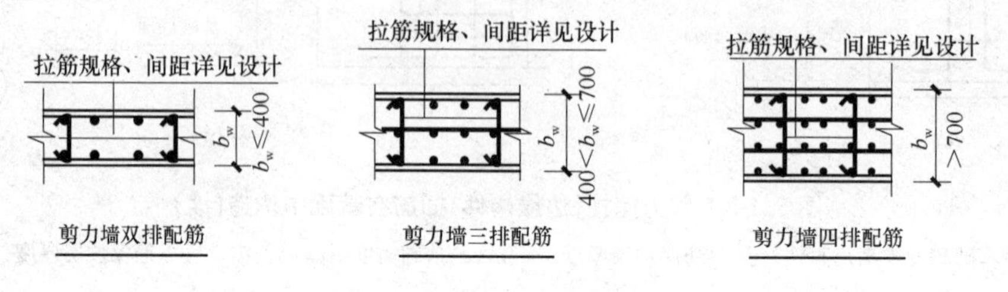

图 5.1-5　剪力墙身多排配筋时构造

①剪力墙布置两排配筋、三排配筋和四排配筋的条件：当墙厚≤400 mm 时，设置两排钢筋网；当 400 mm<墙厚≤700 mm 时，设置三排钢筋网；当墙厚>700 mm 时，设置四排钢筋网。

②剪力墙水平分布筋的搭接构造。剪力墙水平钢筋的搭接长度 $1.2l_a$，沿高度每隔一根错开搭接，相邻两个搭接区之间错开的净距离≥500 mm，如图 5.1-6 所示。

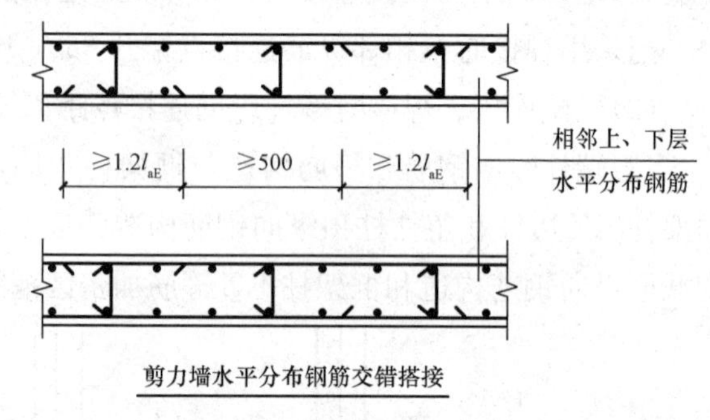

图 5.1-6　剪力墙水平分布筋交错搭接构造

(2)水平分布筋无暗柱时的锚固构造。无暗柱时剪力墙水平分布筋锚固构造，如图 5.1-7(a)所示。墙身两侧水平分布筋伸至墙端弯折 $10d$，墙端部设置双列拉筋。

(3)水平分布筋在暗柱中的锚固构造。

①剪力墙水平分布筋在直墙端部暗柱中的构造，如图 5.1-7(b)、(c)所示。剪力墙的水平分布筋伸到暗柱端部纵筋的内侧，然后弯折 $10d$。

②剪力墙水平分布筋在翼墙柱中的构造，如图 5.1-8(a)所示。端墙两侧的水平分布筋伸至翼墙对边，在翼墙暗柱外侧纵筋的内侧弯折 $15d$。

③剪力墙水平分布筋在转角墙柱中的构造。剪力墙外侧水平分布筋在转角墙柱中的构造有 3 种，图 5-1-8(b)所示是剪力墙的外侧水平分布筋绕过转角，搭接长度≥$1.2l_{aE}$，上下相邻两排水平筋交错搭接，错开距离≥500 mm；图 5.1-8(c)所示是剪力墙的外侧水平分布筋，分别在转角两侧进行搭接，搭接长度≥$1.2l_{aE}$，上下相邻两排水平筋交错搭接；图 5.1-8(d)所示是剪力墙的外侧水平分布筋，在转角处搭接，在两侧分别搭接 $0.8l_{aE}$。剪力墙内侧水平分布伸到暗柱端部纵筋的内侧，然后弯折 $15d$。

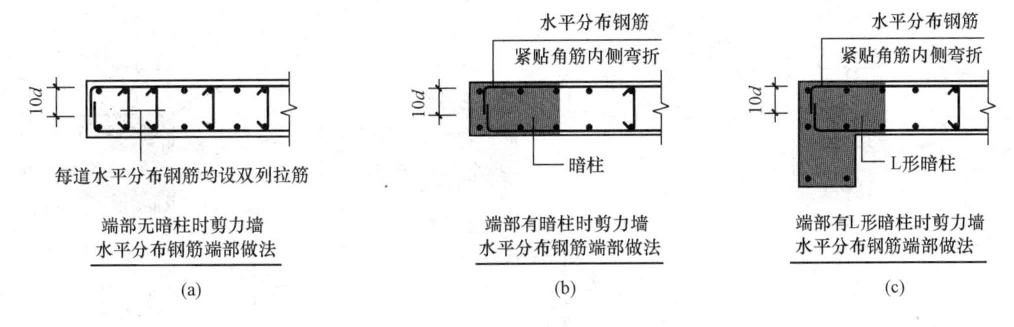

图 5.1-7　剪力墙端部水平分布筋构造

(a)无暗柱时构造；(b)有暗柱时构造；(c)有 L 形暗柱时构造

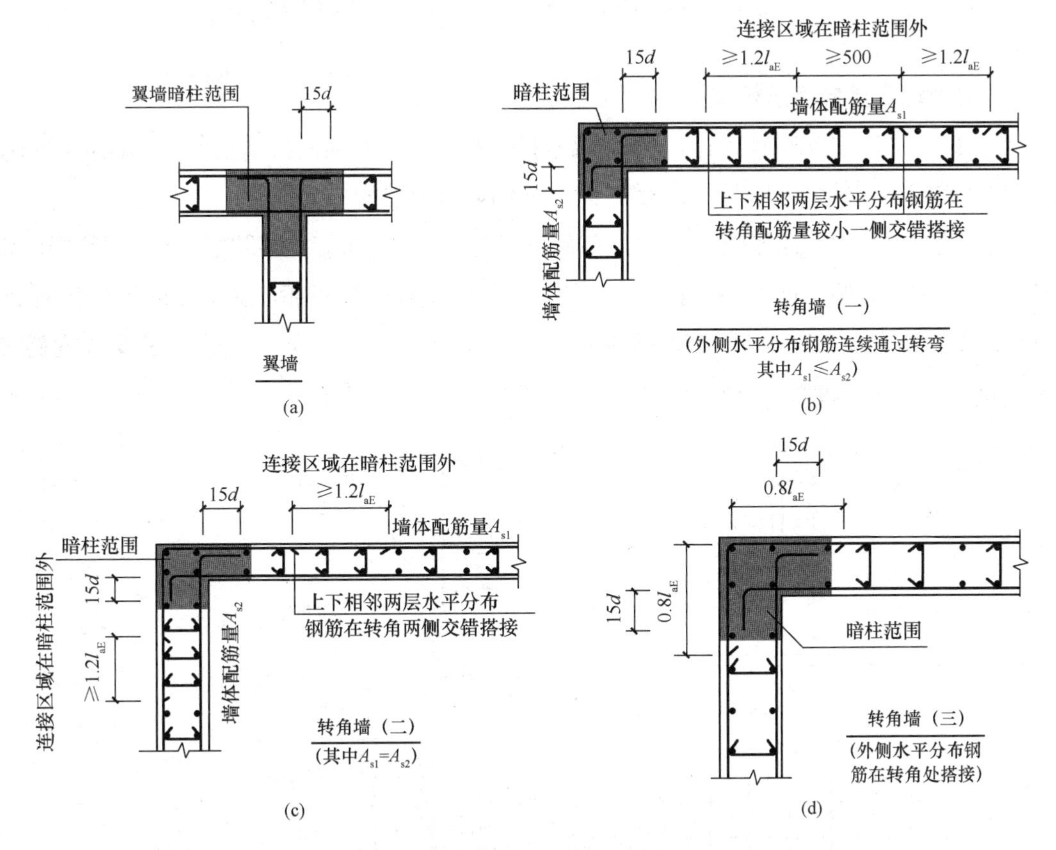

图 5.1-8　剪力墙暗柱翼墙和暗柱转角墙中的水平钢筋构造

(a)翼墙；(b)转角墙(一)；(c)转角墙(二)；(d)转角墙(三)

(4)水平分布筋在端柱中的构造。剪力墙水平分布筋在端柱直墙中的构造，如图 5.1-9 所示。当剪力墙墙身与端柱平齐时，该侧剪力墙墙身水平钢筋为外侧水平筋，其余钢筋为内侧水平筋。剪力墙外侧水平分布筋伸至端柱对边后弯折 $15d$，且水平分布筋伸至端柱对边且≥$0.6l_{abE}$，再弯折 $15d$。位于端柱纵筋内侧的墙身水平分布筋伸入端柱的长度≥l_{aE}时可直锚，其他情况下伸直端柱对边紧贴柱角筋弯折 $15d$。

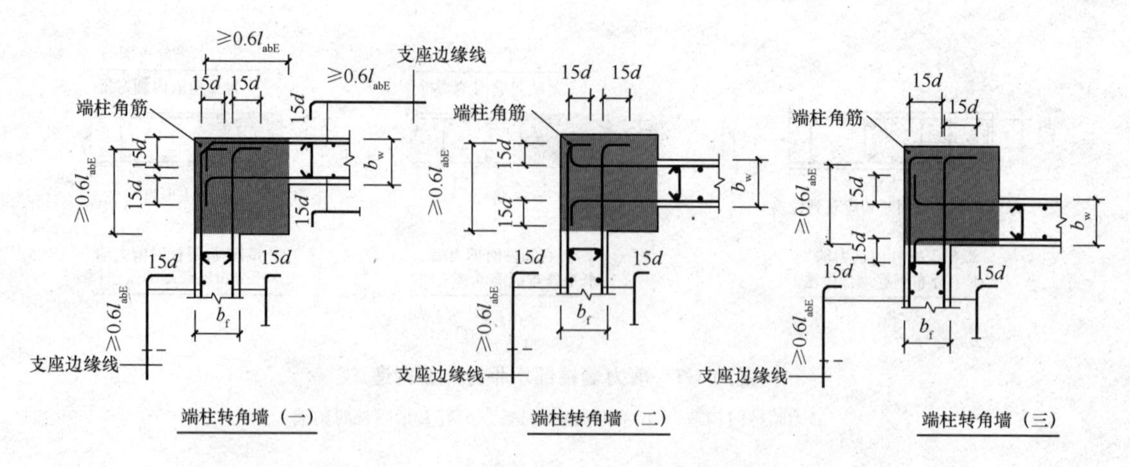

图 5.1-9　剪力墙水平分布筋在端柱端部墙中构造

2. 剪力墙身竖向钢筋构造

(1)墙身插筋在基础中的锚固构造。墙身插筋在基础内的锚固构造按照插筋保护层的厚度、基础高度是否满足直锚要求，给出了以下 4 种锚固构造。

①当墙身插筋保护层厚度>5d、基础高度满足直锚要求时，按照"隔二下一"原则的钢筋伸入基础内，直锚长度≥l_{aE}弯折 15d，其余钢筋伸至基础板底部，支承在底板钢筋网上，也可支承在筏形基础的中间层钢筋网上，再弯折 6d 且≥150 mm，锚固区设置间距≤500 mm，且不少于两道水平分布筋与拉筋，如图 5.1-10(a)所示。

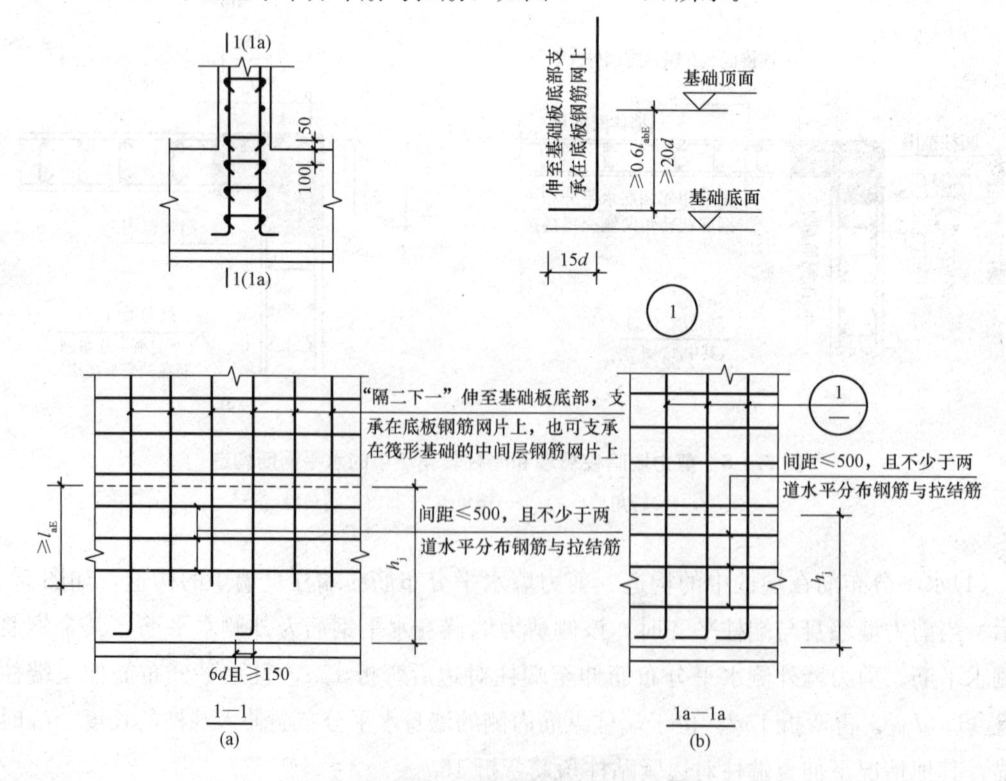

图 5.1-10　墙插筋在基础中构造纵向立面示意图(保护层厚度>5d)

(a)基础高度满足直锚；(b)基础高度不满足直锚

②当墙身插筋保护层厚度>5d、基础高度不满足直锚要求时，所有插筋伸至基础板底部，支承在底板钢筋网上，竖向伸入基础长度≥0.6l_{abE}且≥20d，再弯折15d，锚固区设置间距≤500 mm且不少于两道水平分布筋与拉筋，如图5.1-10(b)所示。

③当墙身插筋保护层厚度≤5d、基础高度满足直锚要求时，所有钢筋伸至基础板底部，支承在底板钢筋网上，弯折6d且≥150 mm。锚固区设置横向钢筋，应满足直径≥d/4(d为纵筋最大直径)，间距≤10d(d为纵筋最小直径)且≤100 mm。

④当墙身插筋保护层厚度≤5d、基础高度不满足直锚要求时，所有插筋伸至基础板底部，支承在底板钢筋网上，竖向伸入基础长度≥0.6l_{abE}且≥20d，再弯折15d。锚固区设置横向钢筋，应满足直径≥d/4(d为纵筋最大直径)，间距≤10d(d为纵筋最小直径)且≤100 mm，如图5.1-11所示。

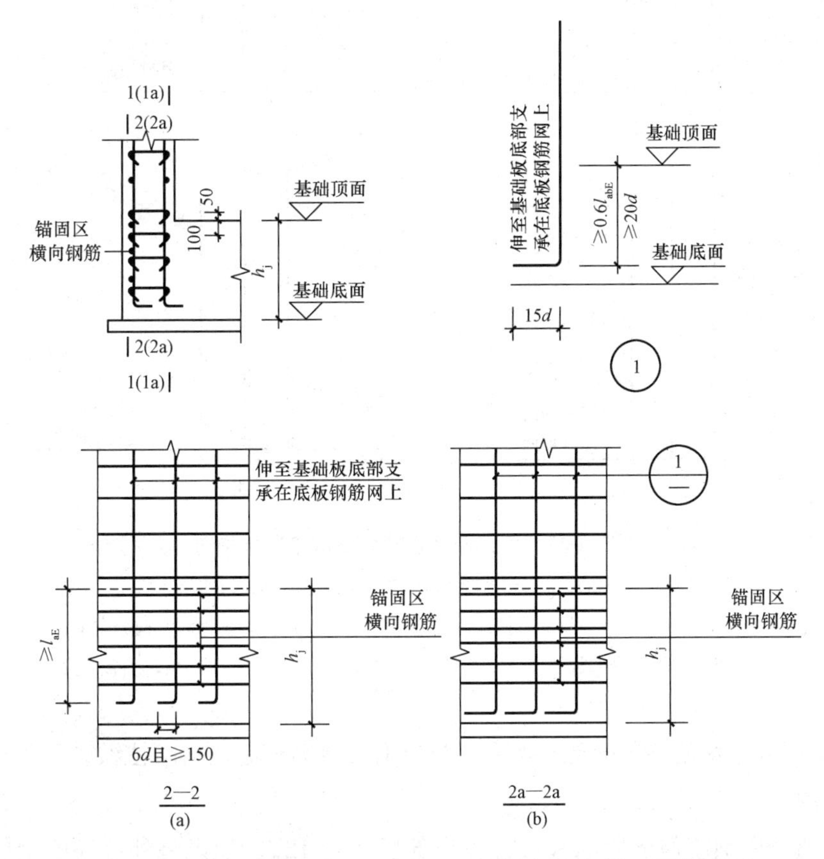

图5.1-11 墙插筋在基础中构造纵向立面示意图(保护层厚度≤5d)

(a)基础高度满足直锚；(b)基础高度不满足直锚

(2)剪力墙身竖向钢筋连接构造。剪力墙身竖向分布筋图5.2-12中以3种钢筋连接方式表示构造要求。其要点如下：

①一、二级抗震等级剪力墙底部加强部位竖向分布筋搭接长度为≥1.2l_{aE}，交错搭接，相邻搭接点错开净距离500 mm，如图5.1-12(a)所示。

②各级抗震等级或非抗震剪力墙竖向分布筋机械连接时第一个连接点距楼板顶面或基

础顶面≥500 mm，相邻钢筋交错连接，错开距离 35d，如图 5.1-12(b)所示。

③各级抗震等级或非抗震剪力墙竖向分布筋焊接时第一个连接点距楼板顶面或基础顶面≥500 mm，相邻钢筋交错连接，错开距离 35d 且≥500 mm，如图 5.1-12(c)所示。

④一、二级抗震等级剪力墙非底部加强部位，或三、四级抗震等级剪力墙竖向分布筋可在同一部位搭接，搭接长度为≥$1.2l_a$，如图 5.1-12(d)所示。

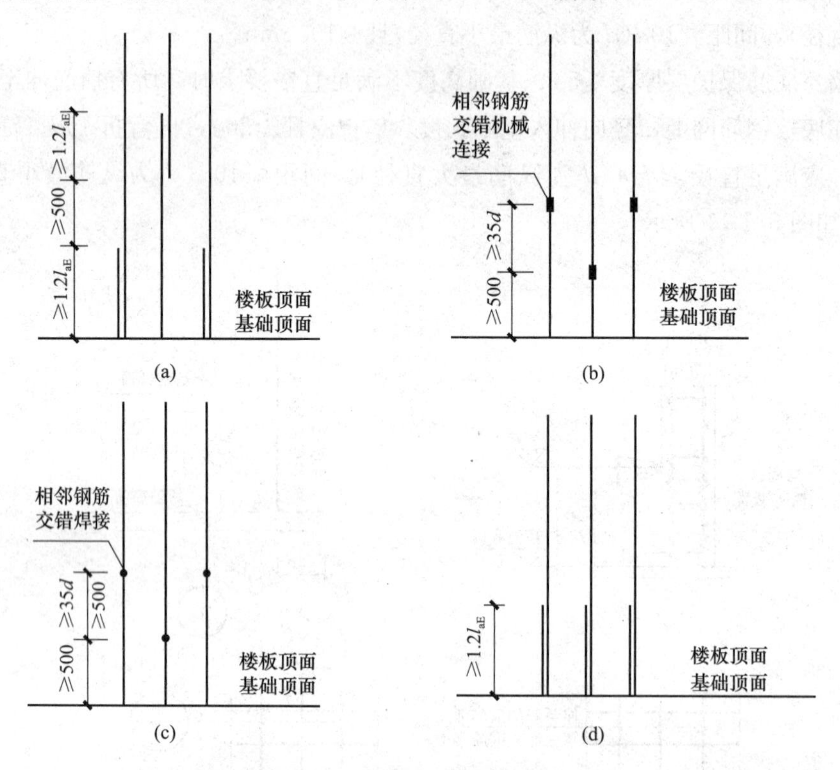

图 5.1-12　剪力墙身竖向分布钢筋连接构造

(a)一、二级坑震等级剪力墙底墙加强部位竖向分布钢筋搭接构造；

(b)各级抗震等级剪力墙竖向分布钢筋机械连接构造；(c)各级抗震等级剪力墙竖向分布钢筋焊接构造；

(d)一、二级抗震等级剪力墙非底部加强部位，或三、四级抗震等级剪力墙竖向分布钢筋，可在同一部位搭接

(3)剪力墙竖向钢筋顶部构造。剪力墙竖向钢筋顶部构造包括暗柱纵筋和墙身竖向分布筋构造，如图 5.1-13 所示。

①剪力墙竖向钢筋伸入屋面板或楼板顶部后弯折 12d。如果是外墙外侧钢筋，考虑屋面板上部钢筋与其搭接传力，则弯折 15d。

②当顶部设有边框梁时，梁高满足直锚，竖向钢筋伸入边框梁内锚固长度为 l_{aE}；梁高不满足直锚，竖向钢筋伸入边框梁顶部后弯折 12d。

③端柱的竖向钢筋执行框架柱构造。

(4)剪力墙变截面处竖向钢筋构造。剪力墙变截面处竖向钢筋构造包含墙柱和墙身的竖向钢筋变截面构造。

①边柱或边墙变截面处竖向钢筋变截面构造，如图 5.1-14(a)所示。边柱或边墙外侧的

竖向钢筋贯通。边柱或边墙内侧竖向钢筋伸到楼板顶部以下弯折 $12d$ 后切断，上一层的墙柱和墙身竖向钢筋插入当前楼层 $1.2l_{aE}$。

②中柱或中墙变截面处竖向钢筋构造，如图 5.1-14(b)、(c)所示。上下墙皮差值 $\Delta>30$ mm 的构造做法为当前楼层的墙柱和墙身的竖向钢筋伸到楼板顶部以下然后弯 $12d$ 后切断，上一层的墙柱和墙身竖向钢筋插入当前楼层 $1.2l_{aE}$。上下墙皮差值 $\Delta\leqslant30$ mm 的构造做法是当前楼层的墙柱和墙身的竖向钢筋不切断，而是以 1/6 钢筋斜率方式弯曲伸到上一楼层。

③边柱或边墙外侧变截面时竖向钢筋构造，如图 5.1-14(d)所示。下一层边柱或边墙外侧的竖向钢筋伸到楼板顶部以下弯折 $12d$ 后切断，上一层的墙柱和墙身竖向钢筋插入当前楼层 $1.2l_{aE}$。

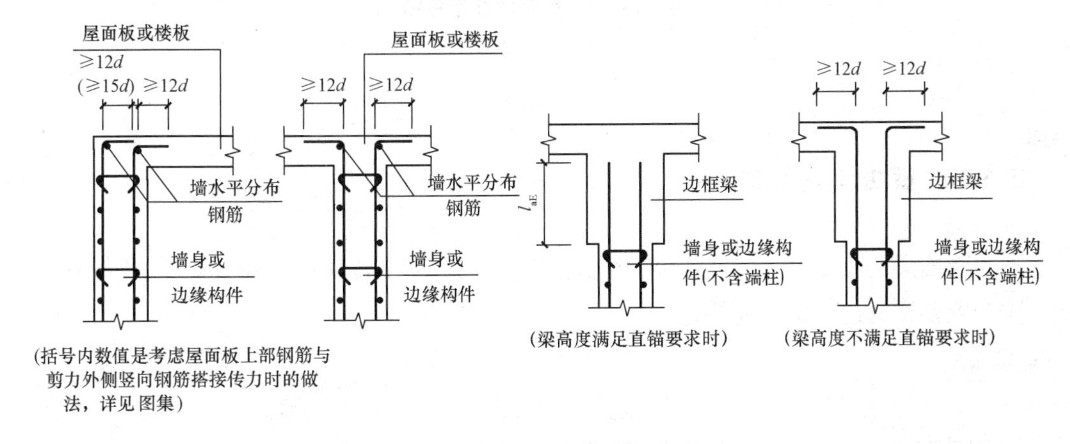

图 5.1-13 剪力墙竖向钢筋顶部构造

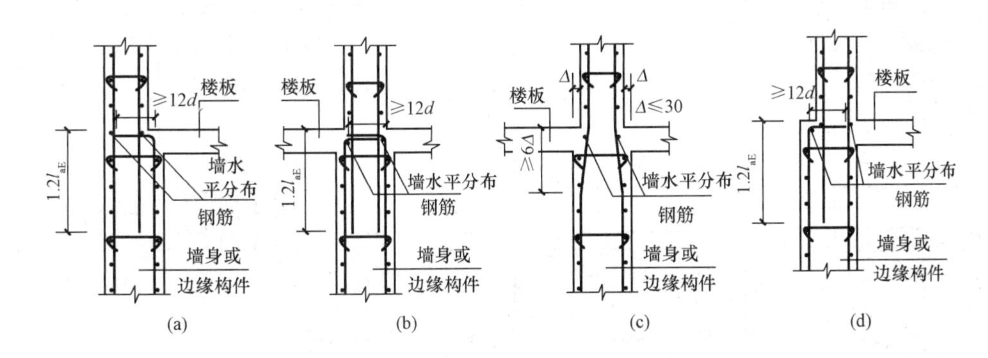

图 5.1-14 剪力墙变截面处竖向钢筋构造

(a)边柱或边墙；(b)、(c)中柱或中墙；(d)边柱或边墙外侧

3. 剪力墙身拉筋排布构造

剪力墙身拉筋设有梅花形和矩形两种形式，如图 5.1-15 所示。

拉筋的水平和竖向间距：梅花形排布不大于 800 mm，矩形排布不大于 600 mm；当设计未注明时，宜采用梅花形排布。

墙身拉筋应同时钩住水平分布筋和竖向分布筋。当墙身分布筋多于两排时，拉筋应与墙身内部的每排水平和竖向分布筋同时牢固绑扎。

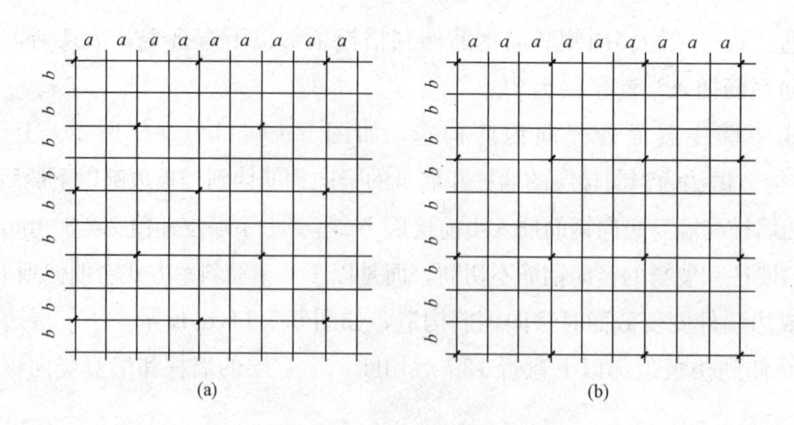

图 5.1-15 墙身拉筋示意图

(a)梅花形；(b)矩形

5.1.5 剪力墙连梁构造

剪力墙连梁的钢筋种类包括纵向钢筋、箍筋、拉筋和墙身水平钢筋，如图 5.1-16 所示。本节主要讲解这四类钢筋构造。

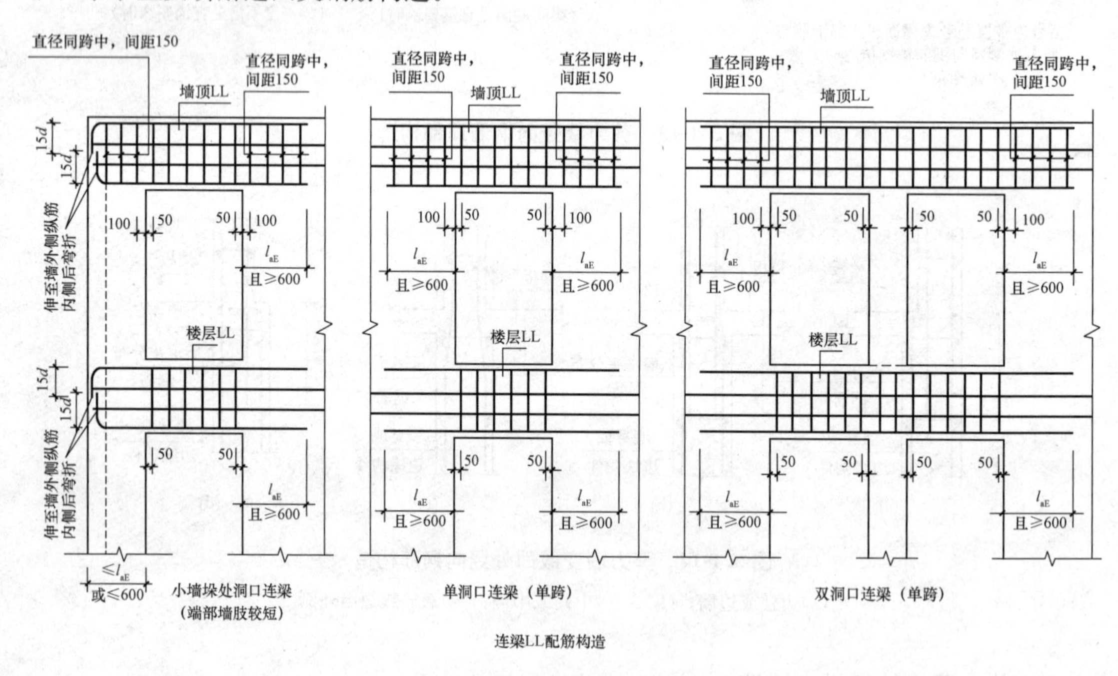

图 5.1-16 剪力墙连梁配筋构造

1. 连梁的纵筋

当端部洞口连梁的纵向钢筋在端支座(暗柱或端柱)的直锚长度≥l_{aE}且≥600 mm 时可不必弯锚，而需直锚。在连梁端部当暗柱或端柱的长度小于钢筋的锚固长度时需要弯锚，连梁主筋伸至暗柱或端柱外侧纵筋的内侧后弯钩 15d。

2. 连梁的箍筋

楼层连梁的箍筋仅在洞口范围内布置，第一个箍筋在距支座边缘 50 mm 处设置。墙顶连梁的箍筋在全梁范围内布置，洞口范围内的第一个箍筋在距离支座边缘 50 mm 处设置；支座范围内的第一个箍筋在距离支座边缘 100 mm 处设置，在“连梁表”中定义的箍筋直径和间距指的是跨中的间距，而支座范围内箍筋间距就是 150 mm(设计时不必标注)。

3. 连梁的拉筋

剪力墙梁表主要定义连梁的上部纵筋、下部纵筋和箍筋，不定义拉筋的规格和间距。而拉筋的直径和间距可从图集题注中获得。

拉筋直径：当梁宽≤350 mm 时为 6 mm，梁宽>350 mm 时为 8 mm，拉筋间距为 2 倍箍筋的间距，竖向沿侧面水平筋“隔一拉一”。

4. 剪力墙水平分布筋

连梁是一种特殊的墙身，它是上下楼层窗洞口之间的那部分水平的窗间墙。剪力墙身水平分布筋从暗梁的外侧通过连梁。连梁的侧面构造纵筋，当设计未注写时，即剪力墙的水平分布筋。

5.1.6 剪力墙洞口补强构造

剪力墙钢筋施工工艺视频

剪力墙洞口构造可分为矩形洞口构造和圆形洞口构造。剪力墙洞口钢筋种类包括补强钢筋或补强暗梁纵向钢筋、箍筋和拉筋等。这里主要讲解矩形洞口构造。

矩形洞宽和洞高均不大于 800 mm 时，洞口补强钢筋构造如图 5.1-17(a)所示。洞口每边布设补强钢筋，其锚固长度为 l_{aE}。

矩形洞宽和洞高均大于 800 mm 时，洞口补强钢筋构造如图 5.1-17(b)所示。洞口上下布设补强钢暗梁，暗梁高为 400 mm，其锚固长度为 l_{aE}。

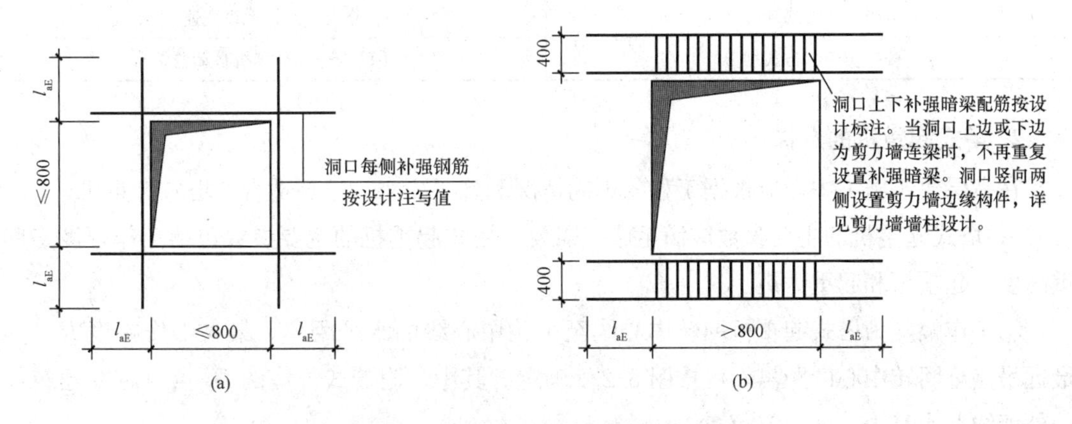

图 5.1-17 剪力墙洞口补强钢筋构造

(a)矩形洞宽和洞高均不大于 800 mm 时洞口补强钢筋构造；

(b)矩形洞宽和洞高均大于 800 mm 时洞口补强暗梁构造

5.2 高层建筑垂直运输

由于凡具有垂直(竖向)提升(或降落)物料、设备和人员功能的设备(施)均可用于垂直运输作业，其种类较多，可大致分为塔式起重机、施工升降机、物料提升架、混凝土泵及其他小型起重机具5大类。鉴于小型设备已在前面项目中做了介绍，本项目中着重介绍高层施工中常用的大型设备及注意事项。

5.2.1 塔式起重机

1. 塔式起重机的原理和分类

塔式起重机具有提升、回转、水平输送(通过滑轮车移动和臂杆仰俯)等功能，不仅是重要的吊装设备，而且是重要的垂直运输设备，用其垂直和水平吊运长、大、重的物料仍为其他垂直运输设备(施)所不及。

塔式起重机安装过程及自动抬升

塔式起重机的分类见表5.2-1。

表5.2-1 塔式起重机的分类

分类方式	类别
按固定方式划分	固定式、轨道式、附墙式、内爬式
按架设方式划分	自升、分段架设、整体架设、快速拆卸
按塔身构造划分	非伸缩式、伸缩式
按臂构造划分	整体式、伸缩式、折叠式
按回转方式划分	上回转式、下回转式
按变幅方式划分	小车移动、臂杆仰俯、臂杆伸缩
按控速方式划分	分级变速、无级变速
按操作控制方式划分	手动操作、计算机自动监控

2. 塔式起重机的选择

在高层建筑施工中，应根据工程的不同情况和施工要求，选择适合的塔式起重机。

(1)塔式起重机的主要参数应满足施工需要。塔式起重机的主要参数包括工作幅度、起重高度、起重量和起重力矩。

①工作幅度为塔式起重机回转中心线至吊钩中心线的水平距离。最大工作幅度R_{max}为最远吊点至回转中心的距离，可按图5.2-1确定。其中，附着式外塔的B_2点可定在建筑物的外墙线上或其内、外一定距离。

②塔式起重机的起重高度应不小于建筑物总高度加上构件(或吊斗、料笼)、吊索(吊物顶面至吊钩)和安全操作的高度(一般为2～3 m)。当塔式起重机需要越过超过建筑物顶面

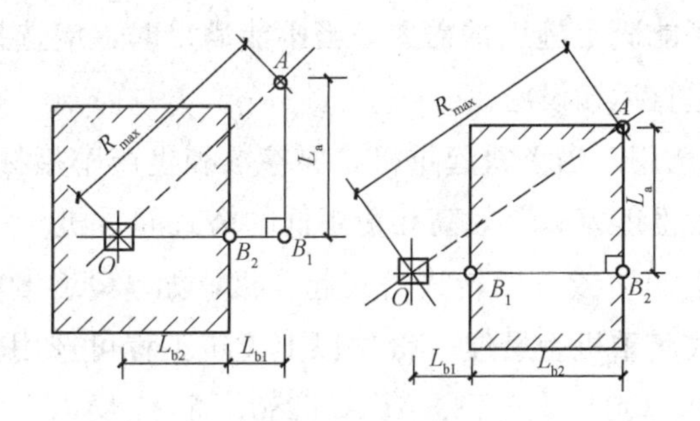

图 5.2-1　塔式起重机所需最大工作幅度

的脚手架、井架或其他障碍物时(其超越高度一般应不小于 1 m)，还应满足此最大超越高度的需要。起重量包括吊物(包括笼斗和其他容器)、吊具(铁扁担、吊架)和索具等作用于塔式起重机起重吊钩上的全部重力。

内附着爬升式塔式起重机提升工作原理

③起重力矩为起重量乘以工作幅度，工作幅度大者起重量小，以不超过其额定起重力矩为限。因此，塔式起重机的技术参数中一般都给出最小工作幅度时的最大起重量和最大工作幅度时的最小起重量。应当注意的是，大多数的塔式起重机都不宜长时间地处于其额定起重力矩的工作状态之下，一般宜控制在其额定起重力矩的 75%以下。这不仅对于确保吊装和垂直运输作业的安全很重要，而且对于确保塔式起重机本身的安全和延长其使用寿命也很重要。

(2)塔式起重机的生产率应满足施工需要。塔式起重机的台班生产率 P(单位：t/h)等于 8 h 乘以额定起重量 Q(单位：t)、吊次 n(单位：次/h)、额定起重量利用系数 K 和工作时间利用系数 K_t，即

$$P=8QnK \cdot K_t \tag{5.2-1}$$

但实际确定时，由于施工需要和安排的不同，常需按以下不同情况来考虑。

①塔式起重机以满足结构安装施工为主，服务垂直运输为辅。

a. 在吊装作业进行时段，不能承担垂直运输任务；

b. 在吊装作业时段，可以利用吊装的间隙承担部分垂直运输任务；

c. 在不进行吊装作业的时段，可全部用于垂直运输；

d. 结构安装工程阶段结束后，塔式起重机转入以承担垂直运输为主，部分零星吊装为辅。

在 a、b 两种情况下，均不能对塔式起重机服务于垂直运输方面做出任何定时和定量的要求，需要另行考虑垂直运输设施。在 c 情况下，除非施工安排和控制均有把握将全部或大部分的垂直运输作业放在不进行结构吊装的时段内进行，否则仍需考虑另设垂直运输设施，以确保施工的顺利进行。

②塔式起重机以满足垂直运输为主，以零星结构安装为辅。例如，采用现浇混凝土结构的工程，塔式起重机以承担钢筋、模板、混凝土和砂浆等材料的垂直运输为主，按照规

范标准确定其生产率是否能满足施工的需要。当不能满足时，应选择供应能力适合的塔式起重机或考虑增加其他垂直运输设施。

(3)综合考虑、择优选用。当塔式起重机主要参数和生产率指标均可满足施工要求时，还应综合考虑、择优选用性能好、工效高和费用低的塔式起重机。一般情况下，13 层以下建筑工程可选用轨道式上回转或下回转式塔式起重机，如 TQ60/80 或 QTG60，且以采用快速安装的下回转式塔式起重机为最佳；13 层以上建筑工程可选用轨道式或附着式上回转塔式起重机，如 QTZ120、QT80、QT80 A、QT280；而 30 层以上的高层建筑应优先采用内爬式塔式起重机，如 QTP60 等。

外墙附着式自升塔式起重机的适应性强，装拆方便，且不影响内部施工，但塔身接高和附墙装置随高度增加台班费用较高；而内爬式塔式起重机适用于小施工现场，装设成本低，台班费用也低，但装拆麻烦，爬升洞的结构需适当加固。因此，应综合比较其利弊后择优选用。

3. 塔式起重机安装的安装

塔式起重机的安装过程分两个阶段，第一阶段是通过辅助设备安装(图 5.2-2)，大多采用履带式起重机或汽车式起重机安装塔座与吊臂；第二阶段是自行爬升。

图 5.2-2　用履带式起重机吊装塔座

(1)安装塔式起重机前的准备工作。

①塔式起重机的安装队伍具备塔式起重机安装的专业素质，能保证塔式起重机的使用安全和质量要求。

②按说明图示尺寸开挖基础，混凝土强度等级为 C20，基础外观尺寸为 3.5 m×3.5 m×1.4 m，基础表面平整度允许偏差度不大于 5 mm，基础下土质应坚固夯实，预埋件及地脚

螺栓位置差小于 5 mm。安置好预埋件，按出厂说明图纸配筋，其标高位置符合出厂说明要求即可。基础周围设 1.2 m 高的防护栏杆，离防护栏杆 0.5 m 设排水沟。

③基础周围土方回填并夯实平整，严禁开挖；安装场地平整，修好通道；按规定架设专用电箱，做好装塔式起重机前的技术检查工作。

④安装所需仪器，工具、劳保用品全部到位，零配件已全部到场。

⑤安装前向所有安装人员进行全面技术交底。

塔式起重机自装过程 3D 演示

(2)塔式起重机的安装程序。安装底盘→安装底节→安装顶升套架→安装标准节→安装上下支座、回转机构→安装过渡节→安装塔帽→安装驾驶室→安装平衡臂→安装起升机构→安装起重臂→接电源及调试→升顶加节。

(3)塔式起重机的安装要点。

塔式起重机安全规范

①起重机在架设前，对架设驱动机构进行检查，保证机构处于正常的状态。起重机的尾部与建筑物将要搭设的外围施工设施间距要大于 0.5 m。

②塔式起重机起吊安装时，应清除覆盖在构件上的浮物，检查起吊构件是否平衡，吊具吊索安全系数应大于 6 倍以上。升高就位时，缓慢前进，禁止撞击，当拉索栓接好后，为配合安装，汽车吊钩下降应缓慢进行，禁止快速下降，使臂架重力临时全部给拉杆承受。

③安装塔式起重机时，应将平衡臂装好，随即必须将吊臂也装好才能休息，不得使塔身单向受力时间过长。

④液压顶升前，对钢结构及液压系统进行检查，发现钢结构构件有脱焊、裂缝等损伤或液压系统有泄漏，必须停机整修后方可再进行安装。塔式起重机顶升应严守操作规程。顶升前，将臂杆转到规定位置；顶升时，必须在已加上的标准节的连接预紧力达到要求后，方可再进行加节，顶升中禁止回转和变幅，齿轮泵在最大压力下持续工作时间不得超过 3 min。顶升完毕，应检查电源是否切断，左右操纵杆要退回中间零位，各分段螺栓应紧固。有抗扭支撑的，必须按规定顶升后经过验收方可使用。

⑤对高强度螺栓进行连接时要注意安全，如因拧紧力矩较大需两人配合时，配合者应手掌平托工具，以免受到伤害。

⑥起重机必须分阶段进行技术检验。整机安装完毕后，应进行整机技术检验和调整，各机构动作应正确、平稳、无异响，制动可靠，各安全装置应灵敏有效；在无荷载情况下，塔身和基础平面的垂直度允许偏差为 4/1 000；经分段及整机检验合格后，应填写检验记录，经技术负责人审查签证后方可交付使用。

(4)塔式起重机安装安全技术措施。

①现场施工技术负责人应对塔式起重机做全面检查，对安装区域安全防护做全面检查，组织所有安装人员学习安装方案；塔式起重机司机对塔式起重机各部位机械构件做全面检查；电工对电路、操作、控制、制动系统做全面检查；吊装指挥对已准备的机具、设备、绳索、卸扣、绳卡等做全面检查。

②参与作业的人员必须持证上岗；进入施工现场必须遵守施工现场各项安全规章制度，统一指挥，统一联络信号，合理分工，责任到人。

③作业中不得离开驾驶室，驾驶室内严禁放置易燃物品和妨碍操作的物品；禁止在塔式起重机上乱放工具、零件和杂物，严禁从塔式起重机上向下抛掷任何物品；严禁酒后作业。

④起升、下降重物时，重物下方严禁有人通行和停留；夜间操作时必须有足够的照明。

⑤操作人员必须在规定的通道内上、下塔式起重机，并且不得持握任何物件；禁止无关人员上下塔式起重机。

⑥操作人员必须按照塔式起重机的维护保养规程对机上设备和绳索具进行日常检查、保养、维修和更换。

⑦进入现场戴好安全帽，在 2 m 以上高空必须正确使用经试检合格的安全带。一律穿胶底防滑鞋和工作服上岗。

⑧作业人员必须听从指挥。如有更好的方法和建议，必须得到现场施工及技术负责人同意后方可实施，不得擅自做主和更改作业方案。

⑨紧固螺栓应用力均匀，按规定的扭矩值扭紧；穿销子，严禁猛打猛敲；构件间的孔对位，使用撬棒找正，不能用力过猛，以防滑脱；物体就位缓慢靠近，严禁撞击损坏零件。

⑩安装作业区域和四周布置两道警戒线，安全防护左右各 20 m，挂起警示牌，严禁任何人进入作业区域或在四周围观。现场安全监督员全权负责安装区域的安全监护工作。

⑪顶升作业要专人指挥，电源、液压系统应有专人操纵。

⑫塔式起重机试运转及使用前应进行使用技术交底，并组织塔式起重机驾驶员学习《起重机械安全规程》，经考核合格后方可上岗。

5.2.2 施工升降机

施工升降机也称为建筑施工电梯、外用电梯，是高层建筑施工中主要的垂直运输设备之一。它附着在外墙或其他结构部位上，随着建筑物的升高，架设高度可达 200 m 以上(国外施工升降机的最高提升高度已达 645 m)。

(1)施工升降机的分类、性能和架设高度。施工升降机(图 5.2-2)是用吊笼载人、载物沿导轨做上下运输的施工机械。施工升降机按其传动形式分为齿轮齿条式、钢丝绳式和混合式 3 种。其中，钢索牵引的是早期产品，已很少使用。目前，国内外大部分采用的是齿轮齿条曳引的形式。星轮滚道是近几年发展起来的，传动形式先进，但目前其载重能力较小。齿条驱动电梯又有单吊箱(笼)式和双吊箱(笼)式两种，并装有可靠的限速装置，适用于20 层以上建筑工程使用；绳轮驱动电梯为单吊箱(笼)式，无限速装置，轻巧便宜，适用于 20 层以下建筑工程使用。

施工升降机按用途可以分为货用施工升降机(用于运载货物，禁止运载人员的施工升降机)和人货两用施工升降机(用于运载人员及货物的施工升降机)。

施工升降机按动力装置又可分为电动和电动液压两种。电力驱动的施工升降机，工作速度约为 40 m/min，而电动液压驱动的施工电梯升降机其工作速度可达 96 m/min。施工升降机的主要部件由基础、立柱导轨井架、带有底笼的平面主框架、梯笼和附墙支撑组成，如图 5.2-3 所示。其主要特点是用途广泛、适应性强，安全可靠，运输速度高，提升高度最高可达 200 m 以上，图 5.2-4 所示为施工升降机实物图。

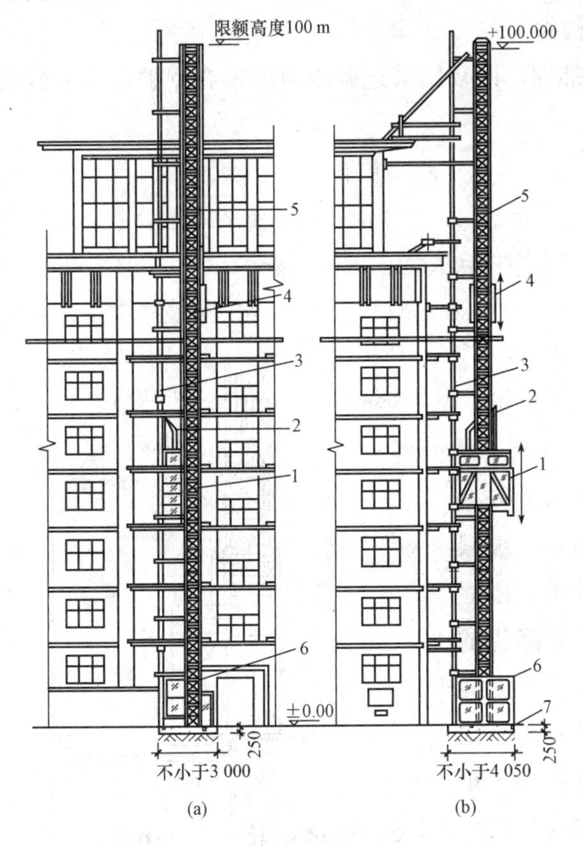

图 5.2-3　施工升降机结构示意图

(a)施工升降机正面示意；(b)施工升降机侧面示意

1—吊笼；2—小吊杆；3—架设安装杆；

4—平衡箱；5—导轨架；6—底笼；7—垫层

图 5.2-4　施工升降机现场实物图

施工升降机的主要技术参数如下：

①额定载重量：工作工况下吊笼允许的最大荷载。

②额定安装载重量：安装工况下吊笼允许的最大荷载。

③额定乘员人数：包括司机在内的吊笼限乘人数。

④额定提升速度：吊笼装载额定载重量，在额定功率下稳定上升的设计速度。

⑤最大提升高度：吊笼运行至最高上限位置时，吊笼底板与底架平面间的垂直距离。

⑥最大行程：吊笼允许的最大运行距离。

⑦最大独立高度：导轨架在无侧面附着时，能保证施工升降机正常作业的最大架设高度。

施工升降机的组成部分包括以下几项：

①导轨架。用以支撑和引导吊笼、对重等装置运行的金属构架。

②底架。用来安装施工升降机导轨架及围栏等构件的机架。

③地面防护围栏。地面上包围吊笼的防护围栏。

④附墙架。按一定间距连接导轨架与建筑物或其他固定结构，从而支撑导轨架的构件。

⑤标准节。组成导轨架的可以互换的构件。

⑥吊笼。用来运载人员或货物的笼形部件，以及用来运载物料的带有侧护栏的平台或斗状容器的总称。

⑦天轮。导轨架顶部的滑轮总称。

⑧对重。对吊笼起平衡作用的重物。

⑨层站。建筑物或其他固定结构上供吊笼停靠和人货出入的地点。

⑩层门。层站上通往吊笼的可封闭的门。

⑪层站栏杆。层站上通往吊笼出入口的栏杆。

⑫安全装置。保证施工升降机使用中安全的一些装置。

(2)施工升降机的安全装置。施工升降机的安全装置包括限速装置、防坠安全器、上下限位、极限限位、防断绳开关、缓冲弹簧、门限位开关、围栏门锁、制动系统、超载保护装置等。施工升降机的安全保护装置如图 5.2-5 所示。

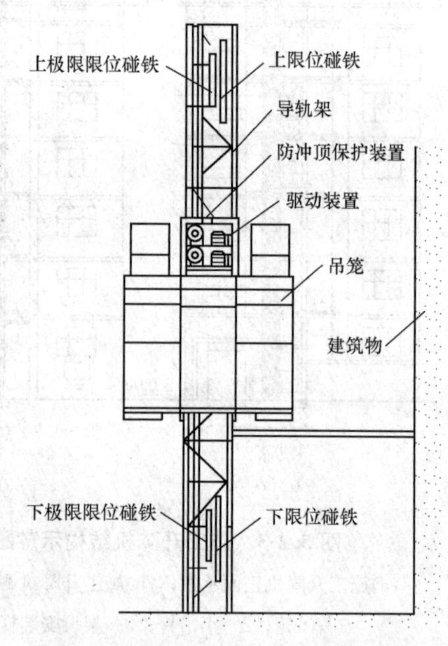

图 5.2-5　施工升降机安全保护装置

①限速制动装置。限速制动装置有重锤离心式摩擦捕捉器和双向离心摩擦锥鼓限速装置两种。重锤离心式摩擦捕捉器在作用时产生的动荷载较大，对电梯结构和机构可能产生不利的影响；双向离心摩擦锥鼓式限速装置(图 5.2-6)的优点在于减少了中间传力路线，在齿条上实现柔性直接制动，安全可靠性大，冲击性小，且其制动行程也可以预调。当梯笼超速 30％时，其电气部分即自行切断主回路；当超速 40％时，机械部分即开始动作，在预调行程内实现制动，可有效地防止上升时“冒顶”和下降时出现“自由落体”坠落现象。

②制动装置。制动装置除上述限速制动装置外，还有以下几种制动装置：

a. 限位装置。由限位碰铁和限位开关构成。设在梯架顶部的为最高限位装置，可防止冒顶，设在楼层的为分层停车限位装置，可实现准确停层。

b. 电机制动器。有内抱制动器和外抱电磁制动器等。

c. 紧急制动器。有手动楔块制动器和脚踏液压紧急刹车等，在限速和传动机构都发生故障时，可紧急实现安全制动。

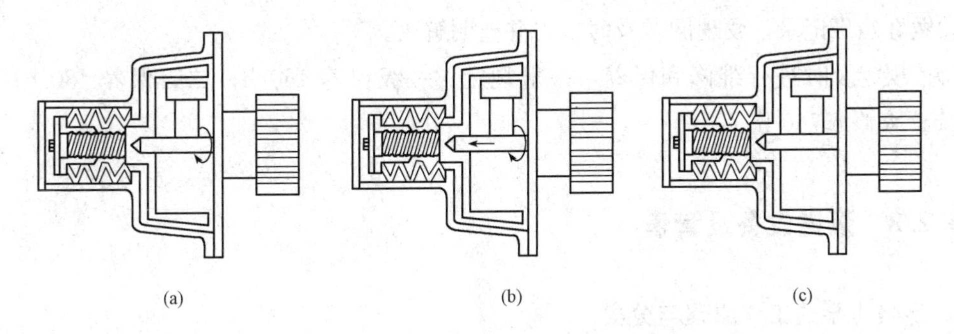

图 5.2-6　双向离心式摩擦限速保护装置原理图

(a)未介入状态；(b)介入限速状态；(c)介入制动状态

③断绳保护开关。梯笼在运行过程中因某种原因使钢丝绳断开或放松时，断绳保护开关可立即控制梯笼停止运行。

④塔形缓冲弹簧。塔形缓冲弹簧装在基座下面，使梯笼降落时免受冲击，不致使乘员受震。

(3)施工升降机使用注意事项。

①施工升降机应能在环境温度为－20 ℃～40 ℃的条件下正常作业。超出此范围时，按特殊要求，由用户与制造厂协商解决。

②施工升降机应能在顶部风速不大于 20 m/s 下正常作业，应能在风速不大于 13 m/s 条件下进行架设、接高和拆卸导轨架作业。如有特殊要求时，由用户与制造厂协商解决。

③施工升降机应能在电源电压值与额定电压值偏差为±5%、供电总功率不小于使用说明书规定的条件下正常作业。

④电梯司机必须身体健康(无心脏病和高血压病)，并经训练合格，严禁非司机开车。

⑤司机必须熟悉电梯的结构、原理、性能、运行特点和操作规程。

⑥严禁超载，防止偏重。

⑦班前、满载和架设时均应作电动机制动效果的检查(点动 1 m 高度，停 2 min，里笼无下滑现象)。

⑧坚持执行定期进行技术检查和润滑的制度。

⑨对于斗梯笼，严禁混凝土和人混装(乘人时不载混凝土；载混凝土时不乘人)。

⑩司机开车时应思想集中，随时注意信号，遇事故和危险时立即停车。

⑪在下列情况下严禁使用：电机制动系统不灵活可靠；控制元件失灵和控制系统不全；导轨架和管架的连接松动；视野很差(大雾及雷雨天气)、滑杆结冰以及其他恶劣作业条件；齿轮与齿条的啮合不正常；站台和安全栏杆不合格；钢丝绳卡得不牢或有锈蚀断裂现象；限速或手动刹车器不灵；润滑不良；司机身体不正常；风速超过 12 m/s(六级风)；导轨架垂直度不符合要求；减速器声音不正常；齿条与齿轮齿厚磨损量大于 1 mm；刹车楔块齿尖变钝，其平台宽大于 0.2 mm；限速器未按时检查与重新标定；导轨架管壁厚度磨损过大(100 m 梯超过 1 mm；75 m 梯超过 1.2 mm；50 m 梯超过 1.4 mm)。

⑫做好当班记录，发现问题及时报告并查明解决。

⑬按规定及时进行维修和保养，一般规定：一级保养 160 h；二级保养 480 h；中修 1 440 h；大修 5 760 h。

5.2.3 泵送设备及管道

1. 混凝土泵的工作原理与分类

泵送混凝土工作原理

混凝土泵有活塞泵、气压泵和挤压泵等几种不同的构造和输送形式。目前，应用较多的是活塞泵。活塞泵按其构造和原理的不同，又可分为机械式和液压式两种。

(1)机械式混凝土泵的工作原理如图 5.5-7 所示，进入料斗的混凝土，经拌合器搅拌可避免分层。喂料器可帮助混凝土拌合料由料斗迅速通过吸入阀进入工作室。吸入时，活塞左移吸入阀开，压出阀闭，混凝土吸入工作室；压出时，活塞右移，吸入阀闭，压出阀开，工作室内的混凝土拌合料受活塞挤出，进入导管。

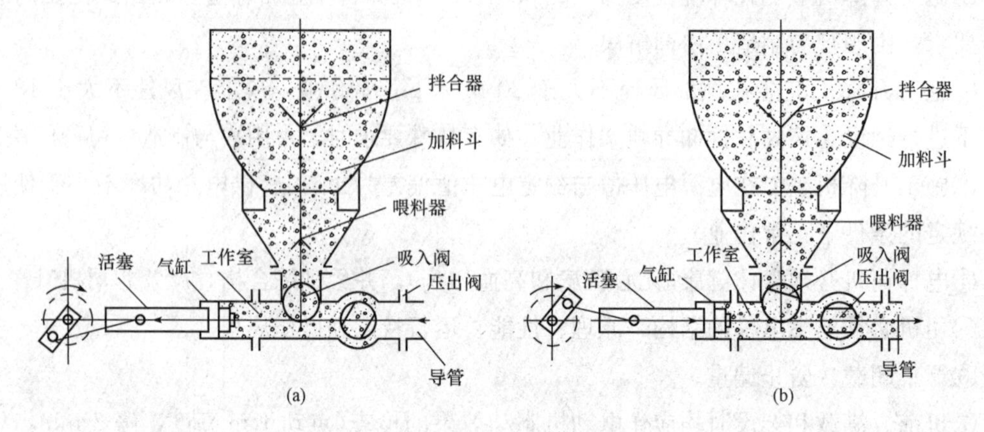

图 5.2-7 机械式混凝土泵工作原理

(a)吸入冲程；(b)压出冲程

(2)液压活塞泵，是一种较为先进的混凝土泵。其工作原理如图 5.2-8 所示。当混凝土泵工作时，搅拌好的混凝土拌合料装入料斗，吸入端片阀移开，排出端片阀关闭，活塞在液压作用下，带动活塞左移，混凝土混合料在自重及真空吸力作用下，进入混凝土缸。然后液压系统中压力油的进出方向相反，活塞右移，同时吸入端片阀关闭，排出端片阀移开，混凝土被压入管道，输送到浇筑地点。由于混凝土泵的出料是一种脉冲式的，所以一般混凝土泵都有两套缸体左右并列，交替出料，通过 Y 形导管，送入同一管道，使出料稳定。

2. 混凝土汽车泵或移动泵车

(1)混凝土汽车泵原理。将液压活塞式混凝土泵固定安装在汽车底盘上，使用时开至需要施工的地点，进行混凝土泵送作业，称为混凝土汽车泵或移动泵车。一般情况下，此种

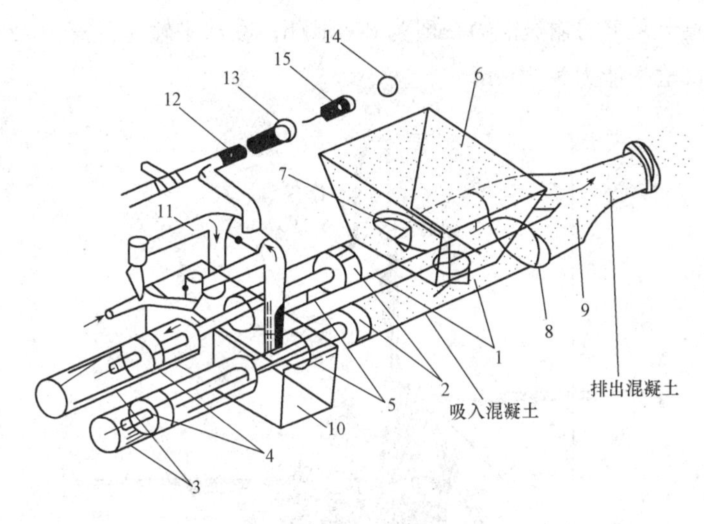

图 5.2-8　液压活塞式混凝土泵工作原理

1—混凝土缸；2—推压混凝土的活塞；3—液压缸；4—液压活塞；5—活塞杆；6—料斗；
7—吸入端片阀；8—排出端片阀；9—Y 形管；10—水箱；11—水洗装置换向阀；
12—水洗用高压软管；13—水洗用法兰；14—海棉球；15—清洗活塞

泵车都附带装有全回转三段折叠臂架式的布料杆。整个泵车主要由混凝土推送机构、分配闸阀机构、料斗搅拌装置、悬臂布料装置、操作系统、清洗系统、传动系统、汽车底盘等部分组成，如图 5.2-9 所示。该种泵车使用方便，适用范围广，它既可以利用在工地配置装接的管道输送到较远、较高的混凝土浇筑部位，也可以发挥随车附带的布料杆的作用，把混凝土直接输送到需要浇筑的地点。

图 5.2-9　汽车式混凝土泵车

混凝土泵车布料杆是在混凝土泵车上附装的既可伸缩也可曲折的混凝土布料装置。混凝土输送管道就设在布料杆内，末端是一段软管，用于混凝土浇筑时的布料工作。图 5.2-10 所示是一种三叠式布料杆混凝土浇筑范围。施工时，现场规划要合理布置混凝土泵车的安放位置。一般混凝土泵应尽量靠近浇筑地点，并要满足两台混凝土搅拌输送车能同时就位，使混凝土泵能不间断地得到混凝土供应，进行连续压送，以充分发挥混凝土泵的有效能力。混凝土泵车的输送能力一般为 80 m^3/h；在水平输送距离为 520 m 和垂直输送高度为 110 m 时，输送能力为 30 m^3/h。

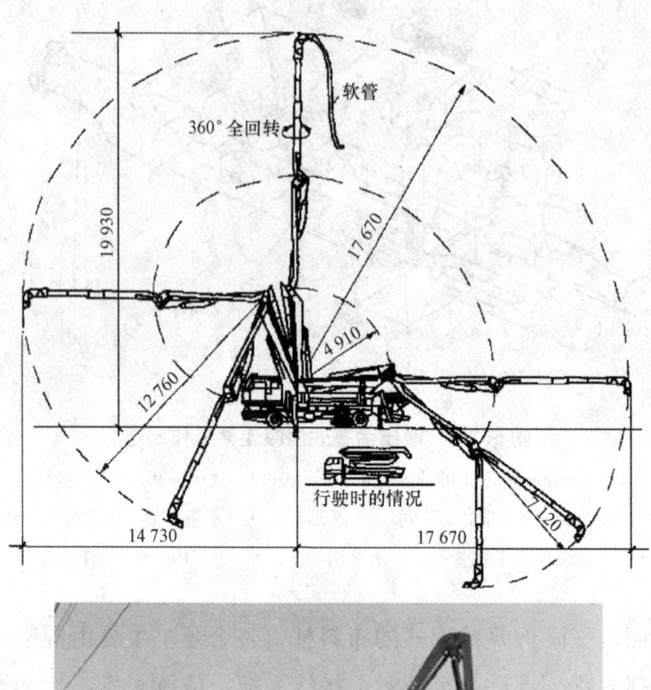

图 5.2-10　三折叠式布料杆浇筑范围

(2)移动式混凝土输送泵车施工注意事项。

①移动式混凝土输送泵车只能用于混凝土的输送，除此以外的任何用途(如起吊重物)都是危险的。

②泵车臂架泵送混凝土的高度和距离都是经过严格计算和试验确认的，任何在末端软管后续接管道或将末端软管加长超过 3 m 都是不允许的，由此产生的风险由操作者自己承担。

③未经授权禁止对泵车进行可能影响安全的修改，包括更改安全压力、运行速度设定；改用大直径输送管或增加输送管壁厚，更改控制程序或线路；对臂架及支腿的更改等。

④泵车操作人员必须佩戴好安全帽，并遵守安全法规及工地上的安全规程。

(3)移动式混凝土输送泵车的操作系统及性能。移动式混凝土输送泵车由臂架、泵送、液压、支撑、电控5部分组成。移动式混凝土输送泵车电气控制系统的控制方式主要有5种，即机械式、液压式、机电控制式、可编程控制器式和逻辑电路控制式。

移动式混凝土输送泵车上除安装电气控制系统以完成控制任务外，还安装有手动控制操纵系统，它也是控制系统的一部分。如果采用机械操纵，一般有杆系操纵机构和软轴操纵机构两种方式。如果将两者进行对比就不难发现，软轴操纵机构有更多的优越性，如布置灵活、传动效率高、过渡接头少而且空行程小、行程调节方便等，所以，混凝土泵车的操纵系统主要是选择软轴操纵机构。根据实际需要，在泵车的操纵系统中应该能够实现无级调速操纵，而能够使操纵杆停止在任何一个位置的锁定机构是实现无级调速操纵的关键装置，一般可以选用碟形弹簧或弹簧板等。

为便于操作，操纵手柄都设计安装在较方便的位置，如普茨迈斯特BSF36.092型泵车，其控制发动机转速的操纵手柄就装在梯子边，操作方便。混凝土泵车的操纵系统主要用来控制主液压泵流量和发动机转速，从而改变泵车的混凝土排出量。如采用液压操纵，则可直接从泵车的泵送系统中获取液压驱动力，并通过手动液压阀实现操控。

混凝土输送是否顺利与混凝土的性能密不可分，同时在操作过程中注意操作规程的细节，及时发现、及时排除故障，以提高输送泵的工作效率。管道清洗有水洗和气洗两种方法。不管是水洗或是气洗，都要将阀箱体和料斗清洗干净。水洗时，把用水浸过的扎成圆柱形的水泥袋和清洗球先后装进已清洗干净的锥管，接上锥管、管道，关闭卸料门，再向料斗注满水(须保持水源不断)，泵送水，直到清洗球从输送管的前端冒出为止。气洗即压缩空气吹洗，是把浸透水的清洗球先塞进气洗接头，再接与变径管相接的第一根直管，并在管道的末端接上安全盖，安全盖的孔口要朝下。控制压缩空气的压力不超过0.8 MPa，气阀要缓慢开启，当混凝土能顺利流出时才可开大气阀。

(4)移动式混凝土输送泵车支承安全注意事项。

①支承地面必须是水平的，否则有必要做一个水平支承表面。不能支承在空穴上。

②泵车必须支承在坚实的地面上，若支腿最大压力大于地面许用压力，必须用支承板或辅助方木来增大支承表面面积。

③泵车支承在坑、坡附近时，应保留足够的安全间距。

④支承时，须保证整机处于水平状态，整机前后左右水平最大偏角不超过3°。

⑤在展开或收拢支腿时，支腿旋转的范围内都是危险区域，人员在范围内有可能被夹伤。

⑥支承时，所有支腿必须伸缩和展开到规定的位置(支腿与支耳上箭头对齐，前支腿臂与前支腿伸出臂箭头对齐)，否则有倾翻的危险。

⑦必须按要求支撑好支腿才能操作臂架，必须将臂架收拢放于臂架主支撑上后才能收支腿。

⑧出现稳定性降低的因素必须立即收拢臂架，排除后重新按要求支承。降低稳定性的因素包括雨、雪水或其他水源引起的地面条件变化。

(5)伸展臂架安全注意事项。

①只有确认泵车支腿已支承妥当后，才能操作臂架，操作臂架必须按照操作规程里说明的顺序进行。

②雷雨或恶劣天气情况下(如风力大于 8 级的天气)，不能使用臂架。

③操作臂架时，臂架的全部都应在操作者的视野内。

④在高压线附近作业时要小心触电的危险，应保证臂架与电线的安全距离。臂架下方是危险区域，可能有混凝土或其他零件掉落伤人。

⑤末端软管规定的范围内不得站人，泵车启动泵送时不得引导末端软管，它可能会摆动伤人或喷射出混凝土引起事故。启动泵时的危险区就是末端软管摆动的周围区域。区域直径是末端软管长度的 2 倍。末端软管长度最大为 3 m，则危险区域直径为 6 m。

⑥切勿折弯末端软管，末端软管不能没入混凝土。

⑦如果臂架出现不正常的动作，就要立即按下急停按钮，由专业人员查明原因并排除后方可继续使用。

(6)泵送及维护安全注意事项。

①泵车运转时，不可打开料斗筛网、水箱盖板等安全防护设施，不可将手伸进料斗、水箱里或用手抓其他运动部件。

②泵送时，必须保证料斗内的混凝土在脚板轴的位置之上，防止因吸入气体而引起的混凝土喷射。

③堵管时，一定要先反泵释放管道内的压力，然后才能拆卸混凝土输送泵管道。

④只有当泵车在稳定的地面上放置好，并确保不会发生意外的移动时，才能进行维护修理工作。

⑤只有臂架被收拢或可靠的支撑，发动机关闭并固定好支腿时，才可以进行维护和修理工作。

⑥进行维护前必须先停机，并释放蓄能器压力。

⑦如果没有先固定相应的臂架就打开臂架液压锁，有臂架下坠伤人的危险。

(7)移动式混凝土输送泵车保养方法。

①混凝土泵车保养方法应按照保养手册中相应的要求和方法，日常使用时，对使用前、后泵车相关项目进行检查。

②按照使用保养手册中相应的要求和方法，参考润滑表，对泵车各部件进行及时和充分的润滑。

③按照使用保养手册中相应的要求和方法，选择指定型号的液压油，定期更换液压系统用油。

④按照使用手册中混凝土泵车保养方法和要求，定期检查泵送系统部分的水箱、混凝土缸、混凝土输送管。

⑤按照使用保养手册中相应的要求和方法，定期检查和调整臂架旋转基座固定螺栓的力矩。

⑥按照使用手册中混凝土泵车保养方法，定期检查和调整臂架、旋转基座、支腿、支

撑结构、减速器等部件。

⑦按照使用保养手册中相应的要求和方法，定期检查液压系统和元件、电气系统和元件的工作状态。

⑧针对寒冷天气应采用混凝土泵车保养方法。

3. 固定式混凝土泵

固定式混凝土泵使用时，需用汽车将它拖带至施工地点，与工地的输送管网连接，然后进行混凝土输送。这种形式的混凝土泵主要由混凝土推送机构、分配闸机构、料斗搅拌装置、操作系统、清洗系统等组成。它具有输送能力大、输送高度高等特点，一般水平输送距离为 250～600 m，最大垂直输送高度超过 150 m，输送能力为 60 m^3/h 左右，适用于高层建筑的混凝土输送，如图 5.2-11 所示。

固定式混凝土泵是通过管道依靠压力输送混凝土的施工设备，它配有特殊的管道，可以将混凝土沿着管道连续地完成水平输送和垂直输送，是现有混凝土输送设备中比较理想的一种，它将预拌混凝土生产与泵送施工相结合，利用混凝土搅拌运输车进行中间运转，可实现混凝土的连续泵送和浇筑。固定式混凝土泵用于高楼、高速公路、立交桥等大型混凝土工程的混凝土输送工作，如图 5.2-12 所示。

图 5.2-11　固定式混凝土泵

图 5.2-12　固定式混凝土泵工作情景

固定式混凝土泵主要可分为闸板阀混凝土固定式泵和 S 阀混凝土固定式泵，还可进一步细分为电泵和柴油泵两种。

(1)固定式混凝土泵的选型。固定式混凝土泵分为针对商品房建设等大型施工项目的大型混凝土输送泵(HBT60 泵、80 泵等)、针对农村房建等小施工项目的小型大集料混凝土泵(HBT40 泵、50 泵等)，还有细石混凝土泵和输送砂浆的砂浆泵、车载式混凝土输送泵。固定式混凝土泵的选择合适应注意以下几点：

①混凝土浇筑要求。混凝土输送泵车的选型应根据混凝土工程对象、特点、要求的最大输送量、最大输送距离、混凝土建筑计划、混凝土泵形式以及具体条件进行综合考虑。

②建筑的类型和结构。输送泵的性能随机型而异，选用机型时除考虑混凝土浇筑量外，还应考虑建筑的类型和结构、施工技术要求、现场条件和周围环境等。通常选用的混凝土泵车的主要性能参数应与施工需要相符或稍大，若能力过大，则利用率低；过小，不仅满

足不了施工要求，还会加速混凝土泵车的损耗。

③施工实用性。由于混凝土输送泵具有灵活性，而且臂架高度越大，浇筑高度和布料半径就越大，施工适应性也越强，放在施工中应尽量选用高臂架混凝土泵车。臂架高度为28～36 m的输送泵车是市场上量大普遍应用的产品，约占75%。长臂架混凝土泵车将成为施工中的主要机型。另外，由于混凝土泵车受汽车底盘承载能力的限制，臂架高度超过42 m时造价增加很大，且受施工现场空间的限制，故一般很少选用。

④施工业务量。所用混凝土泵车的数量，可根据混凝土浇筑量、单机的实际输送量和施工作业时间进行计算。对那些一次性混凝土浇筑量很大的混凝土输送泵送施工工程，除根据计算确定外，宜有一定的备用量。另外，年产$(10～15)\times10^4$ m^3 的混凝土搅拌站，需装备 2～3 辆固定式混凝土泵。

⑤产品配置。混凝土泵车的产品性能在选型时应坚持高起点。若选用价值高的混凝土泵车，则对其产品的标准要求也必须提高。对产品主要组成部分的质量，从内在质量到外观质量都要与整车的高价值相适应。

⑥动力系统。输送泵车采用全液压技术，要考虑所用的液压技术是否先进，液压元件质量如何，因此，除考虑发动机性能与质量外，还要考虑汽车底盘的性能、承载能力及质量等。

⑦操作系统。混凝土泵车上的操作控制系统设有手动、有线及无线的控制方式。有线控制方便灵活；无线遥控可远距离操作，一旦电路失灵，可采用手动操作方式。

⑧售后服务。混凝土输送泵作为特种车辆，因其特殊的功能，对安全性、机械性能、生产厂家的售后服务和配件供应均应提出要求。否则，一旦发生意外，不但影响施工进度，还将产生不可想象的后果。

总的来说，固定式混凝土泵的选择主要考虑以上 8 个方面，但不局限于这 8 个方面，在实际中还要根据施工的实际情况来考虑。

(2)固定式混凝土泵的水洗方法。混凝土泵送施工中，混凝土的清洗是泵送后一个必不可少的重要步骤，良好的清洗方法既可清洗干净输送管道，又可以将管道中的混凝土全部输送到浇筑地点，不仅不浪费混凝土，而且经济环保。S阀混凝土泵常用的水洗方式主要有以下 3 种：

①直接打水法。

a. 检查切割环和眼睛板之间的磨损情况，这是决定直接打水法清洗成败的关键。若切割环和眼睛板磨损不严重，切割环和眼睛板间距小于 0.1 mm，且它们之间无超过 1 mm 的沟槽划痕，可用直接打水法。

b. 在泵送完混凝土后再泵送 0.15～0.25 m^3 水胶比为 1∶1.5 或 1∶2 的砂浆，然后在分配阀中加满水，启动泵送，将混凝土泵送到浇筑地点，直至输送管输出端流出清水为止。如果管道较短，清洗效果较好，则清洗过程到此结束。

c. 当管道较长或清洗效果不太好时，则打开料斗卸料门，开反泵，将料斗和分配阀冲洗干净。如向上泵送且高度大于 20 m，可用木槌敲击垂直部分底部弯管，若敲击声音低沉，需将弯管拆开，倒出可能积存的大集料。

d. 关闭卸料门，泵送清水直至从输送管输出端流出清水为止。

直接打水法的优点是不必拆出料口管和加清洗球，节省时间，泵送较易成功，对清洗较短管路尤为方便；其缺点是用水量大，但泵水必须连续，水很容易排在浇筑地点；如有垂直向上的管道，通常必须拆弯管；输送管线较长时管道内易有残留；对分配阀密封性要求较严。

②拆出料管法。

a. 泵送完混凝土后反泵 1～2 个循环，消除输送管中压力。如向上泵送则必须先关闭截止阀，防止混凝土倒流，然后拆下出料管。

b. 打开料斗卸料门，反泵将分配阀、混凝土缸和料斗中的混凝土冲洗干净。

c. 把第一根输送管口部的混凝土掏出一些，塞进浸透水的清洗球或柱形清洗活塞。

d. 关闭分配阀卸料门，如有截止阀则打开，泵送清水至活塞从输送管输出端泵出为止。拆出料管法的优点是管道清洗较干净，水源的流速可以较低，也可以暂停；其缺点是出料口拆开后再次连接困难，费时费力。

③加活塞法。

a. 用 10～20 个水泥袋卷成直径略小于输送缸直径、头部略尖、长度 400 mm 左右的柱状体，用细铁丝捆扎好，并将清洗球用铁丝轻扎在柱状体尾部，用水浸透。

b. 泵送完混凝土后反泵 1～2 个循环，消除输送管中压力，按动按钮，使混凝土缸活塞退至最后点。如向上泵送且有截止阀则须先关闭，以防止混凝土倒流。

c. 拆下出料管，打开料斗卸料门，反泵将分配阀、混凝土缸和料斗中的混凝土冲洗干净。

d. 关闭料斗卸料门，向料斗中加水，当水加至混凝土缸直径 2/3 高度时，将柱状体头部朝分配阀方向装入混凝土缸，用 1 根长约 1 m、直径约 30 mm 的木制橇棒将柱状体抵住，继续加水至搅拌轴中心线高度。

e. 撤出撬棒，迅速启动泵送，持续加水，直至柱状体从输送管输出端泵出。

加活塞法的优点是管道清洗较干净，水源的流速可以较低、可以暂停，同时减少拆出料口和弯管的麻烦；其缺点是操作要求较高，分配阀容易将柱状体切断。

以上 3 种混凝土泵水洗方法各有优缺点，其中最为可靠的是拆出料管法，最简单的是加活塞法，如输送距离较短，则直接打水法也是一种不错的选择。具体方法要根据施工的实际情况而定，总之要做到既有效又经济。

(3)固定式混凝土泵的润滑系统。

①手动润滑。采用旋盖式油杯，先向油杯内加满润滑脂，靠旋紧杯盖产生的压力将润滑脂压到摩擦面上，如两个摆阀油缸座上各有一个旋盖式油杯，在泵送过程中，应每 4 h 旋盖润滑一次，使球形摩擦面处于良好的润滑状态。

②自动润滑。自动润滑系统结合了双线润滑系统和递进式润滑系统的优点，能分别以润滑脂和液压油进行润滑，由手动润滑泵、干油过滤器、单向四通阀、递进式分配阀、双

线润滑中心和管道组成。自动润滑系统可对搅拌轴承、S管大小轴承、输送缸内的混凝土活塞各润滑点进行润滑。

在自动润滑系统中，手动润滑泵为润滑辅助供脂装置，每次开机泵送前应扳动润滑脂泵的手柄，在观察到搅拌轴承、S管大小轴承处均有润滑脂溢出后，即可停止手动泵油。在泵送混凝土时，系统是由双线润滑中心提供液压油作为润滑剂自动为机械系统提供润滑。

双线润滑中心的工作原理是建立在两条管路上的压力交替作用的基础上，双线润滑中心的交替压力油源于泵送系统中主油缸换向的信号压力油，这样不仅满足使用要求，而且准确地对输送缸内混凝土活塞进行润滑；同时可调整分配阀中的柱塞位移量，从而精确地控制润滑油量。

递进式分配器为整体式精密元件，其作用是将压力润滑油定量地分配到各个润滑点上。单向四通阀的作用是保证润滑脂不通过润滑中心进入液压系统。

干油过滤器对润滑脂进行过滤，防止杂质进入递进式分配器和各润滑点。

4. 布料杆

布料杆如图5.2-13所示。

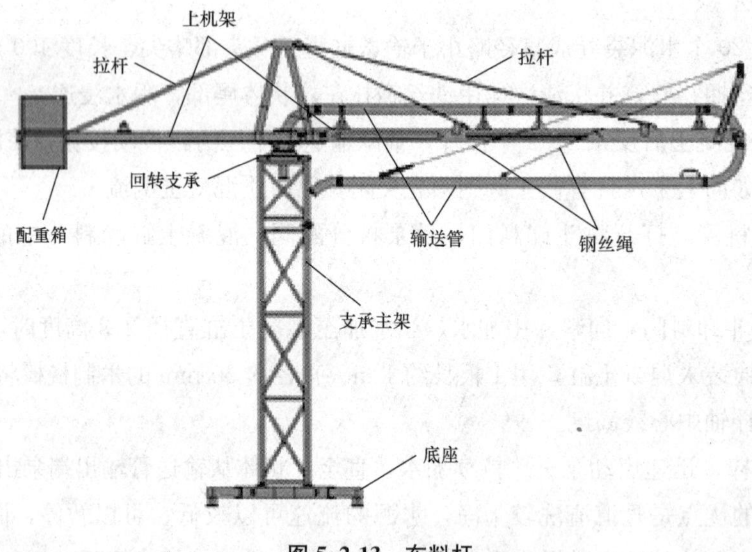

图5.2-13　布料杆

5.2.4　垂直运输设施的设置要求

1. 垂直运输设施的一般设置要求

(1)覆盖面和供应面。塔式起重机的覆盖面是指以塔式起重机的起重幅度为半径的圆形吊运覆盖面积；垂直运输设施的供应面是指借助于水平运输手段(手推车等)所能达到的供应范围。其水平运输距离一般不宜超过80 m。建筑工程的全部的作业面应处于垂直运输设施的覆盖面和供应面的范围之内。

(2)供应能力。塔式起重机的供应能力等于吊次乘以吊量(每次吊运材料的体积、质量或件数)；其他垂直运输设施的供应能力等于运次乘以运量，运次应取垂直运输设施和与其配合的水平运输机具中的低值。另外，需乘以一个数值为0.5～0.75的折减系数，以考虑由于难以避免的因素对供应能力的影响(如机械设备故障和人为的耽搁等)。垂直运输设备的供应能力应能满足高峰工作量的需要。

(3)提升高度。设备的提升高度能力应比实际需要的提升高度高出不少于3 m，以确保安全。

(4)水平运输手段。在考虑垂直运输设施时，必须同时考虑与其配合的水平运输手段。当使用塔式起重机做垂直和水平运输时，要解决好料笼和料斗等材料容器的问题。由于外脚手架(包括桥式脚手架和吊篮)承受集中荷载的能力有限，因此，一般不使用塔式起重机直接向外脚手架供料；当必须用其供料时，则需视具体条件分别采取以下措施：

①在脚手架外增设受料台，受料台则悬挂在结构上(准备2～3层用量，用塔式起重机安装)。

②使用组联小容器，整体起吊，分别卸至各作业地点。

③在脚手架上设置小受料斗(需加设适当的拉撑)，将砂浆分别卸注于小料斗中。

当使用其他垂直运输设施时，一般使用手推车(单轮车、双轮车和各种专用手推车)做水平运输，其运载量取决于可同时装入几部手推车以及单位时间内的提升次数。

(5)装设条件。垂直运输设施装设的位置应具有相适应的装设条件，如具有可靠的基础、与结构拉结和水平运输通道条件等。

(6)设备效能的发挥。垂直运输设施必须同时考虑满足施工需要和充分发挥设备效能的问题。当各施工阶段的垂直运输量相差悬殊时，应分阶段设置和调整垂直运输设备，及时拆除已不需要的设备。

(7)设备的充分利用。充分利用现有设备，必要时添置或加工新的设备。在添置或加工新的设备时应考虑今后利用的前景。一次使用的设备应考虑在用毕以后可拆改它用。

(8)安全保障。安全保障是使用垂直运输设施中的首要问题，必须按以下几个方面严格做好：

①首次试制加工的垂直运输设备，需经过严格的荷载和安全装置性能试验，确保达到设计要求(包括安全要求)后才能投入使用。

②设备应装设在可靠的基础和轨道上。基础应具有足够的承载力和稳定性，并设有良好的排水措施。

③设备在使用以前必须进行全面的检查和维修保养，确保设备完好。未经检修保养的设备不能使用。

④严格遵照设备的安装程序和规定进行设备的安装(搭设)和接高工作。初次使用的设备，工程条件不能完全符合安装要求的，以及在较为复杂和困难的条件下，应制定详细的安装措施，并按措施的规定进行安装。

⑤确保架设过程中的安全，须注意以下事项：

a. 高空作业人员必须佩戴安全带。

b. 按规定及时设置临时支撑、缆绳或附墙拉结装置。

c. 在统一指挥下作业。

d. 在安装区域内停止进行有碍确保架设安全的其他作业。

e. 设备安装完毕后，应全面检查安装(搭设)的质量是否符合要求，并及时解决存在的问题。随后进行空载和负载试运行，判断试运行情况是否正常，吊索、吊具、吊盘、安全保险以及刹车装置等是否可靠。以上均无问题时才能交付使用。

f. 进出料口之间的安全设施。垂直运输设施的出料口与建筑结构的进料口之间，根据其距离的大小设置铺板或栈桥通道，通道两侧设护栏。建筑物入料口设栏杆门，小车通过之后应及时关上。

g. 设备应由专门的人员操纵和管理，严禁违章作业和超载使用。设备出现故障或运转不正常时应立即停止使用，并及时予以解决。

h. 位于机外的卷扬机应设置安全作业棚。操作人员的视线不得受到遮挡。当作业层较高，观测和对话困难时，应采取可靠的解决方法，如增加卷扬定位装置、对讲设备或多级联络办法等。

i. 作业区域内的高压线一般应予拆除或改线，不能拆除时，应与其保持安全作业距离。

使用完毕，按规定程序和要求进行拆除工作。

2. 高层建筑垂直运输设施的合理配套

在高层、超高层建筑施工中，合理配套是解决垂直运输设施时应当充分注意的问题。一般情况下，建筑超过 15 层或高度超过 40 m 时，应设施工电梯以解决施工人员的上下问题，同时，施工电梯又可承担相当数量的施工材料的垂直运输任务。但大宗的、集中使用性强的材料，如钢筋、模板、混凝土等，特别是混凝土的用量最大和使用最集中，能否保证及时地输送上去，直接影响到工程的进度和质量要求。因此，必须解决好垂直运输设施的合理配套设置问题。

高层建筑垂直运输设施常用配套方案及其优缺点和应用范围列于表 5.2-2。

表 5.2-2　高层建筑垂直运输设施配套方案

序次	配套方案	功能配合	优缺点	适用情况
1	施工电梯＋塔式起重机料斗	塔式起重机承担吊装和运送模板、钢筋、混凝土；电梯运送人员和零散材料	优点：直供范围大，综合服务能力强，易调节安排； 缺点：集中运送混凝土的效率不高，受大风影响限制	吊装量较大，现浇混凝土量适应塔式起重机能力的工程
2	施工电梯＋塔式起重机＋混凝土泵、布料杆	泵和布料杆输送混凝土；塔式起重机承担吊装和大件材料运输；电梯运送人员和零散材料	优点：直供范围大，综合服务能力强，供应能力大，易调节安排； 缺点：投资大，费用高	工期紧，工程量大的超高层工程的结构施工阶段

续表

序次	配套方案	功能配合	优缺点	适用情况
3	施工电梯＋带臂杆高层井架	电梯运送人员和零散材料；井架可带吊笼和吊斗臂杆吊运钢筋模板	优点：垂直输送能力较强，费用低； 缺点：直供范围小，无吊装能力，增加水平运输设施	无大件吊装的、以现浇为主、工程量不太大和集中的工程
4	施工电梯＋高层井架＋塔式起重机、料斗	电梯运送人员和零散材料；井架运送大宗材料；塔式起重机、料斗	优点：直供范围大、综合服务能力强、供应能力大，易调节安排，结构完成后可拆除塔式起重机吊装和运送大件材料； 缺点：可能出现设备能力利用不足情况	吊装和现浇量较大的工程
5	施工电梯＋塔式起重机、料斗＋塔架	以塔式起重机取代井架，功能配合同方案 4	同方案 4，但塔架为可带混凝土斗的物料专用电梯，性能优于高层井架，费用也较高	吊装和现浇量较大的工程
6	塔式起重机、料斗＋普通井架	人员上下使用室内楼梯，其他同方案 4	优点：吊装和垂直运输要求均可适应，费用低； 缺点：供应能力不够强，人员上下不方便	适用于 50 m 以下的建筑工程

在选择配套方案时，应从以下几个方面进行比较：

(1)短期集中性供应和长期经常性供应的要求，从专供、联分供和分时段供 3 种方式的比较中选定。所谓联分供方式，即“联供以满足集中性供应要求，分供以满足流水性供应要求”。

(2)使设备的利用率和生产率达到较高值，使利用成本达到较低值。

(3)在充分利用企业已有设备、租用设备或购进先进的设备方面做出正确的抉择。在抉择时，一要可靠，二要先进，三要适应日后发展。在技术要求高的超高层建筑施工中，选用、引进先进的设备是十分必要的，因为企业利用这些现代化设备不但可以出色地完成施工任务，而且能使企业的技术水平获得显著提高与发展。

5.3 高层建筑模板施工

模板是在施工中使混凝土构件按设计的几何尺寸浇铸成型的模型，是钢筋混凝土工程的重要组成部分，现浇钢筋混凝土结构用模板的造价约占钢筋混凝土总造价的 30%，总用工量的 50%。随着建筑业的快速发展，高层建筑成了城市化的标志，更多的高层以及超高层建筑不断的出现，因此，高层建筑的模板体系的选择也成了该建筑能否顺利完成的重要因素之一。采用先进的模板技术，对于提高高层工程质量、加快施工速度、提高劳动生产率、降低工程成本和实现文明施工都具有十分重要的意义。常见的高层建筑模板体系有大模板、滑模和爬模。

5.3.1 大模板

1. 大模板施工

在高层建筑结构施工中，混凝土量大，模板的工程量也大，为了提高混凝土的成型质量，加快施工速度，减轻工人的劳动强度，大模板施工方案应运而生。大模板是一种大尺寸的工具式模板，通常将承重剪力墙或全部内外墙体混凝土的模板制成片状的大模板，根据需要，每道墙面可制成一块或数块，由起重机进行装、拆和吊运。在剪力墙和筒体体系的高层建筑施工中，由于模板工程量大，采用大模板就能提高机械化程度，加快模板的装、拆、运的速度，减少用工量和缩短工期，所以得到广泛应用。

大模板

为更好地发挥大模板的作用，它最好能应用在两三幢建筑进行流水施工的高层建筑群中。如在单幢的高层建筑中使用，则该建筑宜划分流水段，进行流水施工，否则，每块大模板拆除后都要吊至地面，待该层楼板施工完毕后，再吊至上一楼层进行组装，这样将大大影响施工速度。大模板宜用在20层以下的剪力墙高层建筑中。否则在高空作业中，由于大模板迎风面大，模板在吊运和就位时较困难。

大模板的工艺特点：以建筑物的开间、进深、层高的标准化为基础，以大型工业化模板为主要施工手段，以现浇钢筋混凝土墙体为主导工序，组织有节奏的均衡施工。采用这种施工技术有下述优点：

(1)工艺简单、施工速度快。墙体模板的整体装拆和吊运使操作工序减少，技术简单，适应性强。

(2)机械化施工程度高。大模板工艺和组合钢模板施工相比，由于模板总是在固定地位，其工效可提高40%左右。而且由起重机械整体吊运，现场机械化程度提高，能有效地降低工人的劳动强度。

(3)工程质量好。混凝土表面平整，结构整体性好、抗震性能强、装修湿作业少。

但是大模板工艺也有其不足之处，如制作钢模的钢材一次性消耗量大；大模板的面积受到起重机械起重量的限制；大模板的迎风面较大，易受风的影响，在超高层建筑中使用受到限制；板的通用性较差等，须在施工中设法克服。

目前，我国采用大模板施工的结构体系有内外墙全现浇、外墙预制内墙现浇(内浇外挂)及外墙砌砖内墙现浇(内浇外砌)3种。

(1)内外墙全现浇体系。内外墙全现浇体系适用于16层以上的高层建筑，它的全部墙体(除内隔墙外)均采用大模板现浇，内外墙全现浇工程由于外墙板不采用预制板，减少了外墙板的生产、运输和安装环节，因而降低了工程成本；同时，现浇外墙还可以省去外墙板接缝处的防水施工。另外，内外墙采用大模板安装施工，可与装饰工程有机结合，做成装饰混凝土墙面或清水混凝土墙面，从而减少现场装饰的湿作业，加快了装修施工进度。这类建筑的楼板

液压整体提升大模板

结构取决于建筑物的高度，当建筑物高于18层时，根据建筑物防火的要求，楼板用现浇钢筋混凝土楼板；而当建筑物为18层以下时，楼板可以采用预制板。

(2)内浇外挂体系。内浇外挂体系适用于16层以下并有建筑抗震要求的高层建筑。内浇外挂工程是以单一材料或复合材料的预制混凝土墙板作为高层建筑的外墙，内墙采用大模板支模，在现场浇筑混凝土。这种做法由于将预制装配化和现场机械化施工结合起来，发挥各自的特点，从而减少了模板的规格、数量并有利于解决外墙的综合功能，如保温、隔热和装修等问题，是国内外采用较多的一种高层大模板施工方法。

(3)内浇外砌体系。内浇外砌体系同样适用于16层以下并有建筑抗震要求的高层建筑。同内浇外挂体系相比，将外墙挂板改为砌筑的砖墙，它的隔热性能优于外墙板。内、外墙交接处采用钢筋拉结或设置钢筋混凝土构造柱咬合。目前，大模板施工工艺已成为高层和超高层建筑(剪力墙结构、框架-剪力墙结构、筒体结构和框架-筒体结构)主要的工业化施工方法之一，尤其是在高层住宅剪力墙结构中应用广泛。如北京昆仑饭店(剪力墙结构，地上26层，高度100 m)、上海扬子江大酒店(框架-剪力墙结构，地上36层，高124 m)、天津和平商业城(筒体结构，地上45层，高159 m)、深圳特区报业大厦(框架-筒体结构，地上48层，高189 m)等都采用了大模板施工工艺。

2. 大模板的构造与类型

(1)大模板的构造。大模板由面板系统、支撑系统、操作平台和附件组成，如图5.3-1所示。

①面板系统包括面板、横肋、竖肋等。面板要求平整、刚度好，使混凝土具有平整的外观，它可以采用钢板、玻璃钢板、胶合板、木材等制作，国内目前常用的面板材料为钢板和胶合板，均能多次重复使用。横肋和竖肋的作用是固定面板，并把混凝土侧压力传递给支撑系统，可采用型钢或冷弯薄壁型钢制作，一般采用[6.5或∟8。肋的间距根据面板的大小、厚度、构造方式和墙体厚度的不同而定，一般为300～500 mm。

②支撑系统包括支撑架和地脚螺栓。每块大模板采用2～4榀桁架作为支撑机构，并用螺栓或焊接将其与竖肋连接在一起，主要承受风荷载等水平力，以加强模板的刚度，防止模板倾覆，也可作为操作平台的支座，以承受施工荷载。支撑架横杆下部设有水平与垂直调节螺旋千斤顶组成，在施工时，它能把作用力传递给地面或楼板，以调节模板的垂直度。操作平台包括平台架、脚手板和防护栏杆。操作平台是施工人员操作的场所和运输的通道，平台架插放在焊于竖肋上的平台套管内，脚手板铺在平台架上。每块大模板还设有铁爬梯，供操作人员上下使用。

③附件主要包括穿墙螺栓和上口铁卡子。穿墙螺栓主要作用是加强模板刚度，承受新浇混凝土的侧压力，控制墙板的厚度。穿墙螺栓一般采用Φ30 mm的45号圆钢制作，一端制成螺纹，长100 mm，用以调节墙体厚度，另一端采用钢销和键槽固定。为了能使穿墙螺栓重复使用，螺栓应套以与墙厚相同的塑料套管。拆模后，将塑料套管剔出周转使用。上口铁卡子主要用于固定模板上部，控制墙体厚度和承受部分混凝侧压力。

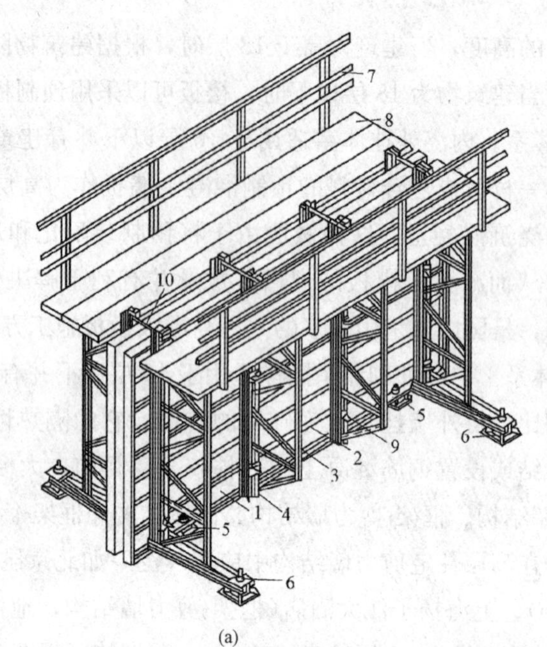

(a)

(b)

(c)

图 5.3-1　大模板组成构造示意

(a)大模板结构示意；(b)一种大模板实物；(c)大模板安装示意

1—板面；2—水平加劲肋；3—支撑桁架；4—竖楞；5—调整水平度的螺旋千斤顶；6—调整垂直度的螺旋千斤顶；7—栏杆；8—脚手板；9—穿墙螺栓；10—固定螺栓

(2)大模板的类型。大模板按形状划分有平模、小角模、大角模、筒形模等。

①平模。平模是以一个整墙面制作成一块模板，如图 5.3-2 所示，它能较好地保证墙面的平整度。当房间四面墙体都采用平模布置时，横墙与纵墙混凝土一般分两次浇筑，即在一个流水段范围内，先支横墙模板，待拆模后再支纵墙模板。由于所有模板接缝均在纵横墙交接的阴角处，因此便于接缝处理，减少修理用工，模板加工量较少，周转次数多，适用性强，模板组装和拆卸方便。但由于纵横墙须分开浇筑，故竖向施工缝多，从而影响房屋的整体性。采用 4 mm 钢板做面板时如进行竖向拼缝，须在板缝处加焊角钢加强，胶合板面板的纵横缝处都须用不等边的角钢或 T 形钢予以加固，施工较为麻烦。

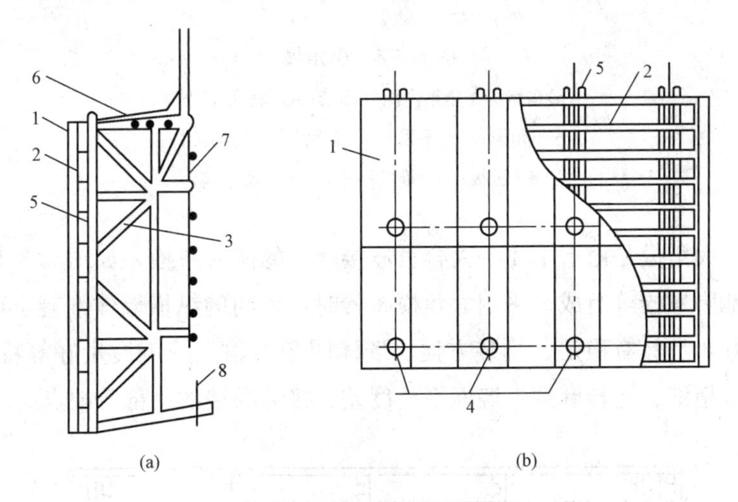

图 5.3-2　平模构造示意图

(a)整体式平模；(b)组合式平模

1—面板；2—横肋；3—支架；4—穿墙螺栓；5—竖向主肋；

6—操作平台；7—铁爬梯；8—地脚螺栓

上述平模是以整面墙制作一块模板，虽结构简单、装拆灵活，但模板通用性差，并需用小角模解决纵、横墙角部位模板的拼接处理，仅适用于大面积标准住宅的施工。

为了解决横、纵墙两次浇筑的问题，可以采用组合式平模。组合式平模是以建筑物常用的轴线尺寸做基数拼制模板，并通过固定于大模板板面的角模把纵横墙的模板组装在一起，可以同时浇筑纵横墙的混凝土。为适应不同开间、进深尺寸的需要，组合式平模可利用模数加以调整。为了解决通用性差的缺点，可以采用拆装式平模。拆装式平模是将板面、骨架等部件之间的连接全都采用螺栓组装，比组合式大模板更便于拆改，也可减少因焊接而产生的模板变形。

②小角模。小角模是为适应纵横墙一起浇筑而在纵横墙相交处附加的一种模板，通常用∟100×10 的角钢制成。小角模设置在平模转角处，可使内模形成封闭的支撑体系，模板整体性好，组拆方便，墙面平整。小角模可以将扁钢焊在角钢内，拆模后会在墙面形成突出的棱，如图 5.3-3(a)所示；另一种是将扁钢焊在角钢外面，拆模后会在墙面留下扁钢的凹印，如图 5.3-3(b)所示。

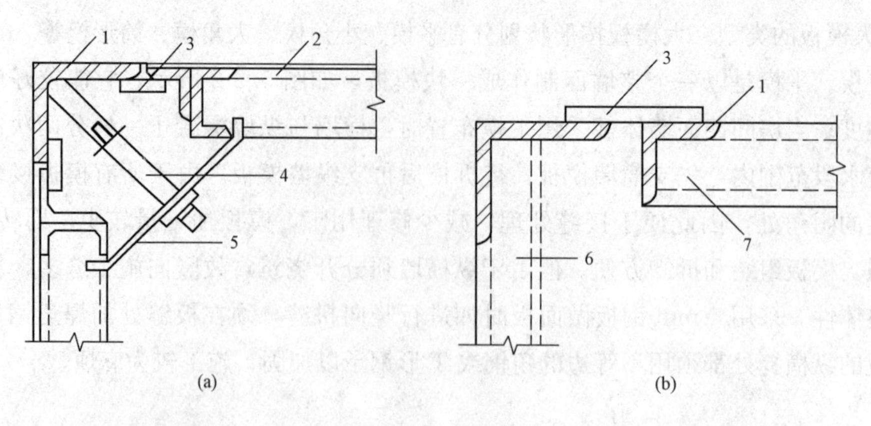

图 5.3-3　小角模

(a)扁钢焊在角钢内侧；(b)扁钢焊在角钢外侧

1—小角模；2—平模；3—扁钢；4—转动拉杆；

5—压板；6—横墙平模；7—纵墙平模

③大角模。大角模是由上下 4 个大合页连接起来的两块平模，如图 5.3-4 所示，并由 3 道活动支承和地脚螺栓等组成。采用大角模布置时，房间的纵横墙体混凝土可以同时浇筑，房屋的整体性好，且具有稳定、拆装方便、墙体阴角方整、施工质量好等特点；但大角模也存在加工要求精细、运转麻烦、墙面平整度差、接缝在墙的中部等缺点。

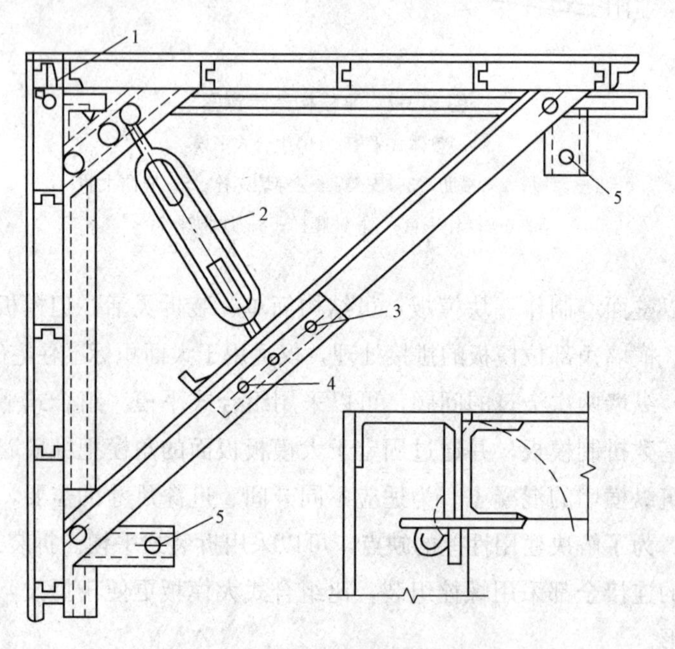

图 5.3-4　大角模构造示意

1—合页；2—花篮螺栓；3—固定销子；4—活动销子；5—调整用螺旋千斤顶

④支撑系统。一般用型钢制成(图 5.3-5)。每块大模板设若干个支撑架。支撑架上端与大模板竖向龙骨用螺栓连接，下部横杆槽钢端部设有地脚螺栓，用以调节模板的垂直度。模板自稳角的大小与地脚螺栓的可调高度及下部横杆长度有关。支撑系统的作用是承受风

荷载和水平力，以防止模板倾覆，保持模板堆放和安装时的稳定。

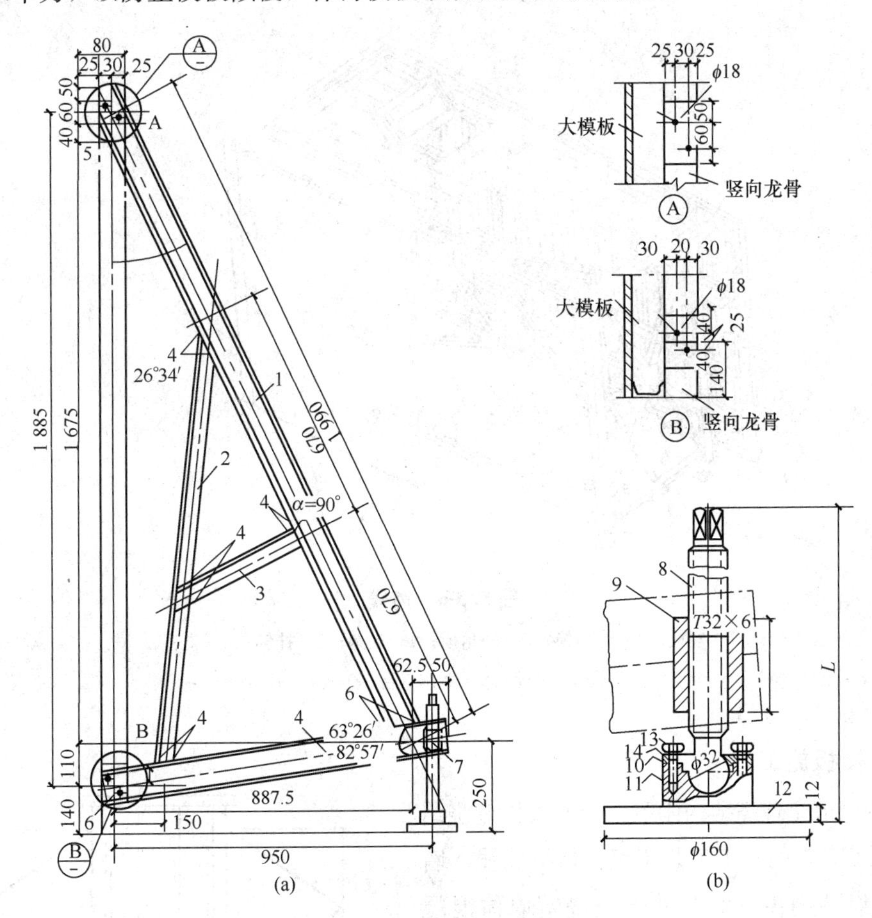

图 5.3-5　支撑系统与地脚螺栓示意

1—槽钢；2、3—角钢；4—下部横杆槽钢；5—上加强板；6—下加强板；7—地脚螺栓；8—螺杆；9—螺母；10—盖板；11—底座；12—底盘；13—螺钉；14—弹簧垫圈

⑤操作平台。操作平台由脚手板和三脚架构成，附有铁爬梯及护身栏。三脚架插入竖向龙骨的套管，组装及拆除都比较方便。护身栏用钢管做成，上下可以活动，外挂安全网。每块大模板设置一个铁爬梯，供操作人员上下使用，如图 5.3-1 所示。

⑥附件。穿墙螺栓、穿墙套管、模板上口卡具、门窗框模板等。

⑦筒模。筒模由平模、角模和紧伸器(脱模器)等组成，是将一个房间的 3 面或 4 面现浇墙体的大模板通过挂轴悬挂在同一钢架上，墙角用小角模封闭而形成一个筒形单元体。其主要用于电梯井和管道井内模的支设。采用筒模布置时，纵横墙体混凝土能同时浇筑，故结构整体性好，施工简单快速，减少了模板的吊装次数，操作安全，劳动效率高；缺点是模板每次都要落地，且模板自重大，需要大吨位的起重设备，模板加工精度要求高，灵活性差，安装时必须按房间弹出十字中线就位。

筒模的平模采用大型钢模板或钢框胶合板模板拼装而成。角模有固定角模和活动角模两种，固定角模即一般的阴角钢模板，活动角模是铰链角模。紧伸器有集中操作式和分散操作式等多种形式，如图 5.3-6 所示。

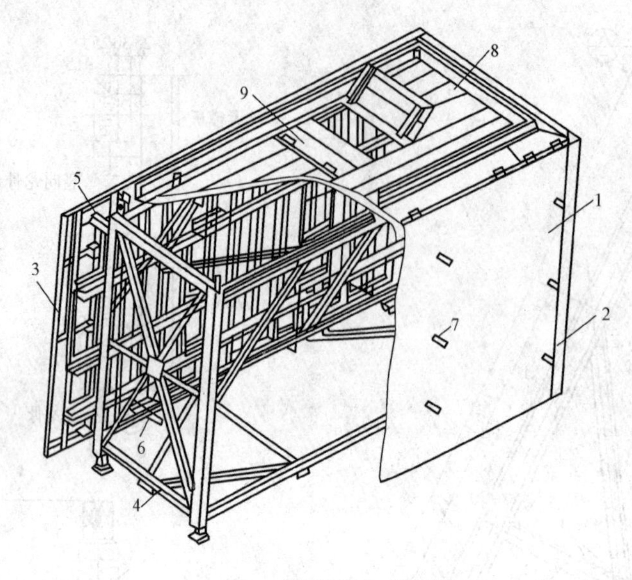

图 5.3-6 筒模

1—模板；2—内角模；3—外角模；4—钢架；5—挂轴；6—支杆；

7—穿墙螺栓；8—操作平台；9—出入孔

3. 大模板施工

(1)内外墙全现浇结构体系。全大模板现浇结构体系(图 5.3-7)的施工工艺流程：抄平放线→墙体扎筋→组装内模→组装外模→浇筑墙体混凝土→养护拆模(拆下模板清理后周转使用)→安装预制室内分隔板→吊入门窗、卫生设备等配件→楼板施工。

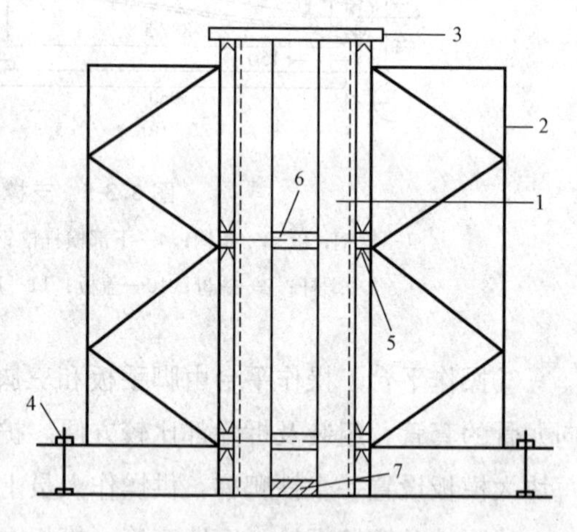

图 5.3-7 大模板体系

1—内墙模板；2—桁架；3—上夹具；4—校正螺栓；

5—穿墙螺栓；6—套管；7—混凝土导墙

(2)外墙外模板组装。内外墙全现浇结构体系的施工中，重点是做好外模的支模工作，它关系到工程质量与施工安全。内墙模板及外墙内模板支撑在楼板上，外墙外模板根据形式不同，可分为悬挑式外模(图 5.3-8)和外承式外模。

悬挑式外模施工工艺：抄平放线→安装内墙一侧的模板→绑扎钢筋→安装内墙门窗口或假口→安装预埋件→支内墙另一侧模板→完成内墙模板的安装后，再安装外墙内模→把外模板通过内模上端的悬臂梁直接悬挂在内模板上。悬臂梁可采用一根 8 号槽钢焊在外侧模板的上口横肋上，内外墙模板之间用两道对拉螺栓拉紧，下部靠在下层的混凝土墙壁上。

外承式外模施工时，可以先将外墙外模板安装在下层混凝土外墙面挑出的三角形支承架上，用 L 形螺栓通过下一层外墙预留口挂在外墙上，如图 5.3-9 所示。为了保证安全，要设好防护栏和安全网，安装好外墙外模板后，再装内墙模板和外墙内模板。

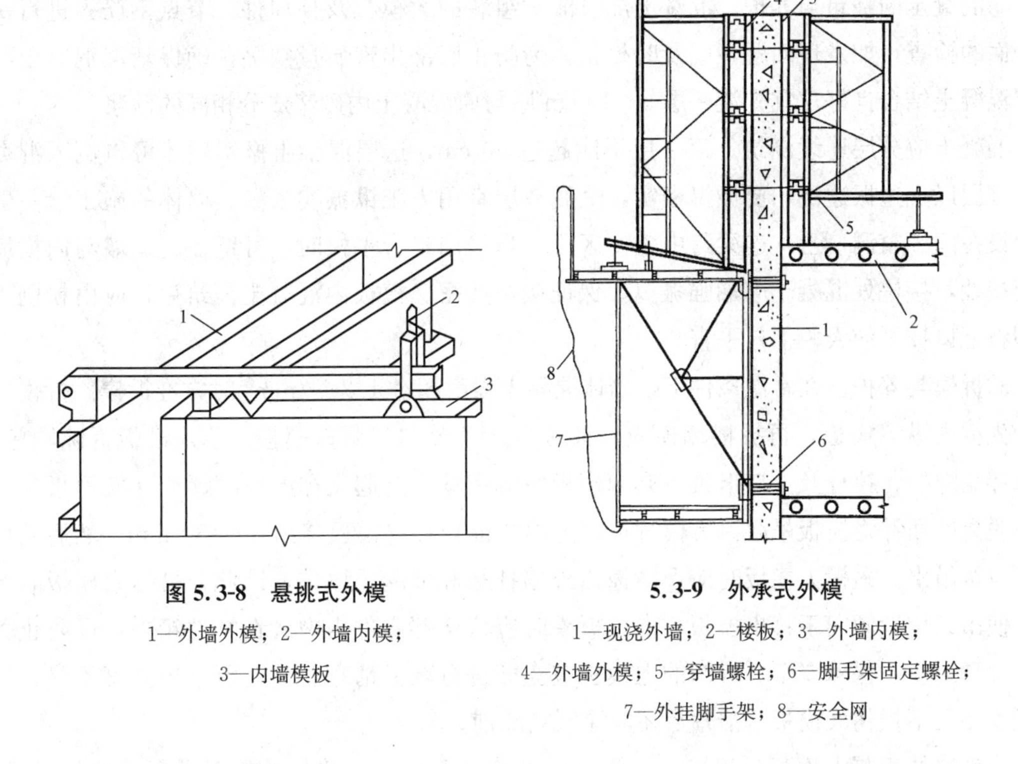

图 5.3-8　悬挑式外模

1—外墙外模；2—外墙内模；

3—内墙模板

5.3-9　外承式外模

1—现浇外墙；2—楼板；3—外墙内模；

4—外墙外模；5—穿墙螺栓；6—脚手架固定螺栓；

7—外挂脚手架；8—安全网

(3)内浇外挂结构体系。

①施工程序。内浇外挂结构体系施工工艺流程与内外墙全现浇结构体系相比，增加了外挂墙板的工序，其余相同。内浇外板大模板高层建筑的施工程序：抄平放线→绑扎钢筋→支门窗洞口模板→安装大模板→安装外墙板→浇筑混凝土→拆模、修整混凝土墙面、养护→安装预制楼板→浇筑圈梁、板缝。

②抄平放线操作要点。抄平放线包括弹轴线、墙身线、模板就位线及门口、隔墙、阳台位置线和抄平水准线等。

在每栋建筑物的四角和流水段分段处，应设置标准轴线控制桩，再根据标准轴线桩引出各层控制轴线。由控制轴线放出其他轴线和墙身线以及门、窗口位置线。为了便于支模，在放墙身线时，也同时放出模板就位线。采用筒子模时，还应放出十字线。每栋建筑物均应设水准点，在底层墙上确定控制水平线，并用钢尺引测各层标高。

③钢筋敷设施工要点。墙体钢筋应尽量预先在加工厂按图样点焊成网片再运至现场。在运输、堆放和吊装过程中，要采取措施防止钢筋网片产生变形或焊点脱开。

在安装外墙板前，应剔出并理直两侧的预埋钢筋套环，内外墙的钢筋套环要重合，按设计要求插入竖向钢筋。

④模板安装。大模板进场后要核对型号，清点数量，清除表面锈蚀，用醒目的字体在模板背面注明编号。模板就位前还应认真涂刷脱模剂，将安装处楼面清理干净，检查墙体中心线及边线，准确无误后方可安装模板。安装模板时，应按顺序吊装，按墙身线就位，

反复检查校正模板的垂直度。模板合模前，还要隐蔽工程验收。

⑤混凝土的浇筑与养护。混凝土浇筑前对组装的大模板及预埋件、节点钢筋等进行一次全面的检查，如发现问题，应及时校正。为防止底部出现质量缺陷，确保新浇混凝土与下层混凝土结合良好，宜先浇一层 5～10 cm 厚与原混凝土内砂浆成分相同的砂浆。

混凝土应分层连续浇筑。第一层不能超过 60 cm，这层混凝土振实后才可再倒入混凝土，该层以上边振边浇，要振捣密实，最后一层宜用人工锹振实整平。墙体的施工缝一般宜留设在门、窗洞口上，连梁跨中 1/3 区段。当采用组合平模时，可留在内纵墙与内横墙的交接处，接槎处混凝土应加强振捣，保证接槎严密。模板内混凝土浇筑后，应由粉刷工立即将上口抹平使大模上口平直。

⑥拆模与养护。在常温条件下，墙体混凝土强度超过 1.2 N/mm^2 时方准拆模。拆模顺序为先拆内纵墙模板，再拆横墙模板，最后拆除角模和门洞口模板。单片模板拆除顺序：拆除穿墙螺栓、拉杆及上口卡具→升起模板底脚螺栓→升起支撑架底脚螺栓→使模板自动倾斜脱离墙面并将模板吊起。拆模时必须先用撬棍轻轻将模板移出 20～30 mm，然后用塔式起重机吊出。吊拆大模板时应严防撞击外墙挂板和混凝土墙体，因此，吊拆大模板时要注意使吊钩位置倾向于移出模板方向。拆模时应将全部零件集中放在零件箱内，可防止丢失并提高工效，保障安全。拆卸的大模板应立即进行敲铲清理。此时混凝土强度不高，清理既方便又不损伤大模板。清理后还应涂刷隔离剂。

⑦外墙挂板与大模板的连接。内浇外挂结构体系中，外墙板的施工是很重要的工序。当内墙大模板固定校正后，再安装外墙挂板。吊装前先将挂板两侧的锚环整理好，吊装时将锚环套入下层伸出的小柱钢筋上，使外墙挂板紧靠大模板边，上部用装在大模板上的夹具将外墙挂板夹住，这样外墙墙板就临时固定在大模板上。对外墙挂板的轴线位置、板底标高、垂直缝宽、水平缝宽均进行精密测量无误后，方可固定外墙挂板。

现浇混凝土内墙和外墙的结合部存在接缝，使其结合紧密是保证施工质量的要点。外墙挂板与大模板之间的接缝处理，通常在与外挂板接缝处大模板边放一条 3 mm 厚的通长并卷边的橡皮条，并紧贴外挂板，如图 5.3-10 所示。卷边橡皮条具有一定的弹性伸缩能力，可以消除外挂板与大模板安装误差造成的空隙，防止漏浆。

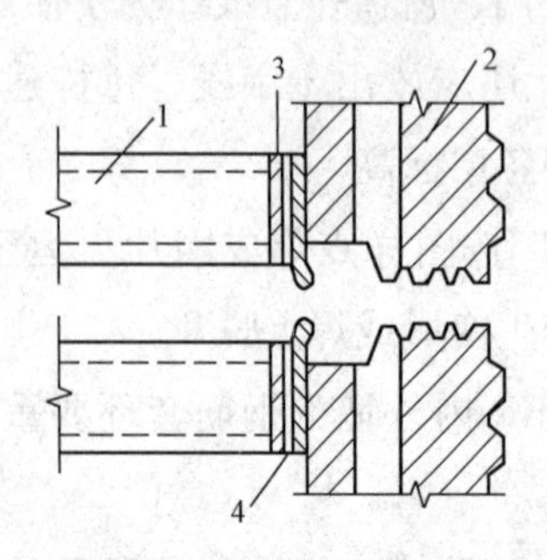

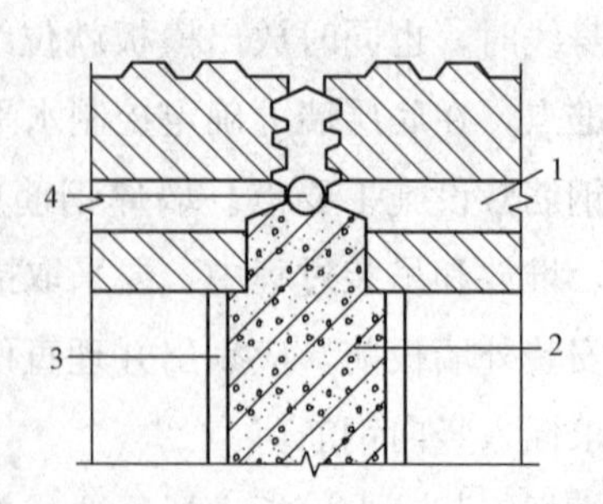

图 5.3-10　外墙挂板与大模板的连接图

1—大模板；2—外墙挂板；3—压板；4—橡皮条

⑧外墙挂板的板缝施工。混凝土墙与外挂板之间的垂直接缝如果不处理会造成浇筑混凝土时混凝土阻塞空腔，影响防水效果。可以用一条通长的充气车胎紧贴外挂板放置，类似一条模板，充气后车胎会塞在垂直缝中。浇筑混凝土时要注意控制力度，以免将车胎振出。在浇筑完混凝土1小时后拆除车胎，拆得过早混凝土会坍塌，拆得过晚车胎不易拆除。外挂板之间的空腔可以阻止水的毛细管渗透作用，所以要保证空腔内不得有沾污和垃圾。竖向空腔可以用2 mm厚塑料片或泡沫塑料棒封口，外挂板之间的水平缝可以用泡沫塑料棒充填，泡沫塑料棒直径根据板缝设计宽度选择。

4. 大模板的安装质量验收标准

(1)大模板的安装质量应符合下列要求：

①大模板安装后应保证整体的稳定性，确保施工中模板不变形、不错位、不胀模。

②模板间的拼缝要平整、严密，不得漏浆。

③门窗洞口位置尺寸必须准确。

④模板板面应清理干净，隔离剂涂刷应均匀，不得漏刷。

(2)大模板安装允许偏差及检查方法应符合表5.3-1中的规定。

表5.3-1　大模板安装允许偏差及检查方法

项目	允许偏差/mm	检查方法
位置	±5	拉钢尺检查
标高	±10	水准测量或拉线尺量
上口宽度	±2	拉钢尺检查
垂直度	±5	吊线坠检查
混凝土墙面平整度	±4	修正后直尺检查
位置	±5	拉钢尺检查

5. 大模板的安全技术

(1)大模板堆放时应满足自稳角的要求，并面对面地存放。没有支架或自稳角不足的大模板，要存放在专用的插放架上或平卧堆放。在楼层内堆放大模板时，要采取可靠的防倾倒措施。6级以上大风应停止施工。

(2)构件堆放应按品种规格分开，防止弄错。构件堆放的支架要牢固，应经常检查。

(3)大模板必须有操作平台、上人梯道、防护栏杆等附属设施，要保证其完好，如有损坏马上维修。3层以上设安全网，沿房屋外满设，并配合施工上移。电梯间和楼梯洞也要设安全网。

(4)起重机具、起吊索具、吊钩、构件支架、模板夹具等重要设备及关键部位，要认真检查。起重机必须专机专人，每班操作前要试机，特别注意刹车。

(5)大模板安装就位后，应及时用穿墙螺栓、花篮螺栓等固定成整体，防止倾倒。

(6)全现浇模板在安装外墙外模前，必须确保三角挂架或支撑平台安装牢固，操作人员施工时要系安全带。

(7)模板拆除时，要保证混凝土的强度不得小于1.2 N/mm^2。模板拆除起吊时，要确认所有穿墙螺栓已经拆除，模板和混凝土已脱离。起吊高度超过障碍物后方准行车转弯。

(8)大模板拆除后，要采取临时固定，以便清理。

5.3.2 滑升模板施工

1. 滑升模板的构造与组成

滑升模板(简称滑模)施工，是采用液压千斤顶和支撑杆件支撑模板，边浇筑混凝土，边提升模板，如同模板在混凝土外侧滑动上升。滑模装置主要包括模板系统、操作平台系统、提升机具系统3部分，如图5.3-11所示。

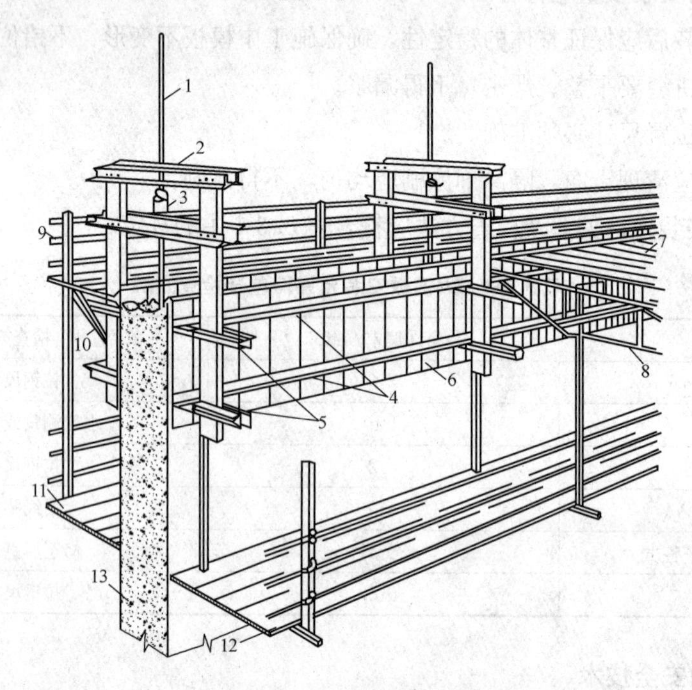

图5.3-11 液压滑模板组成

1—支撑杆；2—提升架；3—液压千斤顶；4—围圈；5—围墙支托；6—模板；7—操作平台；8—平台桁架；9—栏杆；10—外挑三脚架；11—外吊脚手；12—内吊脚手；13—混凝土墙体

(1)模板系统。

①模板。

a. 模板按其材料不同有钢模板、木模板、钢木组合模板等，一般以钢模板为主。

b. 钢模板可采用2～2.5 mm厚的钢板冷压成型，或用2～2.5 mm厚的钢板与角钢肋条制成，角钢肋条的规格不小于∟30×4。

c. 为方便施工，保证施工安全，外墙外模板的上端比内模板可高出150～200 mm。

②围圈。

a. 围圈的主要作用是使模板保持组装好后的形状，并将模板和提升架连成整体。

b. 围圈应有一定的强度和刚度，一般可采用∟70～∟80，[8～[10 或[10 制作。

c. 围圈与连接件及围圈桁架构造如图 5.3-12 所示。

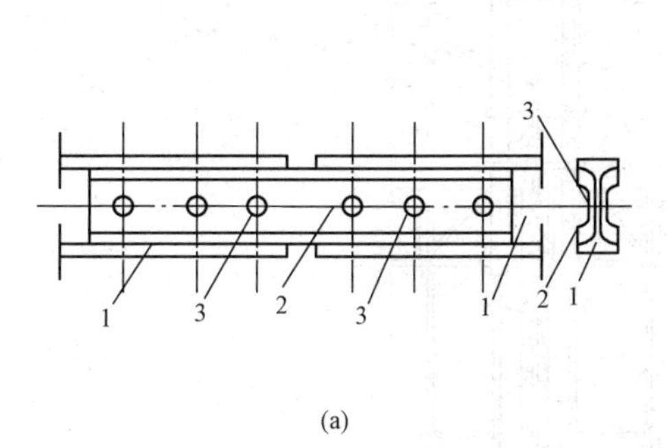

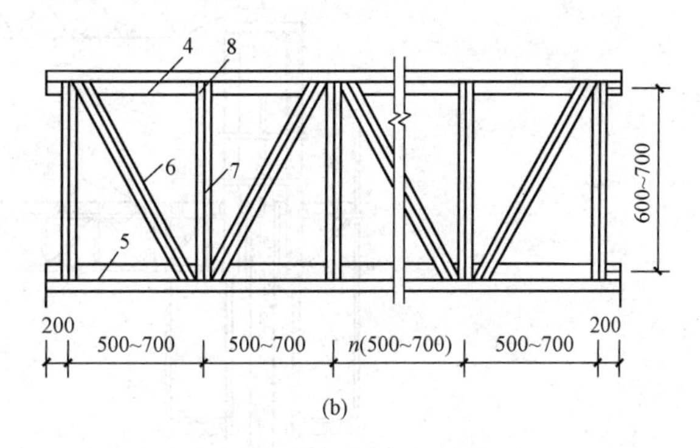

图 5.3-12　围圈与连接件及围圈桁架构造示意图

(a)围圈连接件；(b)围圈桁架构造示意图

1—围圈；2—连接件；3—螺栓孔；4—上围圈；

5—下围圈；6—斜腹杆；7—垂直腹杆；8—连接螺栓

③提升架。

a. 提升架的作用：主要是控制模板和围圈由于混凝土侧压力和冲击力而产生的向外变形，承受作用在整个模板和操作平台上的全部荷载，并将荷载传递给千斤顶。同时，提升架又是安装千斤顶，连接模板、围圈及操作平台形成整体的主要构件。

b. 提升架的构造形式：在满足以上作用要求的前提下，结合建筑物的结构形式和提升架的安装部位，可以采用不同的形式。

c. 不同结构部位的提升架构造示意如图 5.3-13 所示。

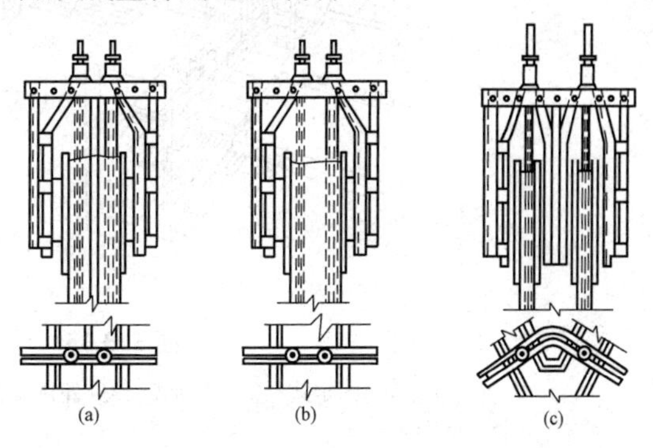

图 5.3-13　不同结构部位提升架构造示意

(a)单体墙；(b)伸缩缝处墙体；(c)转角处墙体

(2)操作平台系统。操作平台系统主要包括主操作平台、外挑操作平台、吊脚手架等。在施工需要时，还可设置上辅助平台。它是供材料、工具、设备堆放和施工人员进行操作的场所，如图 5.3-14 所示。

①主操作平台。

a. 主操作平台既是施工人员进行施工操作的场所，也是材料、工具、设备堆放的场所。

b. 操作平台的设计，既要考虑能揭盖方便，又要结构牢稳可靠。一般提升架立柱内侧的平台板采用固定式，提升架立柱外侧的平台板采用活动式，如图 5.3-15 所示。

②内外吊脚手架。

a. 内外吊脚手架的作用是检查混凝土质量、表面装饰以及模板的检修和拆卸等工作。

b. 吊脚手架的主要组成部分有吊杆、横梁、脚手板、防护栏杆等，如图 5.3-16 所示。

③提升机具系统。

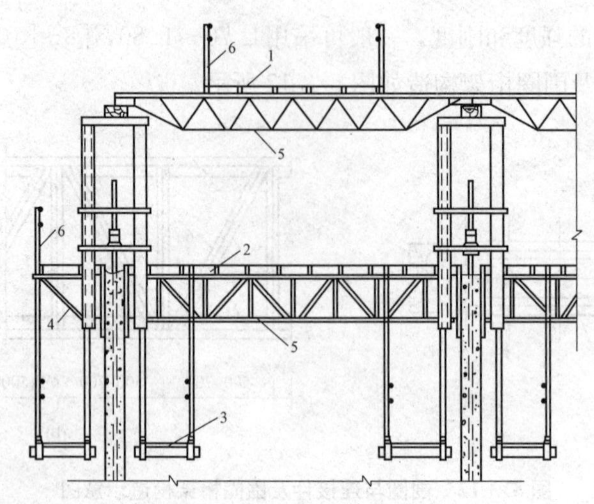

图 5.3-14　操作平台系统示意图

1—上辅助平台；2—主操作平台；3—吊脚手架；4—三角挑架；5—承重桁架；6—防护栏杆

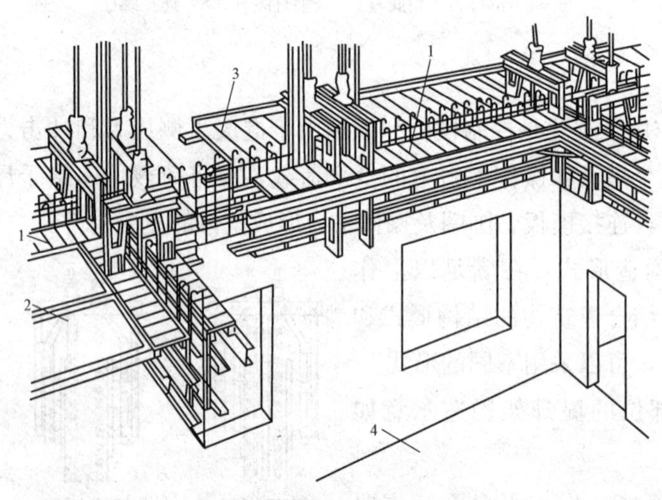

图 5.3-15　操作平台平台板

1—固定式；2—活动式；3—外挑操作平台；4—下一层已完的现浇楼板

a. 提升机具系统由支承杆、液压千斤顶及液压控制系统(液压控制台)和油路等组成。

(a)支承杆。支承杆的直径要与所选的千斤顶的要求相适应。为节约钢材，采用加套管的工具式支承杆时，应在支承杆外侧加设内径比支承杆直径大 2～5 mm 的套管，套管的上端与提升架横梁的底部固定，套管的下端与模板底平，套管外径最好做成上大下小的锥度，以减小滑升时的摩阻力。工具式支承杆的底部一般用钢靴或套管支承。工具式支承杆的套管和钢靴如图 5.3-17 所示。

(b)液压控制装置。液压控制装置又称液压控制台，是提升系统的心脏。液压控制装置由能量转换装置(电动机、高压泵等)、能量控制和调节装置(换向阀、溢流阀、分油器等)、辅助装置(油箱、油管等)3 部分组成。

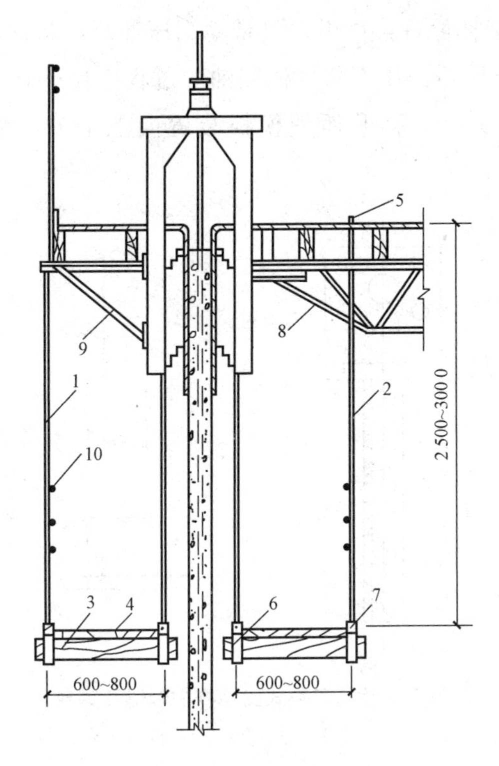

图 5. 3-16　吊脚手架

1—外吊脚手杆；2—内吊脚手杆；3—木楞；4—脚手板；5—固定吊杆的卡具；6—套靴；7—连接螺栓；8—平台承重桁架；9—三角挑架；10—防护栏杆

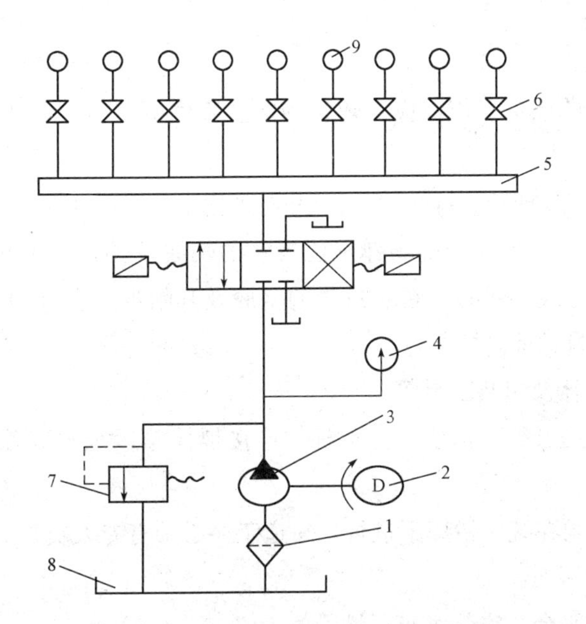

图 5. 3-17　提升系统液压控制装置原理图

1—滤油器；2—单向回转交流电动机；3—油泵；4—压力表；5—分油器；6—截止阀(针型阀)；7—溢流阀；8—油箱；9—千斤顶

b. 提升机具系统的工作原理：由电动机带动高压油泵，将油液通过换向阀、分油器、截止阀及管路输送给各千斤顶，在不断供油回油的过程中使千斤顶的活塞不断地被压缩、复位，通过千斤顶在支承杆上爬升而使模板装置向上滑升。液压控制装置原理图如图 5.3-18 所示。

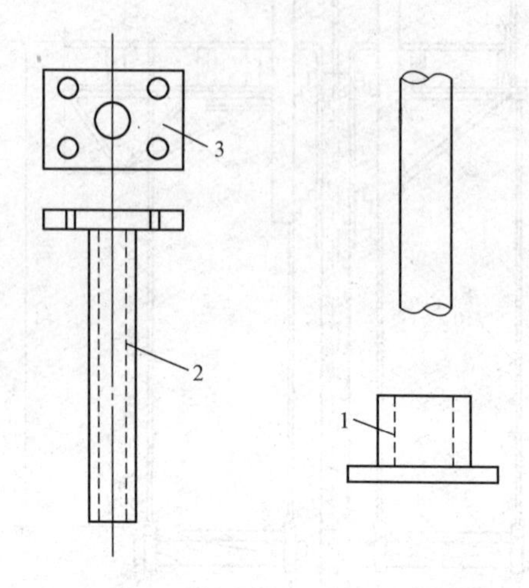

图 5.3-18　工具式支承杆的套管和钢靴

1—钢靴；2—套管；3—底座

2. 滑升模板施工工艺

滑升模板

(1)滑模的组装。

①组装前的准备工作。

a. 滑模基本构件的准备工作，应在建筑物的基础底板(或楼板)的混凝土达到一定强度后进行。

b. 组装前必须清理现场，设置运输通道和施工用水、用电线路，理直钢筋等。

c. 按布置图的要求，在组装现场弹出建筑物的轴线及模板、围圈、提升架、支承杆、平台桁架等构件的中心线。同时，在建筑物的基底及其附近，设置观测垂直偏差的中心桩或控制桩以及一定数量的标高控制点。

d. 准备好测量仪器及组装工具等。

滑模

e. 模板、围圈、提升架、桁架、支承杆、连接螺栓等运至现场除锈刷漆。

f. 滑模的组装必须在统一指挥下进行，每道工序必须有专人负责。

②组装顺序。

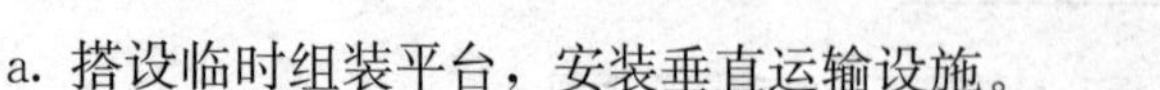

a. 搭设临时组装平台，安装垂直运输设施。

b. 安装提升架。

c. 安装围圈(先安装内围圈，后安装外围圈)，调整倾斜度。

d. 绑扎竖向钢筋和提升架横梁以下的水平钢筋，安设预埋件及预留孔洞的胎模，对工具式支承杆套管下端进行包扎。

e. 安装模板，宜先安装角模后安装其他模板。

f. 安装操作平台的桁架、支撑和平台铺板。

g. 安装外操作平台的支架、铺板和安全栏杆等。

h. 安装液压提升系统、垂直运输系统及水、电、通信、精度控制和观察装置，并分别进行编号、检查和试验。

i. 在液压系统试验合格后，插入支承杆。

j. 安装内外吊脚手架及挂安全网；在地面或横向结构面上组装滑模装置时，应待模板滑升至适当高度后，再安装内外吊脚手架。

(2)滑模施工。滑模组装完毕并经检查合格后，即可进入滑模施工阶段。滑升模板施工程序如图 5.3-19 所示。

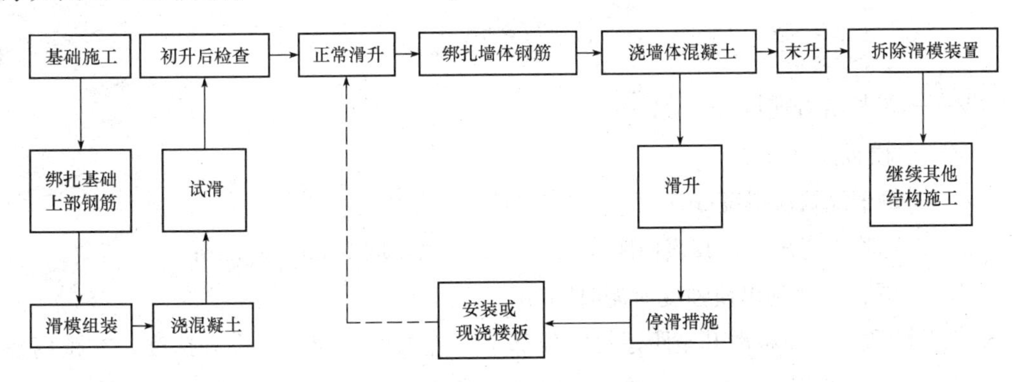

图 5.3-19　滑升模板施工程序

①钢筋和预埋件。

滑动模板施工

a. 横向钢筋的长度不宜大于 7 m；竖向钢筋直径小于或等于 12 mm 时，其长度不宜大于 8 m，一般与楼层高度一致。

b. 钢筋绑扎应与混凝土的浇筑及模板的滑升速度相配合，在绑扎过程中，应随时检查，以免发生差错。

c. 每层混凝土浇筑完毕后，在混凝土表面上至少应有一道绑扎好的横向钢筋作为后续钢筋绑扎时参考。

d. 竖向钢筋绑扎时，应在提升架的上部设置钢筋定位架，以保证钢筋位置准确。

e. 双层配筋的墙体结构，双层钢筋之间绑扎后应用拉结筋定位。

f. 支承杆作为结构受力筋时，其设计强度宜降低 10%～25%，接头的焊接质量必须与钢筋等强。

g. 梁的横向钢筋可采取边滑升边绑扎的方法，为便于绑扎，可将箍筋做成上部开口的形式，待水平钢筋穿入就位后再将上口封闭扎牢。

h. 预埋件的留设位置、数量、型号必须准确。

②模板的滑升。

a. 初升阶段。

(a)初浇混凝土高度达到 600 mm，并且对滑模装置和混凝土的凝结状态进行检查，从初浇开始，经过 3～4 h 后，即可进行试滑，此时将全部千斤顶升起 50～60 mm(1～2 个千斤顶行程)。

(b)试滑的目的是观察混凝土的凝结情况，判断混凝土能否脱模，提升时间是否适宜等。

b. 正常滑升阶段。

(a)正常滑升阶段是滑升模板施工的主要阶段。

(b)正常滑升的初期提升速度应稍慢于混凝土的浇筑速度，以便入模混凝土的高度能逐步接近模板上口。当混凝土距模板上口 50～100 mm 时，即可按正常速度提升。

当支承杆无失稳可能时，模板的滑升速度可按下式计算：

$$V=\frac{H-h-a}{t}$$

式中 V——模板滑升速度(m/h)；

H——模板高度(m)；

h——每个浇筑层厚度(m)；

a——混凝土浇满后，其表面距模板上口的距离，取 0.05～0.1 m；

T——混凝土达到出模强度所需时间(h)。

c. 末升阶段。当模板滑升至距建筑物顶部 1 m 左右时，应放慢提升速度，在距离建筑物顶部 200 mm 标高以前，随浇筑随做好抄平、找正工作，以保证最后一层混凝土均匀交圈，确保顶部标高及位置准确。

③门窗洞口及孔洞的留设。门窗洞口及孔洞的留设方法有以下几种：

a. 框模法。框模法是门、窗后塞口预留洞口的方法。安装时，按设计要求的位置放置，并与结构构件内的钢筋连接固定，如图 5.3-20 所示。

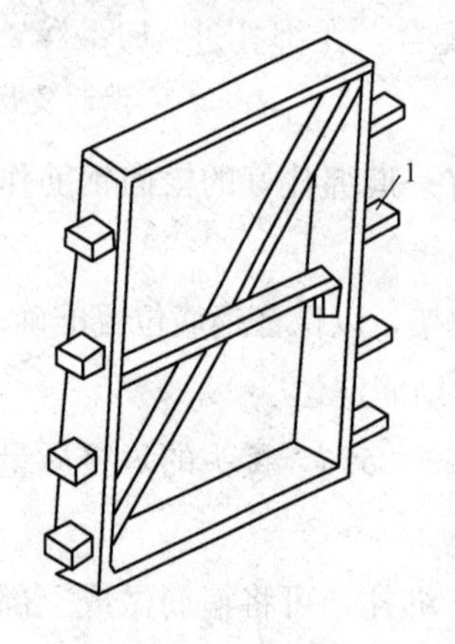

图 5.3-20 门窗洞口框模

1—预留木砖或埋件

b. 堵头模板法。当预留孔洞较大或不设门窗时，可采用在孔洞位置滑模中设置堵头板的方法。

c. 预制混凝土挡板法。当利用工程的门窗框作框模，随滑随安装时，在门窗框的两侧及顶部设置预制钢筋混凝土挡板。

d. 小孔洞的留设。对较小的预留孔洞，可先按孔洞的尺寸及形状，用钢材、木材或聚苯乙烯泡沫塑料等制成空心或实心的胎模放于设计需留孔洞的位置。

④变截面的处理。

a. 墙体变截面处理。

(a)加衬模法。按变截面结构宽度制备好衬模，待滑升至变截面位置时，将衬模固定于滑升模板的内侧，随模板一起滑升。这种方法构造比较简单，缺点是需另制作衬垫模板。

(b)调整围圈法。在提升架立柱上设置调整围圈和模板位置的丝杠(螺栓)和支撑，当模板滑升至变截面的位置，只要调整丝杠移动围圈和模板即可。此法调整壁厚比较简便，但提升架制作比较复杂，而且在调整过程中，必须处理好转角处围圈和模板变截面前后的节点连接。

(c)衬模与调整围圈结合法。

上述两种方法的模板空滑高度较大，支承杆脱空长度也较大，需要对支承杆进行加固处理。为此，可采取两者相结合的处理方法，如图 5. 3-21 所示。

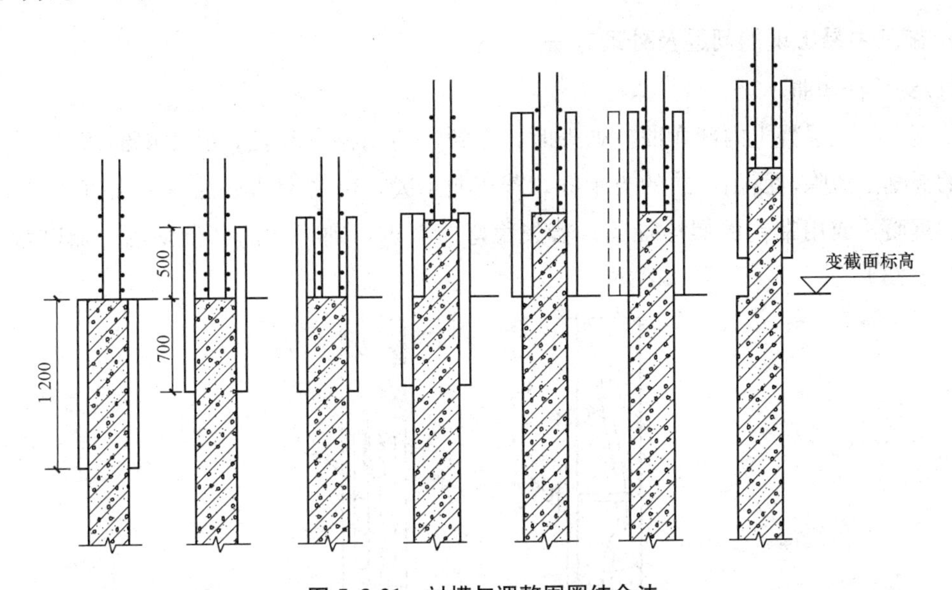

图 5. 3-21　衬模与调整围圈结合法

衬模与调整围圈结合变截面。

a)混凝土浇筑至变截面标高处；

b)将滑升模板向上提升 500 mm；

c)安装临时内衬模；

d)浇筑混凝土，等待脱模强度；

e)提升滑升模板；

f)拆去临时内衬模，改变滑升模板的间距；

g)变截面后恢复正常施工。

(d)调整提升架立柱法。用钢材或木材制作一个吊柱，吊柱在提升架的横梁上。吊柱的一侧与提升架的立柱连接，另一侧支承变截面的围圈和模板。滑升时依靠吊柱厚度来调整变截面的尺寸。此法构造更加简单，不需另行制作衬垫模板，但调整工作比较麻烦，当围圈和模板调整位置后，其接头处还需处理。

b. 柱子变截面处理。加焊角钢插入堵头板变截面如图 5.3-22 所示。

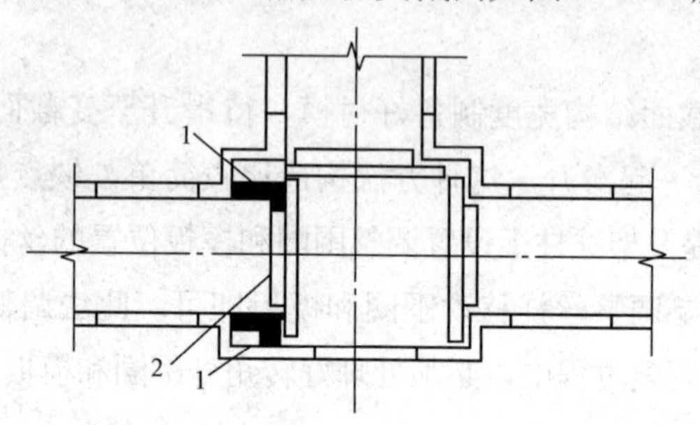

图 5.3-22 加焊角钢插入堵头板变截面

1—加焊角钢；2—插入堵头板

3. 施工中易出现的问题及处理方法

(1)支承杆弯曲。

①支承杆在混凝土内部弯曲。处理时，先暂停使用该千斤顶，并立即卸荷，然后将弯曲处的混凝土清除，露出弯曲的支承杆。若弯曲不大，可在弯曲处加焊一根直径与支承杆相同的钢筋，或用带钩的螺栓加固；若失稳弯曲严重，则将弯曲部分切断，加以帮条焊，如图 5.3-23 所示。

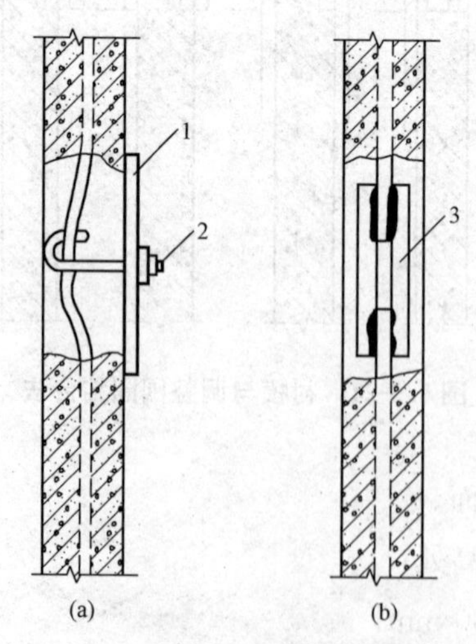

图 5.3-23 支承杆在混凝土内部失稳弯曲情况及加固措施

(a)弯曲不大时；(b)弯曲严重时

1—垫板；2—M20 带钩螺栓；3—φ22 钢筋

②支承杆在混凝土上部弯曲。失稳弯曲不大时，可加焊一段与支承杆直径相同的钢筋；失稳弯曲很大时，则应将支承杆弯曲部分切断，加以帮条焊；失稳弯曲很大而且较长时，则需另换支承杆，新支承杆与混凝土接触处加垫钢靴，将新支承杆插入到套管，如图 5.3-24 所示。

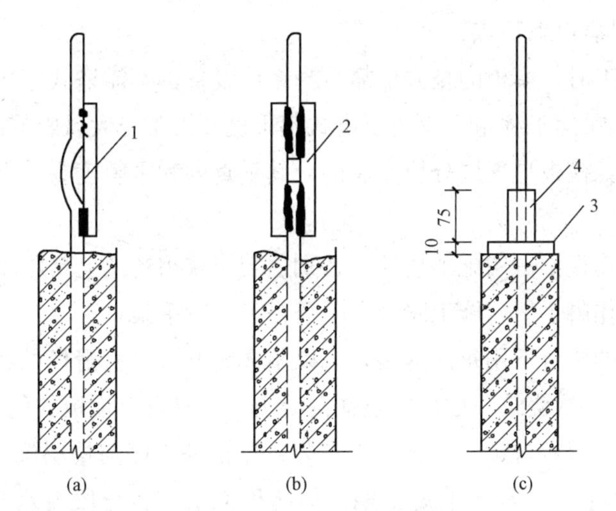

图 5.3-24　支承杆在混凝土上部失稳弯曲情况及加固措施

(a)弯曲不大时；(b)弯曲很大时；(c)弯曲较长又严重时

1—Φ25 钢筋；2—Φ22 钢筋；3—钢垫板；4—ϕ29 套管

(2)支承杆的撤换、回收。在撤换、回收时应注意以下几点：

①撤换支承杆应分区段进行，每个区段每次只能撤换一根支承杆，严禁相邻两根以上的支承杆同时撤换；

②撤掉一根时，必须及时补上一根新的支承杆，新补上的支承杆必须垫实牢靠；

③如支承杆间距较大，撤换支承杆前，应对模板的纵向刚度进行检查，若纵向刚度不足，应采取加强措施；

④当钢筋混凝土梁下层支承杆回收后，上层支承杆仍需保留使用时，下层应进行临时支撑。

工具式支承杆的回收，可在滑模施工结束后一次拔出，也可在中途停歇时分批拔出；分批拔出时，应按实际荷载确定每批拔出的数量，并不得超过总数的 1/4；墙板结构中，内外墙交接处的支承杆不宜拔出。

5.3.3　爬升模板

1. 爬升模板的概念、特点与分类

爬升模板简称爬模，是一种自行爬升、不需起重机吊运的模板，可以一次成型一个墙面，且可以自行升降，是综合大模板与滑模工艺特点形成的一种成套模板技术，同时具有

大模板施工和滑模施工的优点，又避免了它们的不足。其适用于高层建筑外墙外侧和电梯井筒内侧无楼板阻隔的现浇混凝土竖向结构施工，特别是一些外墙立面形态复杂，采用艺术混凝土或不抹灰饰面混凝土、垂直偏差控制较严的高层建筑。

爬模施工(一)

爬模施工工艺具有以下特点：

(1)爬升模板施工时，模板的爬升依靠自身系统设备，不需塔式起重机或其他垂直运输机械，减少了起重机吊运工程量，避免了塔式起重机施工常受大风影响的弊端；

(2)爬模施工时，模板是逐层分块安装的，其垂直度和平整度易于调整和控制，施工精度较高；

(3)爬模施工中模板不占用施工场地，特别适用于狭小场地上高层建筑的施工；

(4)爬模装有操作脚手架，施工安全，不需搭设外脚手架；

(5)对于一片墙的模板不用每次拆装，可以整体爬升，具有滑模的特点；一次可以爬升一个楼层的高度，可一次浇筑一层楼的墙体混凝土，又具有大模板的优点；

(6)施工过程中，模板与爬架的爬升、安装、校正等工序与楼层施工的其他工序可平行作业，有利于缩短工期。但爬模无法实行分段流水施工，模板的周转率低，因此，模板配制量要大于大模板施工。

爬模施工工艺可分为模板与爬架互爬、爬架与爬架互爬、模板与模板互爬及整体爬模等类型。

爬模施工(二)

2. 模板与爬架互爬

模板与爬架互爬，是以建筑物的钢筋混凝土墙体为支承主体，通过附着于已完成的钢筋混凝土墙体上的爬升支架或大模板，利用连接爬升支架与大模板的爬升设备，使一方固定，另一方做相对运动，交替向上爬升，以完成模板的爬升、下降、就位和校正等工作。该技术是最早采用并应用广泛的一种爬模工艺。

(1)构造与组成。爬升模板由大模板、爬升支架和爬升设备 3 部分组成。

①模板。爬模的模板与一般大模板构造相同，由面板、横肋、竖向大肋、对拉螺栓等组成。面板一般采用薄钢板，也可用木(竹)胶合板。横肋和竖向大肋常采用槽钢，其间距通常根据有关规范计算确定。新浇混凝土对墙两侧模板的侧压力由对拉螺栓承受。

模板的高度一般为建筑标准层高度加 100～300 mm，所增加的高度是模板与下层已浇筑墙体的搭接高度，用于模板下端的定位和固定。模板下端需增加橡胶衬垫，使模板与已结硬的钢筋混凝土墙贴紧，以防止漏浆。模板的宽度可根据一片墙的宽度和施工段的划分确定，可以是一个开间、一片墙或一个施工段的宽度，其分块要与爬升设备能力相适应。在条件允许的情况下，模板越宽越好，可以减少各块模板之间的拼接和拆卸，提高模板安装精度，提高混凝土墙面的平整度。

爬升模板

根据爬升模板的工艺要求，模板应设置两套吊点，一套吊点(一般为两个吊环，在制作时焊在横肋或竖肋上)用于分块制作和吊运时用；另一套吊点用于模板爬升，设在每个爬架位置，要求与爬架吊点位置相对应，一般在模板拼装时进行安装和焊接。

模板附有爬升装置和操作脚手架。模板上的爬升装置是用于安装和固定爬升设备的。常用的爬升设备为环链手拉葫芦和单作用液压千斤顶。采用环链手拉葫芦时，模板上的爬升装置为吊环，以便挂手拉葫芦。用于模板爬升的吊环，设在模板中部的重心附近，为向上的吊环；用于爬架爬升的吊环设在模板上端，由支架挑出，位置与爬架重心相符，为向下的吊环。施工中吊环与模板重心一致，可以避免模板倾斜，减少施工难度。采用单作用液压千斤顶时，模板爬升装置分别为千斤顶座(用于模板爬升)和爬杆支座(用于爬架爬升)。模板背面安装千斤顶的装置尺寸应与千斤顶底座尺寸相对应。模板爬升装置为安装千斤顶的铁板，位置在模板的重心附近。用于爬架爬升的装置是爬杆的固定支架，安装在模板的顶端。模板的爬升装置与爬架爬升设备的装置要处在同一条竖直线上。

外附脚手架和悬挂脚手设在模板外侧，用于模板的拆模、爬升、安装就位、校正固定、穿墙螺栓安装与拆除、墙面清理和嵌塞穿墙螺栓等操作。脚手架的宽度为 600～900 mm，每步高度为 1 800 mm。脚手架每步均需满铺脚手板，外侧设扶手并挂安全网。

大模板如采用多块模板拼接，由于在模板爬升时，模板拼接处会产生弯曲和切应力，所以在拼接节点处应比一般大模板加强，可采用规格相同的型钢跨越拼接缝，以保证竖向和水平方向传递内力的连续性。分块模板的拼接处尽可能设在两个爬架之间。

②爬升支架。爬升支架由支承架、附墙架、吊模扁担和千斤顶架等组成。爬升支架是承重结构，主要依靠支承架固定在下层已达规定强度的钢筋混凝土墙体上，并随施工层的上升而升高，其下部有水平拆模支承横梁，中部有千斤顶座，上部有挑梁和吊模扁担，主要起悬挂模板、爬升模板和固定模板的作用。因此，要求其具有一定的强度、刚度和稳定性。支承架用作悬挂和提升模板，一般由型钢焊成格构柱。为便于运输和装拆，一般做成两个标准桁架节，使用时将标准节拼起来，并用法兰盘连接。为方便施工人员上下，支承架尺寸不应小于 650 mm×650 mm。

附墙架承受整个爬升模板荷载，通过穿墙螺栓传递给下层已达到规定强度的混凝土墙体。底座应采用不少于 4 个连接螺栓与墙体连接，螺栓的间距和位置尽可能与模板的穿墙螺栓孔相符，以便用该孔作为底座的固定连接孔。支承架的位置如果在窗口处，也可利用窗台做支承。但支承架的安装位置必须准确，防止模板安装时产生偏差。

爬升支架顶端高度，一般要超出上一层楼层高度 0.8～1.0 m，以保证模板能爬升到待施工层位置的高度；爬升支架的总高度(包括附墙架)，一般应为 3～3.5 个楼层高度，其中附墙架应设置在待拆模板层的下一层；爬架间距要使每个爬架受力不要太大，以 3～6 m 为宜；爬架位置在模板上要均匀对称布置；支承架应设有操作平台，周围应设置防护设施，以策安全。吊模扁担、千斤顶架(或吊环)的位置，要与模板上的相应装置处同一竖线上，以提高模板的安装精度，使模板或爬升支架能竖直向上爬升。

③爬升设备。爬升动力设备可以根据实际施工情况而定，常用的爬升设备有环链手拉葫芦、电动葫芦、单作用液压千斤顶、双作用液压千斤顶、爬模千斤顶等，其起重能力一般要求为计算值的 2 倍以上。

环链手拉葫芦是一种手动的起重机具，其起升高度取决于起重链的长度。起重能力应比设计计算值大1倍，起升高度比实际需要起升高度大0.5～1 m，以便于模板或爬升支架爬升到就位高度时，尚有一定长度的起重链可以摆动，便于就位和校正固定。

单作用液压千斤顶为穿心式，可以沿爬杆单方向向上爬升，但爬升模板和爬升爬架各需一套液压千斤顶，每爬升一个楼层还要抽、拆一次爬杆，施工较为烦琐。

安装单作用液压千斤顶时，其底盘与爬升模板或爬升支架的连接底座用4个螺栓固定。插入千斤顶内的爬杆上端用螺栓与挑架固定，安装后的千斤顶和爬杆应呈垂直状态。爬升模板用的千斤顶连接底座，安装在模板背面的竖向大肋上，爬杆上端与爬升支架上挑架固定。当模板爬升就位时，从千斤顶顶部到爬杆上端固定位置的间距不应小于1 m。爬升支架用的千斤顶连接底座，安装在爬升支架中部的挑架上，爬杆上端与模板上挑架固定。当爬升支架爬升就位时，从千斤顶到爬杆上端固定位置的间距不应小于1 m。

双作用液压千斤顶既能沿爬杆向上爬升，又能将爬杆上提。在爬杆上下端分别安装固定模板和爬架的装置，依靠油路用一套双作用千斤顶就分别可以完成爬升模板和爬升爬架两个动作。由于每爬升一个楼层无须抽、拆爬杆，施工较为快速。

④油路和电路。与滑模施工一次提升整个施工段比较，爬模一次只提升一片墙的模板，所需的油泵和油箱都较小，但是爬模爬升一个楼层高度需要千斤顶连续进行多个冲程，因此对液压泵车的速度有较高的要求，选择液压油源时要注意爬升模板的特点。由于爬升一个楼层的高度，千斤顶需进、排油100多次，为了使每个千斤顶(特别是负荷最大、线路最远处的千斤顶)进油时的冲程和排油的回程都充分以减少千斤顶的升差，又要使进、回油时间最短，在爬模所用电路中，需要装置一套自动控制线路。

(2)施工工艺。模板与爬架互爬工艺流程：弹线找平→安装爬架→安装爬升设备→安装外模板→绑扎钢筋→安装内模板→浇筑混凝土→拆除内模板→施工楼板→爬升外模板→绑扎上一层钢筋并安装内模板→浇筑上一层墙体→爬升爬架。如此模板与爬架互爬直至完成整幢建筑的施工，如图5.3-25所示。

①爬升模板安装。配置爬升模板时，要根据制作、运输和吊装的条件，尽量做到内、外墙均为每间一整块大模板，以便于一次安装、脱模、爬升。内墙大模板可按流水施工段配置一个施工段的用量，外墙内、外侧模板应配足一层的全部用量。外墙外侧模板的穿墙螺栓孔和爬升支架的附墙连接螺栓孔，应与外墙内侧模板的螺栓孔对齐。各分块模板间的拼接要牢固，以免多次施工后变形。

进入现场的爬模装置(包括大模板、爬升支架、爬升设备、脚手架及附件等)，应按施工组织设计及有关图样验收，合格后方可使用。爬升模板安装前，应检查工程结构上预埋螺栓孔的直径和位置是否符合图样要求，如有偏差应及时纠正。爬升模板的安装顺序：组装爬架→爬架固定在墙上→安装爬升设备→吊装模板块→拼接分块模板并校正固定。

爬架上墙时，先临时固定部分穿墙螺栓，待校正标高后，再固定全部穿墙螺栓。立柱宜采取先在地面组装成整体，然后安装。立柱安装时，先校正垂直度，再固定与底座相连接的螺栓。模板安装时，先加以临时固定，待就位校正后，再正式固定。所有穿墙螺栓均

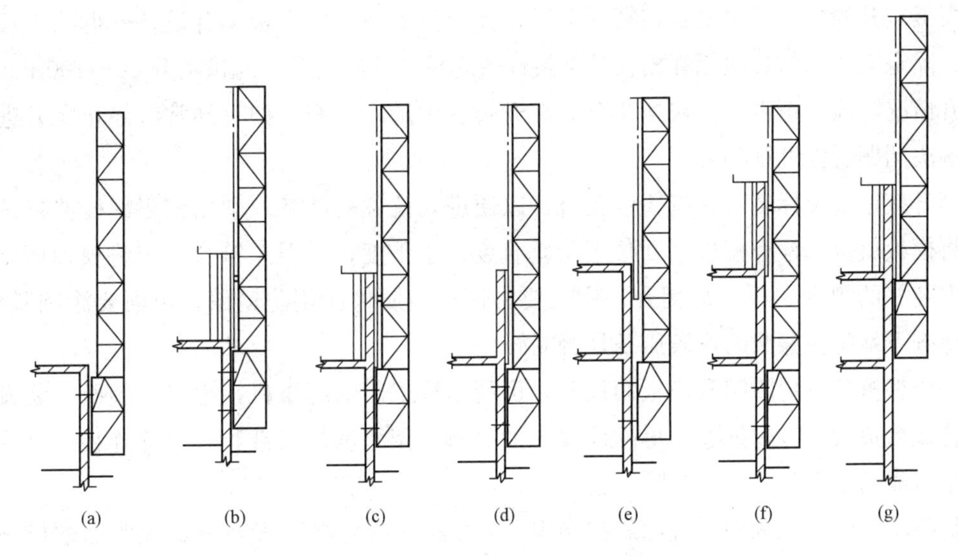

图 5.3-25　模板爬升施工工艺流程图

(a)首层墙体完成后安装爬升支架；(b)安装外模板、绑扎钢筋、安装内模板；(c)浇筑混凝土；
(d)拆除内模板；(e)施工楼板、爬升外模板；(f)固定外模板、绑扎钢筋、安装内模板、浇筑混凝土；(g)爬升模板支架

应由外向内穿入，在内侧紧固。

模板安装完毕后，应对所有连接螺栓和穿墙螺栓进行紧固检查，并经试爬升验收合格后，方可投入使用。

②爬架爬升。当墙体的混凝土已经浇筑并具有一定强度后，方可进行爬升。爬架爬升时，爬架的支承点是模板，此时模板需与现浇的钢筋混凝土墙保证良好的连接。爬升前，首先要仔细检查爬升设备的位置、牢固程度、吊钩及连接杆件等，在确认符合要求后方可正式爬升。正式爬升时，应先安装好爬升爬架的爬升设备，拆除爬架上爬升模板用的爬升设备，拆除校正和固定模板的支撑，然后收紧千斤顶钢丝绳，拆卸穿墙螺栓。同时检查卡环和安全钩，调整好爬升支架重心，使其保持垂直，防止晃动与扭转。每只爬架用两套爬升设备爬升，爬升过程中两套爬升设备要同步。应先试爬 50～100 mm，确认正常后再快速爬升。爬升时要稳起、稳落，平稳就位，防止大幅度摆动和碰撞。要注意不要使爬升模板被其他构件卡住，若发现此现象，应立即停止爬升，待故障排除后，方可继续爬升。爬升过程中有关人员不得站在爬架内，应站在模板外附脚手上操作。

爬升接近就位标高时，应切断自动线路，改用手动方式将爬架升到规定标高。完毕应逐个插进附墙螺栓，先插好相对的墙孔和附墙架孔，其余的逐步调节爬架对齐插入螺栓。检查爬架的垂直度并用千斤顶调整，然后及时固定。遇六级以上大风，一般应停止作业。

③模板爬升。当混凝土强度达到脱模强度(1.2～3.0 N/mm^2)，爬架已经爬升并安装在上层墙上，爬升爬架的爬升设备已经拆除，爬架附墙处的混凝土强度已经达到 10 N/mm^2，就可以进行模板爬升。

模板爬升的施工顺序是：在楼面上进行弹线找平→安装模板爬升设备→拆除模板对拉螺栓、固定支撑、与其他相邻模板的连接件→起模→开始爬升。先试爬升 50～100 mm，检查爬升情况，确认正常后再快速爬升。爬升过程中随时检查，如有异常应停止爬升进行检查，解决问题后再继续爬升。

爬升接近就位标高时，应暂停爬升，以便进入就位的准备。利用校正螺栓严格按弹线位置将模板就位，检查模板平面位置、垂直度、水平度，如误差符合要求将模板固定。组合并安装好的爬升模板，每爬升一次，要将模板金属件涂刷防锈漆，板面要涂刷脱模剂，并要检查下端防止漏浆的橡胶压条是否完好。

④爬架拆除。拆除爬升模板的设备，可利用施工用的起重机，也可在屋面上装设人字形扒杆或台灵架，进行拆除。拆除前要先清除脚手架上的垃圾杂物，拆除连接杆件，经检查安全可靠后，方可大面积拆除。

拆除爬架的施工顺序：拆除悬挂脚手、大模板→拆除爬升设备→拆除附墙螺栓→拆除爬升支架。

⑤模板拆除。模板拆除的施工顺序：自下而上拆除悬挂脚手架、安全设施→拆除分块模板间的连接件→起重机吊住模板并收紧绳索→拆除模板爬升设备，脱开模板和爬架→将模板吊至地面。

3. 模板与模板互爬

模板与模板互爬，是一种无架液压爬模工艺，是将外墙外侧模板分成甲、乙两种类型，甲型与乙型模板交替布置，互为支承，由爬升设备和爬杆使相邻模板互相爬升。

(1)构造与组成。

①模板。无爬架爬模可分为两种，甲型模板为窄板，高度要大于两个层高；乙型模板要按建筑物外墙尺寸配制，高度均略大于层高，与下层外墙稍有搭接，避免漏浆。两种模板交替布置，甲型模板布置在外墙与内墙交接处，或大开间外墙的中部，乙型模板布置在甲型模板中间。

每块甲型模板的左右两侧均拼接有调节板缝钢板，以调整板缝，并使模板端部形成轨槽，以利于模板的爬升。模板爬升时，要依靠其相邻的模板与墙体的拉结来抵抗爬升时的外张力，模板背面设有竖向背楞，作为模板爬升的依托，并能加强模板的整体刚度。

在乙型模板的下面用竖向背楞做生根处理。背楞紧贴于墙面，并用螺栓固定在下层墙体上。背楞上端设连接板，用以支撑上面的模板。连接是一种简单的过渡装置，可解决模板和生根背楞的连接，同时，用以调节生根背楞的水平标高，使背楞螺孔与混凝土墙上预留的螺孔位置能相吻合。连接板与模板和生根背楞均用螺栓连接，以便于调整模板的垂直度。甲型模板下端则不放生根背楞，如图 5.3-26 所示。

②爬升装置。爬升装置由三角爬架、爬杆、卡座和液压千斤顶组成。

三角爬架插在模板上口两端，插入双层套筒，套筒用 U 形螺栓与竖向背楞连接。三角爬架作用是支承卡座和爬杆，可以自由回转。爬杆用 ϕ25 mm 的圆钢制成，上端用卡座固定，支承在三角爬架上，爬升时处于受拉状态。

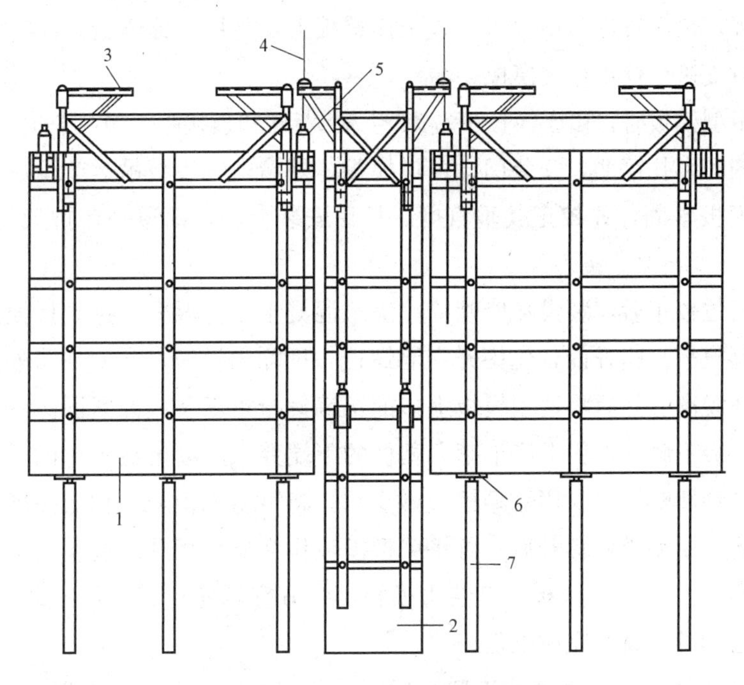

图 5.3-26　模板连接示意图

1—乙型模板；2—甲型模板；3—三角爬架；4—爬杆；

5—液压千斤顶；6—连接板；7—生根背楞

③操作平台挑架。操作平台用三角挑架做支承，安装在乙型模板竖向背楞和它下面的生根背楞上，上下放置 3 道。上面铺脚手板，外侧设护身栏和安全网。上、中层平台供安装、拆除模板时使用，并在中层平台上加设模板支承一道，使模板、挑架和支承形成稳固的整体，并用来调整模板的角度，也便于拆模时松动模板；下层平台供修理墙面用。

(2)施工工艺。模板与模板互爬工艺流程，如图 5.3-27 所示。

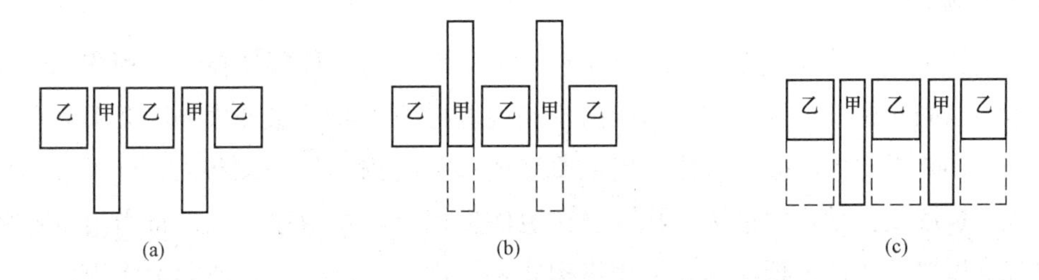

图 5.3-27　模板互爬示意图

(a)模板就位，浇筑混凝土；(b)甲型模板爬升；(c)乙型模板爬升，就位，浇筑混凝土

在地面将模板、三角爬架、千斤顶等组装好，组装好的模板用 2 m 靠尺检查，其板面平整度不得超过 2 mm，对角线偏差不得超过 3 mm，要求各部位的螺栓连接紧固。采用大模板常规施工方法完成首层结构后再安装爬升模板，便于乙型模板支设在“生根”背楞和连接板上。甲、乙型模板按要求交替布置。先安设乙型模板下部的“生根”背楞和连接板。“生根”背楞用 Φ22 mm 穿墙螺栓与首层已浇筑墙体拉结，再安装中间一道平台挑架，加设支

撑，铺好平台板，然后吊运乙型模板，置于连接板上，并用螺栓连接。同时利用中间一道平台挑梁设临时支撑，校正稳固模板。

首次安装甲型模板时，由于模板下端无“生根”背楞和连接板，可用临时支撑校正稳固，随即涂刷脱模剂和绑扎钢筋，安装门、窗口模板。外墙内侧模板吊运就位后，即用穿墙螺栓将内、外侧模板紧固，并校正其垂直度。最后安装上、下两道平台挑架、铺放平台板，挂好安全网。

模板安装就位校正后，装设穿墙螺栓，浇筑混凝土。待混凝土达到拆模强度，即可开始准备爬升甲型模板。爬升前，先松开穿墙螺栓，拆除内模板，并使外墙外侧甲、乙型模板与混凝土墙体脱离。然后将乙型模板上口的穿墙螺栓重新装入并紧固。调整乙型模板三角爬架的角度，装上爬杆，用卡座卡紧。爬杆的下端穿入甲型模板中部的千斤顶中。拆除甲型模板底部的穿墙螺栓，利用乙型模板做支承，将甲型模板爬至预定高度，随即用穿墙螺栓与墙体固定。甲型模板爬升后，再将甲型模板作为支承爬升乙型模板至预定高度并加以固定。校正甲、乙型两种模板，安装内模板，装好穿墙螺栓并紧固，即可浇筑混凝土。如此反复，交替爬升，直至完成工程。

施工时，应使每个流水段内的乙型模板同时爬升，不得单块模板爬升。模板的爬升，可以安排在楼板支模、绑钢筋的同时进行。所以这种爬升方法，不占用施工工期，有利于加快工程进度。

4. 爬架与爬架互爬

爬架与爬架互爬系统是由爬架、平台、传动装置和模板等组成的。该工艺以固定在混凝土外表面的爬升挂靴为支点，以摆线针轮减速机为动力，通过内外爬架的相对运动，使外墙外侧大模板随同外爬架相应爬升。当大模板达到规定高度，借助滑轮滑动就位。爬架与爬架互爬过程中内外架互为支承，交替爬升。

5. 整体爬模

整体爬模施工工艺是近几年在高层建筑施工中形成的一种爬模技术。用内、外墙整体爬模技术可以同时施工内外墙体，外墙内模和内墙模板需与外墙外模同时爬升，所以，除外爬架外，还要设置内爬架。整体爬模主要组成部分有内、外爬架和内、外模板。内爬架设置在纵、横墙交接处，通过楼板孔洞立在短横扁担上，并用穿墙螺栓将力给下层的混凝土墙体其高度略大于两个楼层高，采用格构式钢构件，截面较小。外爬架将力传递给下层混凝土外墙体。内、外爬架与内、外模板相互依靠、交替爬升。

目前，整体爬模施工工艺可分为环链手拉葫芦提升整体爬模施工、电动整体爬模施工、液压整体爬模施工 3 种类型。

6. 爬模安全要求

不同组合和不同功能的爬升模板，其安全要求也不同，因此应分别制定安全措施，一般应满足下列要求：

(1)施工中所有的设备必须按照施工组织设计的要求配置。爬升设备起重量应与爬模系统相匹配，不许选用过大的爬升设备，操作中禁止超爬模系统的爬升力进行爬升。

(2)施工中要统一指挥，爬升前要专职安全员签证后方允许进行爬升，要做好原始记录。

(3)爬升时要设置警戒区，设明显标志。

(4)爬模时操作人员站立的位置一定要安全，不准站在爬升件上，而应站在固定件上。

(5)拆下的穿墙螺栓要及时放入专用箱，严禁随手乱放，防止物件坠落伤人。

(6)爬升设备每次使用前要检查，液压设备要专人负责。穿墙螺栓一般每爬升一次应全数检查一次。

(7)外部脚手架和悬挂脚手架应满铺安全网，脚手架外侧设防护栏杆。脚手架上不应堆放材料，脚手架上的垃圾要及时清除。如临时堆放少量材料或机具，必须及时取走，且不得超过设计荷载的规定。

(8)爬升前必须拆尽相互间的连接件，使爬升时各单元能独立爬升，以免相碰。爬升完毕应及时安装好连接件，保证爬升模板固定后的整体性。

(9)作业中要随时检查，出现障碍时应立即查清原因，在排除障碍后方可继续作业。

(10)拆除模板和爬架要有严密的安全措施并事前交底，拆除要有人专门指挥，保持通信畅通。

5.4 高层建筑钢筋施工

5.4.1 高层建筑钢筋施工的要点

剪力墙中钢筋的施工是一个颇受关注的施工难点，框架-剪力墙结构施工中更要注意钢筋在剪力墙中的位置关系、钢筋的锚固、钢筋连接等。

高层建筑施工过程模拟

1. 钢筋布置

钢筋放在剪力墙结构中不同位置所起的作用不同，竖向水平钢筋和水平分布钢筋所布置的方向是完全不同的，同时，两种钢筋的相互位置所得到的效果是完全不同的。仔细阅读施工图来判断钢筋种类以及合理地布置钢筋是关键。

(1)水平分布钢筋布置。水平分布钢筋在剪力墙结构中通常都是双排布置，而且是水平方向布置。在布置水平分布钢筋中，竖向分布钢筋应布置在内侧，水平分布钢筋布置在外侧。采用这种钢筋布置方式，主要是考虑到利用其来抵抗温度应力，阻止混凝土温度所造成的开裂。而对于较长而薄的墙体来说，更应该采用这种钢筋布置方式。

(2)竖向分布钢筋布置。一般情况下，竖向分布钢筋都布置在水平分布钢筋的内侧，而且竖向分布钢筋适宜连续不间断地穿越暗梁。其穿越暗梁时，竖向分布钢筋同样适宜布置在暗梁纵向钢筋的内侧。而且剪力墙通常都是双层布置竖向分布钢筋。若剪力墙厚度较小，也可以把竖向分布钢筋布置在暗梁纵向钢筋的外侧。但无论竖向分布钢筋布置在暗梁纵向钢筋的外侧还是内侧，都必须采用拉结筋，固定竖向分布钢筋与暗梁纵筋，以增加对竖向分布钢筋的约束作用。

(3)连梁和暗梁钢筋布置。两端剪力墙中的连梁纵向钢筋应布置在所有构件的最内侧，即连梁纵筋应布置在水平分布钢筋和竖向分布钢筋的内侧。对于暗梁的纵向钢筋则应布置在两端暗柱的纵筋内侧，同时应两端锚固在暗柱内。

2. 钢筋的锚固

剪力墙中钢筋的锚固在剪力墙结构钢筋工程中，构件的承载力主要是通过计算钢筋用量以及合理布置钢筋来体现，而对结构的抗震构造措施等，则体现在钢筋的锚固上。对于钢筋工程施工来说，钢筋的锚固是一个关键施工技术要点。

(1)钢筋的最小锚固长度。剪力墙结构中的钢筋锚固必须要按照规范规定满足最小锚固长度，这样才能确保结构的构造措施。根据《高层建筑混凝土结构技术规程》(JGJ 3—2010)中的规定，在抗震地区中剪力墙结构钢筋的最小抗震锚固长度 l_{aE}：抗震等级为一、二级时取 $1.1l_a$(l_a 为钢筋锚固长度)；抗震等级为三级时取 $1.05l_a$；抗震等级为四级时取 $1.0l_a$。

(2)水平分布钢筋锚固。剪力墙水平分布钢筋应伸至墙端，并向内水平弯折 $10d$ 后截断，其中 d 为水平分布钢筋直径。当剪力墙端部有翼墙或转角墙时，内墙两侧的水平分布钢筋和外墙内侧的水平分布钢筋应伸至翼墙或转角墙外边，并分别向两侧水平弯折后截断，其水平弯折长度不宜小于 $15d$。在转角墙处，外墙外侧的水平分布钢筋应在墙端外角处弯入翼墙，并与翼墙外侧水平分布钢筋搭接。措接长度为 $1.2l_a$。带边框的剪力墙，其水平和竖向分布钢筋宜分别贯穿柱、梁或锚固在柱、梁内。

(3)竖向分布钢筋的锚固。剪力墙的竖向分布钢筋通常都锚固在基础的墙体或者地下室的基础上。当上下墙体等厚时，剪力墙结构的竖向分布钢筋适宜错开搭接；当上下墙体厚度不等时，则剪力墙结构的竖向分布筋直接伸入基础或者地下室的墙板中锚固，其最小锚固长度按最小搭接长度取值。

3. 连接方式

剪力墙中钢筋的连接剪力墙结构钢筋工程中，钢筋连接方法主要有绑扎连接、机械连接及焊接，其中尤其以绑扎连接居多。因此，本文着重探讨剪力墙中钢筋的绑扎连接要点。

(1)竖向分布钢筋。剪力墙的纵向钢筋每段钢筋长度不宜超过 4 m(钢筋的直径＜12 mm)或 6 m(直径＞12 mm)，水平段每段长度不宜超过 8 m，以利绑扎。剪力墙竖向分布钢筋可在同一高度搭接，搭接长度不应小于 $1.2l_a$。

(2)水平分布钢筋。剪力墙水平分布钢筋的搭接长度不应小于 $1.2l_a$。同排水平分布钢筋的搭接接头之间及上、下相邻水平分布钢筋的搭接接头之间沿水平方向的净间距不宜小于 500 mm。

(3)钢筋绑扎其他要点。将预留钢筋调直理顺，并将表面砂浆等杂物清理干净。先立 2～4根纵向筋，并画好横筋分档标志，然后于下部及齐胸处绑两根定位水平筋，并在横筋上画好分档标志，然后绑其余纵向筋，最后绑其余横筋。如剪力墙中有暗梁、暗柱时，应先绑暗梁、暗柱再绑周围横筋。剪力墙的钢筋网绑扎，全部钢筋的相交点都要扎牢，绑扎时相邻绑扎点的铁丝扣成八字形，以免网片歪斜变形。混凝土浇筑前，对伸出的墙体钢筋进行修整，并绑一道临时横筋固定伸出筋的间距(甩筋的间距)。墙体混凝土浇筑时派专人看管钢筋，浇筑完后立即对伸出的钢筋(甩筋)进行修整。

5.4.2 常见钢筋工程质量问题

1. 柱子纵向钢筋偏位

钢筋混凝土框架基础插筋和楼层柱子纵筋外伸常发生偏位情况，严重者影响结构受力性能。因此，在施工中必须及时进行纠偏处理。

(1)原因分析：

①模板固定不牢，在施工过程中时有碰撞柱模的情况，致使柱子总筋与模板相对位置发生错动；

②因箍筋制作误差比较大，内包尺寸不符合要求，造成柱纵筋偏位，甚至整个柱子钢筋骨架发生扭曲现象；

③不重视混凝土保护层的作用，如垫块强度低被挤碎，垫块设置不均匀，数量少，垫块厚度不一致及与纵筋绑扎不牢等问题影响纵筋偏位；

④施工人员随意摇动、踩踏、攀登已绑扎成型的钢筋骨架，使绑扎点松弛，纵筋偏位；

⑤浇筑混凝土时，振捣棒极易触动箍筋挤歪而偏位；

⑥梁柱节点内钢筋较密，柱筋往往被梁筋挤歪而偏位；

⑦施工中，有时将基础柱插筋连同底层柱筋一并绑扎安装，结果因钢筋过长，上部又缺少箍筋约束，整个骨架刚度差而晃动，造成偏位。

(2)预防措施：

①设计时，应合理协调梁、柱、墙间相互尺寸关系。如柱墙比梁边宽 50～100 mm，即以大包小，避免上下等宽情况的发生；

②按设计图要求将柱墙断面尺寸线标在各层楼面上，然后把柱墙从下层伸上来的纵筋用两个箍筋或定位水平筋或定位水筋分别在本层楼面标高及以上 500 mm 处用柱箍点焊固定；

③基础部分插筋应为短筋插接，逐层接筋，并应用使其插筋骨架不变形的定位箍筋点焊固定；

④按设计要求正确制作箍筋，与柱子纵筋绑扎必须牢固，绑点不得遗漏；

⑤柱墙钢筋骨架侧面与模板间必须用埋入混凝土垫块中铁丝与纵筋绑扎牢固，所有垫

块厚度应一致，并为纵向钢筋的保护层厚度；

⑥在梁柱交接处应用两个箍筋与柱纵向钢筋点焊固定，同时绑扎上部钢筋。

2. 框架节点核心部位柱箍筋遗漏

框架节点是框架结构的重要部位，但节点的梁柱钢筋交叉集中，使该部位柱箍筋绑扎困难。因此，遗漏绑扎箍筋的现场经常发生。

(1)原因分析：因设计单位一般对框架节点柱梁钢筋排列顺序、柱箍筋绑扎等问题都不做细部设计，致使节点钢筋拥挤情况相当普遍，造成核心部位绑扎钢筋困难的局面，因此存在遗漏柱箍筋的现象。

(2)预防措施：

①施工前，应按照设计图纸并结合工程实际情况合理确定框架节点钢筋绑扎顺序。

②框架纵横梁底模支承完成后，即可放置梁下部钢筋。若横梁比纵梁高，先将横梁下部钢筋套上箍筋置于横梁底模上，并将纵梁下部钢筋也套上箍筋放在各自相应的梁的底模上。再把符合设计要求的柱箍筋一一套入节点部位的柱子纵向钢筋绑扎。然后，先后将横纵梁上部纵筋分别穿入各自箍筋，最后，将各梁箍筋按设计间距拉开绑扎固定。若纵梁断面高度大于横梁，则应将上述横纵梁钢筋先后穿入顺序改变，即“先纵后横”。

③当柱梁节点处梁的高度较高或实际操作中个别部位确实存在绑扎点柱箍困难的情况，则可将此部分柱箍做成两个相同的两端带135°弯钩的L形箍筋从柱子侧向插入，钩入四角柱筋，或采用两相同的开口半箍，套入后用电焊焊牢箍筋的接头。

3. 同一连接区段内接头过多

在绑扎或安装钢筋骨架时发现同一连接区段内(对于绑扎接头，在任一接头中心至规定搭接长度的1.3倍区段内，所存在的接头都认为是没有错开，即位于同一连接区段内)受力钢筋接头过多，有接头的钢筋截面面积占总截面面积的百分率超出规范规定的数值。

(1)原因分析：

①钢筋配料时疏忽大意，没有认真安排原材料下料长度的合理搭配；

②忽略了某些构件不允许采用绑扎接头的规定；

③错误取用有接头的钢筋截面面积占总截面面积的百分率数值；

④分不清钢筋位于受拉区还是受压区。

(2)防治措施：

①配料时按下料单钢筋编号再划出几个分号，注明哪个分号搭配，对于同一组搭配而安装方法不同的(同一组搭配两个分号是一顺一倒安装的)要加文字说明；

②轴心受拉的小偏心受拉杆件中的受力钢筋接头均应焊接，不得采用绑扎；

③若分不清钢筋所处部位是受拉区或受压区时，接头位置均按受拉区的规定处理。

4. 梁箍筋弯钩与纵筋相碰

梁箍筋弯钩与纵筋相碰通常是在梁的支座处，箍筋弯钩与纵向钢筋抵触。

(1)原因分析：梁箍筋弯钩应放在受压区，从受力角度看，是合理的，而且从构造角度看也合理。但在特殊情况下，如连系梁支座处，受压区在截面下部，若箍筋弯位于下面，有可能被钢筋压开，在这种情况下，只好将箍筋弯钩放在受拉区，这样做法不合理，但为了加强钢筋骨架的牢固程度，习惯上也只能如此。另外，实践中会出现另一种矛盾：在目前的高层建筑中，采用框架或框剪结构形式的工程中，大多数是需要抗震设计的，因此箍筋弯钩应采用135°，而且平直部分长度又较其他种类型的弯钩长，故箍筋弯钩与梁上部两排钢筋必然相抵触。

(2)防治措施：绑扎钢筋前应先规划箍筋弯钩位置(放在梁的上部或下部)，如果梁上部仅有一层钢筋，箍筋弯钩均与纵向钢筋不抵触，为了避免箍筋接头被压开口，弯钩可放在梁上部(构件受拉区)但应特别绑牢，必要时用电焊，对于两层或多层纵向钢筋的，则应将弯钩放在梁下部。

5. 四肢箍筋宽度不准

配有四肢箍筋作为复合箍筋的梁的钢筋骨架，绑扎好安装入模时，发现宽度不合适模板要求，混凝土保护层过大或过小，严重的导致骨架无法放入模内。

(1)原因分析：

①在骨架绑扎前未按应有的规定将箍筋总宽度进行定位或定位不准；

②已考虑到将箍筋总宽度定位，但在操作时不注意，使两个箍筋往里或往外串动。

(2)防治措施：

①绑扎骨架时，先绑扎几对箍筋，使四肢箍筋宽度保持符合图纸要求尺寸，再穿纵向钢筋并绑扎其他箍筋；

②按梁的截面宽度确定一种双肢箍筋(截面宽度减去两混凝土保护层厚度)，绑扎时沿骨架长度放几个这种箍筋定位；

③在骨架绑扎过程中，要随时检查四肢箍宽度的准确性，发现偏差及时纠正。

5.5 高层建筑混凝土浇筑

5.5.1 泵送混凝土质量控制与组织

高层泵送混凝土浇筑的要求：一是在保证混凝土质量的情况下，确保混凝土的工作性；二是泵送设备的性能(包括泵机、泵管、布料机等)；三是混凝土泵送的组织。

1. 混凝土的工作性能

混凝土浇筑时的工作性能主要包括和易性、流动性和保水性，目前普遍采用的评价指标为坍落度。

因高层建筑的竖向结构(墙、柱等)钢筋较密，为保证混凝土能在振捣下充满模板，故泵送混凝土出口处的坍落度不宜小于 150 mm，且具有良好的和易性和保水性。和易性主要通过目测，目测浆体应将石子包裹，石子不露出、不散开；若混凝土喷出一半就散开，说明和易性不好。若喷到地面时砂浆飞溅严重，说明坍落度太大。

由于混凝土在运输过程中及泵管内输送时，坍落度会有一定的损失，故混凝土完成预拌运出搅拌站时、混凝土入泵时的坍落度应适当大于泵管出口处的坍落度。具体大小要根据具体情况而定，如搅拌站与工地的距离、施工时的温度和湿度、工地现场管道的布置方式(管道长度、泵送高度、转弯的个数等)。坍落度损失较大时，应适当加大入泵的坍落度。

2. 混凝土的输送控制

为保证混凝土能顺利泵送，一般在商品混凝土搅拌站生产混凝土，然后用混凝土搅拌运输车进行运送至施工工地进行浇筑。应结合施工工地与混凝土搅拌站的距离、运输时间、泵机的泵送速度等合理安排混凝土的生产速度、运输车辆的数量等。搅拌站应与工地保持密切联系，保证混凝土浇筑的连续进行，做到“不掉车、不压车”。

混凝土输送时应控制混凝土运至浇筑地点后，不离析、不分层、组成成分不发生变化，并能保证施工所必需的和易性。运送混凝土的容器和管道，应不吸水、不漏浆，并保证卸料及输送通畅。容器和管道在冬、夏期都要有保温或隔热措施。

(1)输送时间。混凝土应以最少的转载次数和最短的时间，从搅拌地点运至浇筑地点。混凝土从搅拌机中卸出后到浇筑完毕的延续时间应符合表 5.5-1 的要求。

表 5.5-1 混凝土从搅拌机中卸出到浇筑完毕的延续时间

气温/℃	延续时间/min			
	采用搅拌车		其他运输设备	
	≤C30	>C30	≤C30	>C30
≤25	120	90	90	75
>25	90	60	60	45
注：掺有外加剂或采用快硬水泥时延续时间应通过试验确定。				

(2)输送道路。场内输送道路应牢固和尽量平坦，以减少运输时的振荡，避免造成混凝土分层离析。同时应考虑布置环形回路，施工高峰时宜设专人管理指挥，以免车辆互相拥挤阻塞。

(3)季节施工。在风雨或暴热天气输送混凝土，容器上应加遮盖，以防进水或水分蒸发。冬期施工应加以保温。夏季最高气温超过 40 ℃时，应有隔热措施。混凝土拌合物运至浇筑地点时的温度，最高不宜超过 35 ℃；最低不宜低于 5 ℃。

3. 混凝土的质量控制

(1)混凝土运送至浇筑地点，如混凝土拌合物出现离析或分层现象，应对混凝土拌合物进行二次搅拌。

(2)混凝土运至浇筑地点时，应检测其和易性，所测稠度值应符合设计和施工要求。其允许偏差值应符合有关标准的规定。

(3)泵送混凝土的交货检验，应在交货地点，按国家现行《预拌混凝土》(GB/T 14902—2012)的有关规定，进行交货检验；泵送混凝土的坍落度，可按国家现行标准《混凝土泵送施工技术规程》(JGJ/T 10—2011)的规定选用。对不同泵送高度，入泵时混凝土的坍落度，可按表 5.5-2 选用。混凝土入泵时的坍落度允许误差应符合表 5.5-3 的规定。

表 5.5-2　不同泵送高度入泵时混凝土坍落度选用值

泵送高度/m	30 以下	30～60	60～100	100 以上
坍落度/mm	100～140	140～160	160～180	180～200

表 5.5-3　混凝土坍落度允许误差

所需坍落度/mm	坍落度允许误差/mm
≤100	±20
>100	±30

在寒冷地区冬期拌制泵送混凝土时，除应满足《混凝土泵送施工技术规程》(JGJ/T 10—2011)的规定外，尚应制定冬期施工措施。

(4)混凝土搅拌运输车给混凝土泵喂料时，应符合下列要求：

①喂料前，应用中、高速旋转拌筒，使混凝土拌和均匀，避免出料的混凝土的分层离析。

②喂料时，反转卸料应配合泵送均匀进行，且应使混凝土保持在骨料斗内高度标志线以上。

③暂时中断泵送作业时，应使拌筒低转速搅拌混凝土。

④混凝土泵进料斗上，应安置网筛并设专人监视喂料，以防粒径过大的集料或异物进入混凝土泵造成堵塞。

使用混凝土泵输送混凝土时，严禁将质量不符合泵送要求的混凝土入泵。混凝土搅拌运输车喂料完毕后，应及时清洗拌筒并排尽积水。

4. 混凝土的泵送

(1)泵机选择。混凝土泵机可分为车载式和固定式。因车载式泵机所配置的移动布料杆长度最多约为 40 m，故高层建筑混凝土浇筑都采用固定式泵机。

混凝土泵按构造原理可分为挤压式和柱塞式两种。高层建筑混凝土泵送一般采用柱塞式混凝土泵机。该型泵机的优点是工作压力大，排量大，输送距离长。泵机的压力一般可达 5 MPa，水平输送距离达 600 m，垂直输送距离为 150 m，高压泵的压力可达 19 MPa，垂直输送距离达 250 m。混凝土缸筒的使用寿命可达 50 000 m^3。

(2)管道的选择和布置。混凝土输送管是由无缝钢管制成的。高层建筑泵送混凝土一般采用 6～8 mm 厚壁管。管径常用 100 mm、125 mm、150 mm 3 种，常用的管长有 0.5 m、1.0 m、3.0 m 等。除钢管外，还有出口处用的软管，以利于混凝土浇筑和布料。

泵机和管道的布置应按施工组织方案进行，一般须注意以下几点：

①泵机的布置位置应选择在基础稳固、周边开阔有利于混凝土运输车开行和停靠的地方。泵管也应置于稳固的钢管支架上，有需要的地方还应加垫枕木以减少震动。

②垂直管的位置，应选择与泵机较短的直线水平距离，该距离不宜小于泵送高度的 1/4 且一般不小于 20 m。建筑结构上为垂直管留设的孔洞应选取在结构受力较小的板上，有必要的还须在洞口周边采取结构加强措施。

③弯管与垂直管应与建筑结构每 3 m 紧固连接，不得有颤动或晃动，否则影响泵送效果。

④泵管的管径变化，一般宜从 150 mm→125 mm→100 mm 逐步过渡，采用变径管相连，变径管的过渡长度分别不宜小于 500 mm 和 1 500 mm。

⑤逆流阀宜装在离泵机出口 5 m 左右的水平管道上。

(3)混凝土布料杆。混凝土布料杆是混凝土输送至浇筑面时，为方便摊铺混凝土并浇灌入模的一种专用设备，按构造可分为移置式布料杆、固定式布料杆和泵车附装布料杆等。

①移置式布料杆被广泛用于高层建筑的混凝土浇筑施工。该种布料杆可置于混凝土浇筑工作楼层上，它由两节臂架输送管、转动支座、平衡臂、平衡重、底架及支腿组成。它具有构造简单、人力操纵、使用方便和造价低等优点。由于移置式布料杆质量小、结构简单，可用塔式起重机移至不同的施工部位，非常适合于多栋高层建筑流水作业的需要。

②固定式布料杆可装设在建筑物内部电梯井处或安装于建筑物的外围，随施工进度逐层向上爬升，可用于安装了整体提升式脚手架的高层建筑。

③泵车附装布料杆垂直输送高度一般不超过 30 m，仅用于基础及 30 m 以下的建筑结构混凝土施工。

5. 高层建筑泵送混凝土的组织

在浇筑混凝土前，必须完成之前各项工序(钢筋、模板等)的检查，避免出现混凝土到场后迟迟不能开始浇筑的情况。

泵送前，应检查泵机、泵管的连接状况，保证泵机、泵管的安装稳固牢靠。布料机的安装位置下方应采取加强支撑措施，防止混凝土浇筑时动荷载过大影响模板支撑体系的稳定。泵管端头处应连接软管，软管前不得再接钢管，以防止软管压力过大而爆管。泵送前，应先接通电源，用水润滑泵机和输送管道，同时检查泵机是否工作正常，泵机、泵管及连接位置是否有密封不严、漏水的情况，一旦发现必须立即更换破损泵管、胶圈等，防止在泵送混凝土时发生意外。之后，用水泥浆或水泥砂浆润滑泵机和输送管道以减少泵送阻力，润管用的水泥浆或水泥砂浆应均匀摊开在墙、柱根部，不得集中在一处入模。

泵机料斗上要装一个隔离大石块的钢筋网，派专人看守，发现大块应立即拣出，防止堵管。泵送时，泵机操作员应与工作面的浇筑人员通过对讲机保持通话，随时根据情况调整泵送或停机状态，防止出现意外。泵送须连续进行，如不能连续供料时，可降低泵送速度，料斗中要有足够的混凝土，以防吸入空气造成阻塞。如需长时间停泵，应每隔 2～3 min 使泵启动，进行数次正泵、反泵的动作，同时开动料斗中的搅拌器，使之运转一会，以防混凝土凝固离析。

如出现堵泵现象，可采取反泵的方法，将管道内的混凝土抽回料斗，适当搅拌，必要时，加少量水泥浆拌和，再重新泵送。如反复几次无效，则应找到管道堵塞的位置，拆卸清除后出料。

泵送结束后，及时清洗泵和管道。如主体结构未封顶，其后将继续进行混凝土泵送，则可不拆除垂直泵管，可仅将水平管拆除即可。

通过上述技术要求和施工组织，基本能满足 200 m 及以下高层建筑混凝土浇筑的需求。但对 200 m 以上的超高层建筑(如电视塔)的混凝土泵送技术，还需结合高压力泵机设备、轻质混凝土等方案予以解决。

5.5.2 高层建筑混凝土的养护

1. 混凝土养护的原理

待建筑物墙体浇筑完混凝土之后的一段时间，需要保持适当的湿度与温度，从而确保混凝土能够良好地硬化。而为混凝土硬化创造这些条件所采取的措施就是混凝土养护技术。混凝土养护的因素主要是养护的时间、湿度以及温度。

混凝土在发生水化的反应过程中将会释放出大量的水化热，如果水化热在混凝土内部大量聚集，温度持续上升，与外界的温差越来越大，那么就会很容易发生混凝土晶体结构发生破坏，产生温度裂痕。

在混凝土的凝结期间，外界温度过于干燥，加之混凝土中的水分蒸发，就会影响水化作用，使得混凝土凝结的速度减慢，尤其是在天气干旱时，混凝土的毛孔水分就会迅速的蒸发，使得水泥由于缺少水分不再继续膨胀，还会由于细管引力使其在混凝土中引起收缩。

假如这时的混凝土硬度还很低，就会造成混凝土由于拉应力的作用发生开裂。混凝土发生水化的反应时间会很长，掺入粉煤灰的混凝土反应的时间就会更长，混凝土的保温保湿工作关键是要坚持，合理的养护混凝土非常关键，这关系到混凝土的耐久性及其强度。

在进行高层建筑施工过程中，一定要注重提高工作人员的责任意识，根据实际的施工条件制定合理的混凝土养护措施。

2. 混凝土墙体养护的技术要点

(1)覆盖浇水养护。在气候环境的平均温度高于 5 ℃时，选用合适的材料覆盖住混凝土的墙体表面，并浇一定量的水，使得混凝土在一定的时间里处于水泥水化作用所需的合适湿度与温度。

但是覆盖浇水养护也要遵循以下几条规定：要在混凝土浇筑完 12 个小时之后才可以进行覆盖浇水养护；对于加入矿物掺合料、缓凝型外加剂或是有抗渗性要求的混凝土其养护时间不可少于 14 天，而对于加入矿渣硅酸盐水泥、普通硅酸盐水泥或者是硅酸盐水泥的混凝土，其浇水养护的时间不得少于 7 天；浇水的量与次数应该根据实际混凝土所处的环境湿度来决定；混凝土养护所用的水应该和拌制水一样；如果环境温度低于 5 ℃，则不必浇水，但是对于混凝土墙体养护可以采用蓄水养护。

(2)薄膜布养护。如果条件允许，可以选取不透水气的薄膜布对混凝土墙体进行养护，用薄膜布将敞露在外边的混凝土墙体覆盖起来，从而使得混凝土墙体在避免过多失水的条件下进行养护。这种方法比覆盖浇水养护的方法要方便一些，并且还节约水源，还能够增强混凝土早期的强度，不过应该确保薄膜布内部要有凝结水。

(3)薄膜养生液养护。如果混凝土墙体的表面不方便浇水，或者是塑料薄膜布的表面需要养护时，可以采取涂一层薄膜养生液，从而有效地避免混凝土的内部水分大量蒸发。

所谓涂刷薄膜养生液就是将溶液涂刷到混凝土墙体的表面上，待溶液挥发之后在混凝土的表面将会形成一层薄膜，就可以有效地将混凝土表面与空气隔绝开，避免了混凝土当中水分的蒸发，使其更好地发生水化作用。同时，在水化期间一定要注意薄膜不被破坏。

3. 高层建筑混凝土墙体裂缝的控制

(1)合理控制表面温度。将混凝土的表面温度控制在合适的范围内，避免其温度发生骤变能够很好地保障混凝土的水分，避免墙体发生裂缝。

合理控制表面温度的方法：在混凝土当中加入一定量的混合料，或者是使用干混凝土，加入塑化剂等方法降低在混凝土当中水泥的使用量，另外，在对混凝土进行搅拌的时候可以通过加入冷水降低其温度，特别注意气候温度比较高时应该减小混凝土涂抹的厚度，也可以采取在墙体当中插入水管，通过输入冷水起到降低温度的作用。

(2)合理使用外加剂。为了确保混凝土墙体的质量，避免其发生开裂，提高墙体混凝土的耐久性，合理正确地使用外加剂是避免墙体开裂的主要方法之一。例如，可以采用减水防裂剂，它的主要作用包括：减水防裂剂能够很好地增强混凝土的抗拉强度，使得混凝土完全能够抵抗在收缩时由于受约束产生的拉应力，从而提高了混凝土的抗裂性能；减水防裂剂能够有效地改善水泥浆的稠度，从而减少了混凝土泌水，沉缩变形降低；水泥的用量也是影响混凝土收缩率的主要原因之一，假如适量的减水防裂剂能够使混凝土在确保一定强度的条件下减少大约50%的水泥用量，剩余体积可以通过增加集料来补充；水胶比也会影响到混凝土的收缩，加入减水防裂剂可以使得混凝土减少用水量。由于混凝土当中存在很大毛细孔道，如果水被蒸发之后，就会造成毛细管表面中产生张力，使得混凝土发生干缩变形。如果能够增大毛细孔径，那么就可以降低毛细管表面的张力，但是也会降低混凝土的强度。

技能训练

一、单项选择题

1. 在高层建筑结构设计中，(　　)起着决定性作用。

A. 地震作用　　B. 竖向荷载与地震作用

C. 水平荷载与地震作用　　D. 竖向荷载与水平荷载

2.(　　)的优点是建筑平面布置灵活，可以做成有大空间的会议室，餐厅、车间、营业室教室等，需要时，可用隔断分割成小房间，外墙用半承重构件，可使立面灵活多变。

A. 框架结构体系　　B. 剪力墙结构体系

C. 框架-剪力墙结构体系　　D. 筒体结构体系

3.(　　)具有造价低，取材丰富，并可浇筑各种复杂断面形状，而且强度高、刚度大、耐火性和延性良好、结构平面布置方便，可组成多种结构体系等优点。

A. 钢筋混凝土结构　　B. 钢结构

C. 钢-钢筋混凝土组合结构　　D. 钢-钢筋混凝土组合结构

4.(　　)最主要的特点是它的空间受力性能。它比单片平面结构具有更大的抗侧移刚度和承载力，并具有较好的抗扭刚度。因此，该种体系广泛用于多功能、多用途、层数较多的高层建筑。

A. 框架结构体系　　B. 剪力墙结构体系

C. 框架-剪力墙结构体系　　D. 筒体结构体系

5. 剪力墙结构不适用于(　　)建筑。

A. 高层住宅　　B. 高层旅馆　　C. 高层公寓　　D. 高层大空间工业厂房

6. 某基坑土层由多层土组成，且中部夹有砂类土，其集水坑排水方式宜选用(　　)。

A. 明沟与集水坑排水　　B. 分层明沟排水

C. 深层明沟排水　　D. 暗沟排水

7. 下列对土方边坡稳定没有影响的是(　　)。

A. 开挖深度　　B. 土质　　C. 开挖宽度　　D. 开挖方法

8. 支撑的监测项目主要有(　　)。

A. 侧压力、弯曲应力　　B. 轴力、变形

C. 弯曲应力　　D. 弯曲应力、轴力

9. 地下连续墙施工的关键工序是(　　)。

A. 修导墙　　B. 制泥浆　　C. 挖深槽　　D. 浇筑混凝土

10. 第一层锚杆的上层覆盖厚度一般不少于(　　)m。

A. 2　　B. 3　　C. 4　　D. 5

11. 土层锚杆施工中，压力灌浆的作用是(　　)。

A. 形成锚固段；防止钢拉杆腐蚀；充填孔隙和裂缝；防止塌孔

B. 形成锚固段；防止钢拉杆腐蚀；充填孔隙和裂缝

C. 形成锚固段；防止钢拉杆腐蚀；防止塌孔

D. 防止钢拉杆腐蚀；充填孔隙和裂缝；防止塌孔

12. 现浇高层混凝土结构施工中，大直径竖向钢筋的连接一般采用(　　)。

A. 电弧弧焊、电渣压力焊、气压焊

B. 电渣压力焊、气压焊、机械连接技术

C. 电弧弧焊、电渣压力焊、机械连接技术

D. 电弧弧焊、气压焊、机械连接技术

13. 下列关于混凝土“徐变”说法，不正确的是(　　)。

A. 结构尺寸越小，徐变越大　　B. 加荷时混凝土龄期越短，徐变越大

C. 混凝土强度越高，徐变越小　　D. 持续加荷时间越长，徐变越小

14. 现浇高层混凝土结构施工中，起重运输机械的组合方式有 3 种，其中不包括(　　)。

A. 以自升式塔式起重机为主的吊运体系　B. 以输送混凝土为主的泵送体系

C. 以施工电梯为主的吊运体系　　D. 以快速提升为主的提升体系

15. 高层建筑的钢结构体系中抗侧力性能最好的是(　　)。

A. 框架体系　　B. 筒体体系　　C. 框架-剪力墙体系　D. 组合体系

16. 某基坑要求降低地下水位深度不小于 10 m，土层渗透系数 $K=24$ m/d，其井点排水方式宜选用(　　)

A. 单层轻型井点　B. 多层轻型井点　C. 喷射井点　　D. 管井井点

17. 钢板桩的打设宜采用(　　)。

A. 轻锤重击　　B. 轻锤高击　　C. 重锤轻击　　D. 重锤低击

18. (　　)刚度大，易于设置埋件，适合逆作法施工。

A. 钢板桩　　B. 土层锚杆　　C. 地下连续墙　　D. 灌注墙

19. 塔式起重机按照(　　)分动臂变幅和水平臂架小车变幅。

A. 有无行走机构　B. 回转方式　　C. 安装形式　　D. 变幅方式

20. 桩按照受力情况分为(　　)。

A. 预制桩和灌注桩　　B. 端承桩和摩擦桩

C. 预制桩和端承桩　　D. 灌注桩和摩擦桩

21. 高层建筑结构主要施工技术中，下列关于大体积混凝土施工说法错误的是(　　)。

A. 必须采取措施处理水化热产生的温差

B. 应合理选用混凝土配合比，宜选用水化热高的水泥

C. 合理解决温差变形引起的应力，并控制裂缝的产生或限制裂缝开展的现浇混凝土

D. 控制水泥用量，应加强混凝土养护工作

22. 一般把(　　)层以上的建筑称为高层建筑。

A. 8　　B. 10　　C. 12　　D. 20

23. 下列不属于高层建筑施工特点的是(　　)。

A. 工程量大　　B. 工期长　　C. 基础浅　　D. 管理复杂

24. 高层建筑施工人员上下主要依靠(　　)。

A. 攀爬　　B. 塔式起重机　　C. 井架　　D. 施工电梯

25. 塔式起重机的高度(　　)。

A. 一开始就安装到建筑的设计高度　B. 一开始就安装到施工需要的最大高度

C. 随着建筑结构的不断升高而顶升　D. 不可调

26. 塔式起重机的起重量随着工作半径的增大而(　　)。

A. 增大　　B. 减小　　C. 不变　　D. 不确定

27. 长距离运送混凝土的车辆是(　　)。

A. 自卸汽车　　B. 自卸手扶拖拉机　C. 手推车　　D. 混凝土搅拌运输车

28. 高空吊装作业时，如为采取有效措施，当风速超过(　　)m/s 时，必须停止施工。

A. 5　　B. 8　　C. 10　　D. 12

二、多项选择题(每题的备选项中，有 2 个或 2 个以上符合题意，至少有 1 个错误选项。)

1. 下列选项中不属于高层建筑基础的有(　　)。

A. 独立基础　　B. 条形基础　　C. 箱形基础　　D. 桩基础

2. 高层建筑基坑支护技术包括(　　)。

A. 地下连续墙　　B. 土钉支护　　C. 锚杆支护　　D. 混凝土灌注桩

3. 高层建筑现浇混凝土结构的特点是(　　)。

A. 整体性好　　B. 抗震性强　　C. 防火性能好　　D. 防火性能差

4. 深基坑降水的方法主要有(　　)。

A. 集水井降水　　B. 井点降水　　C. 喷射井点　　D. 电渗井点

5. 高层建筑特有的模板技术包括(　　)。

A. 组合钢模板　　B. 爬升模板　　C. 滑升模板　　D. 大模板

6. 高层建筑常用的钢筋连接技术有(　　)。

A. 电渣压力焊　　B. 套筒挤压连接　C. 电弧焊　　D. 气压焊

7. 高层建筑钢结构的特点是(　　)。

A. 防火性能好　　B. 抗震性能好　　C. 质量轻　　D. 施工速度快

8. 附着式塔式起重机的基础可以采用(　　)。

A. 一级螺纹钢筋骨架　　B. 二级螺纹钢筋骨架

C. C20～C30 强度　　D. C30～C35 强度

9. 滑模的楼板施工工艺包括(　　)。

A. 滑一浇一　　B. 滑三浇一　　C. 升模施工　　D. 降模施工

10. 后浇带是为了在现浇混凝土结构施工中，为克服由于(　　)可能产生的裂缝而设置的临时施工缝。

A. 温度　　B. 收缩　　C. 应力　　D. 施工荷载

11. 基坑支护工程的特点：(　　)。

A. 具有较强的地区性　　B. 具有很强的复杂性

C. 具有时空效应　　D. 是系统工程

12. 滑模施工中，支承杆的连接方法有(　　)。

A. 螺栓连接　　B. 丝扣连接　　C. 榫接　　D. 焊接

参考文献

[1]《建筑施工手册(第五版)》编委会．建筑施工手册[M].5版．北京：中国建筑工业出版社，2012.

[2] 初艳鲲，苏晓华．建筑施工技术[M].北京：国防科技大学出版社，2013.

[3] 中国建筑标准设计研究院．16G101-1～3混凝土结构施工图平面整体表示方法制图规则和构造详图[S].北京：中国计划出版社，2016.

[4] 徐明霞，刘广文，孙明廷，等．混凝土结构工程施工[M].2版．北京：北京理工大学出版社，2016.

[5] 徐淳．建筑施工技术(附施工图)[M].北京：北京大学出版社，2018.

[6] 中华人民共和国国家标准．GB 50010—2010混凝土结构设计规范(2015年版)[S].北京：中国建筑工业出版社，2016.

[7] 中华人民共和国国家标准．GB 50204—2015混凝土结构工程质量验收规范[S].北京：中国建筑工业出版社，2015.

[8] 中国建筑工业出版社．建筑施工安全技术规范[M].北京：中国建筑工业出版社，2003.